输电线路全过程机械化施工技术
（2017年版）

国家电网公司输变电工程

通用设计

输电线路岩石锚杆基础分册

国家电网公司　颁布

中国电力出版社
CHINA ELECTRIC POWER PRESS

内容提要

输变电工程通用设计是国家电网公司加快科学发展、建设资源节约型、环境友好型社会，大力提高集成创新能力的重要体现；是实施标准化管理、统一工程建设标准、规范建设管理、合理控制造价的重要手段。

本书为《国家电网公司输变电工程通用设计 输电线路岩石锚杆基础分册（2017年版）》，共有两篇，分别为总论和岩石锚杆基础通用设计，包括2类基础型式（直锚式岩石锚杆基础和承台式岩石锚杆基础）、8个模块、143张图纸、655个基础，适用于不受地下水影响的丘陵、山地地区的110（66）~750kV输电线路工程。

本书可供电力系统各设计单位以及从事电力建设工程规划、管理、施工、设备制造、安装、生产运行等专业人员使用。

图书在版编目（CIP）数据

国家电网公司输变电工程通用设计 . 输电线路岩石锚杆基础分册：2017年版 / 国家电网公司颁布. —北京：中国电力出版社，2018.3

ISBN 978-7-5198-1270-6

Ⅰ.①国⋯　Ⅱ.①国⋯　Ⅲ.①输电-电力工程-工程设计-中国②输电线路-锚杆-工程设计-中国　Ⅳ.①TM7②TM753

中国版本图书馆 CIP 数据核字（2017）第 253442 号

出版发行：中国电力出版社	印　　刷：三河市百盛印装有限公司
地　　址：北京市东城区北京站西街 19 号	版　　次：2018 年 3 月第一版
邮政编码：100005	印　　次：2018 年 3 月北京第一次印刷
网　　址：http://www.cepp.sgcc.com.cn	开　　本：880 毫米×1230 毫米　横 16 开本
责任编辑：高　芬（fen-gao@ sgcc.com.cn）罗　艳	印　　张：11.25
责任校对：李　楠	字　　数：390 千字
装帧设计：张俊霞	印　　数：0001—3000 册
责任印制：邹树群	定　　价：160.00 元

《国家电网公司输变电工程通用设计

输电线路岩石锚杆基础分册（2017年版）》工作组

牵 头 单 位　国家电网公司基建部

成 员 单 位　中国电力科学研究院有限公司　　　国网经济技术研究院有限公司

国网河北省电力有限公司　　　　　国网甘肃省电力公司

国网四川省电力公司　　　　　　　国网福建省电力有限公司

国网安徽省电力有限公司　　　　　国网冀北电力有限公司

《国家电网公司输变电工程通用设计

输电线路岩石锚杆基础分册（2017年版）》编制人员

第一篇　总论

编 写 人 员　葛兆军　白林杰　李锡成　丁燕生　张　强　程永锋　丁士君　赵庆斌　李占岭　王虎长

秦庆芝　刘学军　鲁先龙　郑卫锋　王梦博　金　明　葛　娜　邹本为

第二篇　岩石锚杆基础通用设计

1ZMG（Z）、1ZMG、1JMG、2ZMG（Z）、2ZMG、2JMG 模块

编 制 单 位　国网安徽省电力有限公司、安徽华电工程咨询设计有限公司

审 核 人 员　洪天炘　程智余

设计总工程师　王　力　罗正帮

校 核 人 员　汪和龙　杨德志　梁东跃　刘西民

编 写 人 员　葛　娜　王梦博　邹本为　刘大平　张金锋　尹雪超

5ZMG、5JMG 模块

编 制 单 位　国网冀北电力有限公司、中国电力工程顾问集团华北电力设计院有限公司

审 核 人 员　马志坚

设计总工程师　任胜军　施菁华

校 核 人 员　刘　玮　邹　峥

编 写 人 员　金　明　罗　毅　王启明　周　旸　钟　晶　梅　丰

序

　　电网是关系国计民生的重要基础设施。从党的十九大到二十大是"两个一百年"奋斗目标的历史交汇期，电力需求将保持持续增长。国家电网公司认真贯彻党中央、国务院决策部署，加快建设坚强智能电网，推动能源资源在更大范围实现优化配置，为经济社会发展提供安全、高效、清洁、可持续的电力供应。

　　为进一步提高坚强智能电网建设能力，提升施工技术水平、保障施工安全、质量，减少现场人员投入，减轻劳动强度，推进绿色发展，以人为本，促进线路工程建设方式变革，实现由劳动密集型向装备密集型、技术密集型转变，国家电网公司组织开展了输电线路机械化施工研究与应用。为促进输电线路基础标准化建设，实现杆塔基础设计标准化、施工机械化，国家电网公司组织有关研究机构、设计单位，在充分调研、科学比选、反复论证的基础上，历时18个月，研究编写完成《国家电网公司输变电工程通用设计　输电线路岩石锚杆基础分册（2017年版）》。

　　该书凝聚了我国电力系统广大专家学者和工程技术人员的心血和智慧，是国家电网公司推行标准化建设的又一重要成果。希望本书的出版和应用，能够提高我国输变电工程建设水平，提高施工机械化程度，促进电网又好又快发展，为建设坚强智能电网、服务经济社会发展作出积极贡献。

刘泽洪

2018年1月，北京

前　言

　　为进一步提高坚强智能电网建设能力，提升施工技术水平，保障施工安全，保证施工质量，有效解决施工现场人力紧缺、人工成本上涨等问题，促进线路工程建设方式变革，实现由劳动密集型向装备密集型、技术密集型转变，国家电网公司组织开展了输电线路机械化施工研究与应用，从"技术标准、工程设计、工程管理、装备体系、考核评价"五个维度开展专项研究和试点建设，形成系列化技术成果。通过全面总结提炼，编制完成了《国家电网公司输变电工程通用设计　输电线路岩石锚杆基础分册（2017年版）》（简称《输电线路岩石锚杆基础通用设计》）。

　　《输电线路岩石锚杆基础通用设计》总结了输电线路机械化施工中有关岩石锚杆基础的研究与应用成果，形成了直锚式岩石锚杆基础和承台式岩石锚杆基础2类基础型式，共8个模块、143张图纸、655个基础，适用于不受地下水影响的丘陵、山地地区的110（66）~750kV输电线路工程。

　　由于编者水平有限，不妥之处在所难免，敬请读者批评指正。

编写组

2017 年 12 月

目　录

第一篇　总　论

第二篇 岩石锚杆基础通用设计

国家电网公司
STATE GRID
CORPORATION OF CHINA

第一篇

总　论

2013 年以来，国家电网公司（简称公司）大力推进输电线路机械化施工创新与实践，为降低施工现场人力投入、提升安全质量与效益效率，实现工程建设由劳动密集型向装备密集型、技术密集型转变，进一步加强输电线路机械化施工标准化体系建设，实现杆塔基础设计标准化、施工机械化，国家电网公司组织开展了机械化施工技术研究与应用，取得了系列化技术成果。公司编制了适用于输电线路机械化施工的掏挖基础、挖孔桩基础、岩石锚杆基础通用设计，形成了 110（66）～750kV 电压等级的输电线路基础通用设计成果。

第 1 章　概　述

1.1　目的与意义

为进一步提升以特高压为骨干网架、各级电网协调发展的坚强智能电网工程建设能力，提高电网整体效能，遵循"先进性、安全性、专业化、标准化、系列化"的要求，深入推广"标准化设计、机械化施工、流水式作业"的建设模式，推进输电线路建设方式转变，加强输电线路设计、施工、装备体系创新，实现由劳动密集型向装备密集型、技术密集型转变，公司组织开展了输电线路机械化施工技术体系研究。

输电线路机械化施工技术的开展是一项系统创新工程，需要创新设计方法、创新施工技术、创新装备研发，要求工程设计、施工装备、施工工艺、建设管理等各个环节协同配合，形成系列化技术成果，以显著提高输电线路建设效益和效率、提升安全质量水平，满足公司电网大规模建设需求，确保安全优质高效完成电网建设任务。

输电线路基础通用设计也是公司基建标准化建设的重要组成部分，是对标准化建设的深化，将进一步促进输变电工程"三通一标"工程建设。有利于提升工程建设标准化水平，提高施工机械化程度；有利于环保型基础的推广应用，对电网标准化建设、降低全寿命周期成本具有重要意义。

1.2　总体原则

输电线路基础通用设计根据输电线路机械化施工技术体系的指导原则，着重要处理和解决好通用设计方案的统一性、适应性、先进性、可靠性和经济性及其相互之间的辩证统一关系。

统一性：建设标准统一，基建和生产的标准统一，体现公司的企业文化特征。

适应性：综合考虑各地区的实际情况，结合输电线路机械化施工的要求，使得通用设计在公司系统中具备广泛的适用性，在一定的时间内，对不同外部条件的工程均能基本适用。

先进性：通用设计方案紧密结合输电线路机械化施工，在技术上具有先进性，注重环保，经济合理。

可靠性：规范设计准则，保证输电线路生产的安全可靠。

经济性：按照企业利益最大化原则，综合考虑初期投资和长期费用，追求全寿命周期内企业的最优经济效益。

第2章 编 制 过 程

2.1 工作组织方式

在公司基建部的统一组织和领导下，成立输电线路基础通用设计技术研究工作组，工作组由中国电力科学研究院（简称中国电科院）技术牵头，国网北京经济技术研究院（简称国网经研院）、河北省电力勘测设计研究院（简称河北院）、中国能源建设集团甘肃省电力设计院有限公司（简称甘肃院）、福建省电力勘测设计院（简称福建院）、四川电力设计咨询有限责任公司（简称四川咨询公司）、中国电力工程顾问集团华北电力设计院有限公司（简称华北院）、安徽华电工程咨询设计有限公司（简称安徽华电公司）参加。

（1）统一组织。公司基建部是输电线路基础通用设计的总负责单位，负责制订工作大纲，协调工作进度，解决工作中出现的问题。

（2）统一标准。在总体策划的基础上，统一设计原则、统一内容深度、统一表示方法、统一出版格式等。

（3）明确分工。按照确定的工作内容，明确各单位的工作内容和要求。

（4）综合协调、有序推进。统筹安排，定期组织和召开研究、协调、评审会议，有序推进。

2.2 工作过程

（1）2016年3月4日，根据基建技术〔2016〕24号《国网基建部关于印发2016年推进输电线路机械化施工工作要点的通知》，启动输电线路基础通用设计研究工作。

（2）2016年3月10日，根据基建技术〔2016〕31号《国网基建部关于下达2016年公司依托工程基建新技术研究应用项目的通知》，依托工程开展输电线路掏挖基础、挖孔桩基础、岩石锚杆基础的通用设计工作。

（3）2016年4月，公司基建部组织召开输电线路基础通用设计技术要求及模块规划方案审定会，成立工作组，确定了模块命名原则与荷载划分条件。

（4）2016年5~11月，工作组按照分工进行了输电线路基础通用设计的地质参数选取、模块命名等工作。公司基建部先后组织召开4次专题会议，确定掏挖基础、挖孔桩基础、岩石锚杆基础的设计条件、模块数量、图纸绘制格式等。

（5）2016年12月，公司基建部组织召开2次评审会议，开展掏挖基础、挖孔桩基础、岩石锚杆基础的通用设计方案及典型施工图审查、修改等。

（6）2017年1月，中国电科院会同有关省公司、设计单位及特邀专家组成检查组赴各设计单位进行集中、统一、全面校核审查通用设计成果。

（7）2017年4~12月，公司基建部组织召开4次评审会议，开展基础通用设计方案及典型施工图的完善、统稿等，形成最终成果。

第3章 设 计 依 据

3.1 主要规程规范

GB 50007　《建筑地基基础设计规范》

GB 50009　《建筑结构荷载规范》

GB 50010　《混凝土结构设计规范》

GB 50025　《湿陷性黄土地区建筑规范》

GB 50046　《工业建筑防腐蚀设计规范》

GB 50119　《混凝土外加剂应用技术规范》

GB 50204　《混凝土结构工程施工质量验收规范》

GB 50233　《110kV～750kV 架空输电线路施工及验收规范》

GB 50545　《110kV～750kV 架空输电线路设计规范》

JGJ 18　《钢筋焊接及验收规程》

JGJ 94　《建筑桩基技术规范》

JGJ 106　《建筑基桩检测技术规范》

DL/T 1236　《输电杆塔用地脚螺栓与螺母》

DL/T 5219　《架空输电线路基础设计技术规程》

DL/T 5442　《输电线路铁塔制图和构造规定》

DL/T 5708　《架空输电线路戈壁碎石土地基掏挖基础设计与施工技术导则》

Q/GDW 1841　《架空输电线路杆塔基础设计规范》

Q/GDW 11330　《架空输电线路掏挖基础技术规定》

Q/GDW 11331　《输电线路岩石基础施工工艺导则》

Q/GDW 11332　《输电线路掏挖基础机械化施工工艺导则》

Q/GDW 11333　《架空输电线路岩石基础技术规定》

Q/GDW 11335　《输电线路灌注桩基础机械化施工工艺导则》

Q/GDW 11392　《架空输电线路灌注桩基础技术规定》

Q/GDW 11598　《架空输电线路机械化施工技术导则》

3.2　其他有关规定

《输电线路全过程机械化施工技术　设计分册》

《输电线路全过程机械化施工技术　装备分册》

《国网基建部关于进一步规范输电线路杆塔设计地脚螺栓选用要求的通知》（基建技术〔2017〕92 号）

第 4 章　调研及专题研究

4.1　基础型式

岩石锚杆基础是将锚筋置于机械成型的岩孔内并灌注细石混凝土或水泥砂浆，与承台等构件组成的基础型式，包括直锚式岩石锚杆基础和承台式岩石锚杆基础两类，其中直锚式岩石锚杆基础是将地脚螺栓直接锚入岩孔内形成的岩石基础。

4.2　荷载划分

参考《国家电网公司输变电工程通用设计　110（66）kV 输电线路分册（2011 年版）》《国家电网公司输变电工程通用设计　220kV 输电线路分册（2011 年版）》《国家电网公司输变电工程通用设计　500（330）kV 输电线路分册（2011 年版）》《国家电网公司输变电工程通用设计　750kV 输电线路分册（2010 年版）》等公司颁布的输电线路杆塔通用设计，统计分析其中有关基础作用力大小的分布规律。

4.2.1　直线塔荷载划分

对 110（66）～750kV 电压等级输电线路杆塔通用设计中各子模块直线型杆塔基础的上拔力、下压力和相应水平力进行统计分析，得到了 110（66）～750kV 直线塔基础的作用力取值见表 4.2-1。

表 4.2-1　　输电线路杆塔通用设计中直线塔基础作用力统计结果

电压等级（kV）	塔型数量	上拔力范围（kN）	水平力与上拔力比值	下压力与上拔力比值
66	32	123～474	0.09	1.17
110	222	98～1141	0.10	1.29
220	466	152～1900	0.12	1.33
330	136	220～1228	0.13	1.35
500	238	408～5485	0.14	1.26
750	88	577～3541	0.15	1.29

110（66）～750kV 各电压等级直线塔基础上拔力在给定步长范围内出现的频次直方图以及上拔力累积分布曲线分别如图 4.2-1～图 4.2-6 所示。其中，66、110kV 按照 50kN 步长进行统计，220、330kV 按照 100kN 步长进行统计，500、750kV 按照 200kN 步长进行统计。

对比分析直线塔基础上拔力分布直方图与累积分布曲线，不同电压等级直线塔涵盖 90% 基础上拔力范围见表 4.2-2，得出不同电压等级直线塔基础上拔力范围见表 4.2-3。

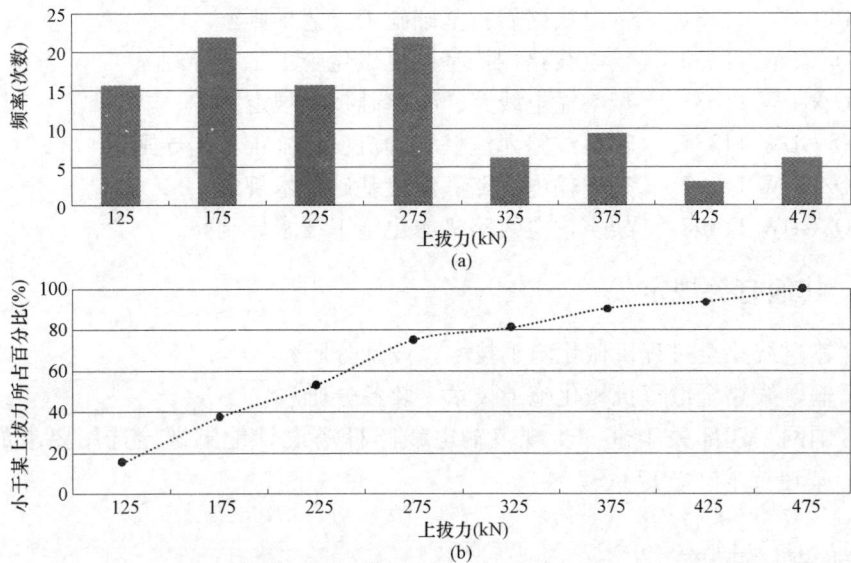

图 4.2-1　66kV 电压等级直线塔基础上拔力分布直方图及累积分布曲线

（a）基础上拔力分布直方图；（b）基础上拔力累积分布曲线

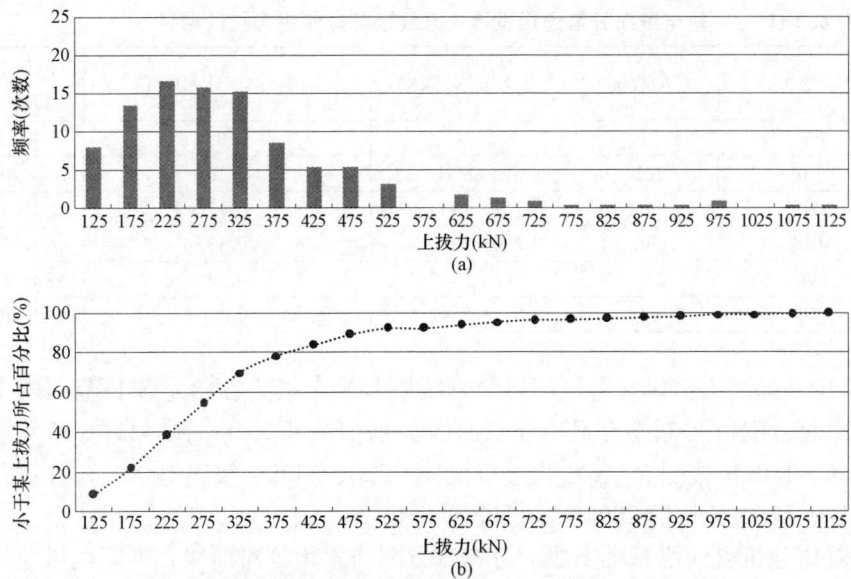

图 4.2-3　220kV 电压等级直线塔基础上拔力分布直方图及累积分布曲线

（a）基础上拔力分布直方图；（b）基础上拔力累积分布曲线

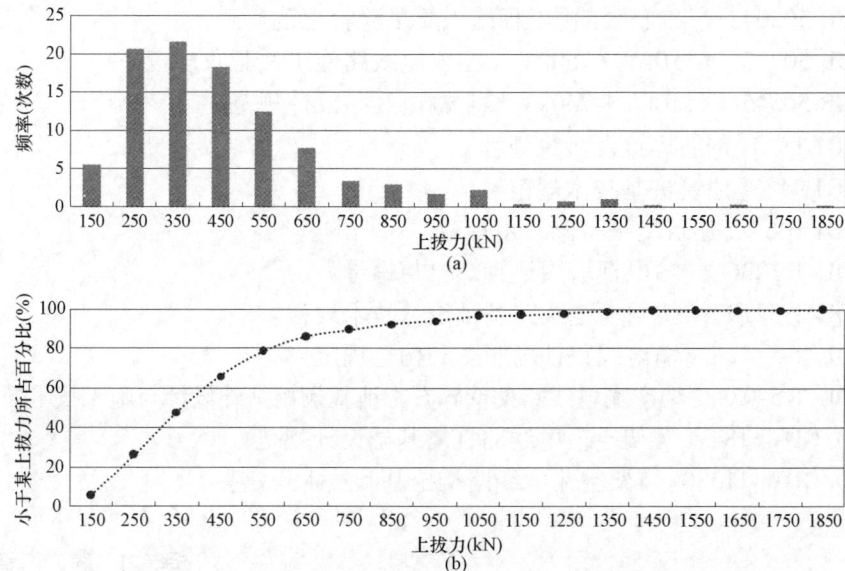

图 4.2-2　110kV 电压等级直线塔基础上拔力分布直方图及累积分布曲线

（a）基础上拔力分布直方图；（b）基础上拔力累积分布曲线

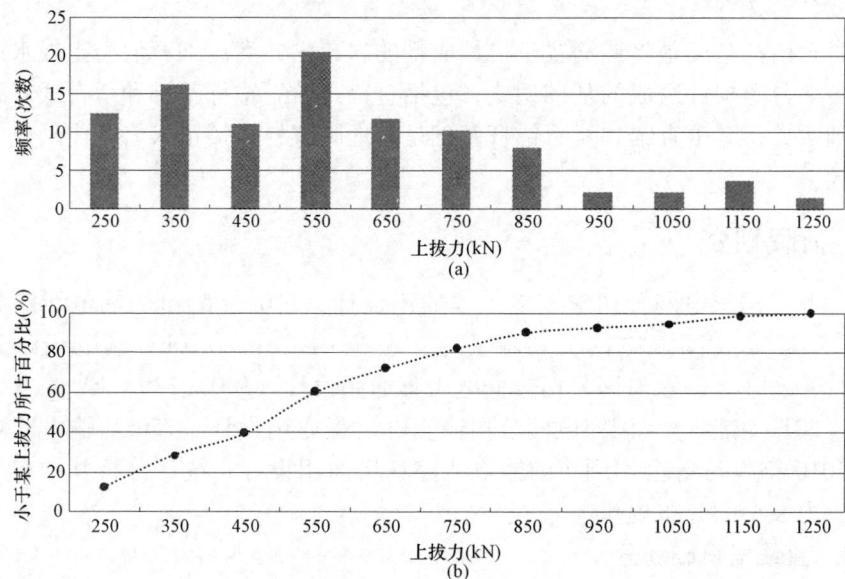

图 4.2-4　330kV 电压等级直线塔基础上拔力分布直方图及累积分布曲线

（a）基础上拔力分布直方图；（b）基础上拔力累积分布曲线

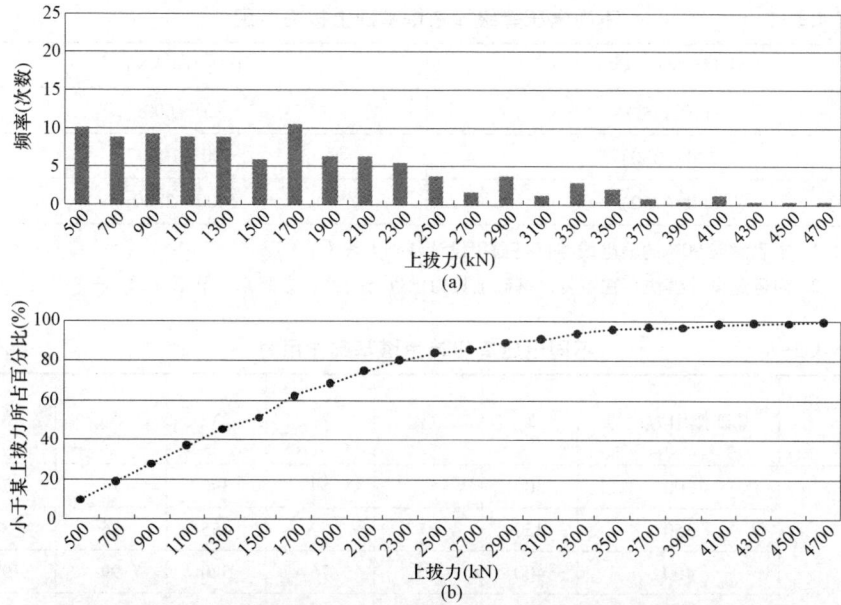

图 4.2-5 500kV 电压等级直线塔基础上拔力分布直方图及累积分布曲线

（a）基础上拔力分布直方图；（b）基础上拔力累积分布曲线

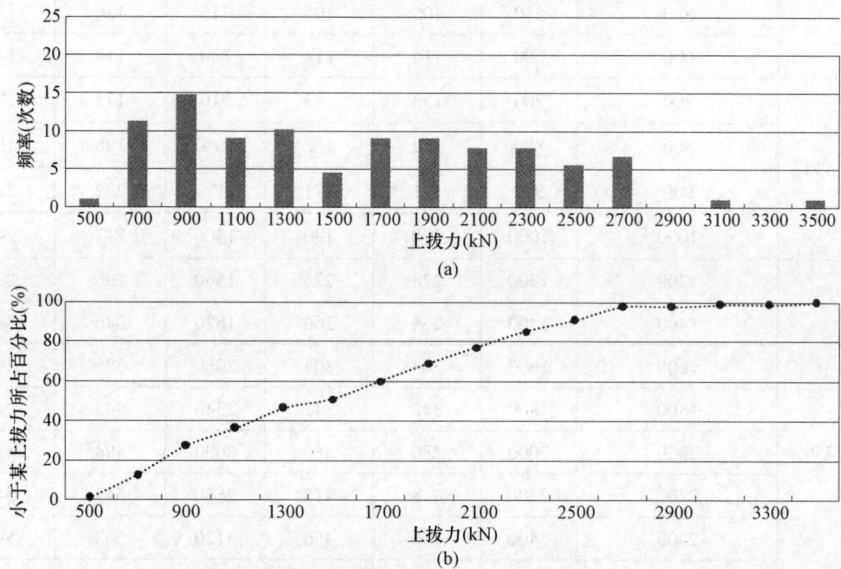

图 4.2-6 750kV 电压等级直线塔基础上拔力分布直方图及累积分布曲线

（a）基础上拔力分布直方图；（b）基础上拔力累积分布曲线

表 4.2-2 　　　　不同电压等级直线塔涵盖 90%基础上拔力

电压等级（kV）	最小值（kN）	最大值（kN）
66	125	375
110	125	475
220	150	750
330	250	850
500	500	2900
750	500	2500

表 4.2-3 　　　　不同电压等级直线塔基础上拔力范围

电压等级（kV）	上拔力（kN）
110（66）	100~600
220（330）	600~1000
500（750）	1000~3000

注 1. 本表涵盖 90%的输电线路杆塔通用设计基础上拔力。

2. 为避免设计模块存在重复，基础上拔力已进行归并，参照 8.3 节第（3）条。

针对 110（66）、220、330、500、750kV 电压等级的输电线路直线塔基础上拔力采用不同的分级步长：小荷载（100~600kN）为 50kN、中等荷载（600~1000kN）为 100kN、大荷载（1000~3000kN）为 200kN。

直线塔基础上拔力分级共划分为 25 种，其中，110（66）kV 直线塔基础上拔力划分为 11 种，220（330）kV 直线塔基础上拔力划分为 4 种，500（750）kV 直线塔基础上拔力划分为 10 种，下压力取上拔力的 130%，水平力取上拔力的 14%，详细见表 4.2-4。

4.2.2 I 型转角塔荷载划分

对输电线路杆塔通用设计中的各子模块中转角塔塔型的基础作用力进行统计分析，得出不同电压等级转角塔基础上拔力范围见表 4.2-5。I 型转角塔（简称转角塔）基础上拔力共划分为 20 种，其中 110（66）kV 转角塔基础上拔力划分为 7 种，220（330）kV 转角塔基础上拔力划分为 4 种，500（750）kV 转角塔基础上拔力划分为 9 种，下压力取上拔力的 130%，水平力取上拔力的 19%，详细见表 4.2-6。

表 4.2-4　　不同电压等级直线塔基础作用力　　（kN）

电压等级（kV）	基础作用力代号	T	T_x	T_y	N	N_x	N_y
110（66）	100	100	14	14	130	18	18
	150	150	21	21	195	27	27
	200	200	28	28	260	36	36
	250	250	35	35	325	46	46
	300	300	42	42	390	55	55
	350	350	49	49	455	64	64
	400	400	56	56	520	73	73
	450	450	63	63	585	82	82
	500	500	70	70	650	91	91
	550	550	77	77	715	100	100
	600	600	84	84	780	109	109
220（330）	700	700	98	98	910	127	127
	800	800	112	112	1040	146	146
	900	900	126	126	1170	164	164
	1000	1000	140	140	1300	182	182
	1200	1200	168	168	1560	218	218
500（750）	1400	1400	196	196	1820	255	255
	1600	1600	224	224	2080	291	291
	1800	1800	252	252	2340	328	328
	2000	2000	280	280	2600	364	364
	2200	2200	308	308	2860	400	400
	2400	2400	336	336	3120	437	437
	2600	2600	364	364	3380	473	473
	2800	2800	392	392	3640	510	510
	3000	3000	420	420	3900	546	546

表 4.2-5　　不同电压等级转角塔基础上拔力范围

电压等级（kV）	上拔力（kN）
110（66）	300～600
220（330）	600～1000
500（750）	1000～2800

注　1. 本表涵盖90%的输电线路杆塔通用设计基础上拔力。

　　2. 为避免设计模块存在重复，基础上拔力已进行归并，参照8.3节第（3）条。

表 4.2-6　　不同电压等级转角塔基础作用力　　（kN）

电压等级（kV）	基础作用力代号	T	T_x	T_y	N	N_x	N_y
110（66）	300	300	57	57	390	74	74
	350	350	67	67	455	86	86
	400	400	76	76	520	99	99
	450	450	86	86	585	111	111
	500	500	95	95	650	124	124
	550	550	105	105	715	136	136
	600	600	114	114	780	148	148
220（330）	700	700	133	133	910	173	173
	800	800	152	152	1040	198	198
	900	900	171	171	1170	222	222
	1000	1000	190	190	1300	247	247
500（750）	1200	1200	228	228	1560	296	296
	1400	1400	266	266	1820	346	346
	1600	1600	304	304	2080	395	395
	1800	1800	342	342	2340	445	445
	2000	2000	380	380	2600	494	494
	2200	2200	418	418	2860	543	543
	2400	2400	456	456	3120	593	593
	2600	2600	494	494	3380	642	642
	2800	2800	532	532	3640	692	692

4.3 地质条件划分

岩石锚杆基础设计参数主要包括锚筋与砂浆或细石混凝土间的黏结强度 τ_a、砂浆或细石混凝土与岩石间的黏结强度 τ_b、岩石等代极限剪切强度 τ_s。岩石锚杆基础设计参数见表 4.3-1。

表 4.3-1　　　　　　岩石锚杆基础设计参数　　　　　（kPa）

岩土类别	代号	τ_a	τ_b	τ_s
岩石	6r	3000	250	25
	6s	3000	300	30
	6t	3000	400	40
	6u	3000	500	50
	6v	3000	600	60
	6w	3000	—	—

注　1. 代号含义详见 5.2 节。

　　2. 6w 包含微风化、未风化硬质岩的参数组合，仅适用于直锚式岩石锚杆基础。设计中 τ_b、τ_s 不是控制参数，仅按 τ_a 取值进行设计。

4.4 专题研究

4.4.1 岩石等代极限剪切强度取值

岩石等代极限剪切强度不属于岩石地基物理力学参数，无法通过常规地质勘察获取，一般需要根据试验结果反算得到。科研和设计单位先后开展了大量岩石锚杆基础现场试验，分析得到了岩石等代极限剪切强度取值范围见表 4.4-1。

表 4.4-1　　　岩石等代极限剪切强度 τ_s 取值范围　　　（kPa）

岩石类别	风化程度		
	未风化和微风化	中等风化	强风化
硬质岩	100～250	50～100	25～50
软质岩	60～100	40～60	20～40

4.4.2 承台式岩石锚杆基础地脚螺栓

地脚螺栓规格和型式对承台式岩石锚杆基础设计影响较大，地脚螺栓规格、型式和锚固长度等决定了承台式岩石锚杆基础的承台高度、主柱高度和主柱宽度。因此，承台式岩石锚杆基础通用设计应统一地脚螺栓参数取值。

参考 DL/T 1236，结合工程经验，承台式岩石锚杆基础地脚螺栓采用双头锚板型，材质采用 35 号优质碳素钢，示意图如图 4.4-1 所示，基础作用力与对应地脚螺栓尺寸见表 4.4-2。

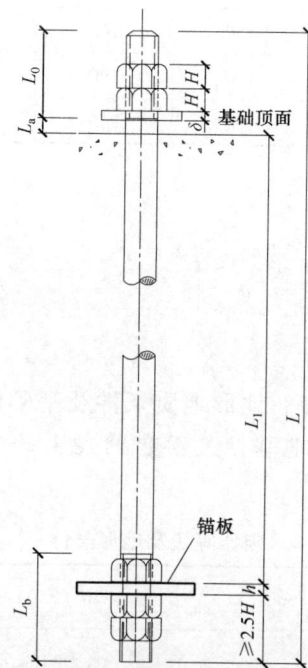

图 4.4-1　地脚螺栓示意图

L—螺栓全长，mm；L_1—螺栓锚固长，从基础顶面至锚板上表面的长度，mm；

L_0—顶部丝扣长，螺栓顶部丝扣的长度，mm；L_a—无扣长，基础顶面至垫板无丝扣的长度，mm；

L_b—底部丝扣长，螺栓底部丝扣的长度，mm；H—螺母厚度，mm；

δ—塔脚板与螺帽之间的垫板厚度，mm；h—螺栓底部锚板的厚度，mm

表 4.4-2	基础作用力与对应地脚螺栓尺寸表					(mm)
基础作用力代号	地脚螺栓代号	顶部丝扣长 L_0	底部丝扣长 L_b	无扣长 L_a	螺栓锚固长 L_1	螺栓全长 L
100、150、200	4M24	90	100	20	592	780
250、300、350	4M30	105	115	20	806	1020
400、450、500、550	4M36	120	125	30	936	1180
600、700	4M42	130	140	30	1114	1380
800、900、1000	4M48	150	165	35	1288	1600
1200、1400	4M56	170	190	40	1485	1840
1600、1800、2000	4M64	195	215	40	1851	2250

续表 4.4-2

基础作用力代号	地脚螺栓代号	顶部丝扣长 L_0	底部丝扣长 L_b	无扣长 L_a	螺栓锚固长 L_1	螺栓全长 L
2200、2400、2600	4M72	220	235	40	2332	2770
2800、3000	8M56	170	190	40	1485	1840

注 1. 本次锚杆基础通用设计统一调整地脚螺栓选用规格按照《国网基建部关于进一步规范输电线路杆塔设计地脚螺栓选用要求的通知》（基建技术〔2017〕92 号）文件要求执行。

2. 表中地脚螺栓锚固长度按 35 号优质碳素钢材质考虑。

3. 表中地脚螺栓规格及锚固长、全长等尺寸为满足规范要求的最小值，最终规格及尺寸根据设计要求确定。若基础主柱高度不能满足设计选定的地脚螺栓锚固长度，可按主柱高度加高一档选择基础模块。

第 5 章 设计条件及模块划分

5.1 设计条件

设计条件包含电压等级、地形地质条件及基础作用力等，电压等级及地形条件见表 5.1-1，岩石地基相关参数见表 4.3-1，基础作用力分级详见表 4.2-3～表 4.2-6。

表 5.1-1	电压等级及地形条件		
电压等级（kV）	110（66）	220（330）	500（750）
地形条件	不受地下水影响的丘陵、山地		

5.2 基础编号

基础编号采用"□□□□-□-□"形式。

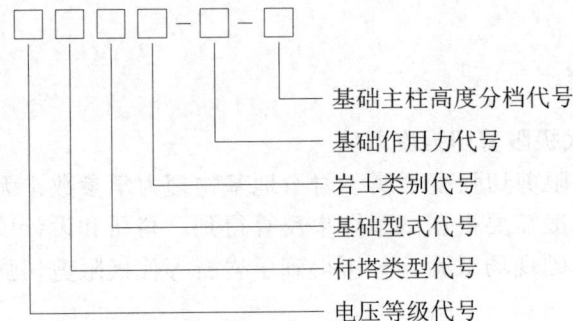

基础主柱高度分档代号
基础作用力代号
岩土类别代号
基础型式代号
杆塔类型代号
电压等级代号

第 1 个"□"表示电压等级，标识符号为 1、2、5，分别代表 110（66）、220（330）、500（750）kV 三个电压等级。

第 2 个"□"表示杆塔类型，标识符号为 Z、J，分别代表直线塔和 I 型转角塔。

第3个"□"表示基础型式,标识符号为 MG (Z)、MG,分别代表直锚式岩石锚杆基础和承台式岩石锚杆基础。

第4个"□"表示岩土类别,标识符号为6,代表岩石。岩土类别后依次增加 r、s、t、u、v、w 等不同岩石参数组合,共 6 组参数。第二篇基础模块编号中的"＊"代表某一类岩石参数组合,详见各模块。

第5个"□"表示基础作用力代号,数值代表基础上拔力,单位为 kN。

第6个"□"表示基础主柱高度分档代号,单位为 dm,按如下定义取值:基础上拔力小于 1000kN 的承台式岩石锚杆基础主柱高度包括 0、0.5m 两档,分别用 00、05 表示;基础上拔力大于 1000kN 的承台式锚杆基础主柱高度包括 0、0.5、1.0、1.5m 四档,分别用 00、05、10、15 表示。其中,00 表示主柱基准高度,是指同时满足地脚螺栓和锚筋的锚固要求的最小主柱高度;05、10、15 分别表示在主柱基准高度上另加 0.5、1.0、1.5m。

以 1ZMG6s-550-05 为例,表示该基础为 110 (66) kV、直线塔、承台式岩石锚杆基础、6s 类型岩石参数组合(岩石,$\tau_a = 3000kPa$,$\tau_b = 300kPa$,$\tau_s = 30kPa$)、基础上拔力为 550kN、主柱高度在基准高度上另加 0.5m。

5.3 模块划分

岩石锚杆基础通用设计包括 8 个模块,模块划分见表 5.3-1。

表 5.3-1　　　　　岩石锚杆基础通用设计模块划分

序号	模块名	电压等级 (kV)	岩土类别	适用地形	适用基础上拔力 (kN)	适用塔型
1	1ZMG (Z)	110 (66)	岩石	不受地下水影响的丘陵、山地	100～600	直线塔
2	1ZMG					
3	1JMG				300～600	转角塔
4	2ZMG (Z)	220 (330)			700～1000	直线塔
5	2ZMG					
6	2JMG					转角塔
7	5ZMG	500 (750)			1200～3000	直线塔
8	5JMG				1200～2800	转角塔

第6章　设计方法与技术原则

6.1 设计方法

输电线路岩石锚杆基础采用机械成孔,然后将锚筋直接插入岩孔内,用细石混凝土与基岩黏结成一体,充分利用了岩石自身的强度。岩石锚杆基础是由三种材料(锚筋、浆体、岩体)、两个界面(锚筋-浆体界面、浆体-岩石界面)组成的系统,主要考虑以下四种破坏模式:锚筋自身拉断破坏、锚筋与水泥砂浆或细石混凝土结合面的黏结破坏、锚杆与岩体结合面黏结破坏、岩体自身剪切破坏。设计中以上述四种破坏模式中的最小承载力作为锚杆基础极限抗拔承载力。

(1) 单根锚筋承载力应符合式 (6.1-1) 的要求:

$$T_i \leq f_y A_n \qquad (6.1-1)$$

式中　T_i——单根锚筋上拔力设计值,kN;

A_n——单根锚筋的净截面面积;当锚筋为地脚螺栓时,应取有效面积

A_e,m^2;

f_y——锚筋的抗拉强度设计值;当锚筋为地脚螺栓时,强度设计值应为 f_g,kPa。

(2) 单根锚筋或地脚螺栓与砂浆黏结承载力应符合式 (6.1-2) 的要求:

$$\gamma_f T_i \leq \pi d l_0 \tau_a \qquad (6.1-2)$$

式中　d——锚筋或地脚螺栓直径,m;

l_0——锚筋或地脚螺栓的有效锚固长度,当 l_0 小于 DL/T 5219—2014 第 8.3.3 条规定的数值时,取锚固实长,当 l_0 大于 DL/T 5219 第 8.3.3 条规定的数值时,取 8.3.3 条规定的数值,m;

τ_a——锚筋与砂浆或细石混凝土间的黏结强度,kPa。

(3) 单根锚杆与岩石间黏结承载力应符合式 (6.1-3) 的要求:

$$\gamma_f T_i \leq \pi D h_0 \tau_b \qquad (6.1-3)$$

式中　D——锚杆直径,m;

h_0——锚杆的有效锚固深度，m；

τ_b——砂浆或细石混凝土与岩石间的黏结强度，可按表 6.1-1 采用，kPa。

表 6.1-1　　　砂浆或细石混凝土与岩石间的黏结强度 τ_b　　　（kPa）

岩石类别	风化程度		
	未风化和微风化	中等风化	强风化
硬质岩石	1500～2500	800～1200	500～800
软质岩石	600～800	250～600	150～250

（4）岩石抗剪承载力应符合下列规定。

1）单根锚杆应符合式（6.1-4）的要求：

$$\gamma_f T_i \leq \pi h_0 \tau_s (D + h_0) \qquad (6.1-4)$$

2）由多根桩组成的群锚杆，在微风化岩石中，桩间距 b 大于桩径 D 的 4 倍时和在中等风化至强风化岩石中，b 大于 D 的 6～8 倍时，或者当 b 大于锚杆有效锚固深度 h_0 的 1/3 时，应符合式（6.1-4）的要求；当桩间距不符合上述条件时，除应符合式（6.1-4）的要求外，尚应符合式（6.1-5）的要求：

$$\gamma_f T_E \leq \pi h_0 \tau_s (a + h_0) + G_f \qquad (6.1-5)$$

式中　τ_s——岩石等代极限剪切强度，当无试验资料时，可按照表 4.4-1 采用，kPa；

T_E——基础上拔力设计值，kN；

a——群锚杆外切直径，当群锚为正方形布置时取 $a = \sqrt{2}\, b + D$，当群锚杆为圆形布置时，取 a 等于圆环轴线直径加桩径，b 为锚杆间距，m。

（5）直锚式群锚杆可忽略水平力的作用，承台式群锚杆的单根桩上拔力按式（6.1-6）确定，必要时应对承台混凝土及岩石进行强度计算：

$$T_i = \frac{T_E - G_f}{n} + \frac{M_X Y_i}{\sum\limits_{i=1}^{n} Y_i^2} + \frac{M_Y X_i}{\sum\limits_{i=1}^{n} X_i^2} \qquad (6.1-6)$$

式中　T_i——群锚杆的单桩上拔力设计值，kN；

n——锚杆数；

M_X、M_Y——作用于承台顶面上水平力对通过群锚重心的 X 轴和 Y 轴的力矩，kN·m；

X_i、Y_i——锚杆 i 至通过群锚重心 Y 轴和 X 轴的距离，m。

承台式岩石锚杆基础主柱及承台按照 GB 50010 相关要求进行设计计算。

6.2　主要技术原则

按照机械化施工的要求，在满足承载力要求的前提下，经技术经济对比后以本体造价最少为优选目标进行岩石锚杆基础设计。

（1）锚筋直径。根据基础作用力，结合输电线路机械化施工成果，推荐承台式岩石锚杆基础采用的锚筋直径为 25、28、32、36mm 和 40mm；推荐直锚式岩石锚杆基础采用的地脚螺栓直径为 24、30、36、42mm 和 48mm。

（2）承台式岩石锚杆基础布置型式。承台式岩石锚杆基础均采用正方形布置，分为 2×2、3×3、4×4 和 5×5 四种锚杆布置型式，如图 6.2-1 所示。

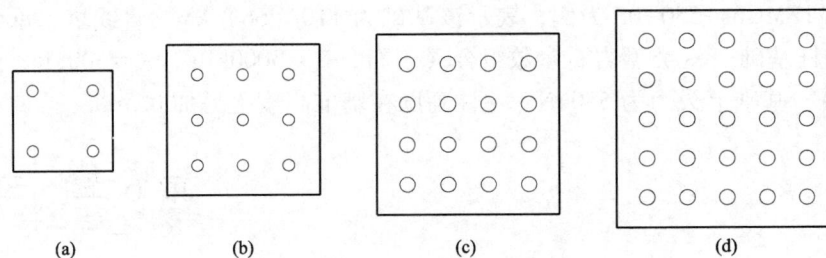

图 6.2-1　锚杆布置型式

（a）2×2；（b）3×3；（c）4×4；（d）5×5

（3）锚杆间距。承台式岩石锚杆基础锚杆间距按不小于 4D 取值。

（4）锚孔直径。根据 DL/T 5219 与输电线路机械化施工标准化锚杆孔径要求，锚筋直径与锚孔直径对应关系见表 6.2-1、直锚式岩石锚杆基础地脚螺栓直径与锚孔直径的对应关系见表 6.2-2。

表 6.2-1　　　锚筋直径与锚孔直径对应关系　　　（mm）

锚筋直径	锚孔直径
25	90
28	90

锚筋直径	锚孔直径
32	100
36	110
40	130

表 6.2-2　直锚式岩石锚杆基础地脚螺栓直径与锚孔直径对应关系　（mm）

地脚螺栓直径	锚孔直径
24	90
30	90
36	100（110）
42	110（130）

地脚螺栓直径	锚孔直径
48	130

注　施工中可根据钻具规格选用括号中锚孔直径。

（5）主柱偏心设置。承台式岩石锚杆基础通过采用承台主柱偏心的方式来抵抗水平力引起的弯矩。主柱偏心后，主柱边缘与承台边缘间的距离不宜小于 200mm。

6.3　材料

锚筋、主筋采用 HRB400 级钢筋，箍筋采用 HPB300 级钢筋；锚杆细石混凝土强度等级不低于 C30，承台及主柱混凝土强度等级不低于 C25。

地脚螺栓采用 35 号优质碳素钢。

第7章　施　工　要　求

7.1　施工工艺及质量控制

（1）岩石锚杆基础施工工艺应按照《国家电网公司输变电工程标准工艺（三）工艺标准库（2016 年版）》中工艺编号为 0201010201 的要求执行。若施工过程中工艺标准库有更新，需要按照最新标准工艺施工。

（2）岩石锚杆基础质量控制按照 GB 50233 和 Q/GDW 11333 执行。

7.2　安全

工程建设参建单位，必须遵守国家发展与改革委员会 2015 年 28 号令《电力建设工程施工安全监督管理办法》和 GB 50233 的规定。

机械设备应由专业人员操作，确保机械设备、设施、工具配件的完好和使用安全。

承台开挖过程中应采取围挡及其他安全措施。钻孔过程中应加强防护措施，防止粉尘及设备对人身造成伤害。

7.3　环境保护

输电线路工程应从设计、施工和建设管理等方面采取有效措施实现环境保护和水土保持目标，落实环境保护和水土保持方案及批复意见，执行环水保专项设计文件，保护生态环境，减小对施工场地和周围环境及植被的影响，减少水土流失。

7.4　检测

岩石锚杆基础宜进行验收试验。验收试验应在锚杆浇筑养护达到设计强度后、承台尚未浇筑混凝土前进行。检测方法按照 Q/GDW 11333 执行。

7.5　施工注意事项

（1）施工单位应根据设计单位提供的岩土工程勘测报告和设计文件，结合现场条件，制订合理可行的施工组织措施，确保施工质量和安全。

（2）基础施工前，必须进行基础根开尺寸的复测，仔细核对基础根开、地脚螺栓间距、方向是否与杆塔施工图一致，复核无误后方可进行施工。

（3）基础施工时，施工人员应详细对比岩土工程勘测的地质报告与实际地质情况是否一致，若不一致应及时向设计单位反馈。

（4）根据岩性选用合理设备和钻进方法，钻孔时应有可靠固定措施，钻孔深度不应小于设计深度。

（5）成孔后，应按相关规定进行验孔。

（6）锚筋不允许接头。

（7）地脚螺栓使用前应核对螺杆与螺母匹配情况，将其表面覆盖的油污和氧化皮等清除干净，并对丝扣部分做好防护措施。拧紧螺母后，螺杆露出螺母的长度应符合设计要求。保护帽浇筑前，地脚螺栓应进行复紧。

（8）浇筑承台前须将已开挖基坑清理干净。

（9）承台混凝土浇筑前应清除锚筋外露部分的砂浆，并应在锚杆验收合格后进行浇筑。

（10）承台与周边岩体之间的空隙采用混凝土浇筑密实。

（11）应做好基面排水，塔基范围内不得积水。

第8章 总体使用说明

8.1 基础编号说明

基础编号由6个代号组成，依次包含电压等级、杆塔类型、基础型式、岩土类别、基础作用力、基础主柱高度，其中基础作用力单位为kN，主柱高度单位为dm。

8.2 基础选用方法

设计单位要按照输变电工程通用设计成果的要求，结合工程实际情况合理选用。

第一步，查询本书，根据工程的电压等级、杆塔类型、岩土类别等查询到相应的模块。设计人员也可直接开启"输电线路通用设计数据库"软件，点击"基础查询"按钮，逐级查询。在满足条件下，一个工程可以在不同的模块中选择基础。

第二步，在初步确定了基础后，再根据相应模块的设计说明详细核对基础作用力、岩土类别及力学参数等设计参数，掌握通用设计基础的相关设计技术条件。

最后，在施工图阶段，对选定模块的基础施工图开展设计校验，核对地脚螺栓长度、间距是否与基础尺寸匹配，确保工程可靠应用。

8.3 应用注意事项

基础是输电线路安全稳定运行的基石，属于隐蔽工程，基础设计需考虑地形地质、地下水及腐蚀条件，结合输电线路工程特点综合确定其型式与尺寸，保证安全可靠。

岩石锚杆基础通用设计模块使用时主要注意事项：

（1）严禁未经验算而超条件使用通用设计模块，严禁"以小代大"。

（2）结合工程地形地质及荷载条件，选择经济、合理的通用设计模块，避免"以大代小"。

（3）在其电压等级模块中未查询到相应基础作用力时，根据基础作用力取值，在其他电压等级模块中进行查询使用。

（4）当基础作用力或地质参数与通用设计参数有差异时，可选用合适的模块经校验后使用。

（5）岩石锚杆基础应逐基勘探、逐腿钻探，查明覆盖层及岩石风化程度，勘探深度不小于1.5倍基础埋深。岩溶地区基础设计时应采取必要手段探明岩溶情况。

（6）施工过程中发现岩性与地质资料不符时，应重新设计。

（7）直锚式岩石锚杆基础锚杆间距可根据岩性与施工条件适当加大，并调整塔脚板尺寸。

（8）承台式岩石锚杆基础应核对杆塔地脚螺栓与基础通用设计是否匹配。

（9）选择承台式岩石锚杆基础型号时，应核对主柱宽度是否满足要求。

（10）承台式岩石锚杆基础承台主柱偏心设置时，应避免地脚螺栓与锚筋相碰。

（11）承台式岩石锚杆基础承台嵌岩深度按照不小于0.5m考虑。

（12）承台式岩石锚杆基础锚筋的上下端和直锚式岩石锚杆基础地脚螺栓的根部必须有可靠的锚固措施。

岩石锚杆基础通用设计

第 9 章　1ZMG（Z）模块

本模块为直线塔直锚式岩石锚杆基础模块，适用于覆盖层薄或裸露的微风化、未风化硬质岩石地质。

本模块共有 11 个基础、11 张图纸，由安徽华电公司设计。

基础作用力见表 9.0-1，设计参数见表 9.0-2。

表 9.0-1　　　　　基 础 作 用 力 表　　　　　(kN)

电压等级（kV）	基础作用力代号	T	T_x	T_y	N	N_x	N_y
110（66）	100	100	14	14	130	18	18
	150	150	21	21	195	27	27
	200	200	28	28	260	36	36
	250	250	35	35	325	46	46
	300	300	42	42	390	55	55
	350	350	49	49	455	64	64
	400	400	56	56	520	73	73
	450	450	63	63	585	82	82
	500	500	70	70	650	91	91
	550	550	77	77	715	100	100
	600	600	84	84	780	109	109

表 9.0-2　　　　设 计 参 数 表　　　　(kPa)

岩土类别	代号	τ_a	τ_b	τ_s
岩石	6w	3000	—	—

注　1. 代号含义详见 5.2 节。

　　2. 6w 包含微风化、未风化硬质岩的参数组合，仅适用于直锚式岩石锚杆基础。设计中 τ_b、τ_s 不是控制参数，仅按 τ_a 取值进行设计。

1ZMG（Z）模块共包含 11 张图纸，基础施工图图纸清单见表 9.0-3。

表 9.0-3　　1ZMG（Z）模块基础施工图图纸清单

序号	图号	图　名	基础作用力（kN） $T/T_x/T_y$	基础作用力（kN） $N/N_x/N_y$
1	图 9.0-1	1ZMG（Z）6w-100-00 岩石锚杆基础施工图	100/14/14	130/18/18
2	图 9.0-2	1ZMG（Z）6w-150-00 岩石锚杆基础施工图	150/21/21	195/27/27
3	图 9.0-3	1ZMG（Z）6w-200-00 岩石锚杆基础施工图	200/28/28	260/36/36
4	图 9.0-4	1ZMG（Z）6w-250-00 岩石锚杆基础施工图	250/35/35	325/46/46

序号	图号	图　名	基础作用力（kN）	
			$T/T_x/T_y$	$N/N_x/N_y$
5	图 9.0-5	1ZMG（Z）6w-300-00 岩石锚杆基础施工图	300/42/42	390/55/55
6	图 9.0-6	1ZMG（Z）6w-350-00 岩石锚杆基础施工图	350/49/49	455/64/64
7	图 9.0-7	1ZMG（Z）6w-400-00 岩石锚杆基础施工图	400/56/56	520/73/73
8	图 9.0-8	1ZMG（Z）6w-450-00 岩石锚杆基础施工图	450/63/63	585/82/82

序号	图号	图　名	基础作用力（kN）	
			$T/T_x/T_y$	$N/N_x/N_y$
9	图 9.0-9	1ZMG（Z）6w-500-00 岩石锚杆基础施工图	500/70/70	650/91/91
10	图 9.0-10	1ZMG（Z）6w-550-00 岩石锚杆基础施工图	550/77/77	715/100/100
11	图 9.0-11	1ZMG（Z）6w-600-00 岩石锚杆基础施工图	600/84/84	780/109/109

注　当基础上拔力大于 600kN 时，见第 12 章。

基 础 参 数 表

基础名称	承台宽度 B_e（mm）	承台高度 h_e（mm）	锚杆直径 D（mm）	锚杆间距 b（mm）	锚杆间净距 L_j（mm）	锚杆长度 h_0（mm）	地脚螺栓①	锚杆混凝土（m³）	承台混凝土（m³）
1ZMG（Z）6w-100-00	650	300	90	160	70	3000	4M24（35号）	0.08	0.13

说明：1. 整体立塔时，混凝土的抗压强度应达到设计强度的100%。分解组塔时，混凝土
必须达到抗压强度设计值的70%。

2. 直锚式岩石锚杆基础适用于覆盖层薄或裸露的微风化、未风化硬质岩石地质。

3. 地脚螺栓间距与相应杆塔结构图核对无误后，方可施工。

4. 锚杆细石混凝土强度等级不低于C30，承台混凝土强度等级不低于C25，地脚螺
栓采用35号优质碳素钢。

5. 采用机械钻孔应确保锚孔垂直度，保证成孔质量。

6. 钻孔后应及时封孔，灌浆前应清孔。

7. 细石混凝土应掺入适量膨胀剂，推荐掺量为水泥用量的3%～5%；掺入膨胀剂
后，混凝土强度仍应达到C30等级，混凝土水中14天限制膨胀率应大于0.02%；
膨胀剂混凝土制作应按照GB 50119《混凝土外加剂应用技术规范》执行。

8. 锚杆细石混凝土应每300～500mm分层灌注并振捣密实。

9. 承台嵌岩深度不应小于250mm，承台开挖时应保证岩石构造的整体性不受破坏。

10. 地脚螺栓的根部必须有可靠的锚固措施。

11. 基础参数表中的材料量为单腿工程量。

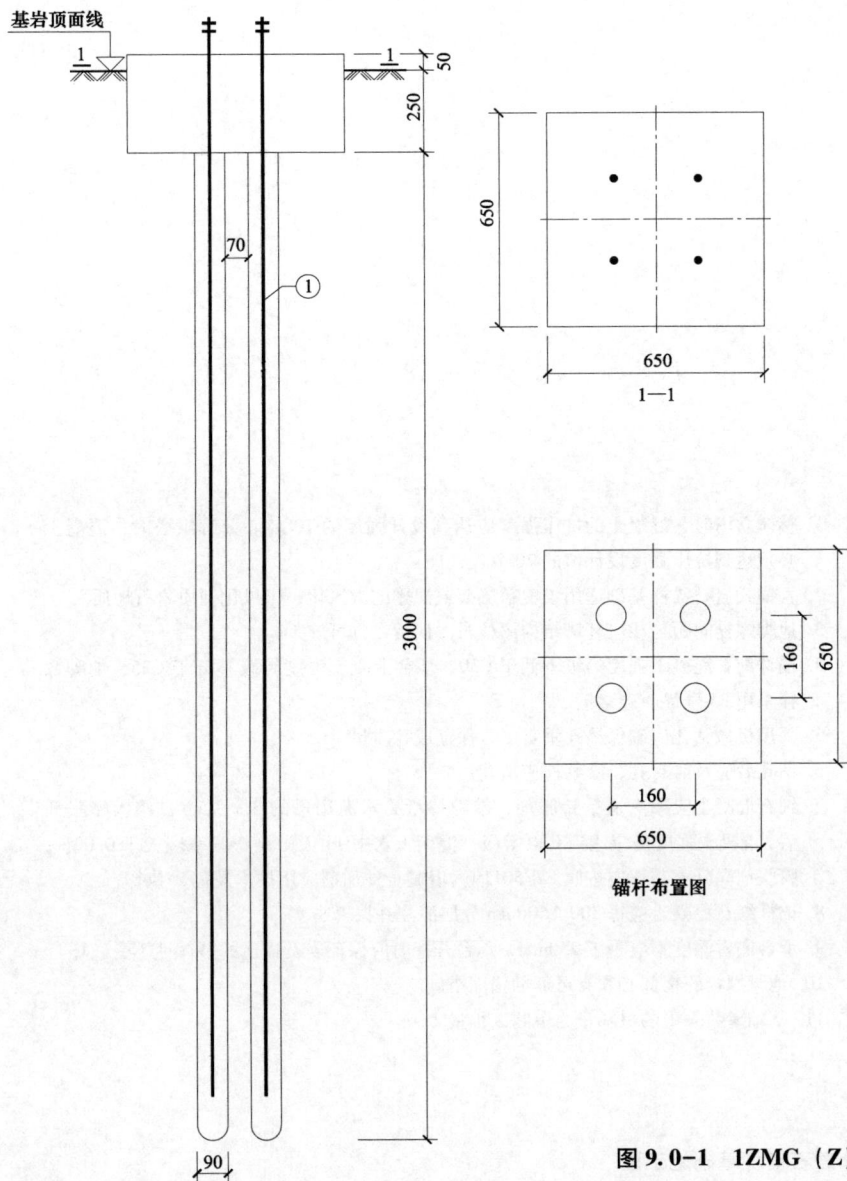

图 9.0-1　1ZMG（Z）6w-100-00岩石锚杆基础施工图

基 础 参 数 表

基础名称	承台宽度 B_a（mm）	承台高度 h_c（mm）	锚杆直径 D（mm）	锚杆间距 b（mm）	锚杆间净距 L_j（mm）	锚杆长度 h_0（mm）	地脚螺栓①	锚杆混凝土（m³）	承台混凝土（m³）
1ZMG（Z）6w-150-00	650	300	90	160	70	3000	4M24（35号）	0.08	0.13

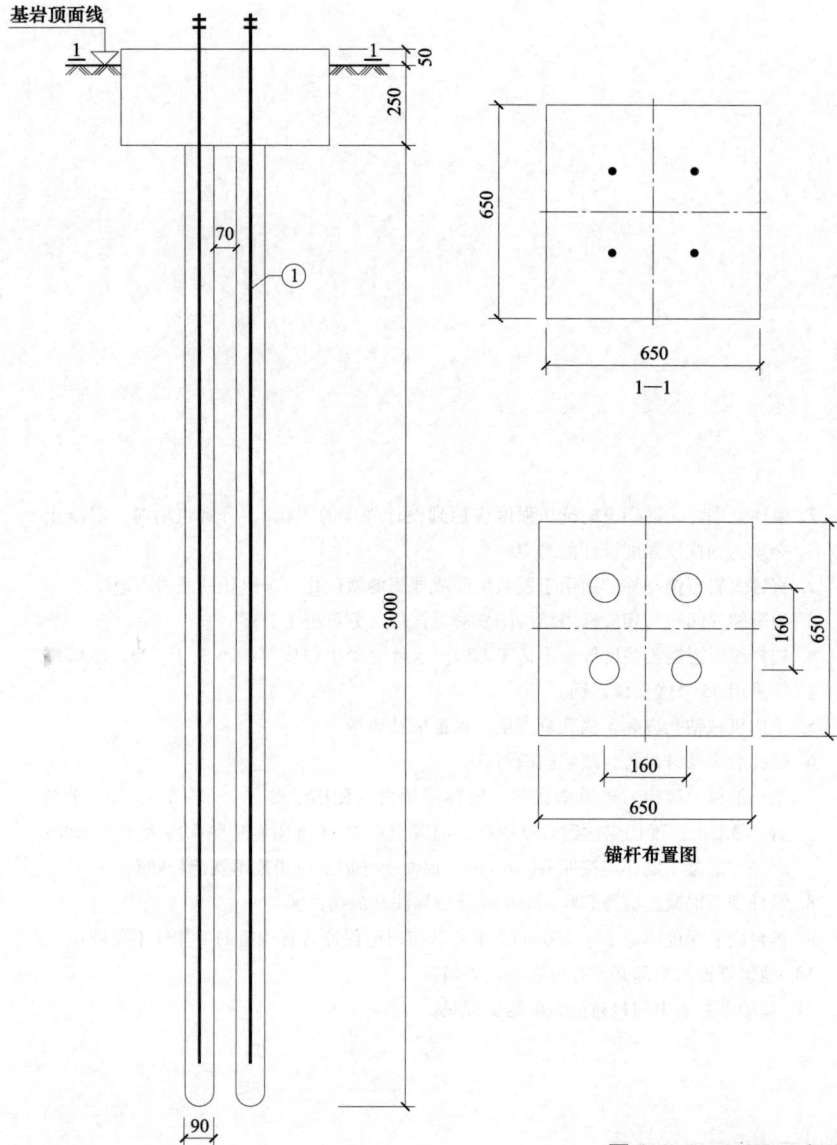

说明：1. 整体立塔时，混凝土的抗压强度应达到设计强度的 100%。分解组塔时，混凝土
必须达到抗压强度设计值的 70%。

2. 直锚式岩石锚杆基础适用于覆盖层薄或裸露的微风化、未风化硬质岩石地质。

3. 地脚螺栓间距与相应杆塔结构图核对无误后，方可施工。

4. 锚杆细石混凝土强度等级不低于 C30，承台混凝土强度等级不低于 C25，地脚螺
栓采用 35 号优质碳素钢。

5. 采用机械钻孔应确保锚孔垂直度，保证成孔质量。

6. 钻孔后应及时封孔，灌浆前应清孔。

7. 细石混凝土应掺入适量膨胀剂，推荐掺量为水泥用量的 3%～5%；掺入膨胀剂
后，混凝土强度仍应达到 C30 等级，混凝土水中 14 天限制膨胀率应大于 0.02%；
膨胀剂混凝土制作应按照 GB 50119《混凝土外加剂应用技术规范》执行。

8. 锚杆细石混凝土应每 300～500mm 分层灌注并振捣密实。

9. 承台嵌岩深度不应小于 250mm，承台开挖时应保证岩石构造的整体性不受破坏。

10. 地脚螺栓的根部必须有可靠的锚固措施。

11. 基础参数表中的材料量为单腿工程量。

图 9.0-2　1ZMG（Z）6w-150-00 岩石锚杆基础施工图

基 础 参 数 表

基础名称	承台宽度 B_z（mm）	承台高度 h_c（mm）	锚杆直径 D（mm）	锚杆间距 b（mm）	锚杆间净距 L_j（mm）	锚杆长度 h_0（mm）	地脚螺栓①	锚杆混凝土（m³）	承台混凝土（m³）
1ZMG（Z）6w-200-00	650	300	90	160	70	3000	4M24（35号）	0.08	0.13

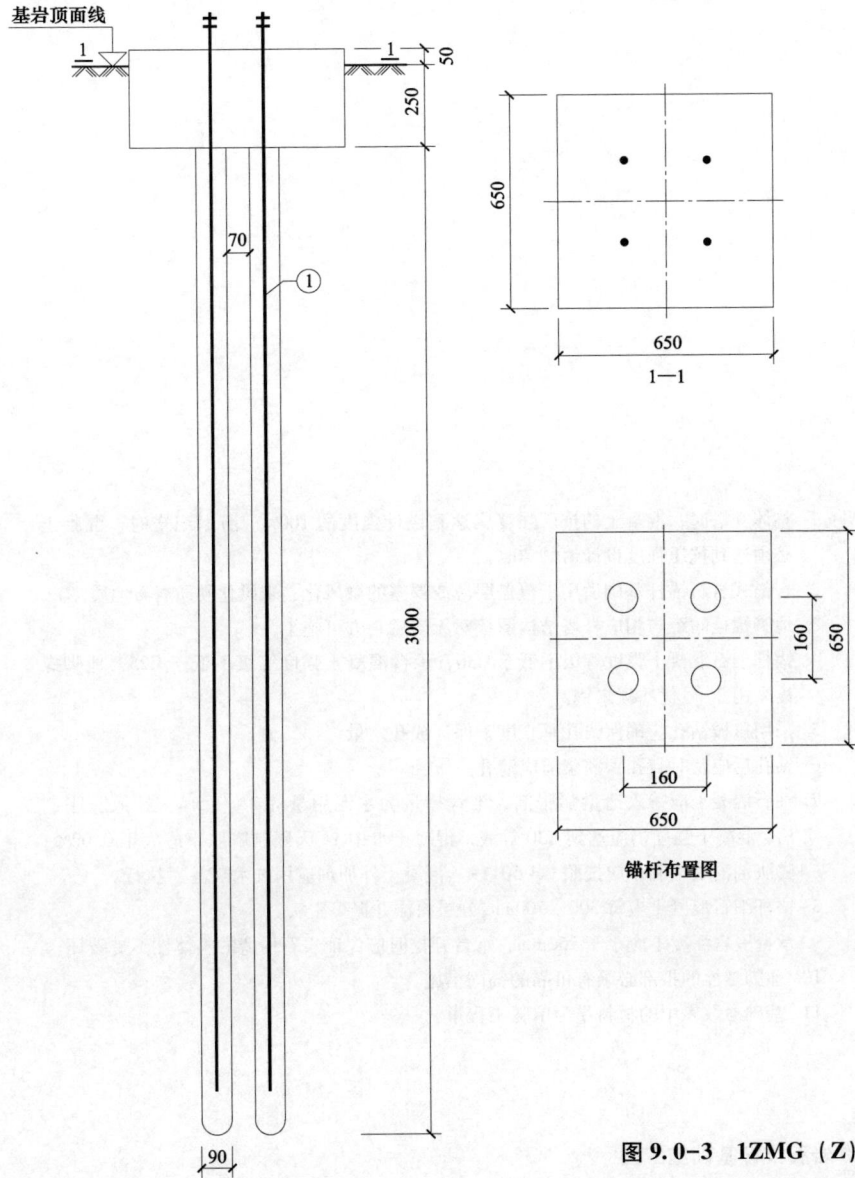

说明：1. 整体立塔时，混凝土的抗压强度应达到设计强度的 100%。分解组塔时，混凝土必须达到抗压强度设计值的 70%。

2. 直锚式岩石锚杆基础适用于覆盖层薄或裸露的微风化、未风化硬质岩石地质。

3. 地脚螺栓间距与相应杆塔结构图核对无误后，方可施工。

4. 锚杆细石混凝土强度等级不低于 C30，承台混凝土强度等级不低于 C25，地脚螺栓采用 35 号优质碳素钢。

5. 采用机械钻孔应确保锚孔垂直度，保证成孔质量。

6. 钻孔后应及时封孔，灌浆前应清孔。

7. 细石混凝土应掺入适量膨胀剂，推荐掺量为水泥用量的 3%～5%；掺入膨胀剂后，混凝土强度仍应达到 C30 等级，混凝土水中 14 天限制膨胀率应大于 0.02%；膨胀剂混凝土制作应按照 GB 50119《混凝土外加剂应用技术规范》执行。

8. 锚杆细石混凝土应每 300～500mm 分层灌注并振捣密实。

9. 承台嵌岩深度不应小于 250mm，承台开挖时应保证岩石构造的整体性不受破坏。

10. 地脚螺栓的根部必须有可靠的锚固措施。

11. 基础参数表中的材料量为单腿工程量。

锚杆布置图

图 9.0-3　1ZMG（Z）6w-200-00 岩石锚杆基础施工图

基 础 参 数 表

基础名称	承台宽度 B_z（mm）	承台高度 h_c（mm）	锚杆直径 D（mm）	锚杆间距 b（mm）	锚杆间净距 L_j（mm）	锚杆长度 h_0（mm）	地脚螺栓①	锚杆混凝土（m³）	承台混凝土（m³）
1ZMG（Z）6w-250-00	690	350	90	200	110	3000	4M30（35 号）	0.08	0.17

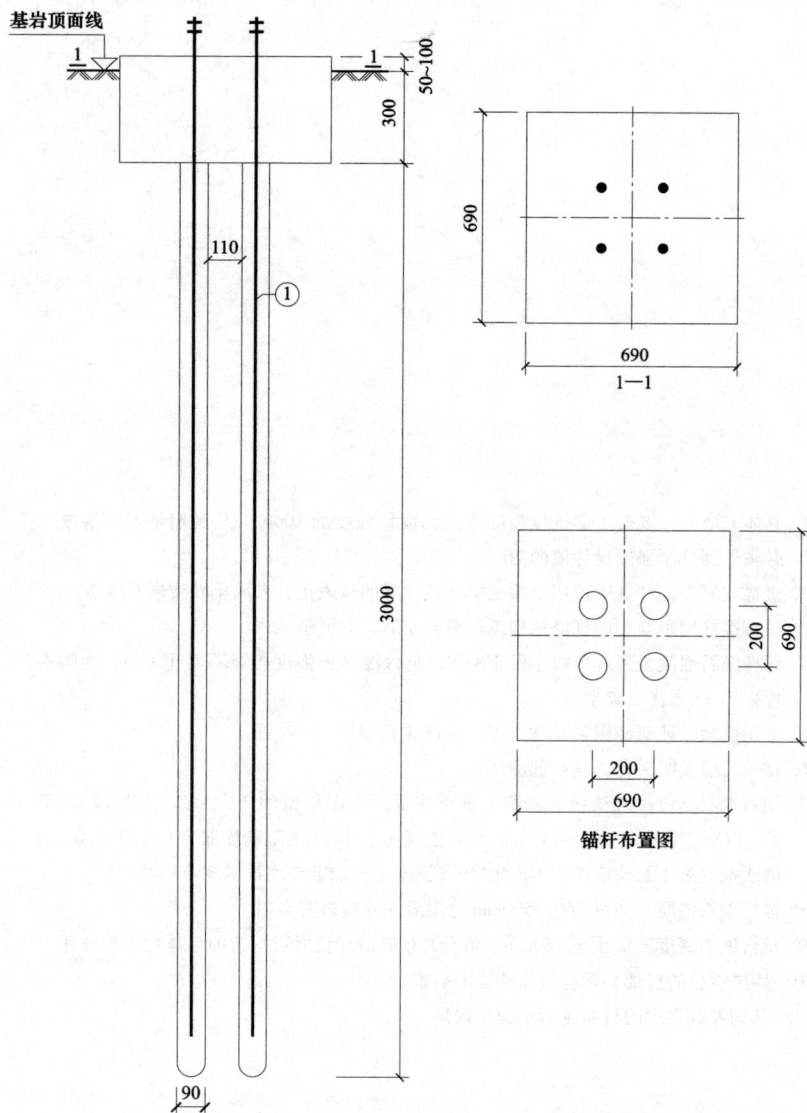

基岩顶面线

1—1

锚杆布置图

说明：1. 整体立塔时，混凝土的抗压强度应达到设计强度的 100%。分解组塔时，混凝土
　　　　必须达到抗压强度设计值的 70%。
　　　2. 直锚式岩石锚杆基础适用于覆盖层薄或裸露的微风化、未风化硬质岩石地质。
　　　3. 地脚螺栓间距与相应杆塔结构图核对无误后，方可施工。
　　　4. 锚杆细石混凝土强度等级不低于 C30，承台混凝土强度等级不低于 C25，地脚螺
　　　　栓采用 35 号优质碳素钢。
　　　5. 采用机械钻孔应确保锚孔垂直度，保证成孔质量。
　　　6. 钻孔后应及时封孔，灌浆前应清孔。
　　　7. 细石混凝土应掺入适量膨胀剂，推荐掺量为水泥用量的 3%～5%；掺入膨胀剂
　　　　后，混凝土强度仍应达到 C30 等级，混凝土水中 14 天限制膨胀率应大于 0.02%；
　　　　膨胀剂混凝土制作应按照 GB 50119《混凝土外加剂应用技术规范》执行。
　　　8. 锚杆细石混凝土应每 300～500mm 分层灌注并振捣密实。
　　　9. 承台嵌岩深度不应小于 250mm，承台开挖时应保证岩石构造的整体性不受破坏。
　　　10. 地脚螺栓的根部必须有可靠的锚固措施。
　　　11. 基础参数表中的材料量为单腿工程量。

图 9.0-4　1ZMG（Z）6w-250-00 岩石锚杆基础施工图

国家电网公司输变电工程通用设计　输电线路岩石锚杆基础分册（2017 年版）

基础参数表

基础名称	承台宽度 B_z（mm）	承台高度 h_c（mm）	锚杆直径 D（mm）	锚杆间距 b（mm）	锚杆间净距 L_j（mm）	锚杆长度 h_0（mm）	地脚螺栓①	锚杆混凝土（m³）	承台混凝土（m³）
1ZMG（Z）6w-300-00	690	350	90	200	110	3000	4M30（35号）	0.08	0.17

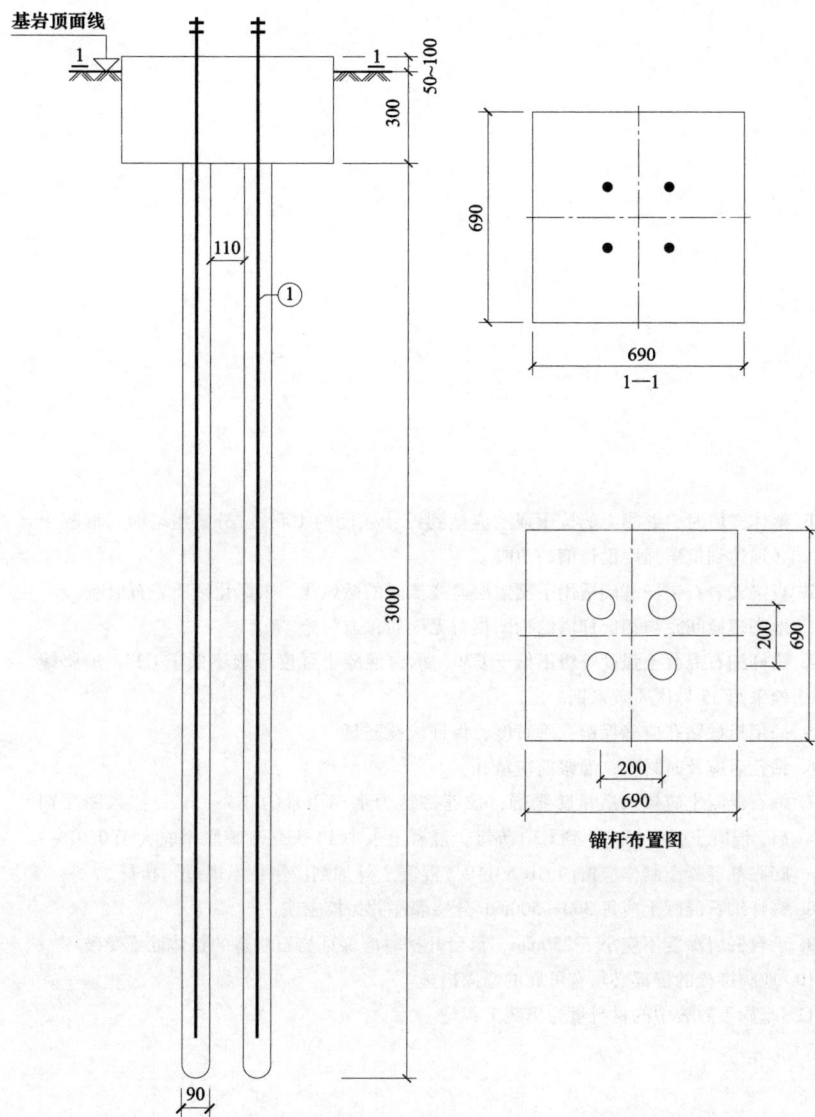

说明：1. 整体立塔时，混凝土的抗压强度应达到设计强度的100%。分解组塔时，混凝土必须达到抗压强度设计值的70%。

2. 直锚式岩石锚杆基础适用于覆盖层薄或裸露的微风化、未风化硬质岩石地质。

3. 地脚螺栓间距与相应杆塔结构图核对无误后，方可施工。

4. 锚杆细石混凝土强度等级不低于C30，承台混凝土强度等级不低于C25，地脚螺栓采用35号优质碳素钢。

5. 采用机械钻孔应确保锚孔垂直度，保证成孔质量。

6. 钻孔后应及时封孔，灌浆前应清孔。

7. 细石混凝土应掺入适量膨胀剂，推荐掺量为水泥用量的3%～5%；掺入膨胀剂后，混凝土强度仍应达到C30等级，混凝土水中14天限制膨胀率应大于0.02%；膨胀剂混凝土制作应按照GB 50119《混凝土外加剂应用技术规范》执行。

8. 锚杆细石混凝土应每300～500mm分层灌注并振捣密实。

9. 承台嵌岩深度不应小于250mm，承台开挖时应保证岩石构造的整体性不受破坏。

10. 地脚螺栓的根部必须有可靠的锚固措施。

11. 基础参数表中的材料量为单腿工程量。

图 9.0-5 1ZMG（Z）6w-300-00岩石锚杆基础施工图

基 础 参 数 表

基础名称	承台宽度 B_z（mm）	承台高度 h_c（mm）	锚杆直径 D（mm）	锚杆间距 b（mm）	锚杆间净距 L_j（mm）	锚杆长度 h_0（mm）	地脚螺栓①	锚杆混凝土（m³）	承台混凝土（m³）
1ZMG（Z）6w-350-00	690	350	90	200	110	3000	4M30（35 号）	0.08	0.17

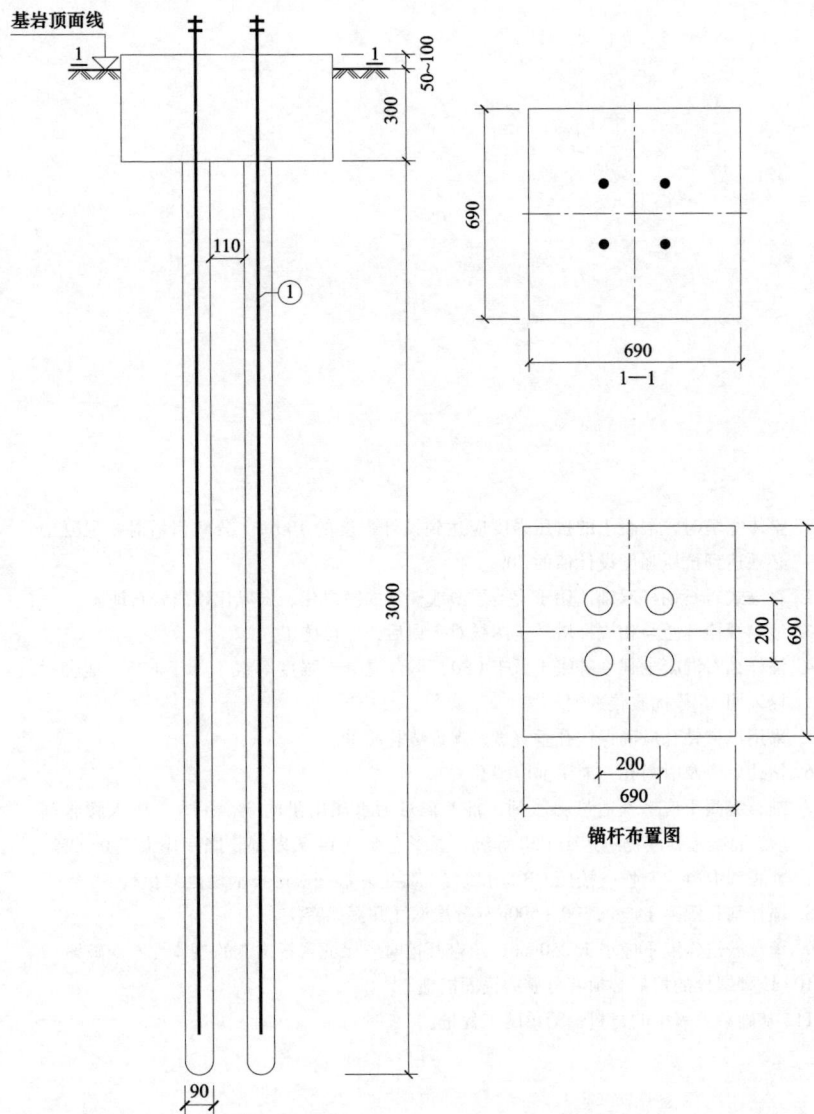

说明：1. 整体立塔时，混凝土的抗压强度应达到设计强度的 100%。分解组塔时，混凝土必须达到抗压强度设计值的 70%。

2. 直锚式岩石锚杆基础适用于覆盖层薄或裸露的微风化、未风化硬质岩石地质。

3. 地脚螺栓间距与相应杆塔结构图核对无误后，方可施工。

4. 锚杆细石混凝土强度等级不低于 C30，承台混凝土强度等级不低于 C25，地脚螺栓采用 35 号优质碳素钢。

5. 采用机械钻孔应确保锚孔垂直度，保证成孔质量。

6. 钻孔后应及时封孔，灌浆前应清孔。

7. 细石混凝土应掺入适量膨胀剂，推荐掺量为水泥用量的 3%～5%；掺入膨胀剂后，混凝土强度仍应达到 C30 等级，混凝土水中 14 天限制膨胀率应大于 0.02%；膨胀剂混凝土制作应按照 GB 50119《混凝土外加剂应用技术规范》执行。

8. 锚杆细石混凝土应每 300～500mm 分层灌注并振捣密实。

9. 承台嵌岩深度不应小于 250mm，承台开挖时应保证岩石构造的整体性不受破坏。

10. 地脚螺栓的根部必须有可靠的锚固措施。

11. 基础参数表中的材料量为单腿工程量。

图 9.0-6 1ZMG（Z）6w-350-00 岩石锚杆基础施工图

基础参数表

基础名称	承台宽度 B_a（mm）	承台高度 h_c（mm）	锚杆直径 D（mm）	锚杆间距 b（mm）	锚杆间净距 L_j（mm）	锚杆长度 h_0（mm）	地脚螺栓①	锚杆混凝土（m³）	承台混凝土（m³）
1ZMG（Z）6w-400-00	740	350	100	240	140	3000	4M36（35号）	0.09	0.19

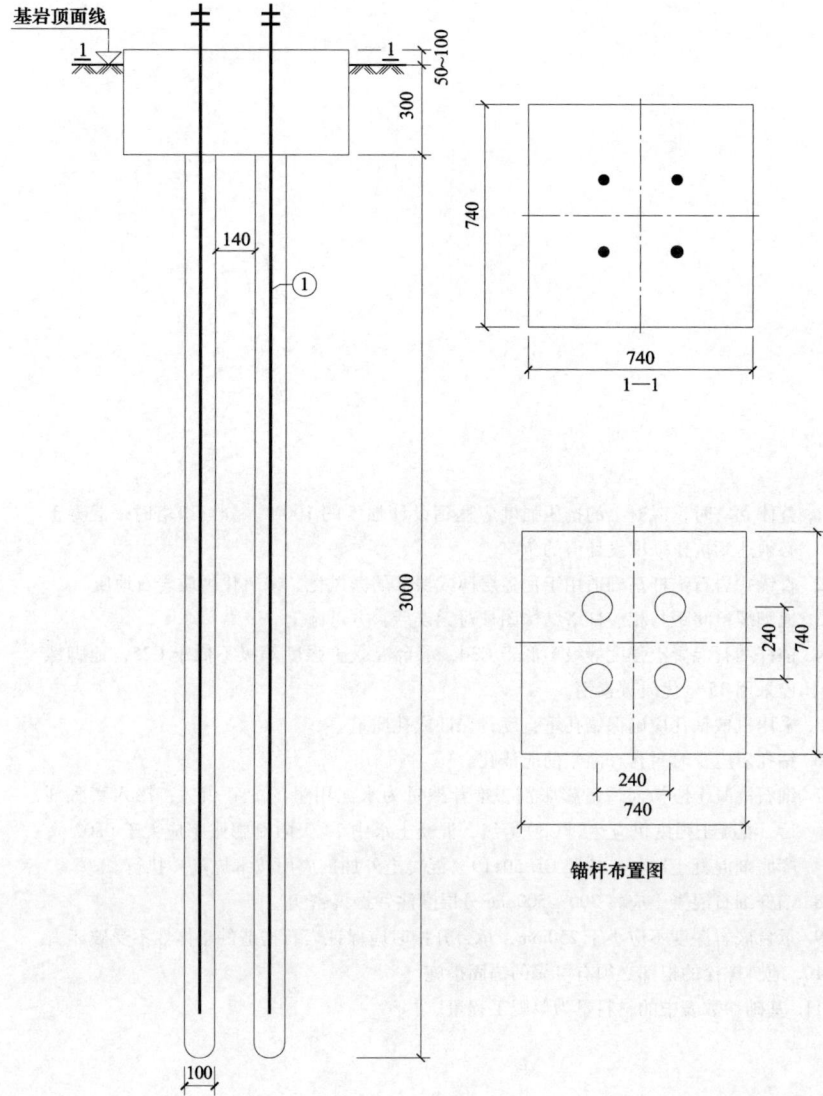

说明：1. 整体立塔时，混凝土的抗压强度应达到设计强度的100%。分解组塔时，混凝土必须达到抗压强度设计值的70%。

2. 直锚式岩石锚杆基础适用于覆盖层薄或裸露的微风化、未风化硬质岩石地质。

3. 地脚螺栓间距与相应杆塔结构图核对无误后，方可施工。

4. 锚杆细石混凝土强度等级不低于C30，承台混凝土强度等级不低于C25，地脚螺栓采用35号优质碳素钢。

5. 采用机械钻孔应确保锚孔垂直度，保证成孔质量。

6. 钻孔后应及时封孔，灌浆前应清孔。

7. 细石混凝土应掺入适量膨胀剂，推荐掺量为水泥用量的3%～5%；掺入膨胀剂后，混凝土强度仍应达到C30等级，混凝土水中14天限制膨胀率应大于0.02%；膨胀剂混凝土制作应按照GB 50119《混凝土外加剂应用技术规范》执行。

8. 锚杆细石混凝土应每300～500mm分层灌注并振捣密实。

9. 承台嵌岩深度不应小于250mm，承台开挖时应保证岩石构造的整体性不受破坏。

10. 地脚螺栓的根部必须有可靠的锚固措施。

11. 基础参数表中的材料量为单腿工程量。

锚杆布置图

图 9.0-7　1ZMG（Z）6w-400-00岩石锚杆基础施工图

基 础 参 数 表

基础名称	承台宽度 B_z (mm)	承台高度 h_c (mm)	锚杆直径 D (mm)	锚杆间距 b (mm)	锚杆间净距 L_j (mm)	锚杆长度 h_0 (mm)	地脚螺栓①	锚杆混凝土 (m³)	承台混凝土 (m³)
1ZMG（Z）6w-450-00	740	350	100	240	140	3000	4M36（35 号）	0.09	0.19

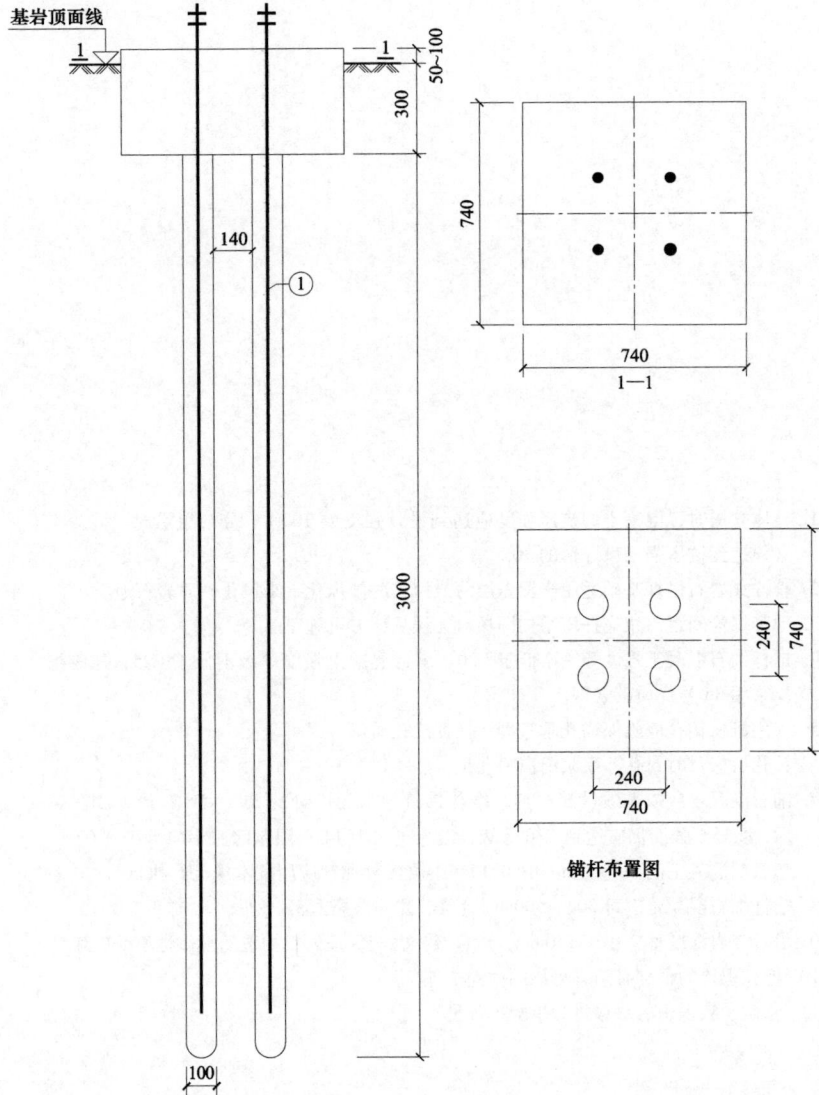

说明：1. 整体立塔时，混凝土的抗压强度应达到设计强度的 100%。分解组塔时，混凝土必须达到抗压强度设计值的 70%。

2. 直锚式岩石锚杆基础适用于覆盖层薄或裸露的微风化、未风化硬质岩石地质。

3. 地脚螺栓间距与相应杆塔结构图核对无误后，方可施工。

4. 锚杆细石混凝土强度等级不低于 C30，承台混凝土强度等级不低于 C25，地脚螺栓采用 35 号优质碳素钢。

5. 采用机械钻孔应确保锚孔垂直度，保证成孔质量。

6. 钻孔后应及时封孔，灌浆前应清孔。

7. 细石混凝土应掺入适量膨胀剂，推荐掺量为水泥用量的 3%～5%；掺入膨胀剂后，混凝土强度仍应达到 C30 等级，混凝土水中 14 天限制膨胀率应大于 0.02%；膨胀剂混凝土制作应按照 GB 50119《混凝土外加剂应用技术规范》执行。

8. 锚杆细石混凝土应每 300～500mm 分层灌注并振捣密实。

9. 承台嵌岩深度不应小于 250mm，承台开挖时应保证岩石构造的整体性不受破坏。

10. 地脚螺栓的根部必须有可靠的锚固措施。

11. 基础参数表中的材料量为单腿工程量。

锚杆布置图

图 9.0-8　1ZMG（Z）6w-450-00 岩石锚杆基础施工图

基 础 参 数 表

基础名称	承台宽度 B_z（mm）	承台高度 h_c（mm）	锚杆直径 D（mm）	锚杆间距 b（mm）	锚杆间净距 L_j（mm）	锚杆长度 h_0（mm）	地脚螺栓①	锚杆混凝土（m^3）	承台混凝土（m^3）
1ZMG（Z）6w-500-00	740	350	100	240	140	3000	4M36（35号）	0.09	0.19

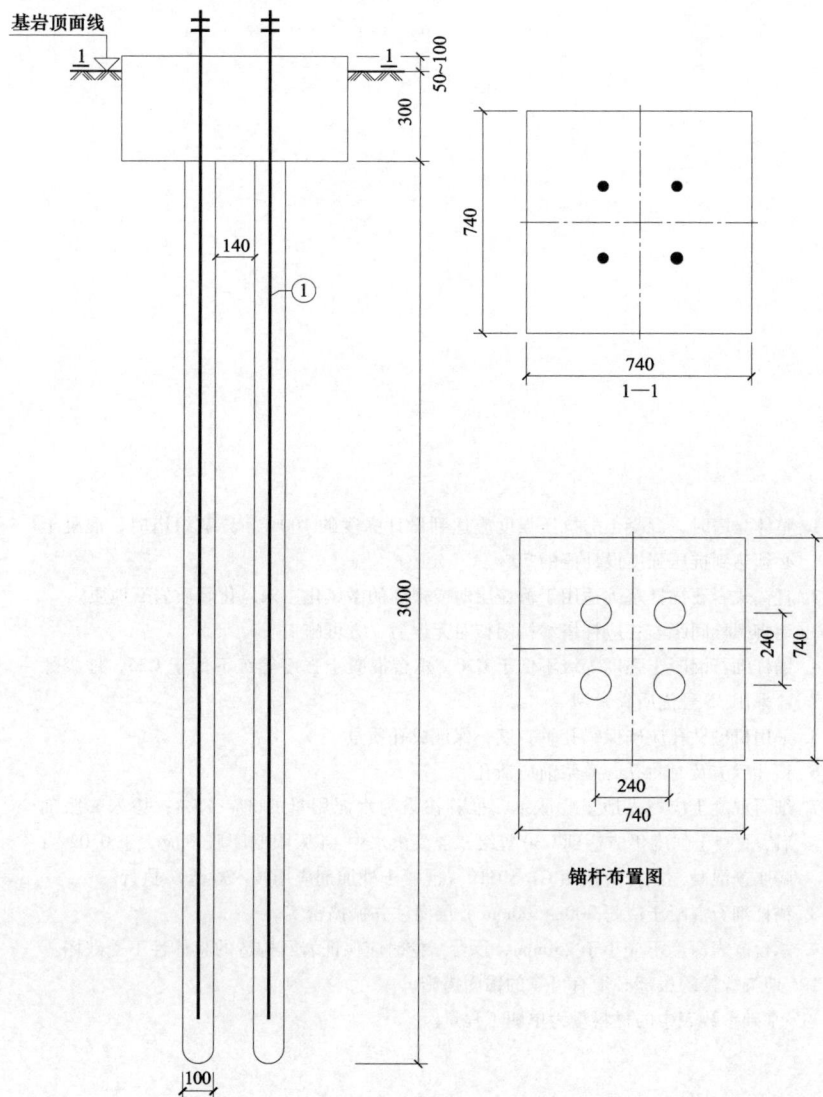

说明：1. 整体立塔时，混凝土的抗压强度应达到设计强度的100%。分解组塔时，混凝土必须达到抗压强度设计值的70%。

2. 直锚式岩石锚杆基础适用于覆盖层薄或裸露的微风化、未风化硬质岩石地质。

3. 地脚螺栓间距与相应杆塔结构图核对无误后，方可施工。

4. 锚杆细石混凝土强度等级不低于C30，承台混凝土强度等级不低于C25，地脚螺栓采用35号优质碳素钢。

5. 采用机械钻孔应确保锚孔垂直度，保证成孔质量。

6. 钻孔后应及时封孔，灌浆前应清孔。

7. 细石混凝土应掺入适量膨胀剂，推荐掺量为水泥用量的3%～5%；掺入膨胀剂后，混凝土强度仍应达到C30等级，混凝土水中14天限制膨胀率应大于0.02%；膨胀剂混凝土制作应按照GB 50119《混凝土外加剂应用技术规范》执行。

8. 锚杆细石混凝土应每300～500mm分层灌注并振捣密实。

9. 承台嵌岩深度不应小于250mm，承台开挖时应保证岩石构造的整体性不受破坏。

10. 地脚螺栓的根部必须有可靠的锚固措施。

11. 基础参数表中的材料量为单腿工程量。

锚杆布置图

图 9.0-9　1ZMG（Z）6w-500-00岩石锚杆基础施工图

基 础 参 数 表

基础名称	承台宽度 B_z（mm）	承台高度 h_c（mm）	锚杆直径 D（mm）	锚杆间距 b（mm）	锚杆间净距 L_j（mm）	锚杆长度 h_0（mm）	地脚螺栓①	锚杆混凝土（m³）	承台混凝土（m³）
1ZMG（Z）6w-550-00	740	350	100	240	140	3000	4M36（35 号）	0.09	0.19

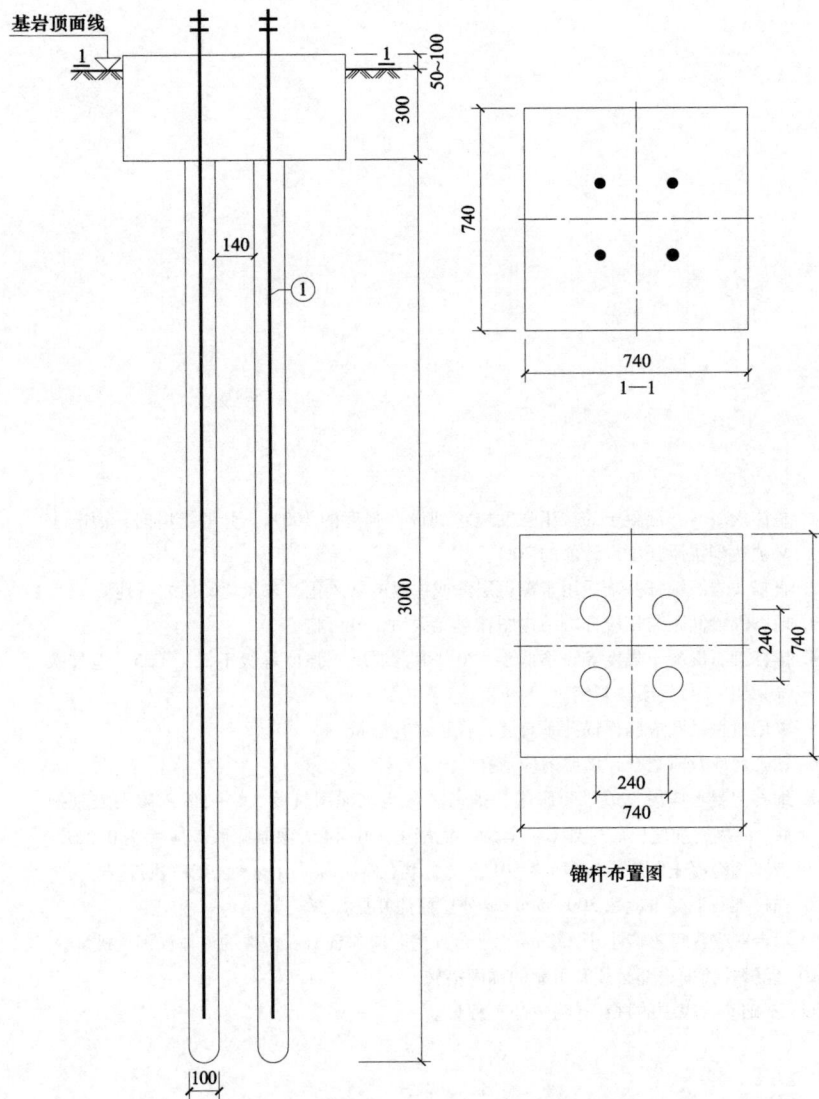

说明：1. 整体立塔时，混凝土的抗压强度应达到设计强度的 100%。分解组塔时，混凝土必须达到抗压强度设计值的 70%。

2. 直锚式岩石锚杆基础适用于覆盖层薄或裸露的微风化、未风化硬质岩石地质。

3. 地脚螺栓间距与相应杆塔结构图核对无误后，方可施工。

4. 锚杆细石混凝土强度等级不低于 C30，承台混凝土强度等级不低于 C25，地脚螺栓采用 35 号优质碳素钢。

5. 采用机械钻孔应确保锚孔垂直度，保证成孔质量。

6. 钻孔后应及时封孔，灌浆前应清孔。

7. 细石混凝土应掺入适量膨胀剂，推荐掺量为水泥用量的 3% ～5%；掺入膨胀剂后，混凝土强度仍应达到 C30 等级，混凝土水中 14 天限制膨胀率应大于 0.02%；膨胀剂混凝土制作应按照 GB 50119《混凝土外加剂应用技术规范》执行。

8. 锚杆细石混凝土应每 300～500mm 分层灌注并振捣密实。

9. 承台嵌岩深度不应小于 250mm，承台开挖时应保证岩石构造的整体性不受破坏。

10. 地脚螺栓的根部必须有可靠的锚固措施。

11. 基础参数表中的材料量为单腿工程量。

图 9.0-10　1ZMG（Z）6w-550-00 岩石锚杆基础施工图

基 础 参 数 表

基础名称	承台宽度 B_z（mm）	承台高度 h_c（mm）	锚杆直径 D（mm）	锚杆间距 b（mm）	锚杆间净距 L_j（mm）	锚杆长度 h_0（mm）	地脚螺栓①	锚杆混凝土（m³）	承台混凝土（m³）
1ZMG（Z）6w-600-00	770	400	110	260	150	3000	4M42（35 号）	0.11	0.24

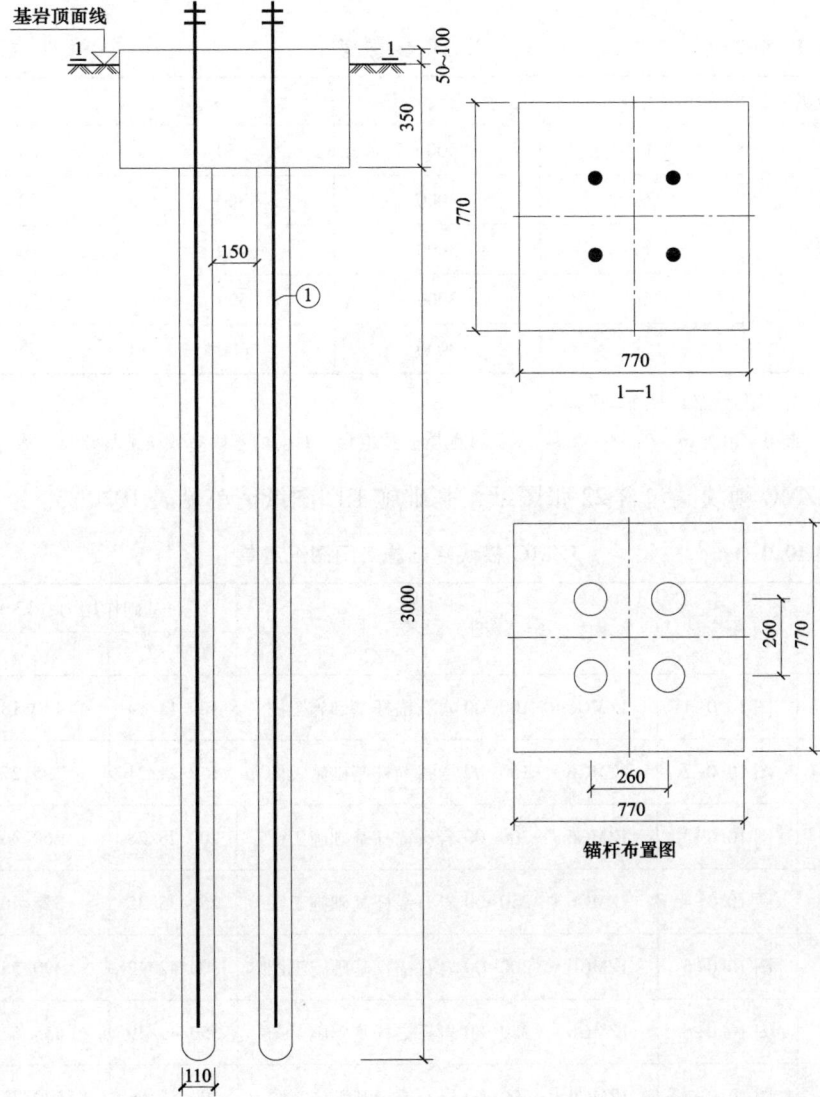

说明：1. 整体立塔时，混凝土的抗压强度应达到设计强度的 100%。分解组塔时，混凝土
  必须达到抗压强度设计值的 70%。
2. 直锚式岩石锚杆基础适用于覆盖层薄或裸露的微风化、未风化硬质岩石地质。
3. 地脚螺栓间距与相应杆塔结构图核对无误后，方可施工。
4. 锚杆细石混凝土强度等级不低于 C30，承台混凝土强度等级不低于 C25，地脚螺
  栓采用 35 号优质碳素钢。
5. 采用机械钻孔应确保锚孔垂直度，保证成孔质量。
6. 钻孔后应及时封孔，灌浆前应清孔。
7. 细石混凝土应掺入适量膨胀剂，推荐掺量为水泥用量的 3%～5%；掺入膨胀剂
  后，混凝土强度仍应达到 C30 等级，混凝土水中 14 天限制膨胀率应大于 0.02%；
  膨胀剂混凝土制作应按照 GB 50119《混凝土外加剂应用技术规范》执行。
8. 锚杆细石混凝土应每 300～500mm 分层灌注并振捣密实。
9. 承台嵌岩深度不应小于 250mm，承台开挖时应保证岩石构造的整体性不受破坏。
10. 地脚螺栓的根部必须有可靠的锚固措施。
11. 基础参数表中的材料量为单腿工程量。

图 9.0-11 1ZMG（Z）6w-600-00 岩石锚杆基础施工图

第 10 章　1ZMG 模 块

本模块为直线塔岩石锚杆基础模块，适用于岩石地质。

本模块共 110 个基础、22 张图纸，不同设计参数基础合并出图。如基础 1ZMG6r-100-00、1ZMG6s-100-00、1ZMG6t-100-00、1ZMG6u-100-00、1ZMG6v-100-00 合并为一张图纸，图名为 1ZMG6*-100-00 岩石锚杆基础施工图。

本模块由安徽华电公司设计。

基础作用力见表 10.0-1，设计参数见表 10.0-2。

表 10.0-1　　　　　　基 础 作 用 力 表　　　　　　（kN）

电压等级 （kV）	基础作用力代号	T	T_x	T_y	N	N_x	N_y
110（66）	100	100	14	14	130	18	18
	150	150	21	21	195	27	27
	200	200	28	28	260	36	36
	250	250	35	35	325	46	46
	300	300	42	42	390	55	55
	350	350	49	49	455	64	64
	400	400	56	56	520	73	73
	450	450	63	63	585	82	82
	500	500	70	70	650	91	91
	550	550	77	77	715	100	100
	600	600	84	84	780	109	109

表 10.0-2　　　　　　设 计 参 数 表　　　　　　（kPa）

岩土类别	代号	τ_a	τ_b	τ_s
岩石	6r	3000	250	25
	6s	3000	300	30
	6t	3000	400	40
	6u	3000	500	50
	6v	3000	600	60

注　1. 代号含义详见 5.2 节。

　　2. 6* 包含 6r、6s、6t、6u、6v 五种地质参数组合，对应的基础参数详见基础施工图。

1ZMG 模块共包含 22 张图纸，基础施工图图纸清单见表 10.0-3。

表 10.0-3　　　　　　1ZMG 模块基础施工图图纸清单

序号	图号	图　名	基础作用力（kN） $T/T_x/T_y$	$N/N_x/N_y$
1	图 10.0-1	1ZMG6*-100-00 岩石锚杆基础施工图	100/14/14	130/18/18
2	图 10.0-2	1ZMG6*-150-00 岩石锚杆基础施工图	150/21/21	195/27/27
3	图 10.0-3	1ZMG6*-200-00 岩石锚杆基础施工图	200/28/28	260/36/36
4	图 10.0-4	1ZMG6*-250-00 岩石锚杆基础施工图	250/35/35	325/46/46
5	图 10.0-5	1ZMG6*-300-00 岩石锚杆基础施工图	300/42/42	390/55/55
6	图 10.0-6	1ZMG6*-350-00 岩石锚杆基础施工图	350/49/49	455/64/64
7	图 10.0-7	1ZMG6*-400-00 岩石锚杆基础施工图	400/56/56	520/73/73
8	图 10.0-8	1ZMG6*-450-00 岩石锚杆基础施工图	450/63/63	585/82/82

序号	图号	图　名	基础作用力（kN）	
			$T/T_x/T_y$	$N/N_x/N_y$
9	图 10.0-9	1ZMG6＊-500-00 岩石锚杆基础施工图	500/70/70	650/91/91
10	图 10.0-10	1ZMG6＊-550-00 岩石锚杆基础施工图	550/77/77	715/100/100
11	图 10.0-11	1ZMG6＊-600-00 岩石锚杆基础施工图	600/84/84	780/109/109
12	图 10.0-12	1ZMG6＊-100-05 岩石锚杆基础施工图	100/14/14	130/18/18
13	图 10.0-13	1ZMG6＊-150-05 岩石锚杆基础施工图	150/21/21	195/27/27
14	图 10.0-14	1ZMG6＊-200-05 岩石锚杆基础施工图	200/28/28	260/36/36
15	图 10.0-15	1ZMG6＊-250-05 岩石锚杆基础施工图	250/35/35	325/46/46

序号	图号	图　名	基础作用力（kN）	
			$T/T_x/T_y$	$N/N_x/N_y$
16	图 10.0-16	1ZMG6＊-300-05 岩石锚杆基础施工图	300/42/42	390/55/55
17	图 10.0-17	1ZMG6＊-350-05 岩石锚杆基础施工图	350/49/49	455/64/64
18	图 10.0-18	1ZMG6＊-400-05 岩石锚杆基础施工图	400/56/56	520/73/73
19	图 10.0-19	1ZMG6＊-450-05 岩石锚杆基础施工图	450/63/63	585/82/82
20	图 10.0-20	1ZMG6＊-500-05 岩石锚杆基础施工图	500/70/70	650/91/91
21	图 10.0-21	1ZMG6＊-550-05 岩石锚杆基础施工图	550/77/77	715/100/100
22	图 10.0-22	1ZMG6＊-600-05 岩石锚杆基础施工图	600/84/84	780/109/109

注　当基础上拔力大于 600kN 时，见第 13、15 章。

基 础 参 数 表

基础名称	主柱宽度 B_z （mm）	主柱高度 h_z （mm）	锚杆直径 D （mm）	锚杆间距 b （mm）	锚杆长度 h_0 （mm）	锚筋①	主柱钢筋②	锚杆混凝土 （m^3）	承台混凝土 （m^3）	钢筋 （kg）
1ZMG6r-100-00	900	900	90	410	3000	4 ϕ 25	28 ϕ 18	0.08	0.73	121.6
1ZMG6s-100-00	900	900	90	410	3000	4 ϕ 25	28 ϕ 18	0.08	0.73	121.6
1ZMG6t-100-00	900	900	90	410	3000	4 ϕ 25	28 ϕ 18	0.08	0.73	121.6
1ZMG6u-100-00	900	900	90	410	3000	4 ϕ 25	28 ϕ 18	0.08	0.73	121.6
1ZMG6v-100-00	900	900	90	410	3000	4 ϕ 25	28 ϕ 18	0.08	0.73	121.6

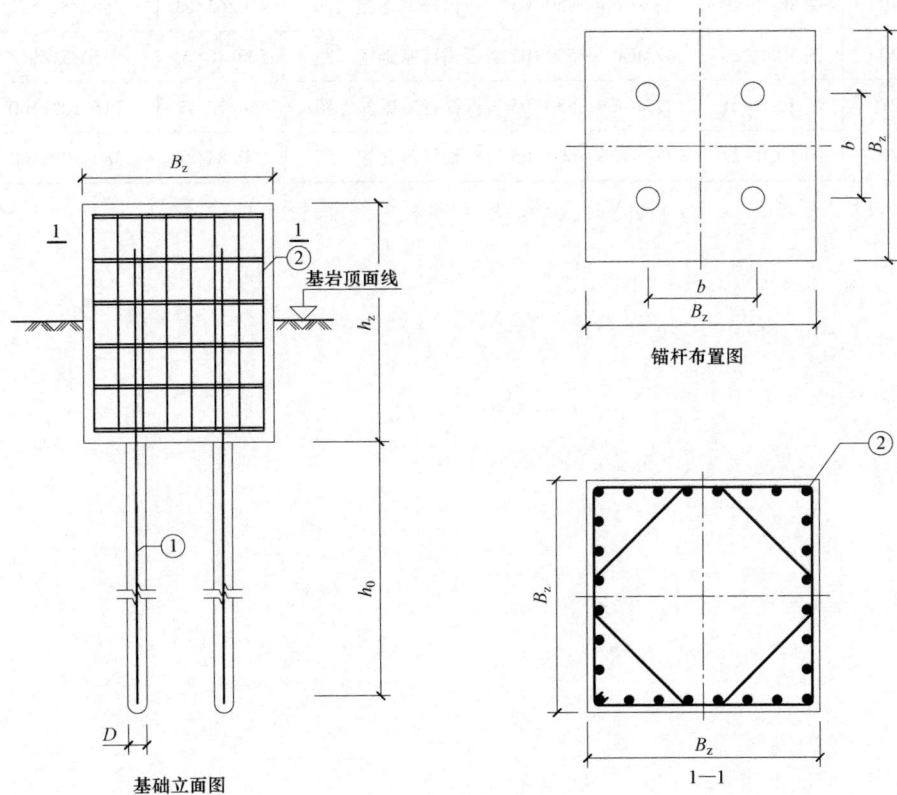

锚杆布置图

基础立面图

1—1

说明：1. 整体立塔时，混凝土的抗压强度应达到设计强度的 100%。分解组塔时，混凝土
必须达到抗压强度设计值的 70%。

2. 地脚螺栓间距与相应杆塔结构图核对无误后，方可施工。

3. 锚杆细石混凝土强度等级不低于 C30，承台及主柱混凝土强度等级不低于 C25。

4. 锚筋、主筋采用 HRB400 级钢筋，箍筋为 HPB300 级钢筋。

5. 主柱底部主筋保护层不小于 70mm，其他不小于 50mm。

6. 钻孔后应及时封孔，灌浆前应清孔。

7. 锚杆细石混凝土应每 300～500mm 分层灌注并振捣密实。

8. 细石混凝土应掺入适量膨胀剂，推荐掺量为水泥用量的 3%～5%；掺入膨胀剂
后，混凝土强度仍应达到 C30 等级，混凝土水中 14 天限制膨胀率应大于 0.02%；
膨胀剂混凝土制作应按照 GB 50119《混凝土外加剂应用技术规范》执行。

9. 锚筋的上下端必须有可靠的锚固措施。

10. 基础参数表中的材料量为单腿工程量。

图 10.0-1 1ZMG6∗-100-00 岩石锚杆基础施工图

基 础 参 数 表

基础名称	主柱宽度 B_z （mm）	主柱高度 h_z （mm）	锚杆直径 D （mm）	锚杆间距 b （mm）	锚杆长度 h_0 （mm）	锚筋①	主柱钢筋②	锚杆混凝土 （m^3）	承台混凝土 （m^3）	钢筋 （kg）
1ZMG6r-150-00	900	900	90	410	3000	4ϕ25	28ϕ18	0.08	0.73	121.6
1ZMG6s-150-00	900	900	90	410	3000	4ϕ25	28ϕ18	0.08	0.73	121.6
1ZMG6t-150-00	900	900	90	410	3000	4ϕ25	28ϕ18	0.08	0.73	121.6
1ZMG6u-150-00	900	900	90	410	3000	4ϕ25	28ϕ18	0.08	0.73	121.6
1ZMG6v-150-00	900	900	90	410	3000	4ϕ25	28ϕ18	0.08	0.73	121.6

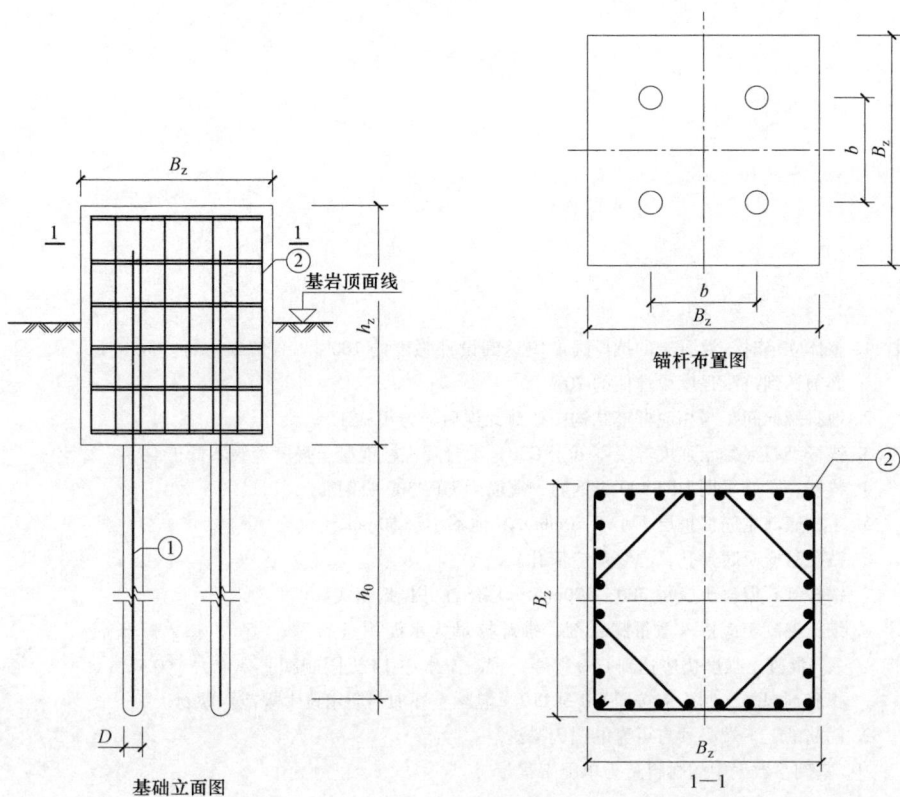

锚杆布置图

基础立面图

1—1

说明：1. 整体立塔时，混凝土的抗压强度应达到设计强度的100%。分解组塔时，混凝土必须达到抗压强度设计值的70%。

2. 地脚螺栓间距与相应杆塔结构图核对无误后，方可施工。

3. 锚杆细石混凝土强度等级不低于C30，承台及主柱混凝土强度等级不低于C25。

4. 锚筋、主筋采用HRB400级钢筋，箍筋为HPB300级钢筋。

5. 主柱底部主筋保护层不小于70mm，其他不小于50mm。

6. 钻孔后应及时封孔，灌浆前应清孔。

7. 锚杆细石混凝土应每300~500mm分层灌注并振捣密实。

8. 细石混凝土应掺入适量膨胀剂，推荐掺量为水泥用的3%~5%；掺入膨胀剂后，混凝土强度仍应达到C30等级，混凝土水中14天限制膨胀率应大于0.02%；膨胀剂混凝土制作应按照GB 50119《混凝土外加剂应用技术规范》执行。

9. 锚筋的上下端必须有可靠的锚固措施。

10. 基础参数表中的材料量为单腿工程量。

图 10.0-2 1ZMG6*-150-00 岩石锚杆基础施工图

基础名称	主柱宽度 B_z （mm）	主柱高度 h_z （mm）	锚杆直径 D （mm）	锚杆间距 b （mm）	锚杆长度 h_0 （mm）	锚筋①	主柱钢筋②	锚杆混凝土 （m³）	承台混凝土 （m³）	钢筋 （kg）
1ZMG6r-200-00	900	900	90	410	3000	4 ⌀ 25	28 ⌀ 18	0.08	0.73	121.6
1ZMG6s-200-00	900	900	90	410	3000	4 ⌀ 25	28 ⌀ 18	0.08	0.73	121.6
1ZMG6t-200-00	900	900	90	410	3000	4 ⌀ 25	28 ⌀ 18	0.08	0.73	121.6
1ZMG6u-200-00	900	900	90	410	3000	4 ⌀ 25	28 ⌀ 18	0.08	0.73	121.6
1ZMG6v-200-00	900	900	90	410	3000	4 ⌀ 25	28 ⌀ 18	0.08	0.73	121.6

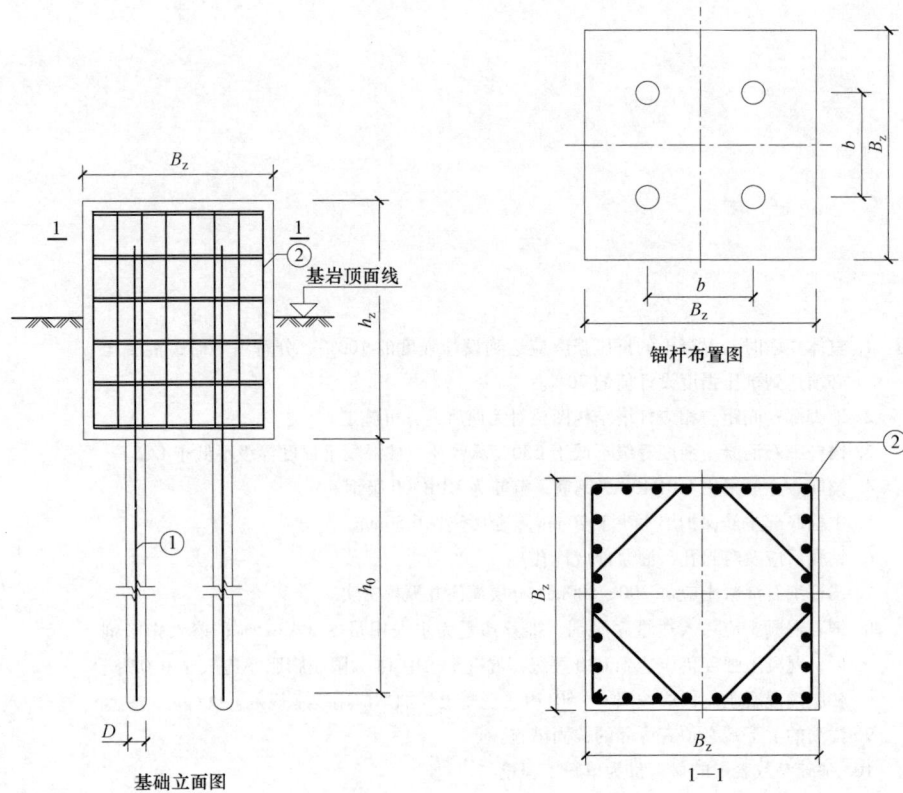

锚杆布置图

基础立面图

1—1

说明：1. 整体立塔时，混凝土的抗压强度应达到设计强度的 100%。分解组塔时，混凝土必须达到抗压强度设计值的 70%。

2. 地脚螺栓间距与相应杆塔结构图核对无误后，方可施工。

3. 锚杆细石混凝土强度等级不低于 C30，承台及主柱混凝土强度等级不低于 C25。

4. 锚筋、主筋采用 HRB400 级钢筋，箍筋为 HPB300 级钢筋。

5. 主柱底部主筋保护层不小于 70mm，其他不小于 50mm。

6. 钻孔后应及时封孔，灌浆前应清孔。

7. 锚杆细石混凝土应每 300~500mm 分层灌注并振捣密实。

8. 细石混凝土应掺入适量膨胀剂，推荐掺量为水泥用量的 3%~5%；掺入膨胀剂后，混凝土强度仍应达到 C30 等级，混凝土水中 14 天限制膨胀率应大于 0.02%；膨胀剂混凝土制作应按照 GB 50119《混凝土外加剂应用技术规范》执行。

9. 锚筋的上下端必须有可靠的锚固措施。

10. 基础参数表中的材料量为单腿工程量。

图 10.0-3 1ZMG6*-200-00 岩石锚杆基础施工图

基 础 参 数 表

基础名称	主柱宽度 B_z (mm)	主柱高度 h_z (mm)	锚杆直径 D (mm)	锚杆间距 b (mm)	锚杆长度 h_0 (mm)	锚筋①	主柱钢筋②	锚杆混凝土 (m^3)	承台混凝土 (m^3)	钢筋 (kg)
1ZMG6r-250-00	900	1000	90	410	3000	4 ϕ 25	28 ϕ 18	0.08	0.81	127.2
1ZMG6s-250-00	900	1000	90	410	3000	4 ϕ 25	28 ϕ 18	0.08	0.81	127.2
1ZMG6t-250-00	900	1000	90	410	3000	4 ϕ 25	28 ϕ 18	0.08	0.81	127.2
1ZMG6u-250-00	900	1000	90	410	3000	4 ϕ 25	28 ϕ 18	0.08	0.81	127.2
1ZMG6v-250-00	900	1000	90	410	3000	4 ϕ 25	28 ϕ 18	0.08	0.81	127.2

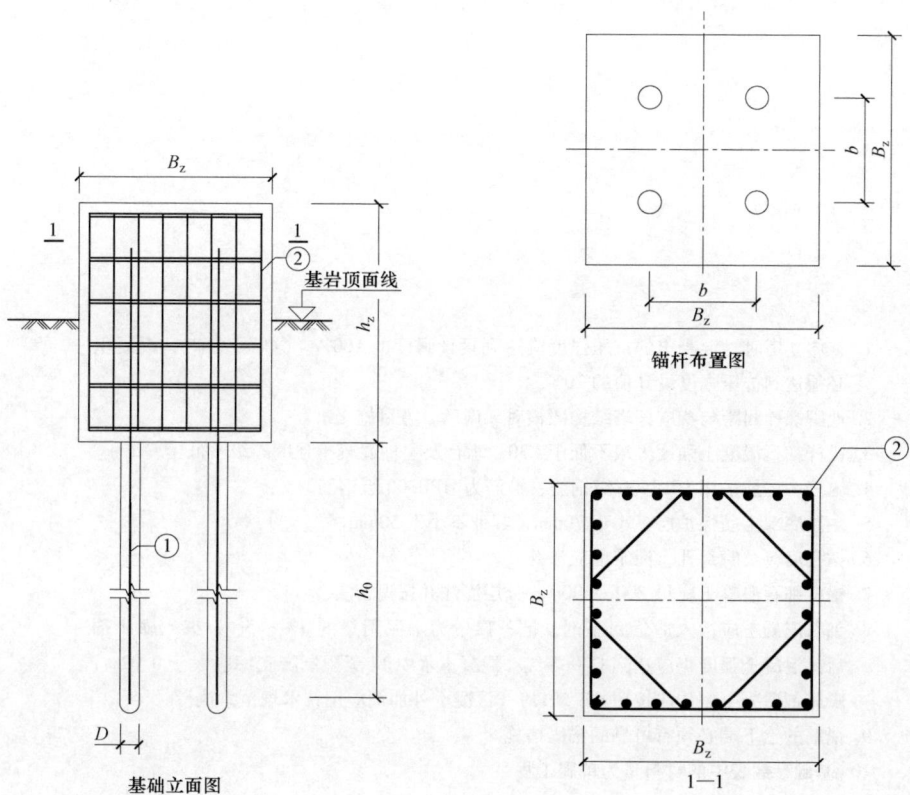

锚杆布置图

基础立面图

说明：1. 整体立塔时，混凝土的抗压强度应达到设计强度的100%。分解组塔时，混凝土必须达到抗压强度设计值的70%。

2. 地脚螺栓间距与相应杆塔结构图核对无误后，方可施工。

3. 锚杆细石混凝土强度等级不低于C30，承台及主柱混凝土强度等级不低于C25。

4. 锚筋、主筋采用HRB400级钢筋，箍筋为HPB300级钢筋。

5. 主柱底部主筋保护层不小于70mm，其他不小于50mm。

6. 钻孔后应及时封孔，灌浆前应清孔。

7. 锚杆细石混凝土应每300～500mm分层灌注并振捣密实。

8. 细石混凝土应掺入适量膨胀剂，推荐掺量为水泥用量的3%～5%；掺入膨胀剂后，混凝土强度仍应达到C30等级，混凝土水中14天限制膨胀率应大于0.02%；膨胀剂混凝土制作应按照GB 50119《混凝土外加剂应用技术规范》执行。

9. 锚筋的上下端必须有可靠的锚固措施。

10. 基础参数表中的材料量为单腿工程量。

图 10.0-4 1ZMG6*-250-00岩石锚杆基础施工图

基础参数表

基础名称	主柱宽度 B_z (mm)	主柱高度 h_z (mm)	锚杆直径 D (mm)	锚杆间距 b (mm)	锚杆长度 h_0 (mm)	锚筋①	主柱钢筋②	锚杆混凝土 (m^3)	承台混凝土 (m^3)	钢筋 (kg)
1ZMG6r-300-00	900	1000	90	410	3000	4 ⏀ 25	28 ⏀ 18	0.08	0.81	127.2
1ZMG6s-300-00	900	1000	90	410	3000	4 ⏀ 25	28 ⏀ 18	0.08	0.81	127.2
1ZMG6t-300-00	900	1000	90	410	3000	4 ⏀ 25	28 ⏀ 18	0.08	0.81	127.2
1ZMG6u-300-00	900	1000	90	410	3000	4 ⏀ 25	28 ⏀ 18	0.08	0.81	127.2
1ZMG6v-300-00	900	1000	90	410	3000	4 ⏀ 25	28 ⏀ 18	0.08	0.81	127.2

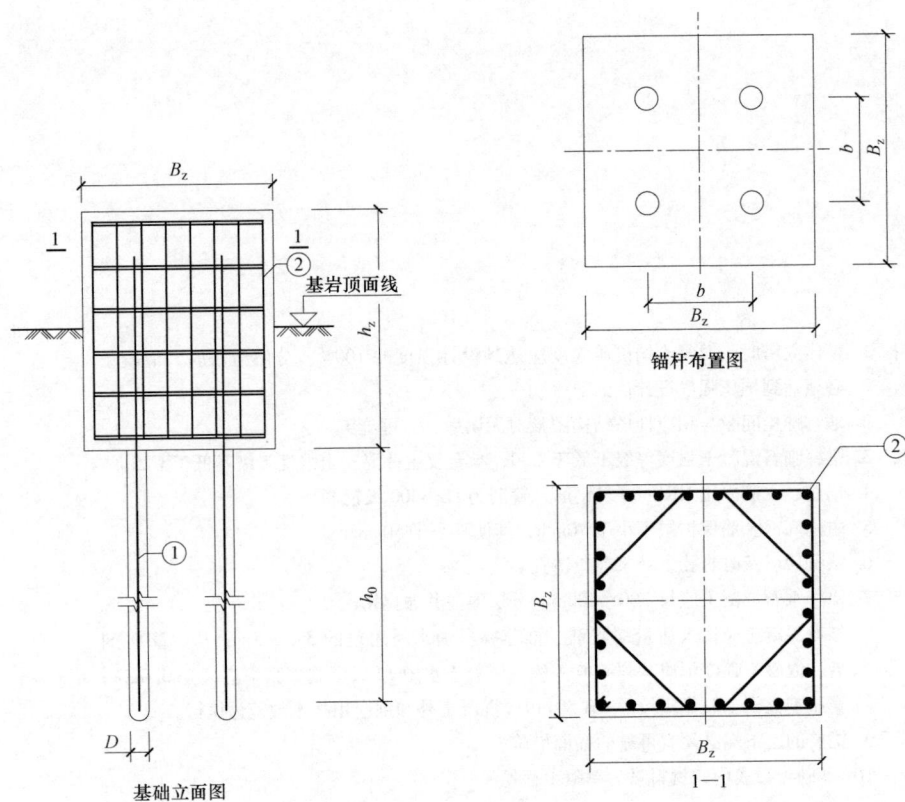

锚杆布置图

基础立面图

1—1

说明：1. 整体立塔时，混凝土的抗压强度应达到设计强度的 100%。分解组塔时，混凝土
　　　　必须达到抗压强度设计值的 70%。

2. 地脚螺栓间距与相应杆塔结构图核对无误后，方可施工。

3. 锚杆细石混凝土强度等级不低于 C30，承台及主柱混凝土强度等级不低于 C25。

4. 锚筋、主筋采用 HRB400 级钢筋，箍筋为 HPB300 级钢筋。

5. 主柱底部主筋保护层不小于 70mm，其他不小于 50mm。

6. 钻孔后应及时封孔，灌浆前应清孔。

7. 锚杆细石混凝土应每 300～500mm 分层灌注并振捣密实。

8. 细石混凝土应掺入适量膨胀剂，推荐掺量为水泥用量的 3%～5%；掺入膨胀剂
　　后，混凝土强度仍应达到 C30 等级，混凝土水中 14 天限制膨胀率应大于 0.02%；
　　膨胀剂混凝土制作应按照 GB 50119《混凝土外加剂应用技术规范》执行。

9. 锚筋的上下端必须有可靠的锚固措施。

10. 基础参数表中的材料量为单腿工程量。

图 10.0-5　1ZMG6＊-300-00 岩石锚杆基础施工图

基 础 参 数 表

基础名称	主柱宽度 B_z (mm)	主柱高度 h_z (mm)	锚杆直径 D (mm)	锚杆间距 b (mm)	锚杆长度 h_0 (mm)	锚筋①	主柱钢筋②	锚杆混凝土 (m³)	承台混凝土 (m³)	钢筋 (kg)
1ZMG6r-350-00	900	1000	90	410	3200	4⊈28	28⊈18	0.08	0.81	149.1
1ZMG6s-350-00	900	1000	90	410	3000	4⊈28	28⊈18	0.08	0.81	145.2
1ZMG6t-350-00	900	1000	90	410	3000	4⊈28	28⊈18	0.08	0.81	145.2
1ZMG6u-350-00	900	1000	90	410	3000	4⊈28	28⊈18	0.08	0.81	145.2
1ZMG6v-350-00	900	1000	90	410	3000	4⊈28	28⊈18	0.08	0.81	145.2

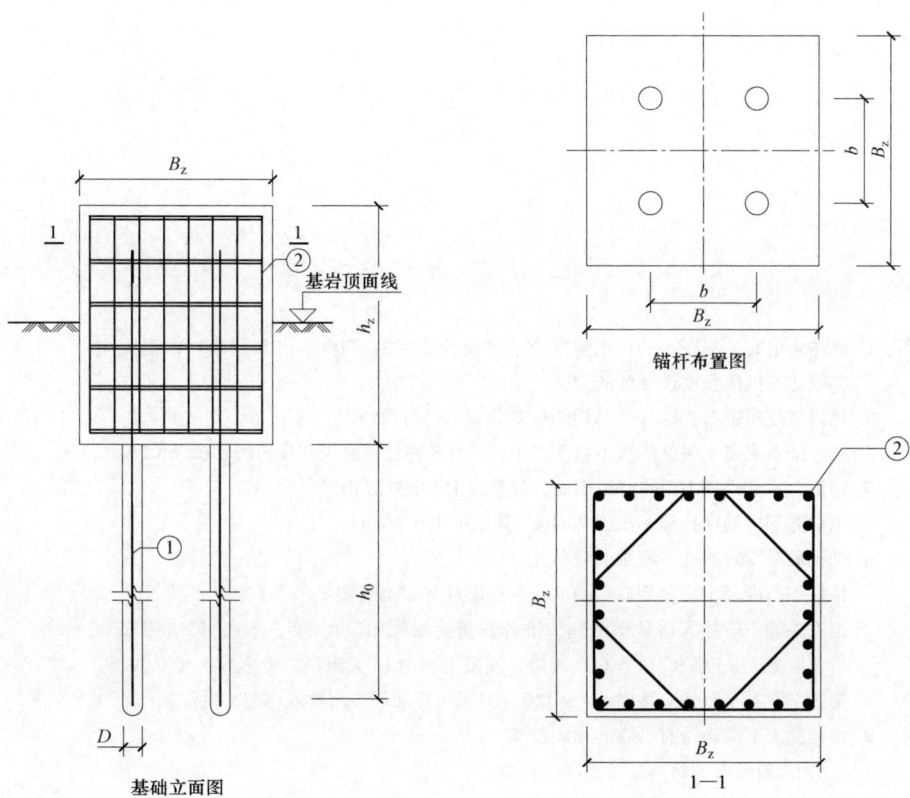

锚杆布置图

基础立面图

1—1

说明：1. 整体立塔时，混凝土的抗压强度应达到设计强度的100%。分解组塔时，混凝土必须达到抗压强度设计值的70%。

2. 地脚螺栓间距与相应杆塔结构图核对无误后，方可施工。

3. 锚杆细石混凝土强度等级不低于 C30，承台及主柱混凝土强度等级不低于 C25。

4. 锚筋、主筋采用 HRB400 级钢筋，箍筋为 HPB300 级钢筋。

5. 主柱底部主筋保护层不小于 70mm，其他不小于 50mm。

6. 钻孔后应及时封孔，灌浆前应清孔。

7. 锚杆细石混凝土应每 300~500mm 分层灌注并振捣密实。

8. 细石混凝土应掺入适量膨胀剂，推荐掺量为水泥用量的 3%~5%；掺入膨胀剂后，混凝土强度仍应达到 C30 等级，混凝土水中 14 天限制膨胀率应大于 0.02%；膨胀剂混凝土制作应按照 GB 50119《混凝土外加剂应用技术规范》执行。

9. 锚筋的上下端必须有可靠的锚固措施。

10. 基础参数表中的材料量为单腿工程量。

图 10.0-6 1ZMG6 ∗-350-00 岩石锚杆基础施工图

基 础 参 数 表

基础名称	主柱宽度 B_z （mm）	主柱高度 h_z （mm）	锚杆直径 D （mm）	锚杆间距 b （mm）	锚杆长度 h_0 （mm）	锚筋①	主柱钢筋②	锚杆混凝土 （m^3）	承台混凝土 （m^3）	钢筋 （kg）
1ZMG6r-400-00	900	1100	100	400	3600	4φ32	28φ18	0.11	0.89	196.0
1ZMG6s-400-00	900	1100	100	400	3000	4φ32	28φ18	0.09	0.89	180.9
1ZMG6t-400-00	900	1100	100	400	3000	4φ32	28φ18	0.09	0.89	180.9
1ZMG6u-400-00	900	1100	100	400	3000	4φ32	28φ18	0.09	0.89	180.9
1ZMG6v-400-00	900	1100	100	400	3000	4φ32	28φ18	0.09	0.89	180.9

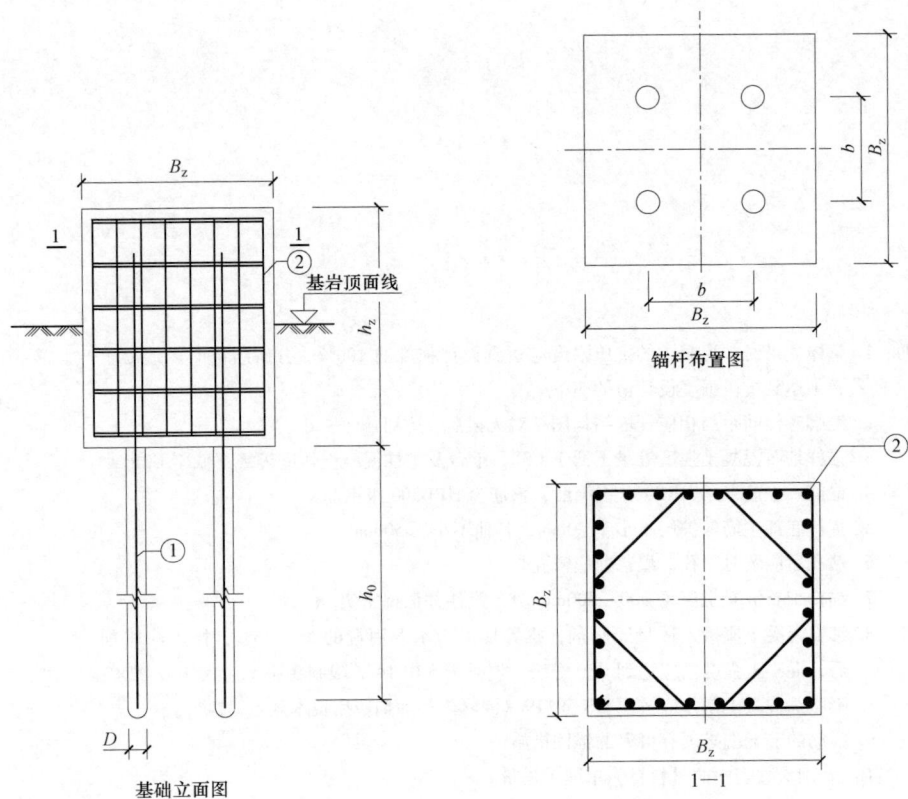

锚杆布置图

基础立面图

1—1

说明：1. 整体立塔时，混凝土的抗压强度应达到设计强度的 100%。分解组塔时，混凝土必须达到抗压强度设计值的 70%。

2. 地脚螺栓间距与相应杆塔结构图核对无误后，方可施工。

3. 锚杆细石混凝土强度等级不低于 C30，承台及主柱混凝土强度等级不低于 C25。

4. 锚筋、主筋采用 HRB400 级钢筋，箍筋为 HPB300 级钢筋。

5. 主柱底部主筋保护层不小于 70mm，其他不小于 50mm。

6. 钻孔后应及时封孔，灌浆前应清孔。

7. 锚杆细石混凝土应每 300～500mm 分层灌注并振捣密实。

8. 细石混凝土应掺入适量膨胀剂，推荐掺量为水泥用量的 3%～5%；掺入膨胀剂后，混凝土强度仍应达到 C30 等级，混凝土水中 14 天限制膨胀率应大于 0.02%；膨胀剂混凝土制作应按照 GB 50119《混凝土外加剂应用技术规范》执行。

9. 锚筋的上下端必须有可靠的锚固措施。

10. 基础参数表中的材料量为单腿工程量。

图 10.0-7 1ZMG6∗-400-00 岩石锚杆基础施工图

基础名称	主柱宽度 B_z (mm)	主柱高度 h_z (mm)	锚杆直径 D (mm)	锚杆间距 b (mm)	锚杆长度 h_0 (mm)	锚筋①	主柱钢筋②	锚杆混凝土 (m^3)	承台混凝土 (m^3)	钢筋 (kg)
1ZMG6r-450-00	900	1100	100	400	4000	4 ϕ 32	28 ϕ 18	0.13	0.89	206.1
1ZMG6s-450-00	900	1100	100	400	3400	4 ϕ 32	28 ϕ 18	0.11	0.89	191.0
1ZMG6t-450-00	900	1100	100	400	3000	4 ϕ 32	28 ϕ 18	0.09	0.89	180.9
1ZMG6u-450-00	900	1100	100	400	3000	4 ϕ 32	28 ϕ 18	0.09	0.89	180.9
1ZMG6v-450-00	900	1100	100	400	3000	4 ϕ 32	28 ϕ 18	0.09	0.89	180.9

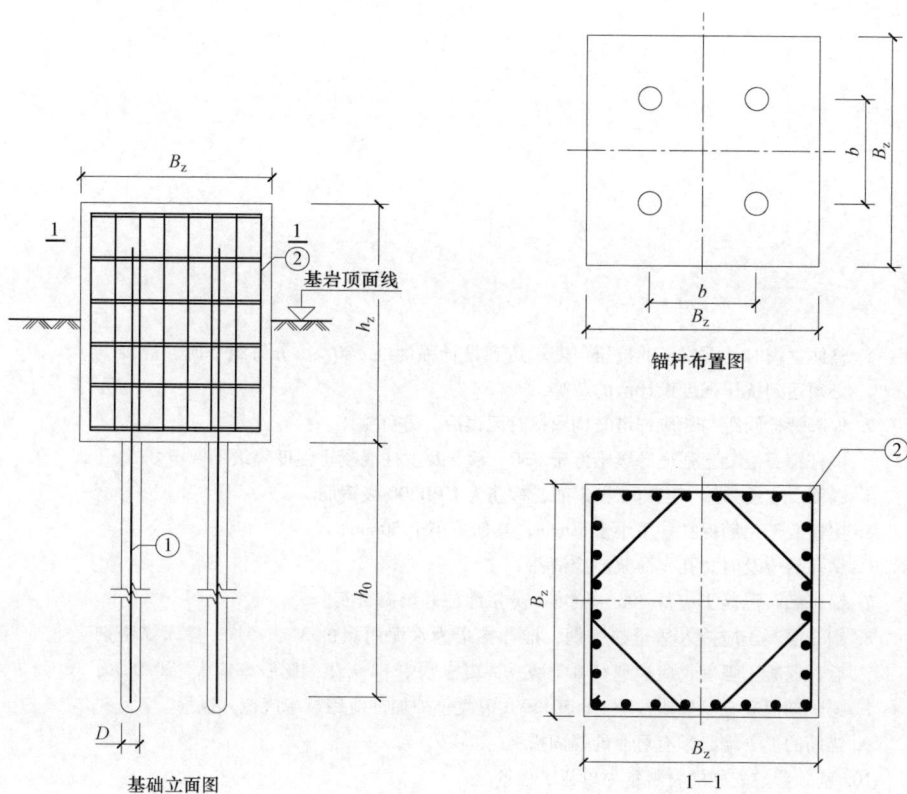

锚杆布置图

基础立面图

1—1

说明：1. 整体立塔时，混凝土的抗压强度应达到设计强度的 100%。分解组塔时，混凝土
必须达到抗压强度设计值的 70%。

2. 地脚螺栓间距与相应杆塔结构图核对无误后，方可施工。

3. 锚杆细石混凝土强度等级不低于 C30，承台及主柱混凝土强度等级不低于 C25。

4. 锚筋、主筋采用 HRB400 级钢筋，箍筋为 HPB300 级钢筋。

5. 主柱底部主筋保护层不小于 70mm，其他不小于 50mm。

6. 钻孔后应及时封孔，灌浆前应清孔。

7. 锚杆细石混凝土应每 300～500mm 分层灌注并振捣密实。

8. 细石混凝土应掺入适量膨胀剂，推荐掺量为水泥用量的 3%～5%；掺入膨胀剂
后，混凝土强度仍应达到 C30 等级，混凝土水中 14 天限制膨胀率应大于 0.02%；
膨胀剂混凝土制作应按照 GB 50119《混凝土外加剂应用技术规范》执行。

9. 锚筋的上下端必须有可靠的锚固措施。

10. 基础参数表中的材料量为单腿工程量。

图 10.0-8　1ZMG6*-450-00 岩石锚杆基础施工图

基 础 参 数 表

基础名称	主柱宽度 B_z (mm)	主柱高度 h_s (mm)	锚杆直径 D (mm)	锚杆间距 b (mm)	锚杆长度 h_0 (mm)	锚筋①	主柱钢筋②	锚杆混凝土 (m^3)	承台混凝土 (m^3)	钢筋 (kg)
1ZMG6r-500-00	1000	1100	100	500	3900	4⏀32	32⏀18	0.12	1.10	215.2
1ZMG6s-500-00	1000	1100	100	500	3300	4⏀32	32⏀18	0.10	1.10	200.1
1ZMG6t-500-00	1000	1100	100	500	3000	4⏀32	32⏀18	0.09	1.10	192.5
1ZMG6u-500-00	1000	1100	100	500	3000	4⏀32	32⏀18	0.09	1.10	192.5
1ZMG6v-500-00	1000	1100	100	500	3000	4⏀32	32⏀18	0.09	1.10	192.5

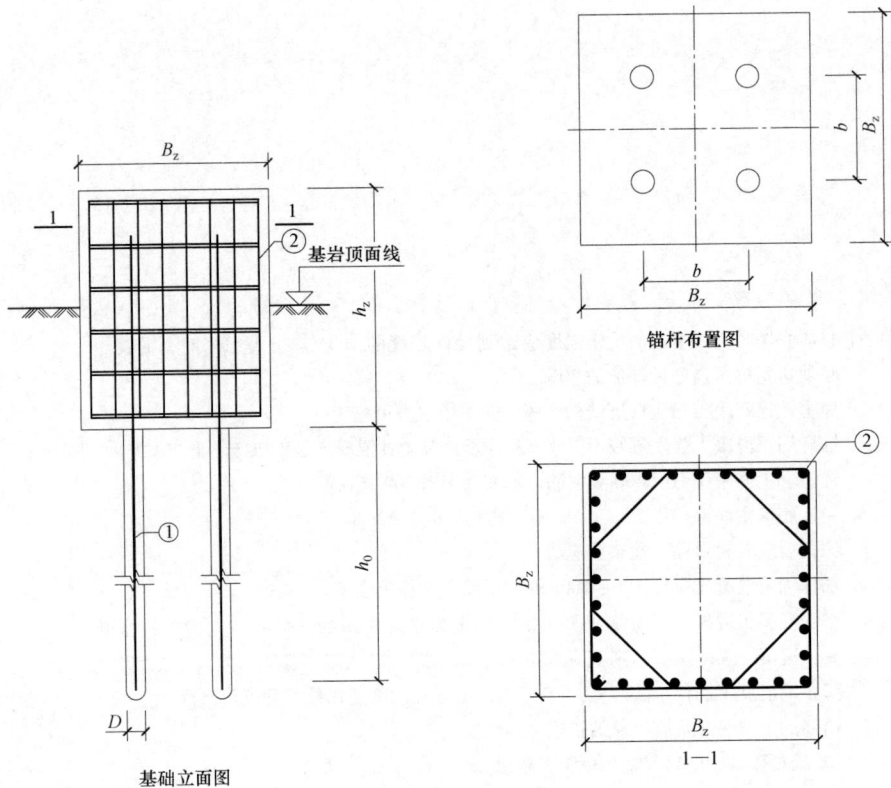

锚杆布置图

基础立面图

说明：1. 整体立塔时，混凝土的抗压强度应达到设计强度的100%。分解组塔时，混凝土必须达到抗压强度设计值的70%。

2. 地脚螺栓间距与相应杆塔结构图核对无误后，方可施工。

3. 锚杆细石混凝土强度等级不低于C30，承台及主柱混凝土强度等级不低于C25。

4. 锚筋、主筋采用HRB400级钢筋，箍筋为HPB300级钢筋。

5. 主柱底部主筋保护层不小于70mm，其他不小于50mm。

6. 钻孔后应及时封孔，灌浆前应清孔。

7. 锚杆细石混凝土应每300~500mm分层灌注并振捣密实。

8. 细石混凝土应掺入适量膨胀剂，推荐掺量为水泥用的3%~5%；掺入膨胀剂后，混凝土强度仍应达到C30等级，混凝土水中14天限制膨胀率应大于0.02%；膨胀剂混凝土制作应按照GB 50119《混凝土外加剂应用技术规范》执行。

9. 锚筋的上下端必须有可靠的锚固措施。

10. 基础参数表中的材料量为单腿工程量。

图 10.0-9　1ZMG6*-500-00岩石锚杆基础施工图

基 础 参 数 表

基础名称	主柱宽度 B_z （mm）	主柱高度 h_z （mm）	锚杆直径 D （mm）	锚杆间距 b （mm）	锚杆长度 h_0 （mm）	锚筋①	主柱钢筋②	锚杆混凝土 （m^3）	承台混凝土 （m^3）	钢筋 （kg）
1ZMG6r-550-00	1000	1200	110	490	4200	4Φ36	32Φ18	0.16	1.20	270.1
1ZMG6s-550-00	1000	1200	110	490	3500	4Φ36	32Φ18	0.13	1.20	247.7
1ZMG6t-550-00	1000	1200	110	490	3000	4Φ36	32Φ18	0.11	1.20	231.7
1ZMG6u-550-00	1000	1200	110	490	3000	4Φ36	32Φ18	0.11	1.20	231.7
1ZMG6v-550-00	1000	1200	110	490	3000	4Φ36	32Φ18	0.11	1.20	231.7

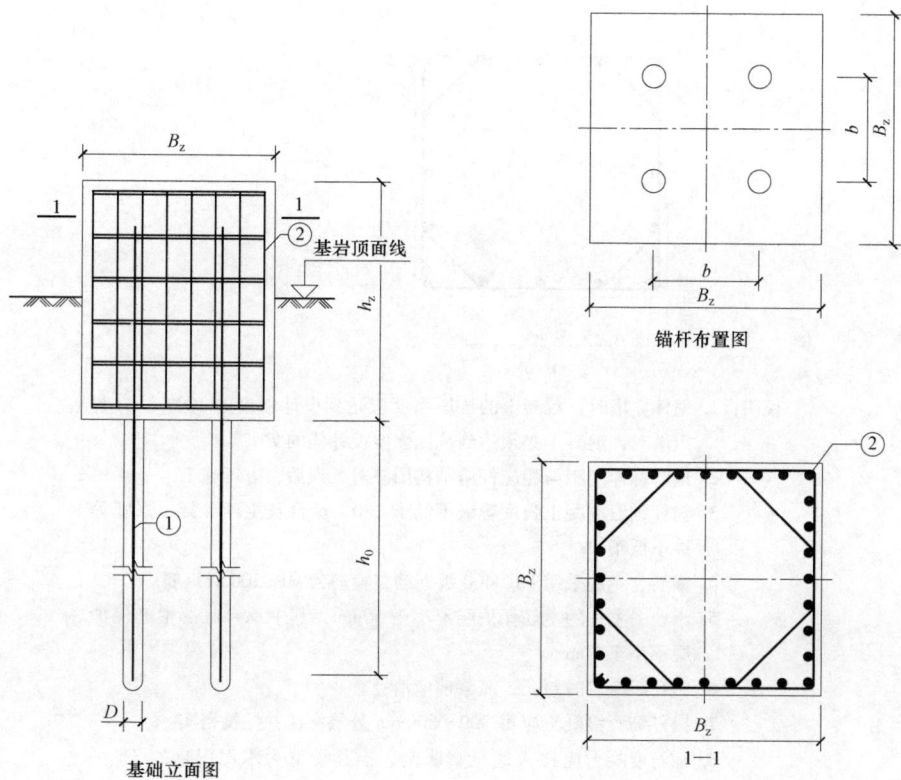

锚杆布置图

基础立面图

1—1

说明：1. 整体立塔时，混凝土的抗压强度应达到设计强度的100%。分解组塔时，混凝土必须达到抗压强度设计值的70%。

2. 地脚螺栓间距与相应杆塔结构图核对无误后，方可施工。

3. 锚杆细石混凝土强度等级不低于C30，承台及主柱混凝土强度等级不低于C25。

4. 锚筋、主筋采用HRB400级钢筋，箍筋为HPB300级钢筋。

5. 主柱底部主筋保护层不小于70mm，其他不小于50mm。

6. 钻孔后应及时封孔，灌浆前应清孔。

7. 锚杆细石混凝土应每300～500mm分层灌注并振捣密实。

8. 细石混凝土应掺入适量膨胀剂，推荐掺量为水泥用量的3%～5%；掺入膨胀剂后，混凝土强度仍应达到C30等级，混凝土水中14天限制膨胀率应大于0.02%；膨胀剂混凝土制作应按照GB 50119《混凝土外加剂应用技术规范》执行。

9. 锚筋的上下端必须有可靠的锚固措施。

10. 基础参数表中的材料量为单腿工程量。

图 10.0-10　1ZMG6＊-550-00 岩石锚杆基础施工图

基 础 参 数 表

基础名称	承台宽度 B_c (mm)	承台高度 h_c (mm)	主柱宽度 B_z (mm)	主柱高度 h_z (mm)	偏心距 e (mm)	锚杆直径 D (mm)	锚杆间距 b (mm)	锚杆长度 h_0 (mm)	锚筋 ①	主柱钢筋 ②	承台 X 向主筋 ③	承台 Y 向主筋 ④	锚杆混凝土 (m^3)	承台混凝土 (m^3)	钢筋 (kg)
1ZMG6r-600-00	1300	900	700	400	0	90	405	3000	9Φ25	16Φ18	7Φ18	7Φ18	0.17	1.72	338.6
1ZMG6s-600-00	1300	900	700	400	0	90	405	3000	9Φ25	16Φ18	7Φ18	7Φ18	0.17	1.72	338.6
1ZMG6t-600-00	1300	900	700	400	0	90	405	3000	9Φ25	16Φ18	7Φ18	7Φ18	0.17	1.72	338.6
1ZMG6u-600-00	1300	900	700	400	0	90	405	3000	9Φ25	16Φ18	7Φ18	7Φ18	0.17	1.72	338.6
1ZMG6v-600-00	1300	900	700	400	0	90	405	3000	9Φ25	16Φ18	7Φ18	7Φ18	0.17	1.72	338.6

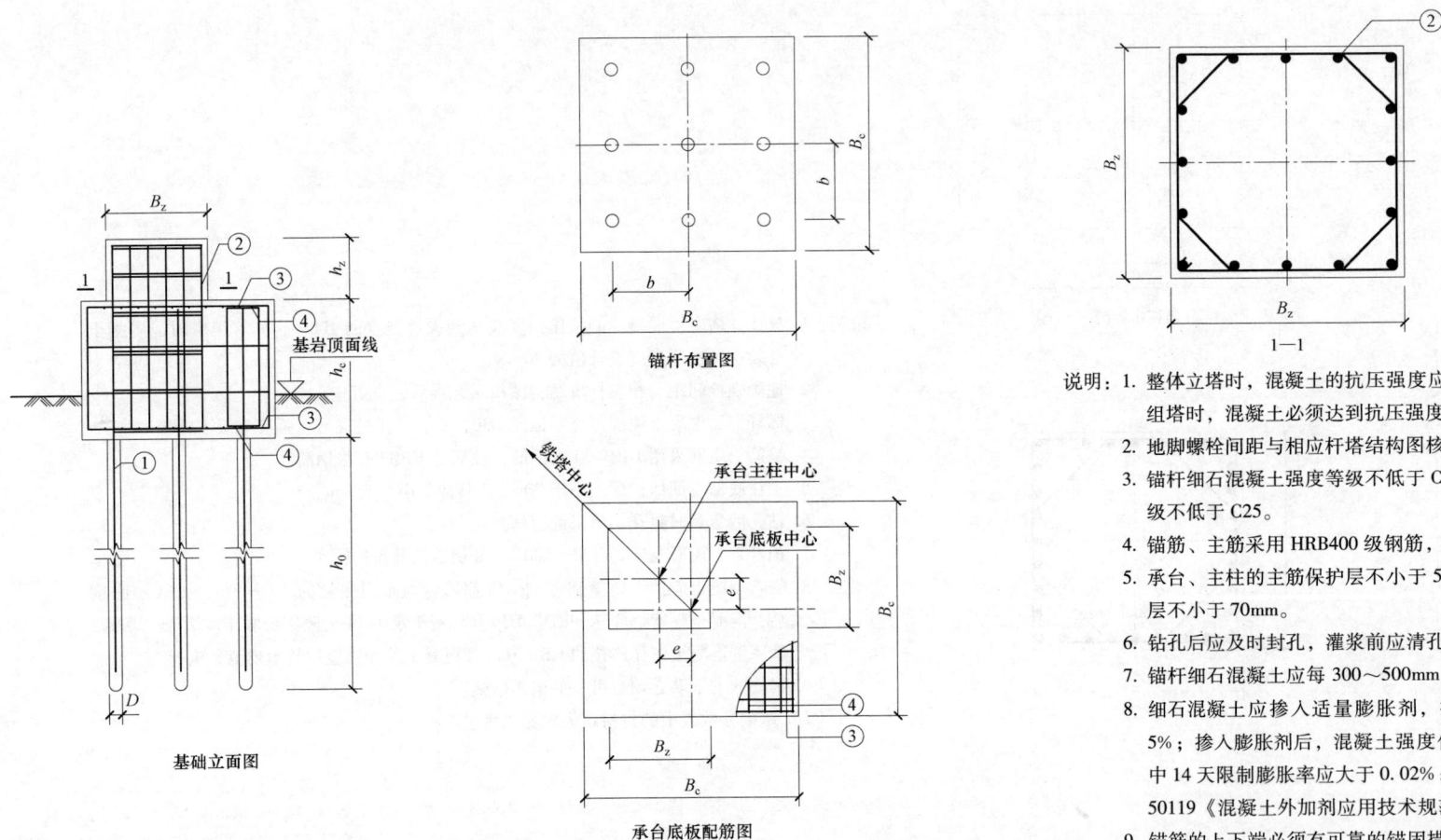

基础立面图

锚杆布置图

承台底板配筋图

1—1

说明：1. 整体立塔时，混凝土的抗压强度应达到设计强度的 100%。分解组塔时，混凝土必须达到抗压强度设计值的 70%。

2. 地脚螺栓间距与相应杆塔结构图核对无误后，方可施工。

3. 锚杆细石混凝土强度等级不低于 C30，承台及主柱混凝土强度等级不低于 C25。

4. 锚筋、主筋采用 HRB400 级钢筋，箍筋为 HPB300 级钢筋。

5. 承台、主柱的主筋保护层不小于 50mm，其中承台底部主筋保护层不小于 70mm。

6. 钻孔后应及时封孔，灌浆前应清孔。

7. 锚杆细石混凝土应每 300~500mm 分层灌注并振捣密实。

8. 细石混凝土应掺入适量膨胀剂，推荐掺量为水泥用量的 3%~5%；掺入膨胀剂后，混凝土强度仍应达到 C30 等级，混凝土水中 14 天限制膨胀率应大于 0.02%；膨胀剂混凝土制作应按照 GB 50119《混凝土外加剂应用技术规范》执行。

9. 锚筋的上下端必须有可靠的锚固措施。

10. 基础参数表中的材料量为单腿工程量。

图 10.0-11　1ZMG6∗-600-00 岩石锚杆基础施工图

基 础 参 数 表

基础名称	主柱宽度 B_z（mm）	主柱高度 h_z（mm）	锚杆直径 D（mm）	锚杆间距 b（mm）	锚杆长度 h_0（mm）	锚筋①	主柱钢筋②	锚杆混凝土（m³）	承台混凝土（m³）	钢筋（kg）
1ZMG6r-100-05	900	1400	90	410	3000	4 ⏀ 25	28 ⏀ 18	0.08	1.13	154.3
1ZMG6s-100-05	900	1400	90	410	3000	4 ⏀ 25	28 ⏀ 18	0.08	1.13	154.3
1ZMG6t-100-05	900	1400	90	410	3000	4 ⏀ 25	28 ⏀ 18	0.08	1.13	154.3
1ZMG6u-100-05	900	1400	90	410	3000	4 ⏀ 25	28 ⏀ 18	0.08	1.13	154.3
1ZMG6v-100-05	900	1400	90	410	3000	4 ⏀ 25	28 ⏀ 18	0.08	1.13	154.3

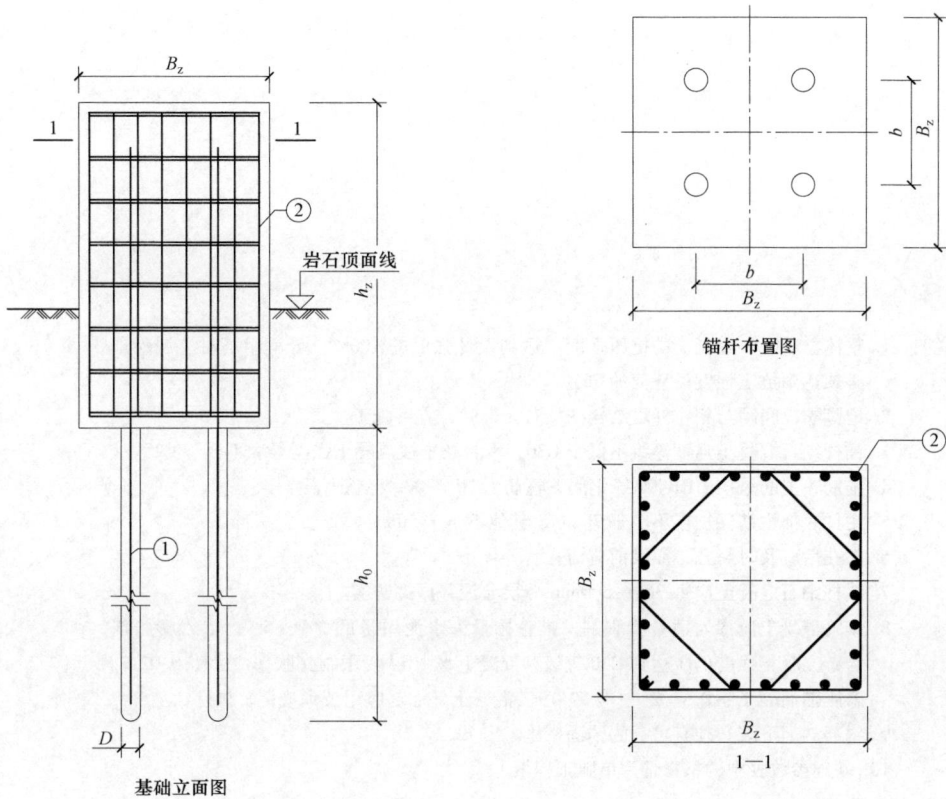

基础立面图

锚杆布置图

1—1

说明：1. 整体立塔时，混凝土的抗压强度应达到设计强度的100%。分解组塔时，混凝土必须达到抗压强度设计值的70%。

2. 地脚螺栓间距与相应杆塔结构图核对无误后，方可施工。

3. 锚杆细石混凝土强度等级不低于C30，承台及主柱混凝土强度等级不低于C25。

4. 锚筋、主筋采用HRB400级钢筋，箍筋为HPB300级钢筋。

5. 主柱底部主筋保护层不小于70mm，其他不小于50mm。

6. 钻孔后应及时封孔，灌浆前应清孔。

7. 锚杆细石混凝土应每300～500mm分层灌注并振捣密实。

8. 细石混凝土应掺入适量膨胀剂，推荐掺量为水泥用量的3%～5%；掺入膨胀剂后，混凝土强度仍应达到C30等级，混凝土水中14天限制膨胀率应大于0.02%；膨胀剂混凝土制作应按照GB 50119《混凝土外加剂应用技术规范》执行。

9. 锚筋的上下端必须有可靠的锚固措施。

10. 基础参数表中的材料量为单腿工程量。

图 10.0-12　1ZMG6*-100-05 岩石锚杆基础施工图

基 础 参 数 表

基础名称	主柱宽度 B_z （mm）	主柱高度 h_z （mm）	锚杆直径 D （mm）	锚杆间距 b （mm）	锚杆长度 h_0 （mm）	锚筋①	主柱钢筋②	锚杆混凝土 （m³）	承台混凝土 （m³）	钢筋 （kg）
1ZMG6r-150-05	900	1400	90	410	3000	4 ⌀ 25	28 ⌀ 18	0.08	1.13	154.3
1ZMG6s-150-05	900	1400	90	410	3000	4 ⌀ 25	28 ⌀ 18	0.08	1.13	154.3
1ZMG6t-150-05	900	1400	90	410	3000	4 ⌀ 25	28 ⌀ 18	0.08	1.13	154.3
1ZMG6u-150-05	900	1400	90	410	3000	4 ⌀ 25	28 ⌀ 18	0.08	1.13	154.3
1ZMG6v-150-05	900	1400	90	410	3000	4 ⌀ 25	28 ⌀ 18	0.08	1.13	154.3

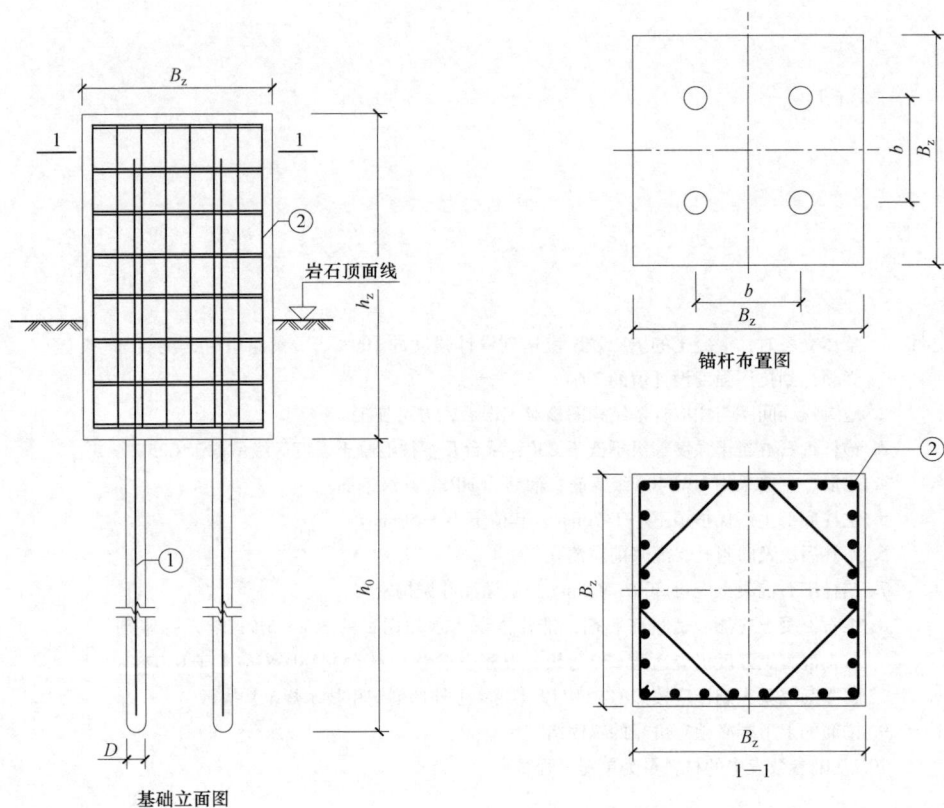

岩石顶面线

基础立面图

锚杆布置图

1—1

说明：1. 整体立塔时，混凝土的抗压强度应达到设计强度的100%。分解组塔时，混凝土必须达到抗压强度设计值的70%。

2. 地脚螺栓间距与相应杆塔结构图核对无误后，方可施工。

3. 锚杆细石混凝土强度等级不低于 C30，承台及主柱混凝土强度等级不低于 C25。

4. 锚筋、主筋采用 HRB400 级钢筋，箍筋为 HPB300 级钢筋。

5. 主柱底部主筋保护层不小于 70mm，其他不小于 50mm。

6. 钻孔后应及时封孔，灌浆前应清孔。

7. 锚杆细石混凝土应每 300～500mm 分层灌注并振捣密实。

8. 细石混凝土应掺入适量膨胀剂，推荐掺量为水泥用量的 3%～5%；掺入膨胀剂后，混凝土强度仍应达到 C30 等级，混凝土水中 14 天限制膨胀率应大于 0.02%；膨胀剂混凝土制作应按照 GB 50119《混凝土外加剂应用技术规范》执行。

9. 锚筋的上下端必须有可靠的锚固措施。

10. 基础参数表中的材料量为单腿工程量。

图 10.0-13 1ZMG6＊-150-05 岩石锚杆基础施工图

基础参数表

基础名称	主柱宽度 B_z （mm）	主柱高度 h_z （mm）	锚杆直径 D （mm）	锚杆间距 b （mm）	锚杆长度 h_0 （mm）	锚筋①	主柱钢筋②	锚杆混凝土 （m³）	承台混凝土 （m³）	钢筋 （kg）
1ZMG6r-200-05	900	1400	90	410	3000	4 ⏀ 25	28 ⏀ 18	0.08	1.13	154.3
1ZMG6s-200-05	900	1400	90	410	3000	4 ⏀ 25	28 ⏀ 18	0.08	1.13	154.3
1ZMG6t-200-05	900	1400	90	410	3000	4 ⏀ 25	28 ⏀ 18	0.08	1.13	154.3
1ZMG6u-200-05	900	1400	90	410	3000	4 ⏀ 25	28 ⏀ 18	0.08	1.13	154.3
1ZMG6v-200-05	900	1400	90	410	3000	4 ⏀ 25	28 ⏀ 18	0.08	1.13	154.3

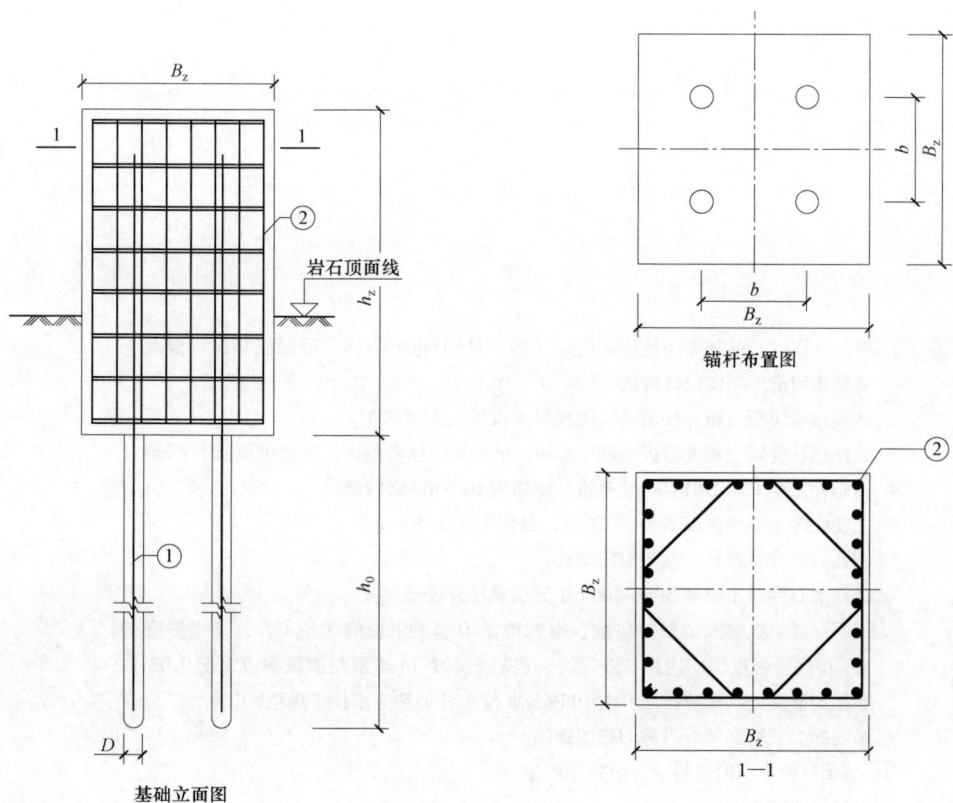

基础立面图

锚杆布置图

1—1

说明：1. 整体立塔时，混凝土的抗压强度应达到设计强度的 100%。分解组塔时，混凝土必须达到抗压强度设计值的 70%。

2. 地脚螺栓间距与相应杆塔结构图核对无误后，方可施工。

3. 锚杆细石混凝土强度等级不低于 C30，承台及主柱混凝土强度等级不低于 C25。

4. 锚筋、主筋采用 HRB400 级钢筋，箍筋为 HPB300 级钢筋。

5. 主柱底部主筋保护层不小于 70mm，其他不小于 50mm。

6. 钻孔后应及时封孔，灌浆前应清孔。

7. 锚杆细石混凝土应每 300～500mm 分层灌注并振捣密实。

8. 细石混凝土应掺入适量膨胀剂，推荐掺量为水泥用量的 3%～5%；掺入膨胀剂后，混凝土强度仍应达到 C30 等级，混凝土水中 14 天限制膨胀率应大于 0.02%；膨胀剂混凝土制作应按照 GB 50119《混凝土外加剂应用技术规范》执行。

9. 锚筋的上下端必须有可靠的锚固措施。

10. 基础参数表中的材料量为单腿工程量。

图 10.0-14 1ZMG6*-200-05岩石锚杆基础施工图

基 础 参 数 表

基础名称	主柱宽度 B_z (mm)	主柱高度 h_z (mm)	锚杆直径 D (mm)	锚杆间距 b (mm)	锚杆长度 h_0 (mm)	锚筋①	主柱钢筋②	锚杆混凝土 (m³)	承台混凝土 (m³)	钢筋 (kg)
1ZMG6r-250-05	900	1500	90	410	3000	4Φ28	28Φ18	0.08	1.22	180.3
1ZMG6s-250-05	900	1500	90	410	3000	4Φ28	28Φ18	0.08	1.22	180.3
1ZMG6t-250-05	900	1500	90	410	3000	4Φ28	28Φ18	0.08	1.22	180.3
1ZMG6u-250-05	900	1500	90	410	3000	4Φ28	28Φ18	0.08	1.22	180.3
1ZMG6v-250-05	900	1500	90	410	3000	4Φ28	28Φ18	0.08	1.22	180.3

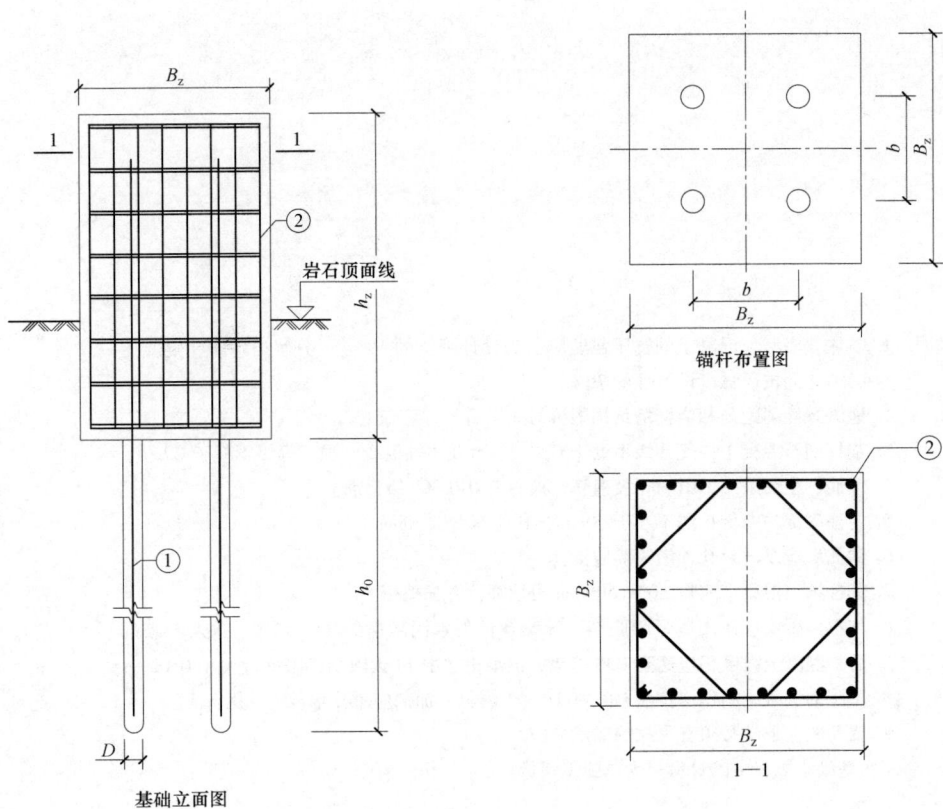

锚杆布置图

基础立面图

1—1

说明：1. 整体立塔时，混凝土的抗压强度应达到设计强度的 100%。分解组塔时，混凝土必须达到抗压强度设计值的 70%。

2. 地脚螺栓间距与相应杆塔结构图核对无误后，方可施工。

3. 锚杆细石混凝土强度等级不低于 C30，承台及主柱混凝土强度等级不低于 C25。

4. 锚筋、主筋采用 HRB400 级钢筋，箍筋为 HPB300 级钢筋。

5. 主柱底部主筋保护层不小于 70mm，其他不小于 50mm。

6. 钻孔后应及时封孔，灌浆前应清孔。

7. 锚杆细石混凝土应每 300～500mm 分层灌注并振捣密实。

8. 细石混凝土应掺入适量膨胀剂，推荐掺量为水泥用量的 3%～5%；掺入膨胀剂后，混凝土强度仍应达到 C30 等级，混凝土水中 14 天限制膨胀率应大于 0.02%；膨胀剂混凝土制作应按照 GB 50119《混凝土外加剂应用技术规范》执行。

9. 锚筋的上下端必须有可靠的锚固措施。

10. 基础参数表中的材料量为单腿工程量。

图 10.0-15 1ZMG6*-250-05 岩石锚杆基础施工图

基 础 参 数 表

基础名称	主柱宽度 B_z (mm)	主柱高度 h_z (mm)	锚杆直径 D (mm)	锚杆间距 b (mm)	锚杆长度 h_0 (mm)	锚筋①	主柱钢筋②	锚杆混凝土 (m^3)	承台混凝土 (m^3)	钢筋 (kg)
1ZMG6r-300-05	900	1500	100	400	3200	4 ⏀32	28 ⏀18	0.10	1.22	213.0
1ZMG6s-300-05	900	1500	100	400	3000	4 ⏀32	28 ⏀18	0.09	1.22	208.0
1ZMG6t-300-05	900	1500	100	400	3000	4 ⏀32	28 ⏀18	0.09	1.22	208.0
1ZMG6u-300-05	900	1500	100	400	3000	4 ⏀32	28 ⏀18	0.09	1.22	208.0
1ZMG6v-300-05	900	1500	100	400	3000	4 ⏀32	28 ⏀18	0.09	1.22	208.0

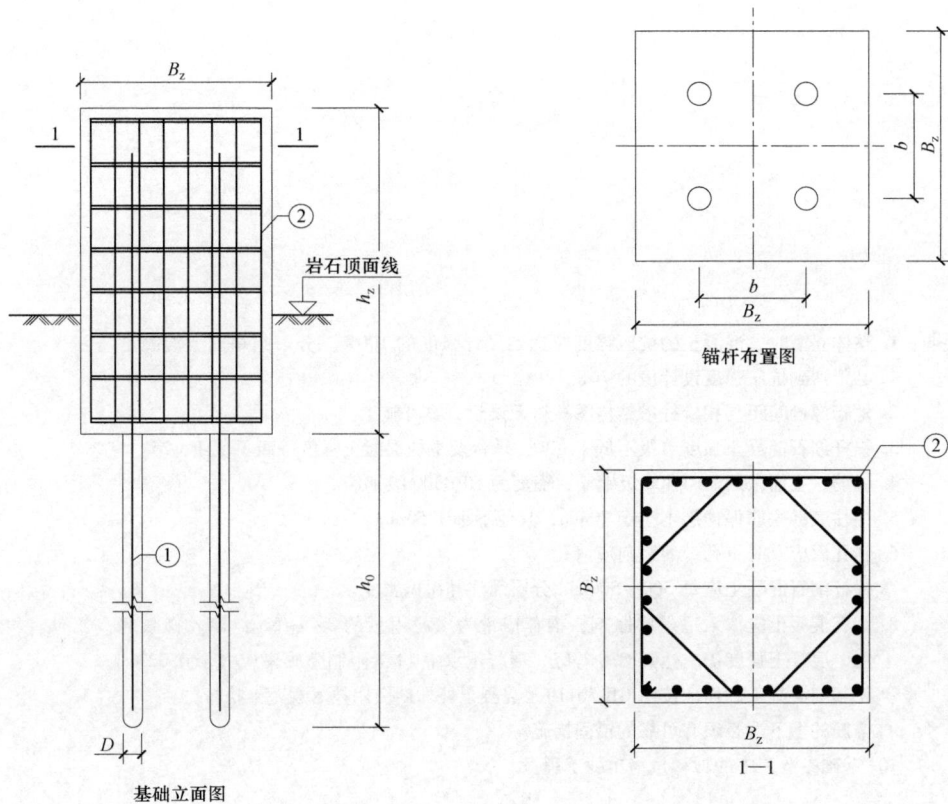

基础立面图

锚杆布置图

1—1

说明：1. 整体立塔时，混凝土的抗压强度应达到设计强度的100%。分解组塔时，混凝土
　　　　必须达到抗压强度设计值的70%。

　　　2. 地脚螺栓间距与相应杆塔结构图核对无误后，方可施工。

　　　3. 锚杆细石混凝土强度等级不低于C30，承台及主柱混凝土强度等级不低于C25。

　　　4. 锚筋、主筋采用HRB400级钢筋，箍筋为HPB300级钢筋。

　　　5. 主柱底部主筋保护层不小于70mm，其他不小于50mm。

　　　6. 钻孔后应及时封孔，灌浆前应清孔。

　　　7. 锚杆细石混凝土应每300～500mm分层灌注并振捣密实。

　　　8. 细石混凝土应掺入适量膨胀剂，推荐掺量为水泥用量的3%～5%；掺入膨胀剂
　　　　后，混凝土强度仍应达到C30等级，混凝土水中14天限制膨胀率应大于0.02%；
　　　　膨胀剂混凝土制作应按照GB 50119《混凝土外加剂应用技术规范》执行。

　　　9. 锚筋的上下端必须有可靠的锚固措施。

　　　10. 基础参数表中的材料量为单腿工程量。

图 10.0-16　1ZMG6∗-300-05岩石锚杆基础施工图

基 础 参 数 表

基础名称	主柱宽度 B_z (mm)	主柱高度 h_z (mm)	锚杆直径 D (mm)	锚杆间距 b (mm)	锚杆长度 h_0 (mm)	锚筋①	主柱钢筋②	锚杆混凝土 (m^3)	承台混凝土 (m^3)	钢筋 (kg)
1ZMG6r-350-05	900	1500	100	400	3800	4ϕ32	28ϕ18	0.12	1.22	228.2
1ZMG6s-350-05	900	1500	100	400	3200	4ϕ32	28ϕ18	0.10	1.22	213.0
1ZMG6t-350-05	900	1500	100	400	3000	4ϕ32	28ϕ18	0.09	1.22	208.0
1ZMG6u-350-05	900	1500	100	400	3000	4ϕ32	28ϕ18	0.09	1.22	208.0
1ZMG6v-350-05	900	1500	100	400	3000	4ϕ32	28ϕ18	0.09	1.22	208.0

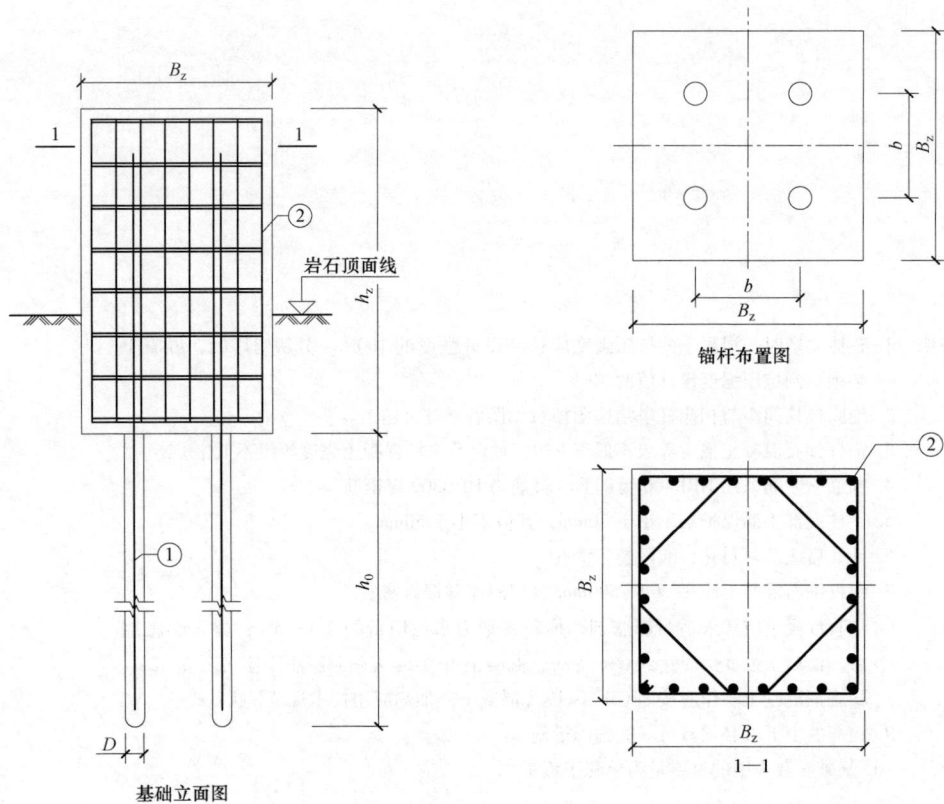

基础立面图

锚杆布置图

1—1

说明：1. 整体立塔时，混凝土的抗压强度应达到设计强度的 100%。分解组塔时，混凝土必须达到抗压强度设计值的 70%。

2. 地脚螺栓间距与相应杆塔结构图核对无误后，方可施工。

3. 锚杆细石混凝土强度等级不低于 C30，承台及主柱混凝土强度等级不低于 C25。

4. 锚筋、主筋采用 HRB400 级钢筋，箍筋为 HPB300 级钢筋。

5. 主柱底部主筋保护层不小于 70mm，其他不小于 50mm。

6. 钻孔后应及时封孔，灌浆前应清孔。

7. 锚杆细石混凝土应每 300～500mm 分层灌注并振捣密实。

8. 细石混凝土应掺入适量膨胀剂，推荐掺量为水泥用量的 3%～5%；掺入膨胀剂后，混凝土强度仍应达到 C30 等级，混凝土水中 14 天限制膨胀率应大于 0.02%；膨胀剂混凝土制作应按照 GB 50119《混凝土外加剂应用技术规范》执行。

9. 锚筋的上下端必须有可靠的锚固措施。

10. 基础参数表中的材料量为单腿工程量。

图 10.0-17 1ZMG6*-350-05 岩石锚杆基础施工图

基 础 参 数 表

基础名称	主柱宽度 B_z （mm）	主柱高度 h_z （mm）	锚杆直径 D （mm）	锚杆间距 b （mm）	锚杆长度 h_0 （mm）	锚筋①	主柱钢筋②	锚杆混凝土 （m³）	承台混凝土 （m³）	钢筋 （kg）
1ZMG6r-400-05	1000	1600	100	500	3900	4⏀32	32⏀18	0.12	1.60	253.1
1ZMG6s-400-05	1000	1600	100	500	3200	4⏀32	32⏀18	0.10	1.60	235.4
1ZMG6t-400-05	1000	1600	100	500	3000	4⏀32	32⏀18	0.09	1.60	230.4
1ZMG6u-400-05	1000	1600	100	500	3000	4⏀32	32⏀18	0.09	1.60	230.4
1ZMG6v-400-05	1000	1600	100	500	3000	4⏀32	32⏀18	0.09	1.60	230.4

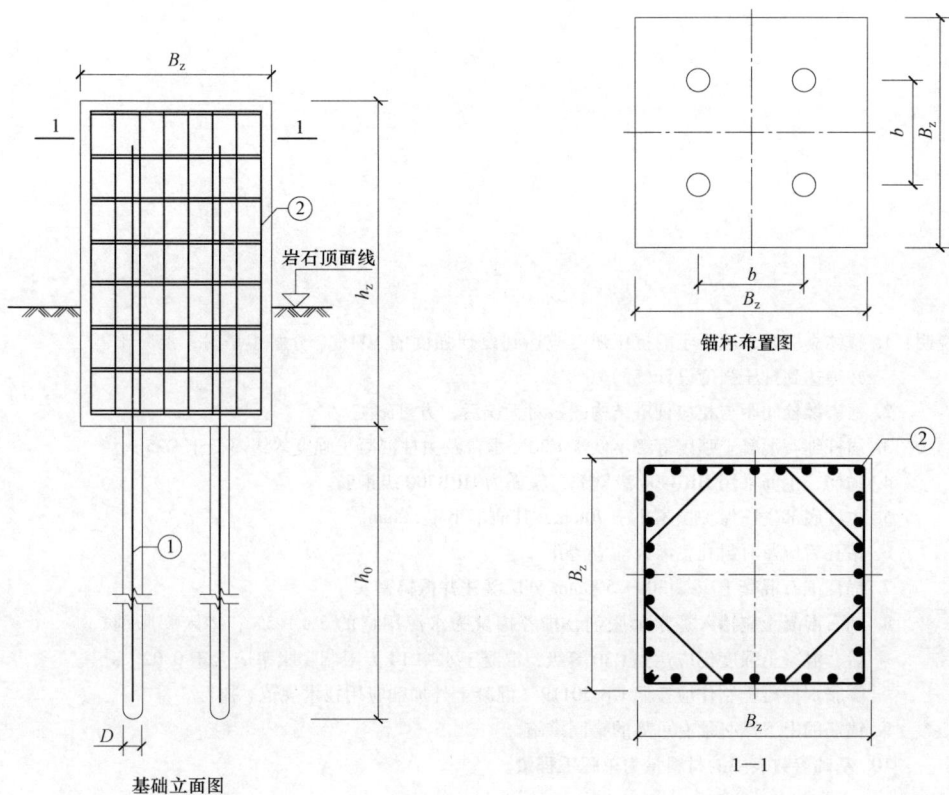

基础立面图

锚杆布置图

1—1

说明：1. 整体立塔时，混凝土的抗压强度应达到设计强度的100%。分解组塔时，混凝土必须达到抗压强度设计值的70%。

2. 地脚螺栓间距与相应杆塔结构图核对无误后，方可施工。

3. 锚杆细石混凝土强度等级不低于C30，承台及主柱混凝土强度等级不低于C25。

4. 锚筋、主筋采用HRB400级钢筋，箍筋为HPB300级钢筋。

5. 主柱底部主筋保护层不小于70mm，其他不小于50mm。

6. 钻孔后应及时封孔，灌浆前应清孔。

7. 锚杆细石混凝土应每300～500mm分层灌注并振捣密实。

8. 细石混凝土应掺入适量膨胀剂，推荐掺量为水泥用量的3%～5%；掺入膨胀剂后，混凝土强度仍应达到C30等级，混凝土水中14天限制膨胀率应大于0.02%；膨胀剂混凝土制作应按照GB 50119《混凝土外加剂应用技术规范》执行。

9. 锚筋的上下端必须有可靠的锚固措施。

10. 基础参数表中的材料量为单腿工程量。

图 10.0-18 1ZMG6*-400-05岩石锚杆基础施工图

基 础 参 数 表

基础名称	主柱宽度 B_z (mm)	主柱高度 h_z (mm)	锚杆直径 D (mm)	锚杆间距 b (mm)	锚杆长度 h_0 (mm)	锚筋①	主柱钢筋②	锚杆混凝土 (m^3)	承台混凝土 (m^3)	钢筋 (kg)
1ZMG6r-450-05	1000	1600	110	490	4000	4 Φ 36	32 Φ 18	0.15	1.60	295.2
1ZMG6s-450-05	1000	1600	110	490	3400	4 Φ 36	32 Φ 18	0.13	1.60	276.0
1ZMG6t-450-05	1000	1600	110	490	3000	4 Φ 36	32 Φ 18	0.11	1.60	263.2
1ZMG6u-450-05	1000	1600	110	490	3000	4 Φ 36	32 Φ 18	0.11	1.60	263.2
1ZMG6v-450-05	1000	1600	110	490	3000	4 Φ 36	32 Φ 18	0.11	1.60	263.2

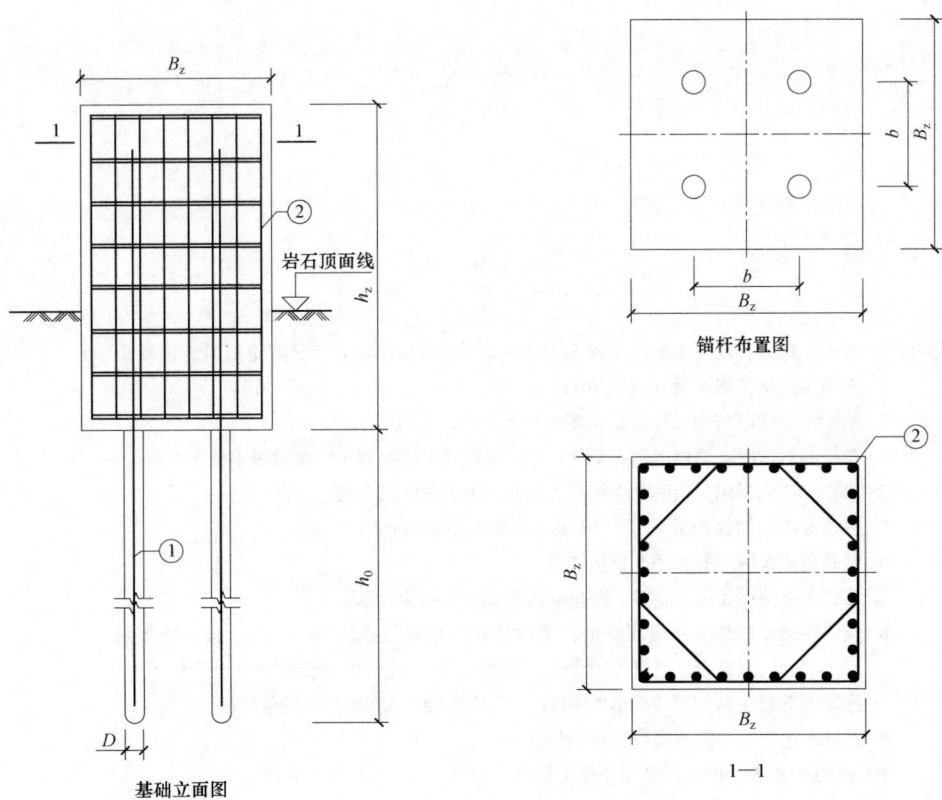

锚杆布置图

基础立面图

1—1

说明：1. 整体立塔时，混凝土的抗压强度应达到设计强度的 100%。分解组塔时，混凝土必须达到抗压强度设计值的 70%。

2. 地脚螺栓间距与相应杆塔结构图核对无误后，方可施工。

3. 锚杆细石混凝土强度等级不低于 C30，承台及主柱混凝土强度等级不低于 C25。

4. 锚筋、主筋采用 HRB400 级钢筋，箍筋为 HPB300 级钢筋。

5. 主柱底部主筋保护层不小于 70mm，其他不小于 50mm。

6. 钻孔后应及时封孔，灌浆前应清孔。

7. 锚杆细石混凝土应每 300～500mm 分层灌注并振捣密实。

8. 细石混凝土应掺入适量膨胀剂，推荐掺量为水泥用量的 3%～5%；掺入膨胀剂后，混凝土强度仍应达到 C30 等级，混凝土水中 14 天限制膨胀率应大于 0.02%；膨胀剂混凝土制作应按照 GB 50119《混凝土外加剂应用技术规范》执行。

9. 锚筋的上下端必须有可靠的锚固措施。

10. 基础参数表中的材料量为单腿工程量。

图 10.0-19 1ZMG6*-450-05 岩石锚杆基础施工图

基 础 参 数 表

基础名称	主柱宽度 B_z (mm)	主柱高度 h_z (mm)	锚杆直径 D (mm)	锚杆间距 b (mm)	锚杆长度 h_0 (mm)	锚筋①	主柱钢筋②	锚杆混凝土 (m^3)	承台混凝土 (m^3)	钢筋 (kg)
1ZMG6r-500-05	1000	1600	110	490	4500	4 ⏀ 36	32 ⏀ 18	0.17	1.60	311.2
1ZMG6s-500-05	1000	1600	110	490	3800	4 ⏀ 36	32 ⏀ 18	0.14	1.60	288.8
1ZMG6t-500-05	1000	1600	110	490	3000	4 ⏀ 36	32 ⏀ 18	0.11	1.60	263.2
1ZMG6u-500-05	1000	1600	110	490	3000	4 ⏀ 36	32 ⏀ 18	0.11	1.60	263.2
1ZMG6v-500-05	1000	1600	110	490	3000	4 ⏀ 36	32 ⏀ 18	0.11	1.60	263.2

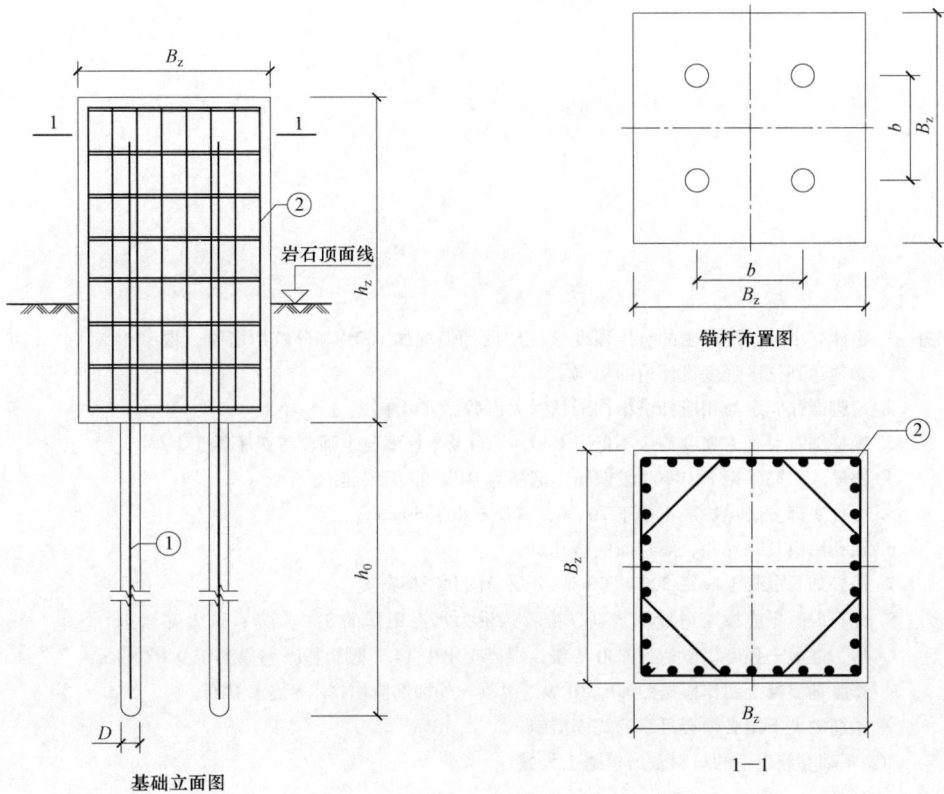

基础立面图

锚杆布置图

1—1

说明：1. 整体立塔时，混凝土的抗压强度应达到设计强度的100%。分解组塔时，混凝土必须达到抗压强度设计值的70%。

2. 地脚螺栓间距与相应杆塔结构图核对无误后，方可施工。

3. 锚杆细石混凝土强度等级不低于C30，承台及主柱混凝土强度等级不低于C25。

4. 锚筋、主筋采用HRB400级钢筋，箍筋为HPB300级钢筋。

5. 主柱底部主筋保护层不小于70mm，其他不小于50mm。

6. 钻孔后应及时封孔，灌浆前应清孔。

7. 锚杆细石混凝土应每300～500mm分层灌注并振捣密实。

8. 细石混凝土应掺入适量膨胀剂，推荐掺量为水泥用量的3%～5%；掺入膨胀剂后，混凝土强度仍应达到C30等级，混凝土水中14天限制膨胀率应大于0.02%；膨胀剂混凝土制作应按照GB 50119《混凝土外加剂应用技术规范》执行。

9. 锚筋的上下端必须有可靠的锚固措施。

10. 基础参数表中的材料量为单腿工程量。

图 10.0-20　1ZMG6*-500-05 岩石锚杆基础施工图

基础名称	主柱宽度 B_z (mm)	主柱高度 h_z (mm)	锚杆直径 D (mm)	锚杆间距 b (mm)	锚杆长度 h_0 (mm)	锚筋①	主柱钢筋②	锚杆混凝土 (m³)	承台混凝土 (m³)	钢筋 (kg)
1ZMG6r-550-05	1100	1700	110	590	4500	4 ⌀ 36	32 ⌀ 20	0.17	2.06	347.4
1ZMG6s-550-05	1100	1700	110	590	3800	4 ⌀ 36	32 ⌀ 20	0.14	2.06	325.0
1ZMG6t-550-05	1100	1700	110	590	3000	4 ⌀ 36	32 ⌀ 20	0.11	2.06	299.4
1ZMG6u-550-05	1100	1700	110	590	3000	4 ⌀ 36	32 ⌀ 20	0.11	2.06	299.4
1ZMG6v-550-05	1100	1700	110	590	3000	4 ⌀ 36	32 ⌀ 20	0.11	2.06	299.4

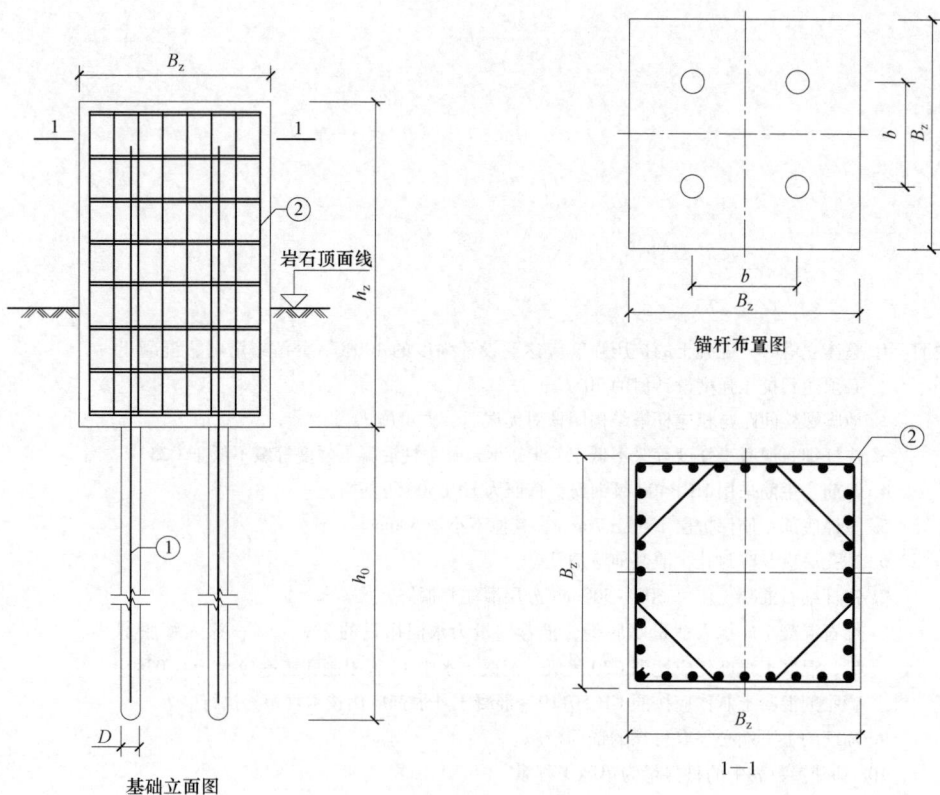

基础立面图

锚杆布置图

1—1

说明：1. 整体立塔时，混凝土的抗压强度应达到设计强度的 100%。分解组塔时，混凝土必须达到抗压强度设计值的 70%。

2. 地脚螺栓间距与相应杆塔结构图核对无误后，方可施工。

3. 锚杆细石混凝土强度等级不低于 C30，承台及主柱混凝土强度等级不低于 C25。

4. 锚筋、主筋采用 HRB400 级钢筋，箍筋为 HPB300 级钢筋。

5. 主柱底部主筋保护层不小于 70mm，其他不小于 50mm。

6. 钻孔后应及时封孔，灌浆前应清孔。

7. 锚杆细石混凝土应每 300～500mm 分层灌注并振捣密实。

8. 细石混凝土应掺入适量膨胀剂，推荐掺量为水泥用量的 3%～5%；掺入膨胀剂后，混凝土强度仍应达到 C30 等级，混凝土水中 14 天限制膨胀率应大于 0.02%；膨胀剂混凝土制作应按照 GB 50119《混凝土外加剂应用技术规范》执行。

9. 锚筋的上下端必须有可靠的锚固措施。

10. 基础参数表中的材料量为单腿工程量。

图 10.0-21 1ZMG6＊-550-05 岩石锚杆基础施工图

基 础 参 数 表

基础名称	承台宽度 B_c (mm)	承台高度 h_c (mm)	主柱宽度 B_z (mm)	主柱高度 h_z (mm)	偏心距 e (mm)	锚杆直径 D (mm)	锚杆间距 b (mm)	锚杆长度 h_0 (mm)	锚筋①	主柱钢筋②	承台 X 向主筋③	承台 Y 向主筋④	锚杆混凝土 (m^3)	承台混凝土 (m^3)	钢筋 (kg)
1ZMG6r-600-05	1300	1000	700	800	0	90	405	3000	9Φ28	16Φ18	8Φ18	8Φ18	0.17	2.08	422.5
1ZMG6s-600-05	1300	1000	700	800	0	90	405	3000	9Φ28	16Φ18	8Φ18	8Φ18	0.17	2.08	422.5
1ZMG6t-600-05	1300	1000	700	800	0	90	405	3000	9Φ28	16Φ18	8Φ18	8Φ18	0.17	2.08	422.5
1ZMG6u-600-05	1300	1000	700	800	0	90	405	3000	9Φ28	16Φ18	8Φ18	8Φ18	0.17	2.08	422.5
1ZMG6v-600-05	1300	1000	700	800	0	90	405	3000	9Φ28	16Φ18	8Φ18	8Φ18	0.17	2.08	422.5

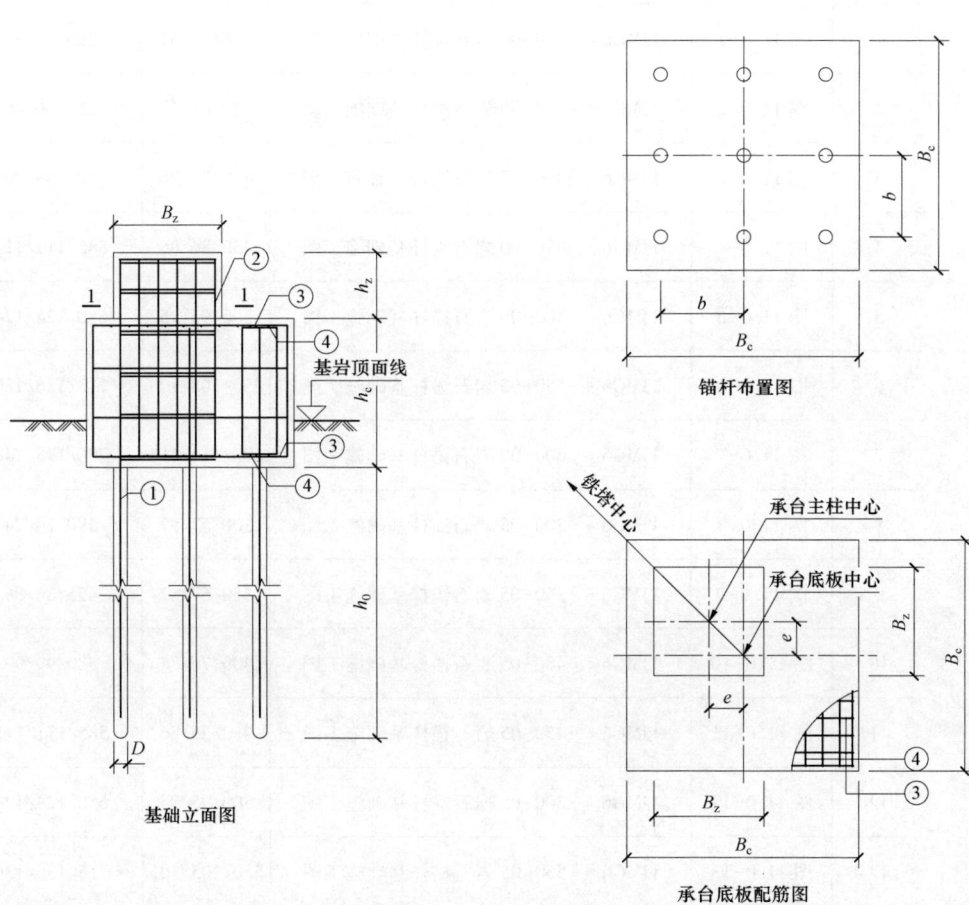

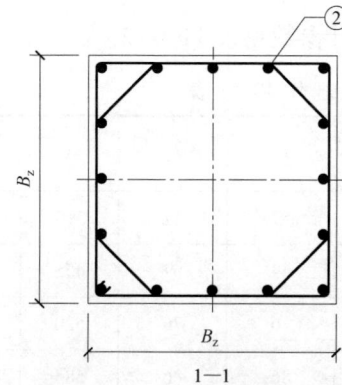

基础立面图

锚杆布置图

承台底板配筋图

1—1

说明：1. 整体立塔时，混凝土的抗压强度应达到设计强度的 100%。分解
      组塔时，混凝土必须达到抗压强度设计值的 70%。
   2. 地脚螺栓间距与相应杆塔结构图核对无误后，方可施工。
   3. 锚杆细石混凝土强度等级不低于 C30，承台及主柱混凝土强度等
      级不低于 C25。
   4. 锚筋、主筋采用 HRB400 级钢筋，箍筋为 HPB300 级钢筋。
   5. 承台、主柱的主筋保护层不小于 50mm，其中承台底部主筋保护
      层不小于 70mm。
   6. 钻孔后应及时封孔，灌浆前应清孔。
   7. 锚杆细石混凝土应每 300~500mm 分层灌注并振捣密实。
   8. 细石混凝土应掺入适量膨胀剂，推荐掺量为水泥用量的 3%～
      5%；掺入膨胀剂后，混凝土强度仍应达到 C30 等级，混凝土水
      中 14 天限制膨胀率应大于 0.02%；膨胀剂混凝土制作应按照 GB
      50119《混凝土外加剂应用技术规范》执行。
   9. 锚筋的上下端必须有可靠的锚固措施。
   10. 基础参数表中的材料量为单腿工程量。

图 10.0-22　1ZMG6*-600-05 岩石锚杆基础施工图

第11章 1JMG 模 块

本模块为转角塔岩石锚杆基础模块，适用于岩石地质。

本模块共70个基础、14张图纸，不同设计参数基础合并出图。如基础1JMG6r-300-00、1JMG6s-300-00、1JMG6t-300-00、1JMG6u-300-00、1JMG6v-300-00合并为一张图纸，图名为1JMG6*-300-00岩石锚杆基础施工图。

本模块由安徽华电公司设计。

基础作用力见表11.0-1，设计参数见表11.0-2。

表 11.0-1　　　　基 础 作 用 力 表　　　　（kN）

电压等级（kV）	基础作用力代号	T	T_x	T_y	N	N_x	N_y
110（66）	300	300	57	57	390	74	74
	350	350	67	67	455	86	86
	400	400	76	76	520	99	99
	450	450	86	86	585	111	111
	500	500	95	95	650	124	124
	550	550	105	105	715	136	136
	600	600	114	114	780	148	148

表 11.0-2　　　　设 计 参 数 表　　　　（kPa）

岩土类别	代号	τ_a	τ_b	τ_s
岩石	6r	3000	250	25
	6s	3000	300	30
	6t	3000	400	40
	6u	3000	500	50
	6v	3000	600	60

注 1. 代号含义详见5.2节。

　　2. 6*包含6r、6s、6t、6u、6v五种地质参数组合，对应的基础参数详见基础施工图。

1JMG 模块共包含14张图纸，基础施工图图纸清单见表11.0-3。

表 11.0-3　　　　1JMG 模块基础施工图图纸清单

序号	图号	图　名	基础作用力（kN）	
			$T/T_x/T_y$	$N/N_x/N_y$
1	图 11.0-1	1JMG6*-300-00岩石锚杆基础施工图	300/57/57	390/74/74
2	图 11.0-2	1JMG6*-350-00岩石锚杆基础施工图	350/67/67	455/86/86
3	图 11.0-3	1JMG6*-400-00岩石锚杆基础施工图	400/76/76	520/99/99
4	图 11.0-4	1JMG6*-450-00岩石锚杆基础施工图	450/86/86	585/111/111
5	图 11.0-5	1JMG6*-500-00岩石锚杆基础施工图	500/95/95	650/124/124
6	图 11.0-6	1JMG6*-550-00岩石锚杆基础施工图	550/105/105	715/136/136
7	图 11.0-7	1JMG6*-600-00岩石锚杆基础施工图	600/114/114	780/148/148
8	图 11.0-8	1JMG6*-300-05岩石锚杆基础施工图	300/57/57	390/74/74
9	图 11.0-9	1JMG6*-350-05岩石锚杆基础施工图	350/67/67	455/86/86
10	图 11.0-10	1JMG6*-400-05岩石锚杆基础施工图	400/76/76	520/99/99
11	图 11.0-11	1JMG6*-450-05岩石锚杆基础施工图	450/86/86	585/111/111
12	图 11.0-12	1JMG6*-500-05岩石锚杆基础施工图	500/95/95	650/124/124
13	图 11.0-13	1JMG6*-550-05岩石锚杆基础施工图	550/105/105	715/136/136
14	图 11.0-14	1JMG6*-600-05岩石锚杆基础施工图	600/114/114	780/148/148

注 当基础上拔力大于600kN时，见第14、16章。

基 础 参 数 表

基础名称	主柱宽度 B_z（mm）	主柱高度 h_z（mm）	锚杆直径 D（mm）	锚杆间距 b（mm）	锚杆长度 h_0（mm）	锚筋①	主柱钢筋②	锚杆混凝土（m³）	承台混凝土（m³）	钢筋（kg）
1JMG6r-300-00	1000	1100	100	500	4100	4⏀32	32⏀18	0.13	1.10	220.3
1JMG6s-300-00	1000	1100	100	500	3400	4⏀32	32⏀18	0.11	1.10	202.6
1JMG6t-300-00	1000	1100	100	500	3000	4⏀32	32⏀18	0.09	1.10	192.5
1JMG6u-300-00	1000	1100	100	500	3000	4⏀32	32⏀18	0.09	1.10	192.5
1JMG6v-300-00	1000	1100	100	500	3000	4⏀32	32⏀18	0.09	1.10	192.5

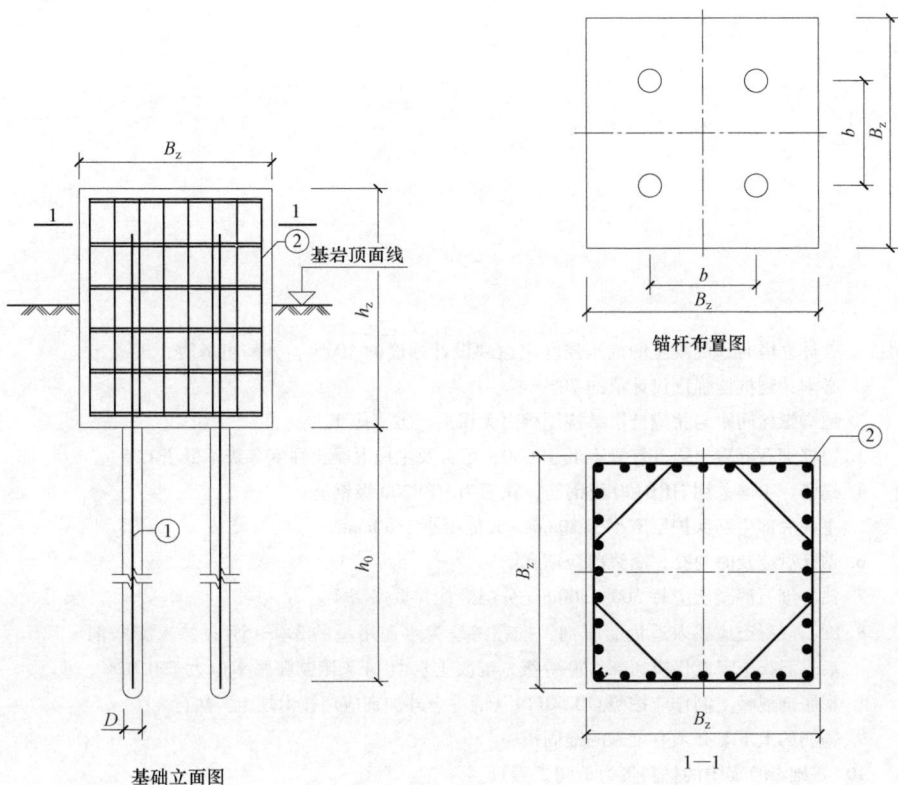

锚杆布置图

基础立面图

1—1

说明：1. 整体立塔时，混凝土的抗压强度应达到设计强度的100%。分解组塔时，混凝土必须达到抗压强度设计值的70%。

2. 地脚螺栓间距与相应杆塔结构图核对无误后，方可施工。

3. 锚杆细石混凝土强度等级不低于C30，承台及主柱混凝土强度等级不低于C25。

4. 锚筋、主筋采用HRB400级钢筋，箍筋为HPB300级钢筋。

5. 主柱底部主筋保护层不小于70mm，其他不小于50mm。

6. 钻孔后应及时封孔，灌浆前应清孔。

7. 锚杆细石混凝土应每300～500mm分层灌注并振捣密实。

8. 细石混凝土应掺入适量膨胀剂，推荐掺量为水泥用量的3%～5%；掺入膨胀剂后，混凝土强度仍应达到C30等级，混凝土水中14天限制膨胀率应大于0.02%；膨胀剂混凝土制作应按照GB 50119《混凝土外加剂应用技术规范》执行。

9. 锚筋的上下端必须有可靠的锚固措施。

10. 基础参数表中的材料量为单腿工程量。

图 11.0-1　1JMG6＊-300-00岩石锚杆基础施工图

基础名称	主柱宽度 B_z (mm)	主柱高度 h_z (mm)	锚杆直径 D (mm)	锚杆间距 b (mm)	锚杆长度 h_0 (mm)	锚筋①	主柱钢筋②	锚杆混凝土 (m^3)	承台混凝土 (m^3)	钢筋 (kg)
1JMG6r-350-00	1100	1100	100	600	4200	4φ32	32φ20	0.13	1.33	239.7
1JMG6s-350-00	1100	1100	100	600	3500	4φ32	32φ20	0.11	1.33	222.0
1JMG6t-350-00	1100	1100	100	600	3000	4φ32	32φ20	0.09	1.33	209.4
1JMG6u-350-00	1100	1100	100	600	3000	4φ32	32φ20	0.09	1.33	209.4
1JMG6v-350-00	1100	1100	100	600	3000	4φ32	32φ20	0.09	1.33	209.4

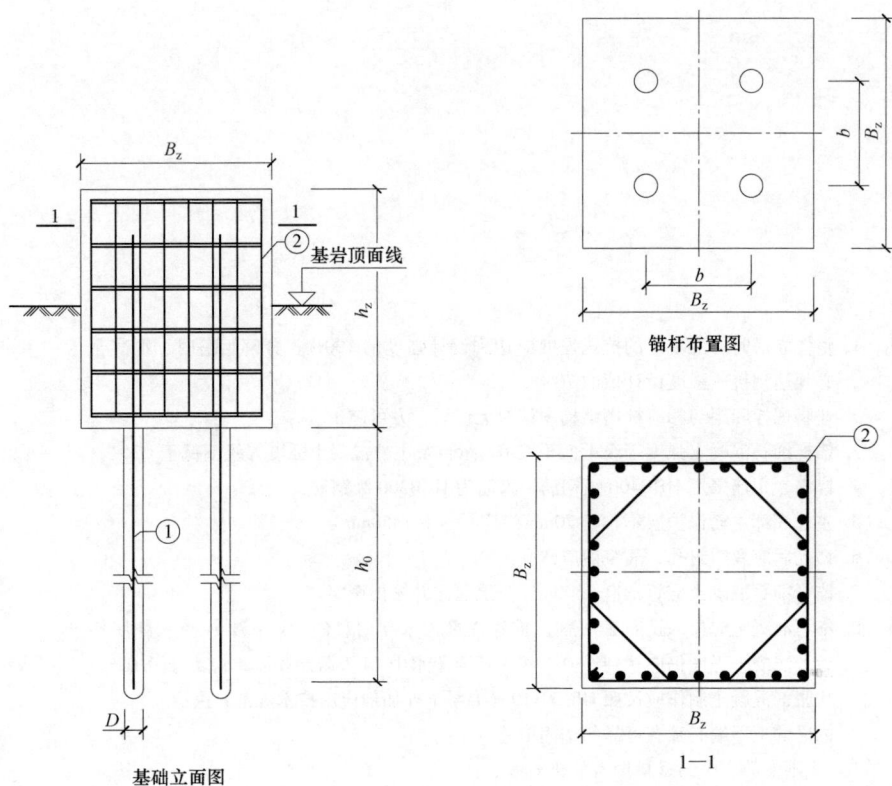

锚杆布置图

基础立面图

1—1

说明：1. 整体立塔时，混凝土的抗压强度应达到设计强度的 100%。分解组塔时，混凝土必须达到抗压强度设计值的 70%。

2. 地脚螺栓间距与相应杆塔结构图核对无误后，方可施工。

3. 锚杆细石混凝土强度等级不低于 C30，承台及主柱混凝土强度等级不低于 C25。

4. 锚筋、主筋采用 HRB400 级钢筋，箍筋为 HPB300 级钢筋。

5. 主柱底部主筋保护层不小于 70mm，其他不小于 50mm。

6. 钻孔后应及时封孔，灌浆前应清孔。

7. 锚杆细石混凝土应每 300～500mm 分层灌注并振捣密实。

8. 细石混凝土应掺入适量膨胀剂，推荐掺量为水泥用量的 3%～5%；掺入膨胀剂后，混凝土强度仍应达到 C30 等级，混凝土水中 14 天限制膨胀率应大于 0.02%；膨胀剂混凝土制作应按照 GB 50119《混凝土外加剂应用技术规范》执行。

9. 锚筋的上下端必须有可靠的锚固措施。

10. 基础参数表中的材料量为单腿工程量。

图 11.0-2　1JMG6＊-350-00 岩石锚杆基础施工图

基 础 参 数 表

基础名称	主柱宽度 B_z (mm)	主柱高度 h_z (mm)	锚杆直径 D (mm)	锚杆间距 b (mm)	锚杆长度 h_0 (mm)	锚筋①	主柱钢筋②	锚杆混凝土 (m^3)	承台混凝土 (m^3)	钢筋 (kg)
1JMG6r-400-00	1100	1200	110	590	4700	4 Φ 36	32 Φ 20	0.18	1.45	304.4
1JMG6s-400-00	1100	1200	110	590	3900	4 Φ 36	32 Φ 20	0.15	1.45	278.9
1JMG6t-400-00	1100	1200	110	590	3000	4 Φ 36	32 Φ 20	0.11	1.45	250.1
1JMG6u-400-00	1100	1200	110	590	3000	4 Φ 36	32 Φ 20	0.11	1.45	250.1
1JMG6v-400-00	1100	1200	110	590	3000	4 Φ 36	32 Φ 20	0.11	1.45	250.1

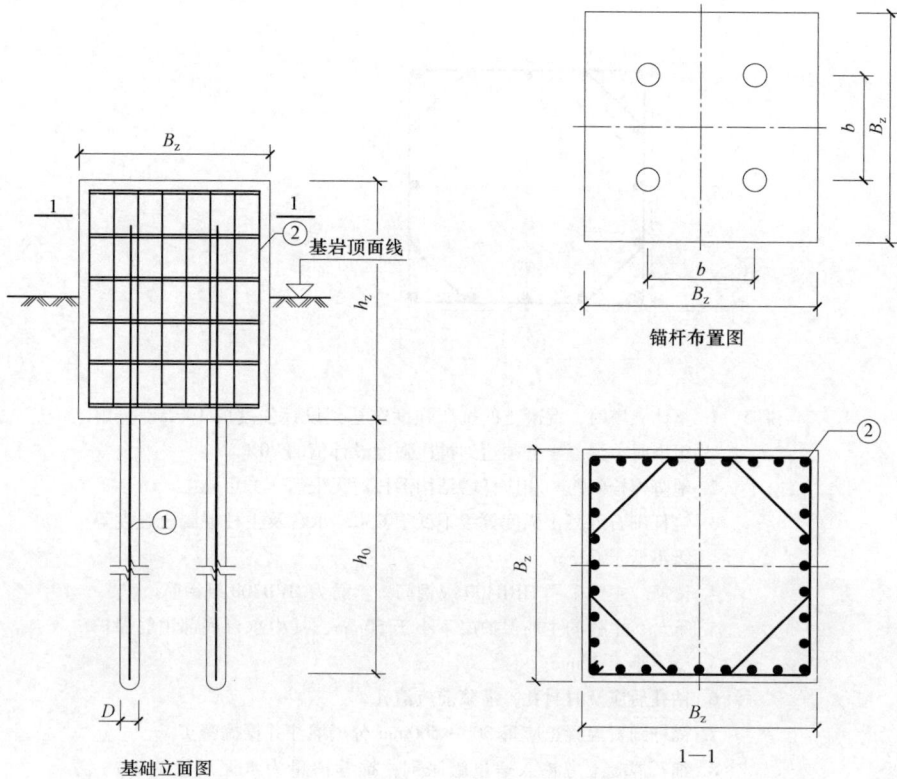

锚杆布置图

基础立面图

1—1

说明：1. 整体立塔时，混凝土的抗压强度应达到设计强度的100%。分解组塔时，混凝土必须达到抗压强度设计值的70%。

2. 地脚螺栓间距与相应杆塔结构图核对无误后，方可施工。

3. 锚杆细石混凝土强度等级不低于 C30，承台及主柱混凝土强度等级不低于 C25。

4. 锚筋、主筋采用 HRB400 级钢筋，箍筋为 HPB300 级钢筋。

5. 主柱底部主筋保护层不小于70mm，其他不小于50mm。

6. 钻孔后应及时封孔，灌浆前应清孔。

7. 锚杆细石混凝土应每 300～500mm 分层灌注并振捣密实。

8. 细石混凝土应掺入适量膨胀剂，推荐掺量为水泥用量的 3%～5%；掺入膨胀剂后，混凝土强度仍应达到 C30 等级，混凝土水中 14 天限制膨胀率应大于 0.02%；膨胀剂混凝土制作应按照 GB 50119《混凝土外加剂应用技术规范》执行。

9. 锚筋的上下端必须有可靠的锚固措施。

10. 基础参数表中的材料量为单腿工程量。

图 11.0-3 1JMG6*-400-00 岩石锚杆基础施工图

基 础 参 数 表

基础名称	承台宽度 B_c (mm)	承台高度 h_c (mm)	主柱宽度 B_z (mm)	主柱高度 h_z (mm)	偏心距 e (mm)	锚杆直径 D (mm)	锚杆间距 b (mm)	锚杆长度 h_0 (mm)	锚筋 ①	主柱钢筋 ②	承台 X 向主筋 ③	承台 Y 向主筋 ④	锚杆混凝土 (m³)	承台混凝土 (m³)	钢筋 (kg)
1JMG6r-450-00	1300	900	700	200	0	90	405	3000	9Φ25	16Φ18	7Φ18	7Φ18	0.17	1.62	330.4
1JMG6s-450-00	1300	900	700	200	0	90	405	3000	9Φ25	16Φ18	7Φ18	7Φ18	0.17	1.62	330.4
1JMG6t-450-00	1300	900	700	200	0	90	405	3000	9Φ25	16Φ18	7Φ18	7Φ18	0.17	1.62	330.4
1JMG6u-450-00	1300	900	700	200	0	90	405	3000	9Φ25	16Φ18	7Φ18	7Φ18	0.17	1.62	330.4
1JMG6v-450-00	1300	900	700	200	0	90	405	3000	9Φ25	16Φ18	7Φ18	7Φ18	0.17	1.62	330.4

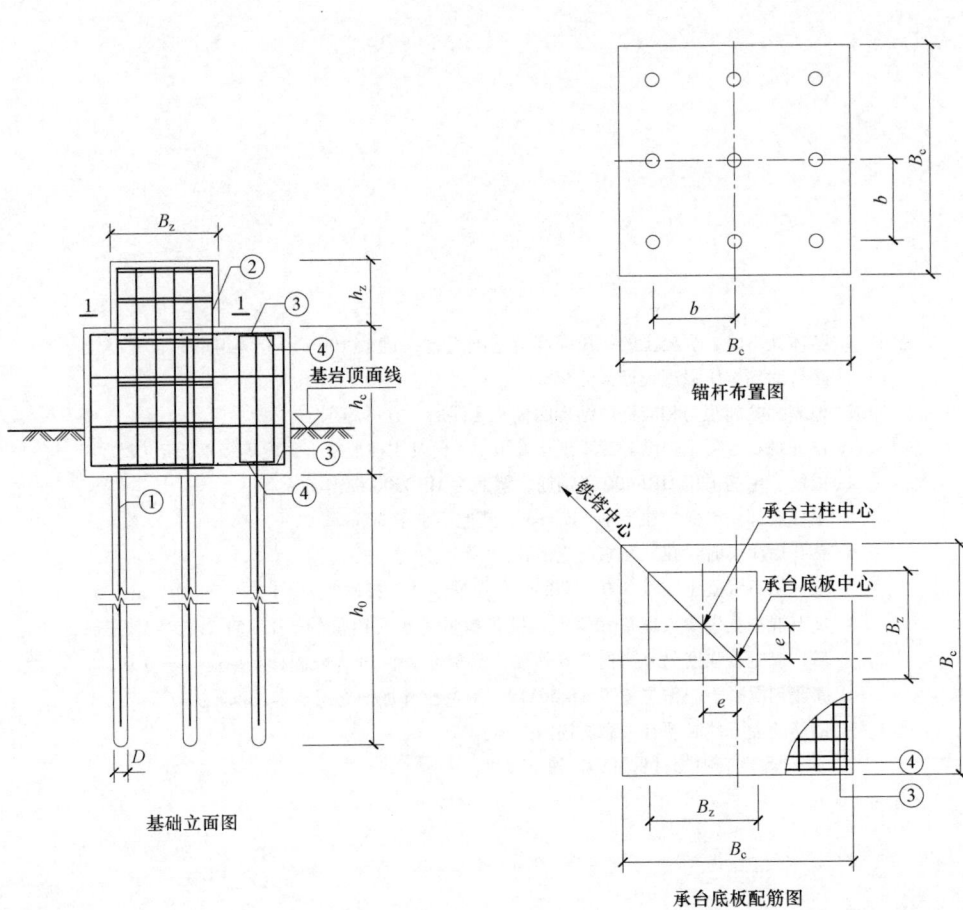

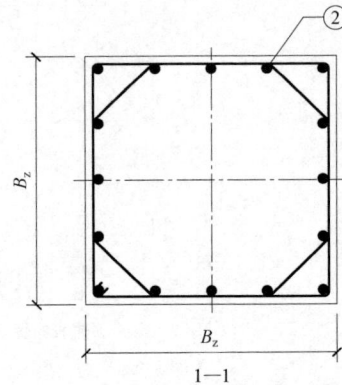

基础立面图

锚杆布置图

承台底板配筋图

1—1

说明：
1. 整体立塔时，混凝土的抗压强度应达到设计强度的 100%。分解组塔时，混凝土必须达到抗压强度设计值的 70%。
2. 地脚螺栓间距与相应杆塔结构图核对无误后，方可施工。
3. 锚杆细石混凝土强度等级不低于 C30，承台及主柱混凝土强度等级不低于 C25。
4. 锚筋、主筋采用 HRB400 级钢筋，箍筋为 HPB300 级钢筋。
5. 承台、主柱的主筋保护层不小于 50mm，其中承台底部主筋保护层不小于 70mm。
6. 钻孔后应及时封孔，灌浆前应清孔。
7. 锚杆细石混凝土应每 300～500mm 分层灌注并振捣密实。
8. 细石混凝土应掺入适量膨胀剂，推荐掺量为水泥用量的 3%～5%；掺入膨胀剂后，混凝土强度仍应达到 C30 等级，混凝土水中 14 天限制膨胀率应大于 0.02%；膨胀剂混凝土制作应按照 GB 50119《混凝土外加剂应用技术规范》执行。
9. 锚筋的上下端必须有可靠的锚固措施。
10. 基础参数表中的材料量为单腿工程量。

图 11.0-4 1JMG6*-450-00 岩石锚杆基础施工图

基 础 参 数 表

基础名称	承台宽度 B_c (mm)	承台高度 h_c (mm)	主柱宽度 B_z (mm)	主柱高度 h_z (mm)	偏心距 e (mm)	锚杆直径 D (mm)	锚杆间距 b (mm)	锚杆长度 h_0 (mm)	锚筋 ①	主柱钢筋 ②	承台 X 向主筋 ③	承台 Y 向主筋 ④	锚杆混凝土 (m³)	承台混凝土 (m³)	钢筋 (kg)
1JMG6r-500-00	1300	900	700	200	50	90	405	3000	9Φ25	16Φ18	7Φ18	7Φ18	0.17	1.62	330.4
1JMG6s-500-00	1300	900	700	200	50	90	405	3000	9Φ25	16Φ18	7Φ18	7Φ18	0.17	1.62	330.4
1JMG6t-500-00	1300	900	700	200	50	90	405	3000	9Φ25	16Φ18	7Φ18	7Φ18	0.17	1.62	330.4
1JMG6u-500-00	1300	900	700	200	50	90	405	3000	9Φ25	16Φ18	7Φ18	7Φ18	0.17	1.62	330.4
1JMG6v-500-00	1300	900	700	200	50	90	405	3000	9Φ25	16Φ18	7Φ18	7Φ18	0.17	1.62	330.4

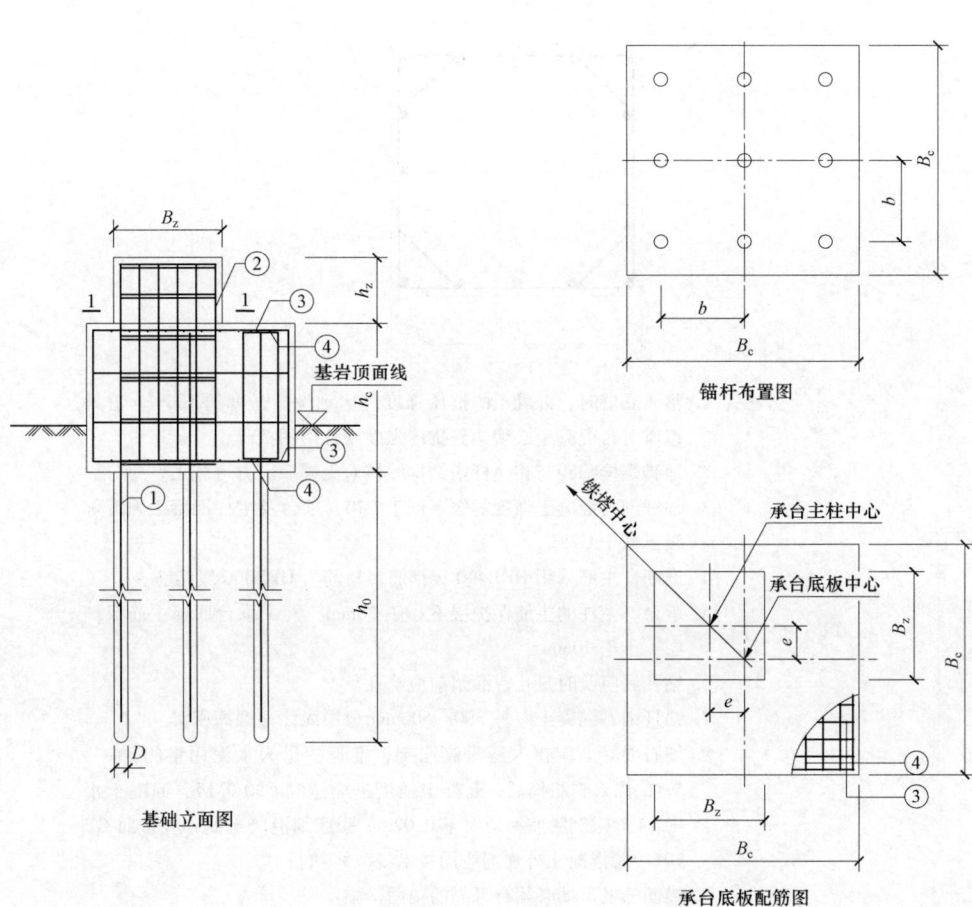

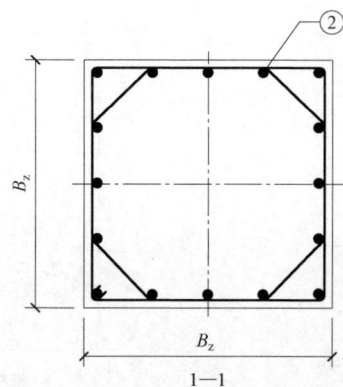

基础立面图

锚杆布置图

承台底板配筋图

1—1

说明：1. 整体立塔时，混凝土的抗压强度应达到设计强度的 100%。分解
组塔时，混凝土必须达到抗压强度设计值的 70%。

2. 地脚螺栓间距与相应杆塔结构图核对无误后，方可施工。

3. 锚杆细石混凝土强度等级不低于 C30，承台及主柱混凝土强度等
级不低于 C25。

4. 锚筋、主筋采用 HRB400 级钢筋，箍筋为 HPB300 级钢筋。

5. 承台、主柱的主筋保护层不小于 50mm，其中承台底部主筋保护
层不小于 70mm。

6. 钻孔后应及时封孔，灌浆前应清孔。

7. 锚杆细石混凝土应每 300～500mm 分层灌注并振捣密实。

8. 细石混凝土应掺入适量膨胀剂，推荐掺量为水泥用量的 3%～
5%；掺入膨胀剂后，混凝土强度仍应达到 C30 等级，混凝土水
中 14 天限制膨胀率应大于 0.02%；膨胀剂混凝土制作应按照 GB
50119《混凝土外加剂应用技术规范》执行。

9. 锚筋的上下端必须有可靠的锚固措施。

10. 基础参数表中的材料量为单腿工程量。

图 11.0-5 1JMG6*-500-00 岩石锚杆基础施工图

基 础 参 数 表

基础名称	承台宽度 B_c（mm）	承台高度 h_c（mm）	主柱宽度 B_z（mm）	主柱高度 h_z（mm）	偏心距 e（mm）	锚杆直径 D（mm）	锚杆间距 b（mm）	锚杆长度 h_0（mm）	锚筋 ①	主柱钢筋 ②	承台 X 向主筋 ③	承台 Y 向主筋 ④	锚杆混凝土（m³）	承台混凝土（m³）	钢筋（kg）
1JMG6r-550-00	1300	1000	700	100	50	90	405	3100	9Φ28	16Φ18	8Φ18	8Φ18	0.18	1.74	399.1
1JMG6s-550-00	1300	1000	700	100	50	90	405	3000	9Φ28	16Φ18	8Φ18	8Φ18	0.17	1.74	394.8
1JMG6t-550-00	1300	1000	700	100	50	90	405	3000	9Φ28	16Φ18	8Φ18	8Φ18	0.17	1.74	394.8
1JMG6u-550-00	1300	1000	700	100	50	90	405	3000	9Φ28	16Φ18	8Φ18	8Φ18	0.17	1.74	394.8
1JMG6v-550-00	1300	1000	700	100	50	90	405	3000	9Φ28	16Φ18	8Φ18	8Φ18	0.17	1.74	394.8

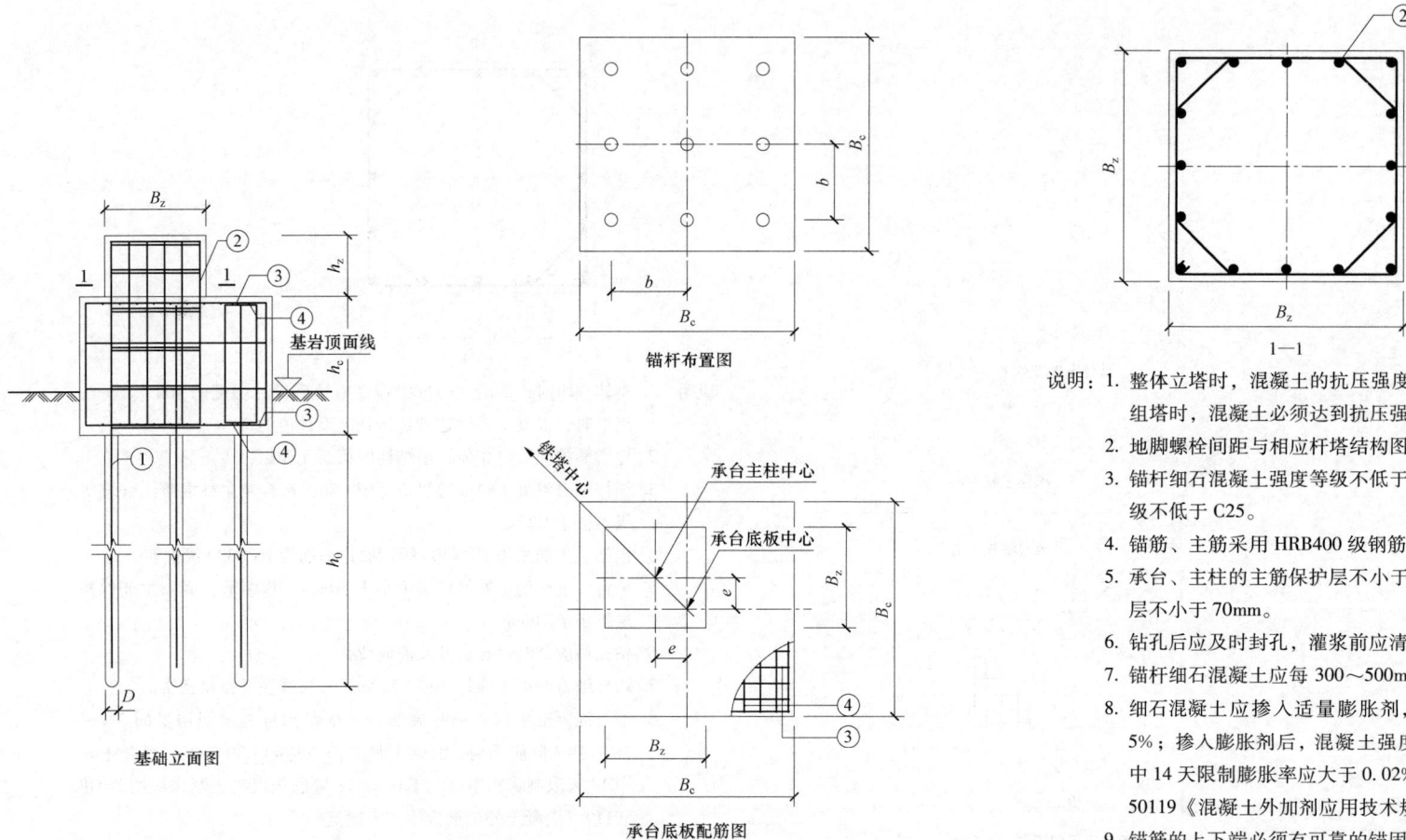

锚杆布置图

1—1

基础立面图

承台底板配筋图

说明：1. 整体立塔时，混凝土的抗压强度应达到设计强度的 100%。分解组塔时，混凝土必须达到抗压强度设计值的 70%。

2. 地脚螺栓间距与相应杆塔结构图核对无误后，方可施工。

3. 锚杆细石混凝土强度等级不低于 C30，承台及主柱混凝土强度等级不低于 C25。

4. 锚筋、主筋采用 HRB400 级钢筋，箍筋为 HPB300 级钢筋。

5. 承台、主柱的主筋保护层不小于 50mm，其中承台底部主筋保护层不小于 70mm。

6. 钻孔后应及时封孔，灌浆前应清孔。

7. 锚杆细石混凝土应每 300～500mm 分层灌注并振捣密实。

8. 细石混凝土应掺入适量膨胀剂，推荐掺量为水泥用量的 3%～5%；掺入膨胀剂后，混凝土强度仍应达到 C30 等级，混凝土水中 14 天限制膨胀率应大于 0.02%；膨胀剂混凝土制作应按照 GB 50119《混凝土外加剂应用技术规范》执行。

9. 锚筋的上下端必须有可靠的锚固措施。

10. 基础参数表中的材料量为单腿工程量。

图 11.0-6　1JMG6*-550-00 岩石锚杆基础施工图

基 础 参 数 表

基础名称	承台宽度 B_c (mm)	承台高度 h_c (mm)	主柱宽度 B_z (mm)	主柱高度 h_z (mm)	偏心距 e (mm)	锚杆直径 D (mm)	锚杆间距 b (mm)	锚杆长度 h_0 (mm)	锚筋 ①	主柱钢筋 ②	承台 X 向主筋 ③	承台 Y 向主筋 ④	锚杆混凝土 (m³)	承台混凝土 (m³)	钢筋 (kg)
1JMG6r-600-00	1400	1000	700	300	50	90	455	3500	9Φ28	16Φ18	9Φ18	9Φ18	0.20	2.11	450.5
1JMG6s-600-00	1400	1000	700	300	50	90	455	3000	9Φ28	16Φ18	9Φ18	9Φ18	0.17	2.11	428.9
1JMG6t-600-00	1400	1000	700	300	50	90	455	3000	9Φ28	16Φ18	9Φ18	9Φ18	0.17	2.11	428.9
1JMG6u-600-00	1400	1000	700	300	50	90	455	3000	9Φ28	16Φ18	9Φ18	9Φ18	0.17	2.11	428.9
1JMG6v-600-00	1400	1000	700	300	50	90	455	3000	9Φ28	16Φ18	9Φ18	9Φ18	0.17	2.11	428.9

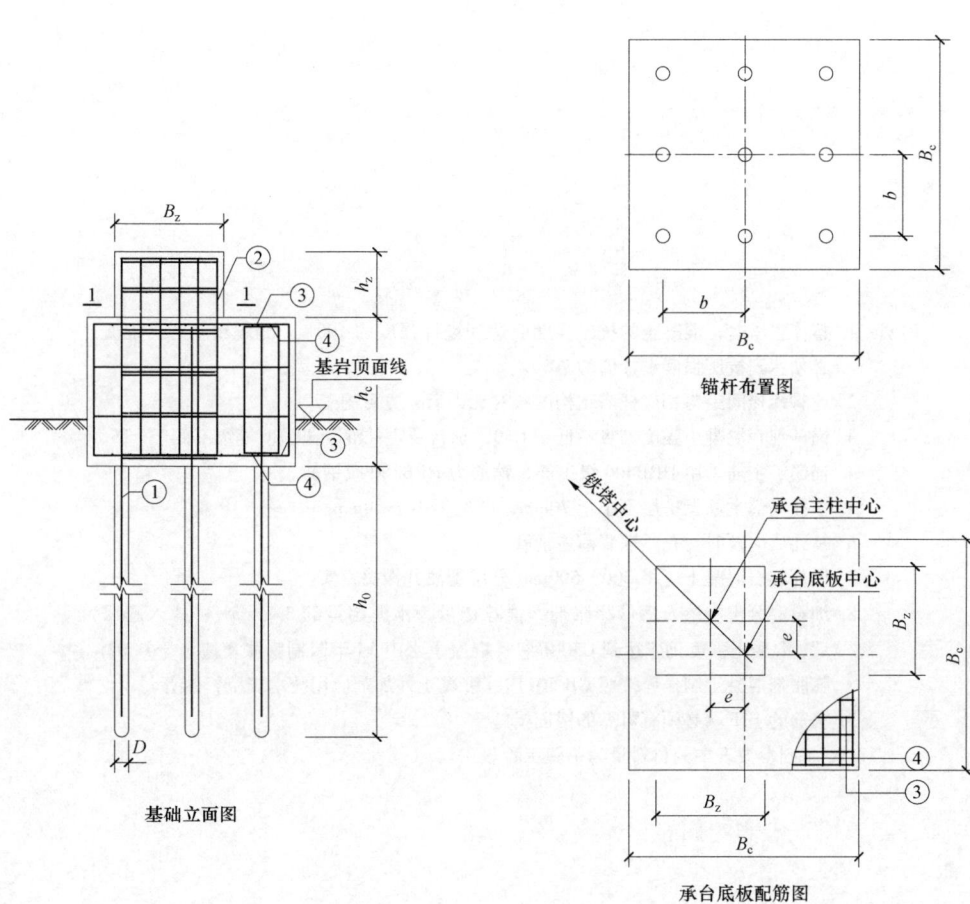

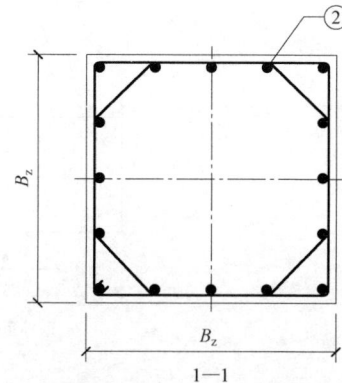

锚杆布置图

1—1

基础立面图

承台底板配筋图

说明：1. 整体立塔时，混凝土的抗压强度应达到设计强度的100%。分解组塔时，混凝土必须达到抗压强度设计值的70%。

2. 地脚螺栓间距与相应杆塔结构图核对无误后，方可施工。

3. 锚杆细石混凝土强度等级不低于C30，承台及主柱混凝土强度等级不低于C25。

4. 锚筋、主筋采用HRB400级钢筋，箍筋为HPB300级钢筋。

5. 承台、主柱的主筋保护层不小于50mm，其中承台底部主筋保护层不小于70mm。

6. 钻孔后应及时封孔，灌浆前应清孔。

7. 锚杆细石混凝土应每300～500mm分层灌注并振捣密实。

8. 细石混凝土应掺入适量膨胀剂，推荐掺量为水泥用量的3%～5%；掺入膨胀剂后，混凝土强度仍应达到C30等级，混凝土水中14天限制膨胀率应大于0.02%；膨胀剂混凝土制作应按照GB 50119《混凝土外加剂应用技术规范》执行。

9. 锚筋的上下端必须有可靠的锚固措施。

10. 基础参数表中的材料量为单腿工程量。

图 11.0-7　1JMG6*-600-00岩石锚杆基础施工图

基 础 参 数 表

基础名称	主柱宽度 B_z (mm)	主柱高度 h_z (mm)	锚杆直径 D (mm)	锚杆间距 b (mm)	锚杆长度 h_0 (mm)	锚筋①	主柱钢筋②	锚杆混凝土 (m^3)	承台混凝土 (m^3)	钢筋 (kg)
1JMG6r-300-05	1000	1600	110	490	4800	4 Φ 36	32 Φ 18	0.18	1.60	320.7
1JMG6s-300-05	1000	1600	110	490	4000	4 Φ 36	32 Φ 18	0.15	1.60	295.2
1JMG6t-300-05	1000	1600	110	490	3000	4 Φ 36	32 Φ 18	0.11	1.60	263.2
1JMG6u-300-05	1000	1600	110	490	3000	4 Φ 36	32 Φ 18	0.11	1.60	263.2
1JMG6v-300-05	1000	1600	110	490	3000	4 Φ 36	32 Φ 18	0.11	1.60	263.2

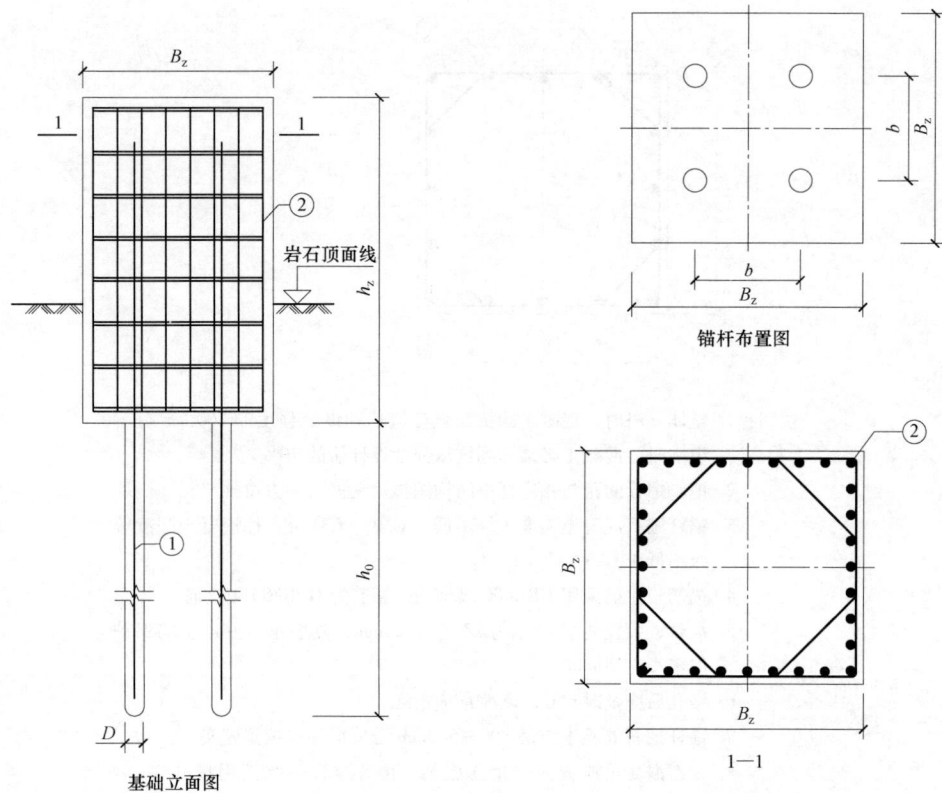

基础立面图

锚杆布置图

1—1

说明：1. 整体立塔时，混凝土的抗压强度应达到设计强度的100%。分解组塔时，混凝土必须达到抗压强度设计值的70%。

2. 地脚螺栓间距与相应杆塔结构图核对无误后，方可施工。

3. 锚杆细石混凝土强度等级不低于C30，承台及主柱混凝土强度等级不低于C25。

4. 锚筋、主筋采用 HRB400 级钢筋，箍筋为 HPB300 级钢筋。

5. 主柱底部主筋保护层不小于 70mm，其他不小于 50mm。

6. 钻孔后应及时封孔，灌浆前应清孔。

7. 锚杆细石混凝土应每 300～500mm 分层灌注并振捣密实。

8. 细石混凝土应掺入适量膨胀剂，推荐掺量为水泥用量的 3%～5%；掺入膨胀剂后，混凝土强度仍应达到 C30 等级，混凝土水中 14 天限制膨胀率应大于 0.02%；膨胀剂混凝土制作应按照 GB 50119《混凝土外加剂应用技术规范》执行。

9. 锚筋的上下端必须有可靠的锚固措施。

10. 基础参数表中的材料量为单腿工程量。

图 11.0-8 1JMG6＊-300-05 岩石锚杆基础施工图

基 础 参 数 表

基础名称	主柱宽度 B_z (mm)	主柱高度 h_z (mm)	锚杆直径 D (mm)	锚杆间距 b (mm)	锚杆长度 h_0 (mm)	锚筋①	主柱钢筋②	锚杆混凝土 (m³)	承台混凝土 (m³)	钢筋 (kg)
1JMG6r-350-05	1100	1600	110	590	4900	4 Φ 36	32 Φ 20	0.19	1.94	349.0
1JMG6s-350-05	1100	1600	110	590	4100	4 Φ 36	32 Φ 20	0.16	1.94	323.4
1JMG6t-350-05	1100	1600	110	590	3000	4 Φ 36	32 Φ 20	0.11	1.94	288.3
1JMG6u-350-05	1100	1600	110	590	3000	4 Φ 36	32 Φ 20	0.11	1.94	288.3
1JMG6v-350-05	1100	1600	110	590	3000	4 Φ 36	32 Φ 20	0.11	1.94	288.3

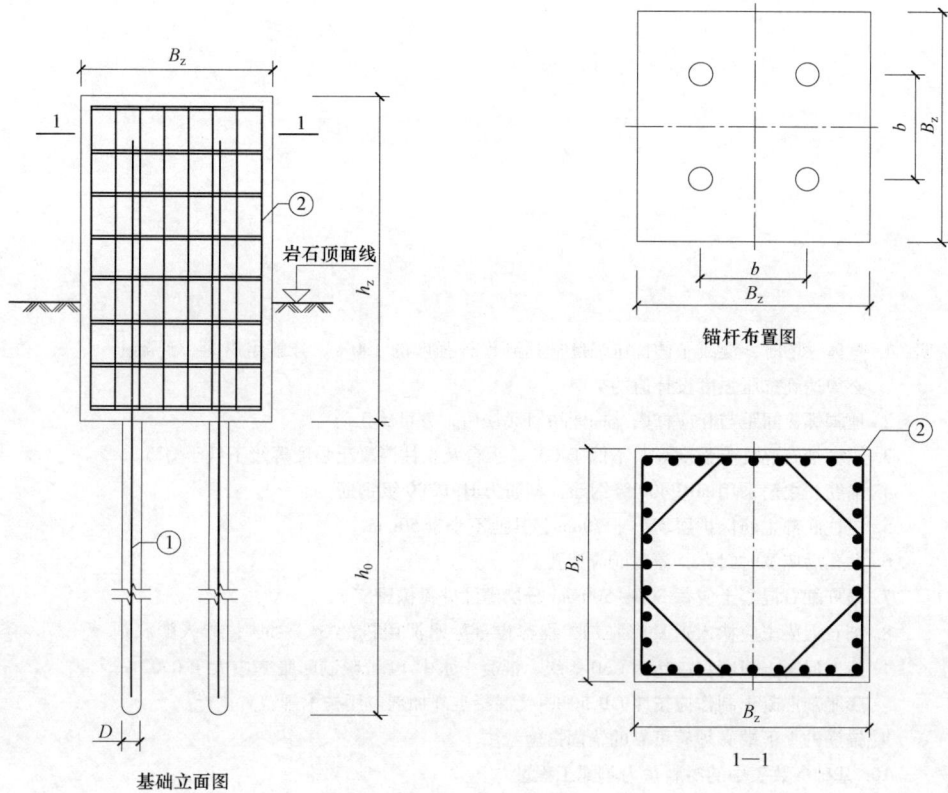

基础立面图

锚杆布置图

1—1

说明：1. 整体立塔时，混凝土的抗压强度应达到设计强度的100%。分解组塔时，混凝土必须达到抗压强度设计值的70%。

2. 地脚螺栓间距与相应杆塔结构图核对无误后，方可施工。

3. 锚杆细石混凝土强度等级不低于C30，承台及主柱混凝土强度等级不低于C25。

4. 锚筋、主筋采用HRB400级钢筋，箍筋为HPB300级钢筋。

5. 主柱底部主筋保护层不小于70mm，其他不小于50mm。

6. 钻孔后应及时封孔，灌浆前应清孔。

7. 锚杆细石混凝土应每300~500mm分层灌注并振捣密实。

8. 细石混凝土应掺入适量膨胀剂，推荐掺量为水泥用量的3%~5%；掺入膨胀剂后，混凝土强度仍应达到C30等级，混凝土水中14天限制膨胀率应大于0.02%；膨胀剂混凝土制作应按照GB 50119《混凝土外加剂应用技术规范》执行。

9. 锚筋的上下端必须有可靠的锚固措施。

10. 基础参数表中的材料量为单腿工程量。

图 11.0-9　1JMG6∗-350-05岩石锚杆基础施工图

基 础 参 数 表

基础名称	主柱宽度 B_z (mm)	主柱高度 h_z (mm)	锚杆直径 D (mm)	锚杆间距 b (mm)	锚杆长度 h_0 (mm)	锚筋①	主柱钢筋②	锚杆混凝土 (m³)	承台混凝土 (m³)	钢筋 (kg)
1JMG6r-400-05	1100	1700	130	570	5000	4 ϕ 40	32 ϕ 20	0.27	2.06	416.6
1JMG6s-400-05	1100	1700	130	570	4200	4 ϕ 40	32 ϕ 20	0.22	2.06	385.1
1JMG6t-400-05	1100	1700	130	570	3200	4 ϕ 40	32 ϕ 20	0.17	2.06	345.6
1JMG6u-400-05	1100	1700	130	570	3000	4 ϕ 40	32 ϕ 20	0.16	2.06	337.7
1JMG6v-400-05	1100	1700	130	570	3000	4 ϕ 40	32 ϕ 20	0.16	2.06	337.7

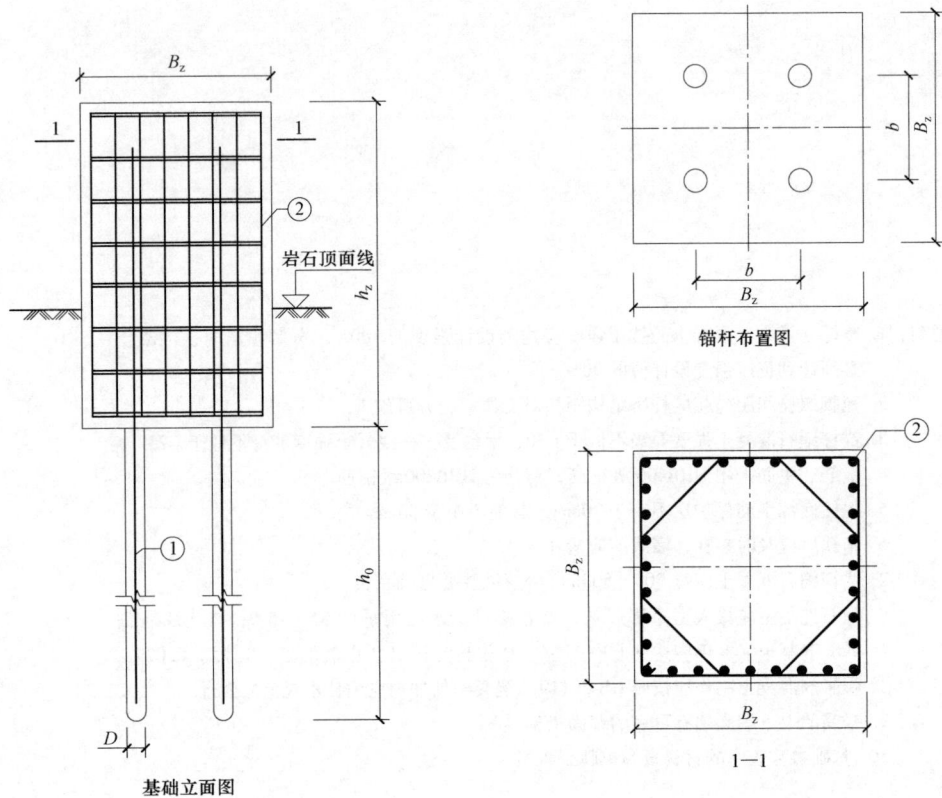

锚杆布置图

基础立面图

1—1

说明：1. 整体立塔时，混凝土的抗压强度应达到设计强度的100%。分解组塔时，混凝土必须达到抗压强度设计值的70%。

2. 地脚螺栓间距与相应杆塔结构图核对无误后，方可施工。

3. 锚杆细石混凝土强度等级不低于C30，承台及主柱混凝土强度等级不低于C25。

4. 锚筋、主筋采用HRB400级钢筋，箍筋为HPB300级钢筋。

5. 主柱底部主筋保护层不小于70mm，其他不小于50mm。

6. 钻孔后应及时封孔，灌浆前应清孔。

7. 锚杆细石混凝土应每300～500mm分层灌注并振捣密实。

8. 细石混凝土应掺入适量膨胀剂，推荐掺量为水泥用量的3%～5%；掺入膨胀剂后，混凝土强度仍应达到C30等级，混凝土水中14天限制膨胀率应大于0.02%；膨胀剂混凝土制作应按照GB 50119《混凝土外加剂应用技术规范》执行。

9. 锚筋的上下端必须有可靠的锚固措施。

10. 基础参数表中的材料量为单腿工程量。

图 11.0-10 1JMG6*-400-05岩石锚杆基础施工图

基 础 参 数 表

基础名称	承台宽度 B_c (mm)	承台高度 h_c (mm)	主柱宽度 B_z (mm)	主柱高度 h_z (mm)	偏心距 e (mm)	锚杆直径 D (mm)	锚杆间距 b (mm)	锚杆长度 h_0 (mm)	锚筋 ①	主柱钢筋 ②	承台 X 向主筋 ③	承台 Y 向主筋 ④	锚杆混凝土 (m^3)	承台混凝土 (m^3)	钢筋 (kg)
1JMG6r-450-05	1300	1000	700	600	50	90	405	3400	9⏀28	16⏀18	8⏀18	8⏀18	0.19	1.98	431.7
1JMG6s-450-05	1300	1000	700	600	50	90	405	3000	9⏀28	16⏀18	8⏀18	8⏀18	0.17	1.98	414.3
1JMG6t-450-05	1300	1000	700	600	50	90	405	3000	9⏀28	16⏀18	8⏀18	8⏀18	0.17	1.98	414.3
1JMG6u-450-05	1300	1000	700	600	50	90	405	3000	9⏀28	16⏀18	8⏀18	8⏀18	0.17	1.98	414.3
1JMG6v-450-05	1300	1000	700	600	50	90	405	3000	9⏀28	16⏀18	8⏀18	8⏀18	0.17	1.98	414.3

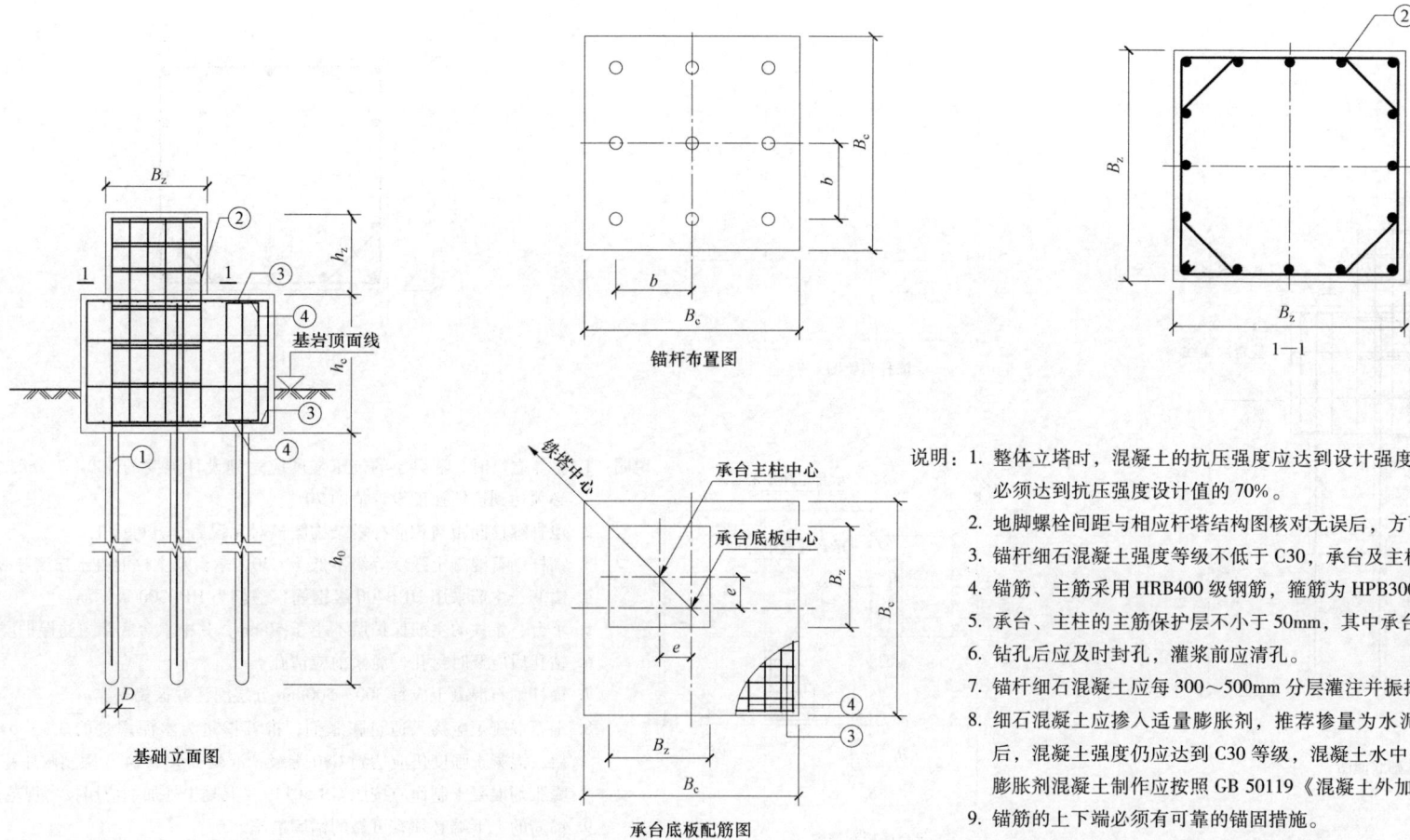

基础立面图

锚杆布置图

承台底板配筋图

1—1

说明：1. 整体立塔时，混凝土的抗压强度应达到设计强度的 100%。分解组塔时，混凝土必须达到抗压强度设计值的 70%。

2. 地脚螺栓间距与相应杆塔结构图核对无误后，方可施工。

3. 锚杆细石混凝土强度等级不低于 C30，承台及主柱混凝土强度等级不低于 C25。

4. 锚筋、主筋采用 HRB400 级钢筋，箍筋为 HPB300 级钢筋。

5. 承台、主柱的主筋保护层不小于 50mm，其中承台底部主筋保护层不小于 70mm。

6. 钻孔后应及时封孔，灌浆前应清孔。

7. 锚杆细石混凝土应每 300～500mm 分层灌注并振捣密实。

8. 细石混凝土应掺入适量膨胀剂，推荐掺量为水泥用量的 3%～5%；掺入膨胀剂后，混凝土强度仍应达到 C30 等级，混凝土水中 14 天限制膨胀率应大于 0.02%；膨胀剂混凝土制作应按照 GB 50119《混凝土外加剂应用技术规范》执行。

9. 锚筋的上下端必须有可靠的锚固措施。

10. 基础参数表中的材料量为单腿工程量。

图 11.0-11 1JMG6*-450-05 岩石锚杆基础施工图

基 础 参 数 表

基础名称	承台宽度 B_c (mm)	承台高度 h_c (mm)	主柱宽度 B_z (mm)	主柱高度 h_z (mm)	偏心距 e (mm)	锚杆直径 D (mm)	锚杆间距 b (mm)	锚杆长度 h_0 (mm)	锚筋 ①	主柱钢筋 ②	承台 X 向主筋 ③	承台 Y 向主筋 ④	锚杆混凝土 (m^3)	承台混凝土 (m^3)	钢筋 (kg)
1JMG6r-500-05	1300	1000	700	600	50	90	405	3700	9 Φ 28	16 Φ 18	8 Φ 18	8 Φ 18	0.21	1.98	444.8
1JMG6s-500-05	1300	1000	700	600	50	90	405	3100	9 Φ 28	16 Φ 18	8 Φ 18	8 Φ 18	0.18	1.98	418.7
1JMG6t-500-05	1300	1000	700	600	50	90	405	3000	9 Φ 28	16 Φ 18	8 Φ 18	8 Φ 18	0.17	1.98	414.3
1JMG6u-500-05	1300	1000	700	600	50	90	405	3000	9 Φ 28	16 Φ 18	8 Φ 18	8 Φ 18	0.17	1.98	414.3
1JMG6v-500-05	1300	1000	700	600	50	90	405	3000	9 Φ 28	16 Φ 18	8 Φ 18	8 Φ 18	0.17	1.98	414.3

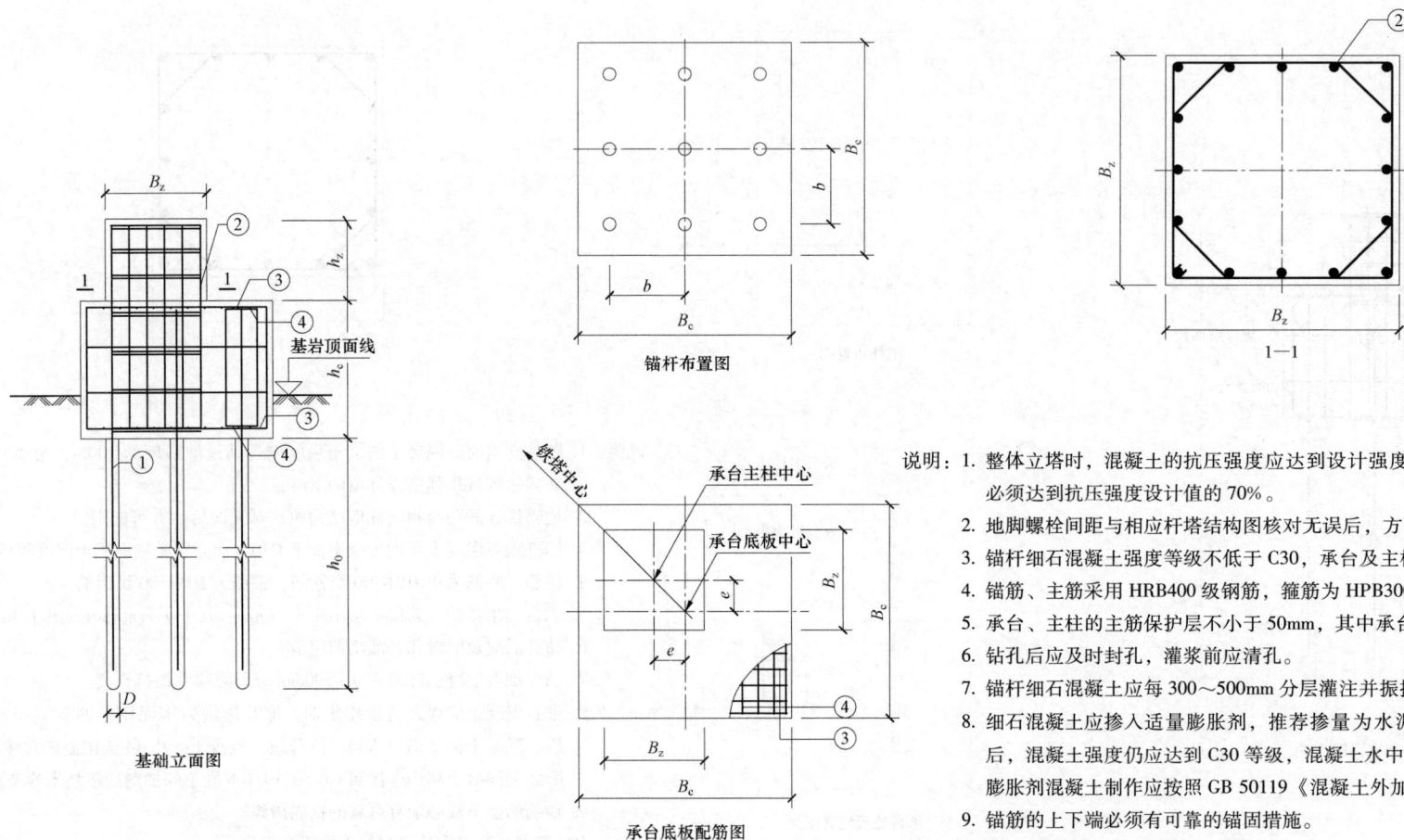

基础立面图

锚杆布置图

承台底板配筋图

1—1

说明：1. 整体立塔时，混凝土的抗压强度应达到设计强度的 100%。分解组塔时，混凝土必须达到抗压强度设计值的 70%。

2. 地脚螺栓间距与相应杆塔结构图核对无误后，方可施工。

3. 锚杆细石混凝土强度等级不低于 C30，承台及主柱混凝土强度等级不低于 C25。

4. 锚筋、主筋采用 HRB400 级钢筋，箍筋为 HPB300 级钢筋。

5. 承台、主柱的主筋保护层不小于 50mm，其中承台底部主筋保护层不小于 70mm。

6. 钻孔后应及时封孔，灌浆前应清孔。

7. 锚杆细石混凝土应每 300～500mm 分层灌注并振捣密实。

8. 细石混凝土应掺入适量膨胀剂，推荐掺量为水泥用量的 3%～5%；掺入膨胀剂后，混凝土强度仍应达到 C30 等级，混凝土水中 14 天限制膨胀率应大于 0.02%；膨胀剂混凝土制作应按照 GB 50119《混凝土外加剂应用技术规范》执行。

9. 锚筋的上下端必须有可靠的锚固措施。

10. 基础参数表中的材料量为单腿工程量。

图 11.0-12　1JMG6*-500-05 岩石锚杆基础施工图

基 础 参 数 表

基础名称	承台宽度 B_c (mm)	承台高度 h_c (mm)	主柱宽度 B_z (mm)	主柱高度 h_z (mm)	偏心距 e (mm)	锚杆直径 D (mm)	锚杆间距 b (mm)	锚杆长度 h_0 (mm)	锚筋 ①	主柱钢筋 ②	承台 X 向主筋 ③	承台 Y 向主筋 ④	锚杆混凝土 (m^3)	承台混凝土 (m^3)	钢筋 (kg)
1JMG6r-550-05	1300	1100	700	500	50	100	400	3700	9⌀32	16⌀18	9⌀18	9⌀18	0.26	2.10	541.9
1JMG6s-550-05	1300	1100	700	500	50	100	400	3100	9⌀32	16⌀18	9⌀18	9⌀18	0.22	2.10	507.8
1JMG6t-550-05	1300	1100	700	500	50	100	400	3000	9⌀32	16⌀18	9⌀18	9⌀18	0.21	2.10	502.1
1JMG6u-550-05	1300	1100	700	500	50	100	400	3000	9⌀32	16⌀18	9⌀18	9⌀18	0.21	2.10	502.1
1JMG6v-550-05	1300	1100	700	500	50	100	400	3000	9⌀32	16⌀18	9⌀18	9⌀18	0.21	2.10	502.1

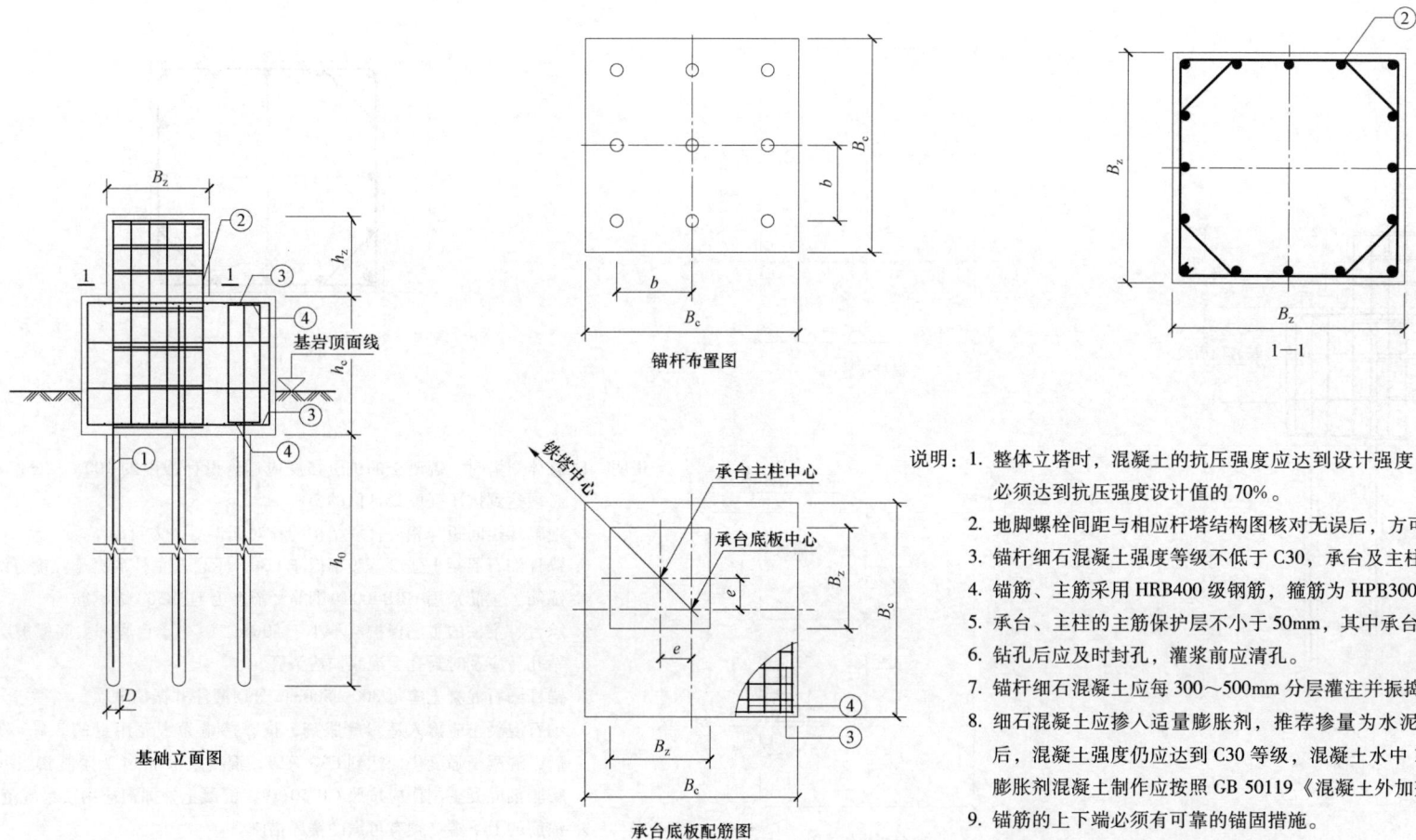

锚杆布置图

1—1

基础立面图

承台底板配筋图

说明：1. 整体立塔时，混凝土的抗压强度应达到设计强度的 100%。分解组塔时，混凝土必须达到抗压强度设计值的 70%。

2. 地脚螺栓间距与相应杆塔结构图核对无误后，方可施工。

3. 锚杆细石混凝土强度等级不低于 C30，承台及主柱混凝土强度等级不低于 C25。

4. 锚筋、主筋采用 HRB400 级钢筋，箍筋为 HPB300 级钢筋。

5. 承台、主柱的主筋保护层不小于 50mm，其中承台底部主筋保护层不小于 70mm。

6. 钻孔后应及时封孔，灌浆前应清孔。

7. 锚杆细石混凝土应每 300～500mm 分层灌注并振捣密实。

8. 细石混凝土应掺入适量膨胀剂，推荐掺量为水泥用量的 3%～5%；掺入膨胀剂后，混凝土强度仍应达到 C30 等级，混凝土水中 14 天限制膨胀率应大于 0.02%；膨胀剂混凝土制作应按照 GB 50119《混凝土外加剂应用技术规范》执行。

9. 锚筋的上下端必须有可靠的锚固措施。

10. 基础参数表中的材料量为单腿工程量。

图 11.0-13 1JMG6*-550-05 岩石锚杆基础施工图

基 础 参 数 表

基础名称	承台宽度 B_c (mm)	承台高度 h_c (mm)	主柱宽度 B_z (mm)	主柱高度 h_z (mm)	偏心距 e (mm)	锚杆直径 D (mm)	锚杆间距 b (mm)	锚杆长度 h_0 (mm)	锚筋 ①	主柱钢筋 ②	承台 X 向主筋 ③	承台 Y 向主筋 ④	锚杆混凝土 (m³)	承台混凝土 (m³)	钢筋 (kg)
1JMG6r-600-05	1400	1100	700	700	50	100	450	4100	9⌀32	16⌀18	10⌀18	10⌀18	0.29	2.50	600.4
1JMG6s-600-05	1400	1100	700	700	50	100	450	3400	9⌀32	16⌀18	10⌀18	10⌀18	0.24	2.50	560.6
1JMG6t-600-05	1400	1100	700	700	50	100	450	3000	9⌀32	16⌀18	10⌀18	10⌀18	0.21	2.50	537.8
1JMG6u-600-05	1400	1100	700	700	50	100	450	3000	9⌀32	16⌀18	10⌀18	10⌀18	0.21	2.50	537.8
1JMG6v-600-05	1400	1100	700	700	50	100	450	3000	9⌀32	16⌀18	10⌀18	10⌀18	0.21	2.50	537.8

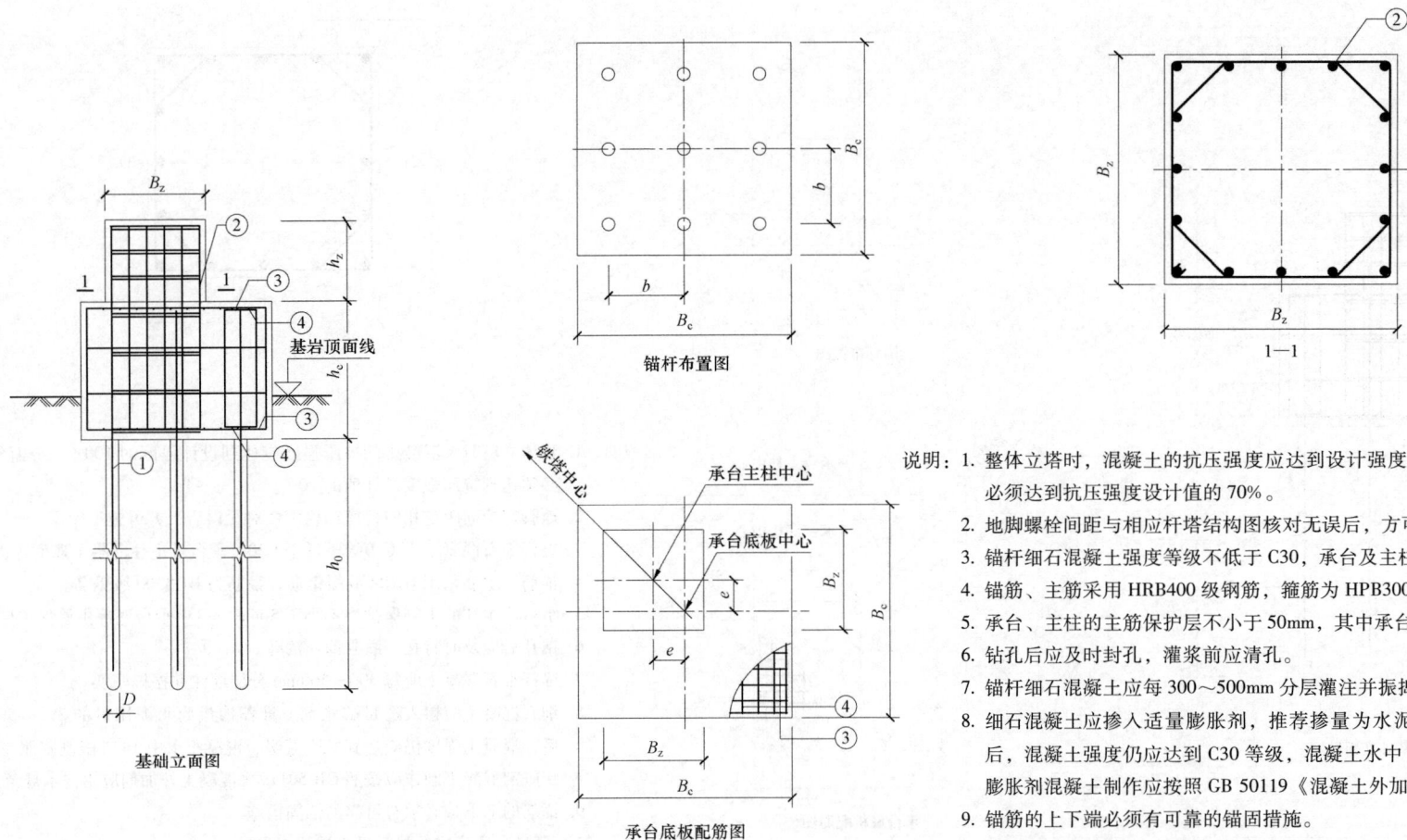

基础立面图

锚杆布置图

承台底板配筋图

1—1

说明： 1. 整体立塔时，混凝土的抗压强度应达到设计强度的 100%。分解组塔时，混凝土必须达到抗压强度设计值的 70%。

2. 地脚螺栓间距与相应杆塔结构图核对无误后，方可施工。

3. 锚杆细石混凝土强度等级不低于 C30，承台及主柱混凝土强度等级不低于 C25。

4. 锚筋、主筋采用 HRB400 级钢筋，箍筋为 HPB300 级钢筋。

5. 承台、主柱的主筋保护层不小于 50mm，其中承台底部主筋保护层不小于 70mm。

6. 钻孔后应及时封孔，灌浆前应清孔。

7. 锚杆细石混凝土应每 300～500mm 分层灌注并振捣密实。

8. 细石混凝土应掺入适量膨胀剂，推荐掺量为水泥用量的 3%～5%；掺入膨胀剂后，混凝土强度仍应达到 C30 等级，混凝土水中 14 天限制膨胀率大于 0.02%；膨胀剂混凝土制作应按照 GB 50119《混凝土外加剂应用技术规范》执行。

9. 锚筋的上下端必须有可靠的锚固措施。

10. 基础参数表中的材料量为单腿工程量。

图 11.0-14　1JMG6∗-600-05 岩石锚杆基础施工图

第 12 章　2ZMG（Z）模块

本模块为直线塔直锚式岩石锚杆基础模块，适用于覆盖层薄或裸露的微风化、未风化硬质岩石地质。

本模块共有 4 个基础、4 张图纸，由安徽华电公司设计。

基础作用力见表 12.0-1，设计参数见表 12.0-2。

表 12.0-1　　　　基 础 作 用 力 表　　　　（kN）

电压等级 （kV）	基础作用力 代号	T	T_x	T_y	N	N_x	N_y
220（330）	700	700	98	98	910	127	127
	800	800	112	112	1040	146	146
	900	900	126	126	1170	164	164
	1000	1000	140	140	1300	182	182

表 12.0-2　　　　设 计 参 数 表　　　　（kPa）

岩土类别	代号	τ_a	τ_b	τ_s
岩石	6w	3000	—	—

注　1. 代号含义详见 5.2 节。

　　2. 6w 包含微风化、未风化硬质岩的参数组合，仅适用于直锚式岩石锚杆基础。设计中 τ_b、τ_s 不是控制参数，仅按 τ_a 取值进行设计。

2ZMG（Z）模块共包含 4 张图纸，基础施工图图纸清单见表 12.0-3。

表 12.0-3　　　2ZMG（Z）模块基础施工图纸清单

序号	图号	图　名	基础作用力（kN）	
			$T/T_x/T_y$	$N/N_x/N_y$
1	图 12.0-1	2ZMG（Z）6w-700-00 岩石锚杆基础施工图	700/98/98	910/127/127
2	图 12.0-2	2ZMG（Z）6w-800-00 岩石锚杆基础施工图	800/112/112	1040/146/146
3	图 12.0-3	2ZMG（Z）6w-900-00 岩石锚杆基础施工图	900/126/126	1170/164/164
4	图 12.0-4	2ZMG（Z）6w-1000-00 岩石锚杆基础施工图	1000/140/140	1300/182/182

注　当基础上拔力小于 600kN 时，见第 9 章。

基 础 参 数 表

基础名称	承台宽度 B_z（mm）	承台高度 h_c（mm）	锚杆直径 D（mm）	锚杆间距 b（mm）	锚杆间净距 L_j（mm）	锚杆长度 h_0（mm）	地脚螺栓 ①	锚杆混凝土（m³）	承台混凝土（m³）
2ZMG（Z）6w-700-00	770	400	110	260	150	3000	4M42（35号）	0.11	0.24

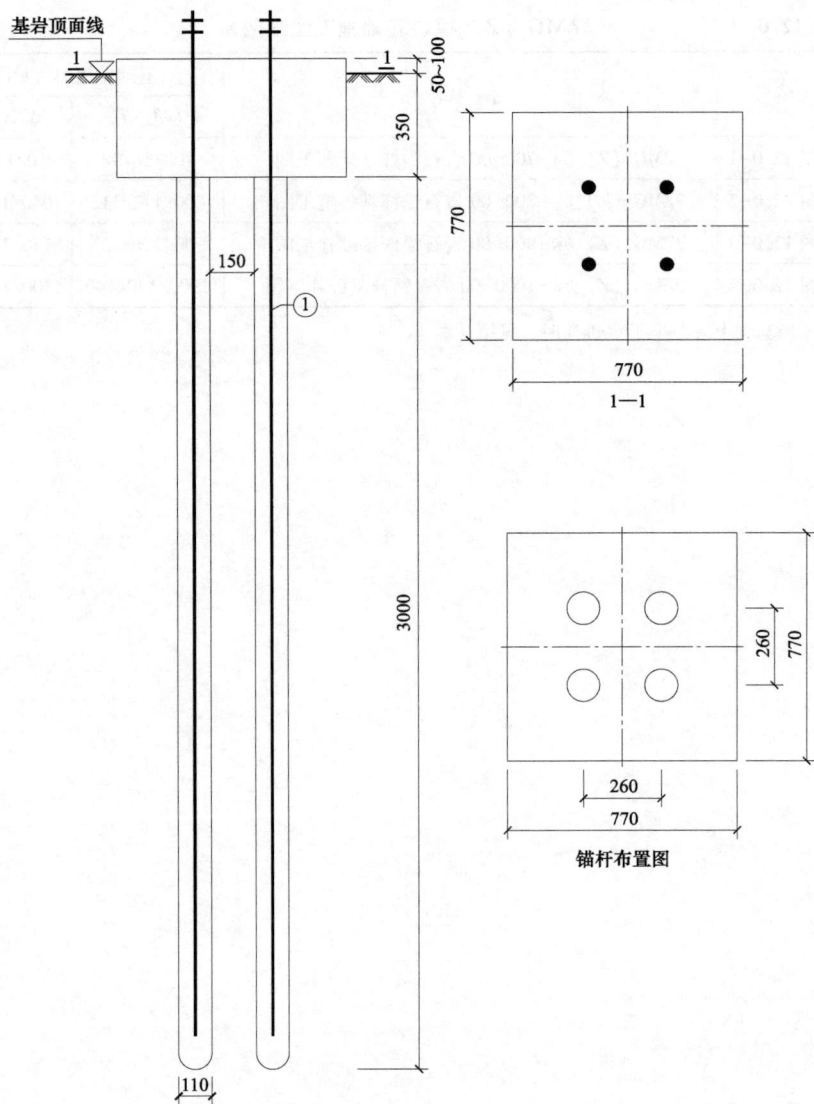

说明：1. 整体立塔时，混凝土的抗压强度应达到设计强度的100%。分解组塔时，混凝土必须达到抗压强度设计值的70%。

2. 直锚式岩石锚杆基础适用于覆盖层薄或裸露的微风化、未风化硬质岩石地质。

3. 地脚螺栓间距与相应杆塔结构图核对无误后，方可施工。

4. 锚杆细石混凝土强度等级不低于C30，承台混凝土强度等级不低于C25，地脚螺栓采用35号优质碳素钢。

5. 采用机械钻孔应确保锚孔垂直度，保证成孔质量。

6. 钻孔后应及时封孔，灌浆前应清孔。

7. 细石混凝土应掺入适量膨胀剂，推荐掺量为水泥用量的3%～5%；掺入膨胀剂后，混凝土强度仍应达到C30等级，混凝土水中14天限制膨胀率应大于0.02%；膨胀剂混凝土制作应按照GB 50119《混凝土外加剂应用技术规范》执行。

8. 锚杆细石混凝土应每300～500mm分层灌注并振捣密实。

9. 承台嵌岩深度不应小于250mm，承台开挖时应保证岩石构造的整体性不受破坏。

10. 地脚螺栓的根部必须有可靠的锚固措施。

11. 基础参数表中的材料量为单腿工程量。

图 12.0-1 2ZMG（Z）6w-700-00 岩石锚杆基础施工图

基 础 参 数 表

基础名称	承台宽度 B_z（mm）	承台高度 h_c（mm）	锚杆直径 D（mm）	锚杆间距 b（mm）	锚杆间净距 L_j（mm）	锚杆长度 h_0（mm）	地脚螺栓 ①	锚杆混凝土（m³）	承台混凝土（m³）
2ZMG（Z）6w-800-00	810	400	130	280	150	3000	4M48（35 号）	0.16	0.26

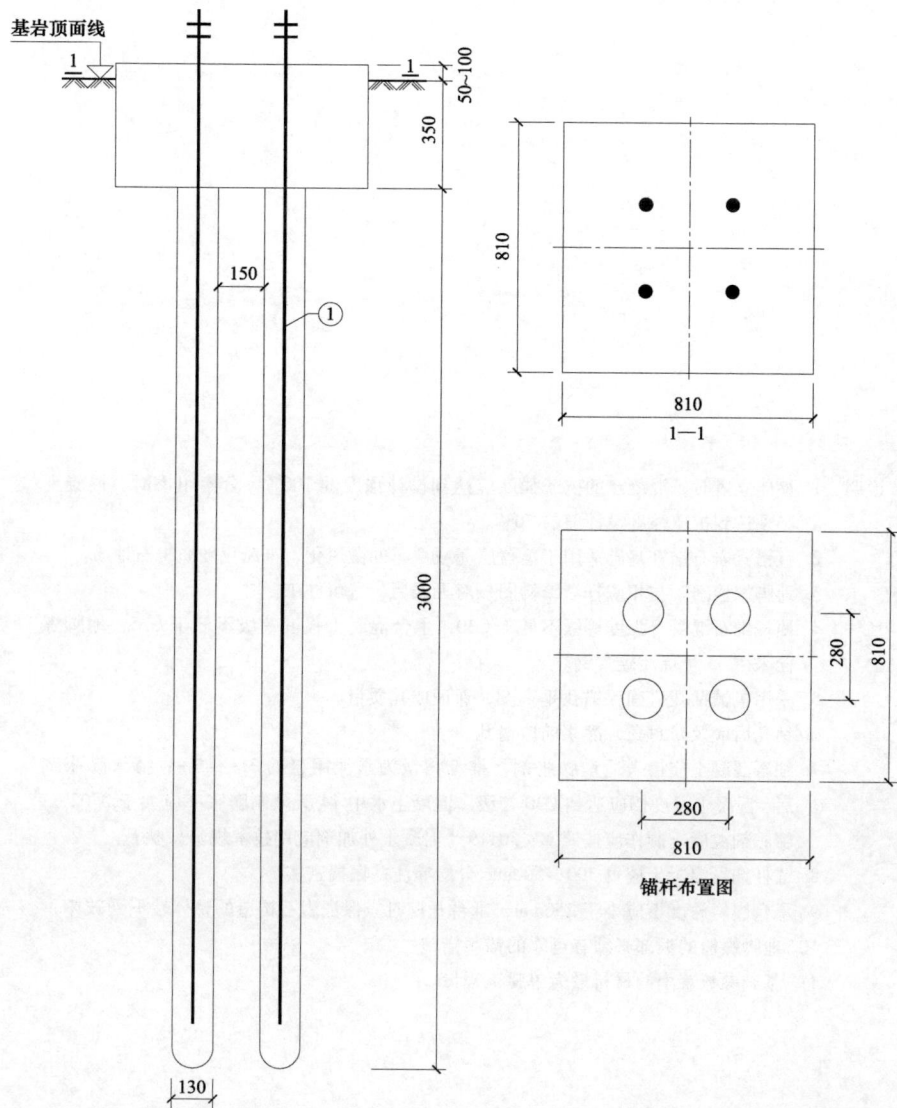

说明：1. 整体立塔时，混凝土的抗压强度应达到设计强度的 100%。分解组塔时，混凝土必须达到抗压强度设计值的 70%。

2. 直锚式岩石锚杆基础适用于覆盖层薄或裸露的微风化、未风化硬质岩石地质。

3. 地脚螺栓间距与相应杆塔结构图核对无误后，方可施工。

4. 锚杆细石混凝土强度等级不低于 C30，承台混凝土强度等级不低于 C25，地脚螺栓采用 35 号优质碳素钢。

5. 采用机械钻孔应确保锚孔垂直度，保证成孔质量。

6. 钻孔后应及时封孔，灌浆前应清孔。

7. 细石混凝土应掺入适量膨胀剂，推荐掺量为水泥用量的 3%～5%；掺入膨胀剂后，混凝土强度仍应达到 C30 等级，混凝土水中 14 天限制膨胀率应大于 0.02%；膨胀剂混凝土制作应按照 GB 50119《混凝土外加剂应用技术规范》执行。

8. 锚杆细石混凝土应每 300～500mm 分层灌注并振捣密实。

9. 承台嵌岩深度不应小于 250mm，承台开挖时应保证岩石构造的整体性不受破坏。

10. 地脚螺栓的根部必须有可靠的锚固措施。

11. 基础参数表中的材料量为单腿工程量。

图 12.0-2　2ZMG（Z）6w-800-00 岩石锚杆基础施工图

基 础 参 数 表

基础名称	承台宽度 B_z（mm）	承台高度 h_c（mm）	锚杆直径 D（mm）	锚杆间距 b（mm）	锚杆间净距 L_j（mm）	锚杆长度 h_0（mm）	地脚螺栓 ①	锚杆混凝土（m³）	承台混凝土（m³）
2ZMG（Z）6w-900-00	810	500	130	280	150	3000	4M48（35 号）	0.16	0.33

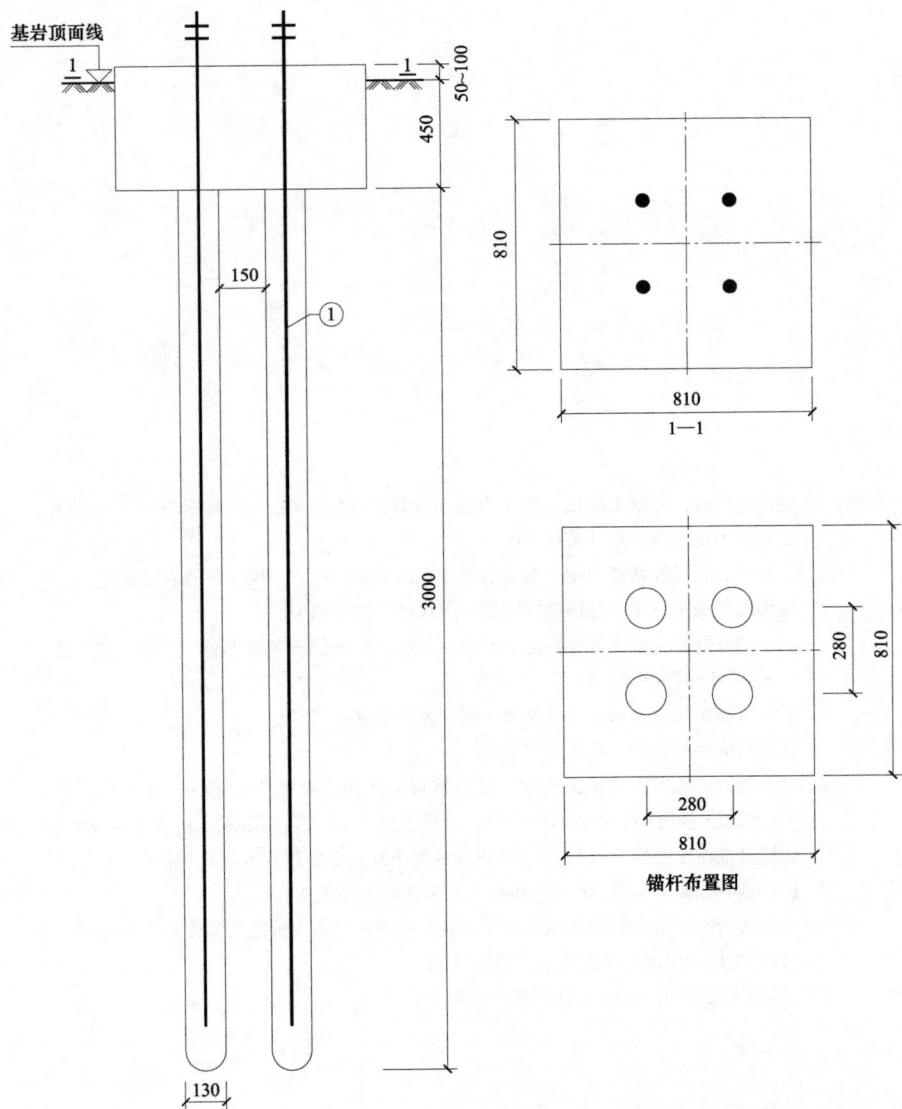

说明：1. 整体立塔时，混凝土的抗压强度应达到设计强度的 100%。分解组塔时，混凝土必须达到抗压强度设计值的 70%。

2. 直锚式岩石锚杆基础适用于覆盖层薄或裸露的微风化、未风化硬质岩石地质。

3. 地脚螺栓间距与相应杆塔结构图核对无误后，方可施工。

4. 锚杆细石混凝土强度等级不低于 C30，承台混凝土强度等级不低于 C25，地脚螺栓采用 35 号优质碳素钢。

5. 采用机械钻孔应确保锚孔垂直度，保证成孔质量。

6. 钻孔后应及时封孔，灌浆前应清孔。

7. 细石混凝土应掺入适量膨胀剂，推荐掺量为水泥用量的 3%～5%；掺入膨胀剂后，混凝土强度仍应达到 C30 等级，混凝土水中 14 天限制膨胀率应大于 0.02%；膨胀剂混凝土制作应按照 GB 50119《混凝土外加剂应用技术规范》执行。

8. 锚杆细石混凝土应每 300～500mm 分层灌注并振捣密实。

9. 承台嵌岩深度不应小于 250mm，承台开挖时应保证岩石构造的整体性不受破坏。

10. 地脚螺栓的根部必须有可靠的锚固措施。

11. 基础参数表中的材料量为单腿工程量。

图 12.0-3　2ZMG（Z）6w-900-00 岩石锚杆基础施工图

基 础 参 数 表

基础名称	承台宽度 B_z（mm）	承台高度 h_c（mm）	锚杆直径 D（mm）	锚杆间距 b（mm）	锚杆间净距 L_j（mm）	锚杆长度 h_0（mm）	地脚螺栓①	锚杆混凝土（m³）	承台混凝土（m³）
2ZMG（Z）6w-1000-00	810	500	130	280	150	3000	4M48（35号）	0.16	0.33

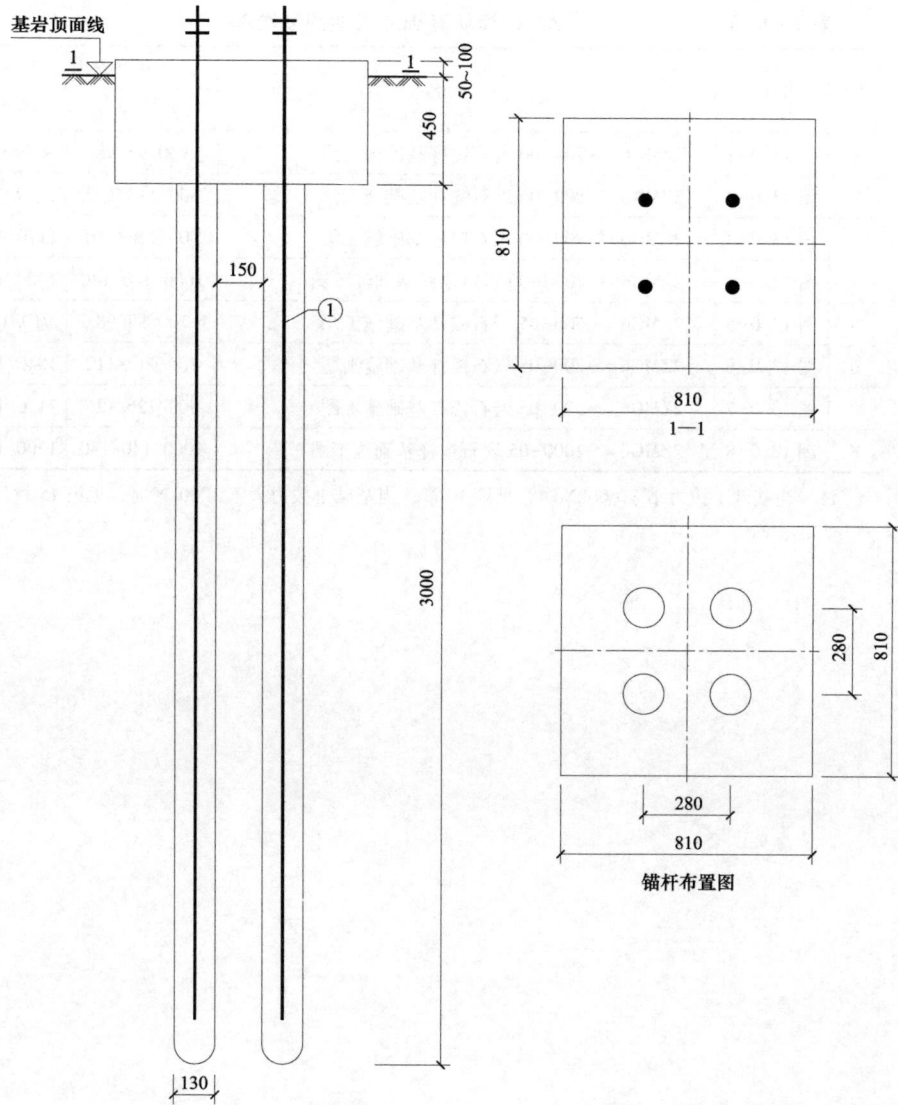

说明：1. 整体立塔时，混凝土的抗压强度应达到设计强度的100%。分解组塔时，混凝土
必须达到抗压强度设计值的70%。

2. 直锚式岩石锚杆基础适用于覆盖层薄或裸露的微风化、未风化硬质岩石地质。

3. 地脚螺栓间距与相应杆塔结构图核对无误后，方可施工。

4. 锚杆细石混凝土强度等级不低于C30，承台混凝土强度等级不低于C25，地脚螺
栓采用35号优质碳素钢。

5. 采用机械钻孔应确保锚孔垂直度，保证成孔质量。

6. 钻孔后应及时封孔，灌浆前应清孔。

7. 细石混凝土应掺入适量膨胀剂，推荐掺量为水泥用量的3%～5%；掺入膨胀剂
后，混凝土强度仍应达到C30等级，混凝土水中14天限制膨胀率应大于0.02%；
膨胀剂混凝土制作应按照GB 50119《混凝土外加剂应用技术规范》执行。

8. 锚杆细石混凝土应每300～500mm分层灌注并振捣密实。

9. 承台嵌岩深度不应小于250mm，承台开挖时应保证岩石构造的整体性不受破坏。

10. 地脚螺栓的根部必须有可靠的锚固措施。

11. 基础参数表中的材料量为单腿工程量。

图 12.0-4　2ZMG（Z）6w-1000-00岩石锚杆基础施工图

第13章 2ZMG 模块

本模块为直线塔岩石锚杆基础模块，适用于岩石地质。

本模块共 40 个基础、8 张图纸，不同设计参数基础合并出图。如基础 2ZMG6r-700-00、2ZMG6s-700-00、2ZMG6t-700-00、2ZMG6u-700-00、2ZMG6v-700-00 合并为一张图纸，图名为 2ZMG6*-700-00 岩石锚杆基础施工图。

本模块由安徽华电公司设计。

基础作用力见表 13.0-1，设计参数见表 13.0-2。

表 13.0-1   **基 础 作 用 力 表**   （kN）

电压等级（kV）	基础作用力代号	T	T_x	T_y	N	N_x	N_y
220（330）	700	700	98	98	910	127	127
	800	800	112	112	1040	146	146
	900	900	126	126	1170	164	164
	1000	1000	140	140	1300	182	182

表 13.0-2   **设 计 参 数 表**   （kPa）

岩土类别	代号	τ_a	τ_b	τ_s
岩石	6r	3000	250	25
	6s	3000	300	30
	6t	3000	400	40
	6u	3000	500	50
	6v	3000	600	60

注 1. 代号含义详见 5.2 节。

   2. 6* 包含 6r、6s、6t、6u、6v 五种地质参数组合，对应的基础参数详见基础施工图。

2ZMG 模块共包含 8 张图纸，基础施工图图纸清单见表 13.0-3。

表 13.0-3   **2ZMG 模块基础施工图图纸清单**

序号	图号	图 名	基础作用力（kN） $T/T_x/T_y$	$N/N_x/N_y$
1	图 13.0-1	2ZMG6*-700-00 岩石锚杆基础施工图	700/98/98	910/127/127
2	图 13.0-2	2ZMG6*-800-00 岩石锚杆基础施工图	800/112/112	1040/146/146
3	图 13.0-3	2ZMG6*-900-00 岩石锚杆基础施工图	900/126/126	1170/164/164
4	图 13.0-4	2ZMG6*-1000-00 岩石锚杆基础施工图	1000/140/140	1300/182/182
5	图 13.0-5	2ZMG6*-700-05 岩石锚杆基础施工图	700/98/98	910/127/127
6	图 13.0-6	2ZMG6*-800-05 岩石锚杆基础施工图	800/112/112	1040/146/146
7	图 13.0-7	2ZMG6*-900-05 岩石锚杆基础施工图	900/126/126	1170/164/164
8	图 13.0-8	2ZMG6*-1000-05 岩石锚杆基础施工图	1000/140/140	1300/182/182

注 当基础上拔力小于 600kN 时，见第 10 章；当基础上拔力大于 1000kN 时，见第 15 章。

基础名称	承台宽度 B_c (mm)	承台高度 h_c (mm)	主柱宽度 B_z (mm)	主柱高度 h_z (mm)	偏心距 e (mm)	锚杆直径 D (mm)	锚杆间距 b (mm)	锚杆长度 h_0 (mm)	锚筋 ①	主柱钢筋 ②	承台 X 向主筋 ③	承台 Y 向主筋 ④	锚杆混凝土 (m^3)	承台混凝土 (m^3)	钢筋 (kg)
2ZMG6r-700-00	1300	900	700	400	50	90	405	3000	9 Φ 25	16 Φ 18	7 Φ 18	7 Φ 18	0.17	1.72	338.6
2ZMG6s-700-00	1300	900	700	400	50	90	405	3000	9 Φ 25	16 Φ 18	7 Φ 18	7 Φ 18	0.17	1.72	338.6
2ZMG6t-700-00	1300	900	700	400	50	90	405	3000	9 Φ 25	16 Φ 18	7 Φ 18	7 Φ 18	0.17	1.72	338.6
2ZMG6u-700-00	1300	900	700	400	50	90	405	3000	9 Φ 25	16 Φ 18	7 Φ 18	7 Φ 18	0.17	1.72	338.6
2ZMG6v-700-00	1300	900	700	400	50	90	405	3000	9 Φ 25	16 Φ 18	7 Φ 18	7 Φ 18	0.17	1.72	338.6

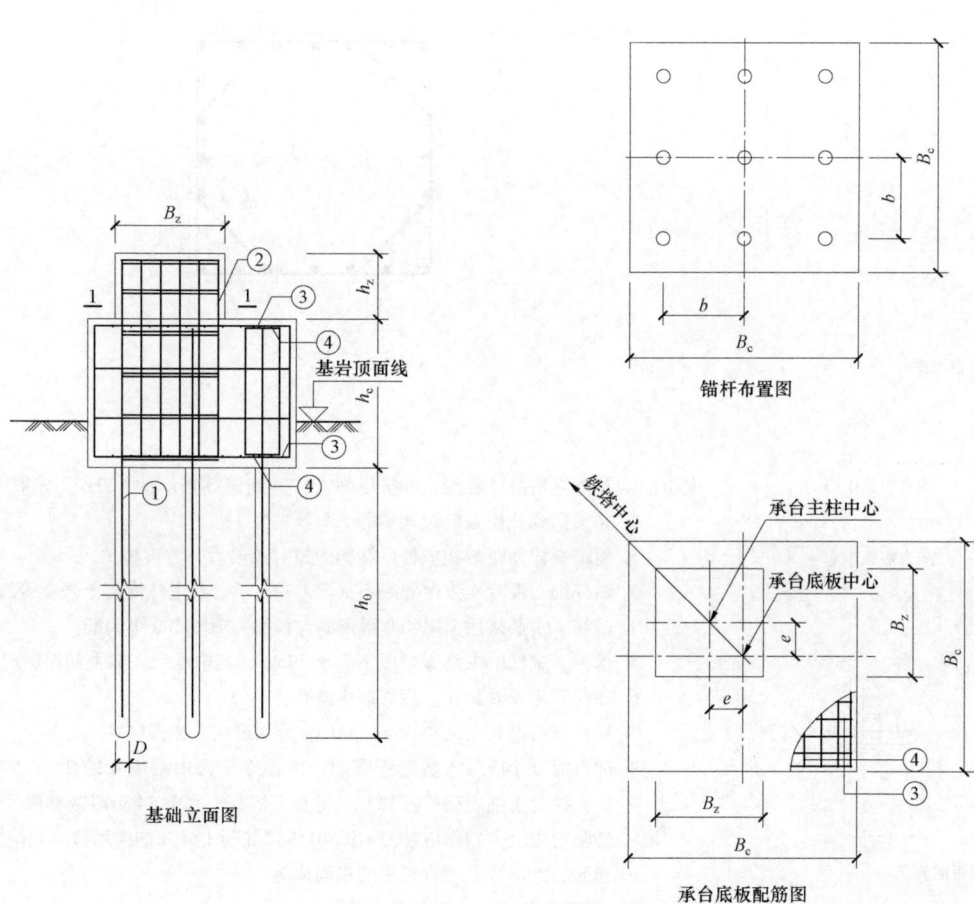

锚杆布置图

1—1

基础立面图

承台底板配筋图

说明：1. 整体立塔时，混凝土的抗压强度应达到设计强度的100%。分解组塔时，混凝土必须达到抗压强度设计值的70%。

2. 地脚螺栓间距与相应杆塔结构图核对无误后，方可施工。

3. 锚杆细石混凝土强度等级不低于C30，承台及主柱混凝土强度等级不低于C25。

4. 锚筋、主筋采用HRB400级钢筋，箍筋为HPB300级钢筋。

5. 承台、主柱的主筋保护层不小于50mm，其中承台底部主筋保护层不小于70mm。

6. 钻孔后应及时封孔，灌浆前应清孔。

7. 锚杆细石混凝土应每300～500mm分层灌注并振捣密实。

8. 细石混凝土应掺入适量膨胀剂，推荐掺量为水泥用量的3%～5%；掺入膨胀剂后，混凝土强度仍应达到C30等级，混凝土水中14天限制膨胀率应大于0.02%；膨胀剂混凝土制作应按照GB 50119《混凝土外加剂应用技术规范》执行。

9. 锚筋的上下端必须有可靠的锚固措施。

10. 基础参数表中的材料量为单腿工程量。

图 13.0-1 2ZMG6*-700-00 岩石锚杆基础施工图

基 础 参 数 表

基础名称	承台宽度 B_c (mm)	承台高度 h_c (mm)	主柱宽度 B_z (mm)	主柱高度 h_z (mm)	偏心距 e (mm)	锚杆直径 D (mm)	锚杆间距 b (mm)	锚杆长度 h_0 (mm)	锚筋 ①	主柱钢筋 ②	承台 X 向主筋 ③	承台 Y 向主筋 ④	锚杆混凝土 (m³)	承台混凝土 (m³)	钢筋 (kg)
2ZMG6r-800-00	1300	1000	800	500	50	90	405	3100	9Φ28	24Φ18	8Φ18	8Φ18	0.18	2.01	439.8
2ZMG6s-800-00	1300	1000	800	500	50	90	405	3000	9Φ28	24Φ18	8Φ18	8Φ18	0.17	2.01	435.4
2ZMG6t-800-00	1300	1000	800	500	50	90	405	3000	9Φ28	24Φ18	8Φ18	8Φ18	0.17	2.01	435.4
2ZMG6u-800-00	1300	1000	800	500	50	90	405	3000	9Φ28	24Φ18	8Φ18	8Φ18	0.17	2.01	435.4
2ZMG6v-800-00	1300	1000	800	500	50	90	405	3000	9Φ28	24Φ18	8Φ18	8Φ18	0.17	2.01	435.4

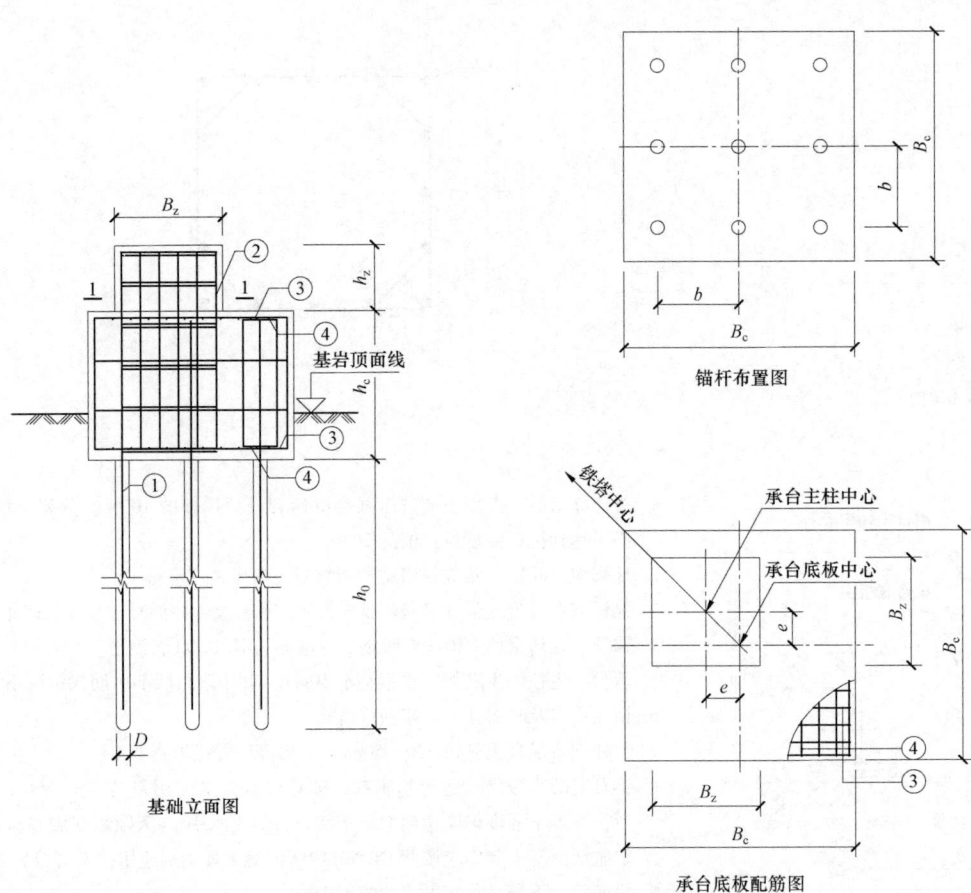

基础立面图

锚杆布置图

承台底板配筋图

1—1

说明：1. 整体立塔时，混凝土的抗压强度应达到设计强度的 100%。分解组塔时，混凝土必须达到抗压强度设计值的 70%。

2. 地脚螺栓间距与相应杆塔结构图核对无误后，方可施工。

3. 锚杆细石混凝土强度等级不低于 C30，承台及主柱混凝土强度等级不低于 C25。

4. 锚筋、主筋采用 HRB400 级钢筋，箍筋为 HPB300 级钢筋。

5. 承台、主柱的主筋保护层不小于 50mm，其中承台底部主筋保护层不小于 70mm。

6. 钻孔后应及时封孔，灌浆前应清孔。

7. 锚杆细石混凝土应每 300～500mm 分层灌注并振捣密实。

8. 细石混凝土应掺入适量膨胀剂，推荐掺量为水泥用量的 3%～5%；掺入膨胀剂后，混凝土强度仍应达到 C30 等级，混凝土水中 14 天限制膨胀率应大于 0.02%；膨胀剂混凝土制作应按照 GB 50119《混凝土外加剂应用技术规范》执行。

9. 锚筋的上下端必须有可靠的锚固措施。

10. 基础参数表中的材料量为单腿工程量。

图 13.0-2　2ZMG6*-800-00 岩石锚杆基础施工图

基 础 参 数 表

基础名称	承台宽度 B_c (mm)	承台高度 h_c (mm)	主柱宽度 B_z (mm)	主柱高度 h_z (mm)	偏心距 e (mm)	锚杆直径 D (mm)	锚杆间距 b (mm)	锚杆长度 h_0 (mm)	锚筋 ①	主柱钢筋 ②	承台 X 向主筋 ③	承台 Y 向主筋 ④	锚杆混凝土 (m^3)	承台混凝土 (m^3)	钢筋 (kg)
2ZMG6r-900-00	1300	1000	800	500	50	90	405	3500	9 Φ 28	24 Φ 18	8 Φ 18	8 Φ 18	0.20	2.01	457.1
2ZMG6s-900-00	1300	1000	800	500	50	90	405	3000	9 Φ 28	24 Φ 18	8 Φ 18	8 Φ 18	0.17	2.01	435.4
2ZMG6t-900-00	1300	1000	800	500	50	90	405	3000	9 Φ 28	24 Φ 18	8 Φ 18	8 Φ 18	0.17	2.01	435.4
2ZMG6u-900-00	1300	1000	800	500	50	90	405	3000	9 Φ 28	24 Φ 18	8 Φ 18	8 Φ 18	0.17	2.01	435.4
2ZMG6v-900-00	1300	1000	800	500	50	90	405	3000	9 Φ 28	24 Φ 18	8 Φ 18	8 Φ 18	0.17	2.01	435.4

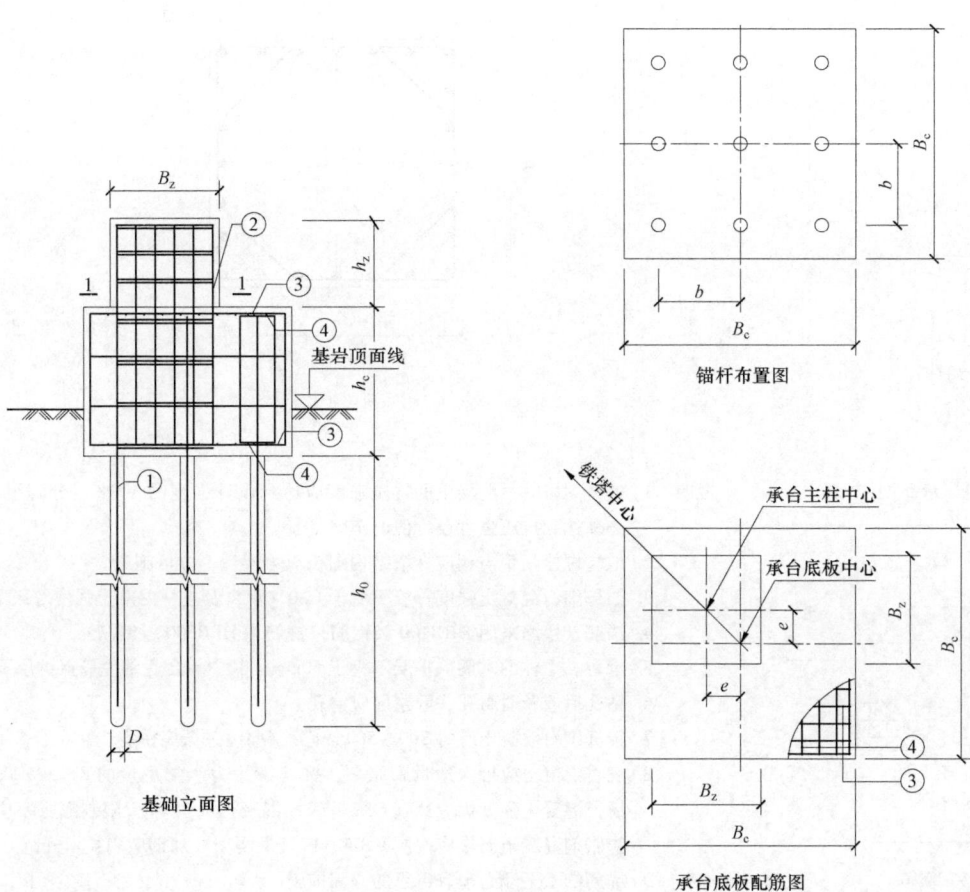

基础立面图

锚杆布置图

1—1

承台底板配筋图

说明：1. 整体立塔时，混凝土的抗压强度应达到设计强度的 100%。分解组塔时，混凝土必须达到抗压强度设计值的 70%。

2. 地脚螺栓间距与相应杆塔结构图核对无误后，方可施工。

3. 锚杆细石混凝土强度等级不低于 C30，承台及主柱混凝土强度等级不低于 C25。

4. 锚筋、主筋采用 HRB400 级钢筋，箍筋为 HPB300 级钢筋。

5. 承台、主柱的主筋保护层不小于 50mm，其中承台底部主筋保护层不小于 70mm。

6. 钻孔后应及时封孔，灌浆前应清孔。

7. 锚杆细石混凝土应每 300～500mm 分层灌注并振捣密实。

8. 细石混凝土应掺入适量膨胀剂，推荐掺量为水泥用量的 3%～5%；掺入膨胀剂后，混凝土强度仍应达到 C30 等级，混凝土水中 14 天限制膨胀率应大于 0.02%；膨胀剂混凝土制作应按照 GB 50119《混凝土外加剂应用技术规范》执行。

9. 锚筋的上下端必须有可靠的锚固措施。

10. 基础参数表中的材料量为单腿工程量。

图 13.0-3 2ZMG6∗-900-00 岩石锚杆基础施工图

基 础 参 数 表

基础名称	承台宽度 B_c (mm)	承台高度 h_c (mm)	主柱宽度 B_z (mm)	主柱高度 h_z (mm)	偏心距 e (mm)	锚杆直径 D (mm)	锚杆间距 b (mm)	锚杆长度 h_0 (mm)	锚筋 ①	主柱钢筋 ②	承台 X 向主筋 ③	承台 Y 向主筋 ④	锚杆混凝土 (m³)	承台混凝土 (m³)	钢筋 (kg)
2ZMG6r-1000-00	1300	1100	800	400	50	100	400	3500	9Φ32	24Φ18	9Φ18	9Φ18	0.25	2.12	551.6
2ZMG6s-1000-00	1300	1100	800	400	50	100	400	3100	9Φ32	24Φ18	9Φ18	9Φ18	0.22	2.12	528.9
2ZMG6t-1000-00	1300	1100	800	400	50	100	400	3000	9Φ32	24Φ18	9Φ18	9Φ18	0.21	2.12	523.2
2ZMG6u-1000-00	1300	1100	800	400	50	100	400	3000	9Φ32	24Φ18	9Φ18	9Φ18	0.21	2.12	523.2
2ZMG6v-1000-00	1300	1100	800	400	50	100	400	3000	9Φ32	24Φ18	9Φ18	9Φ18	0.21	2.12	523.2

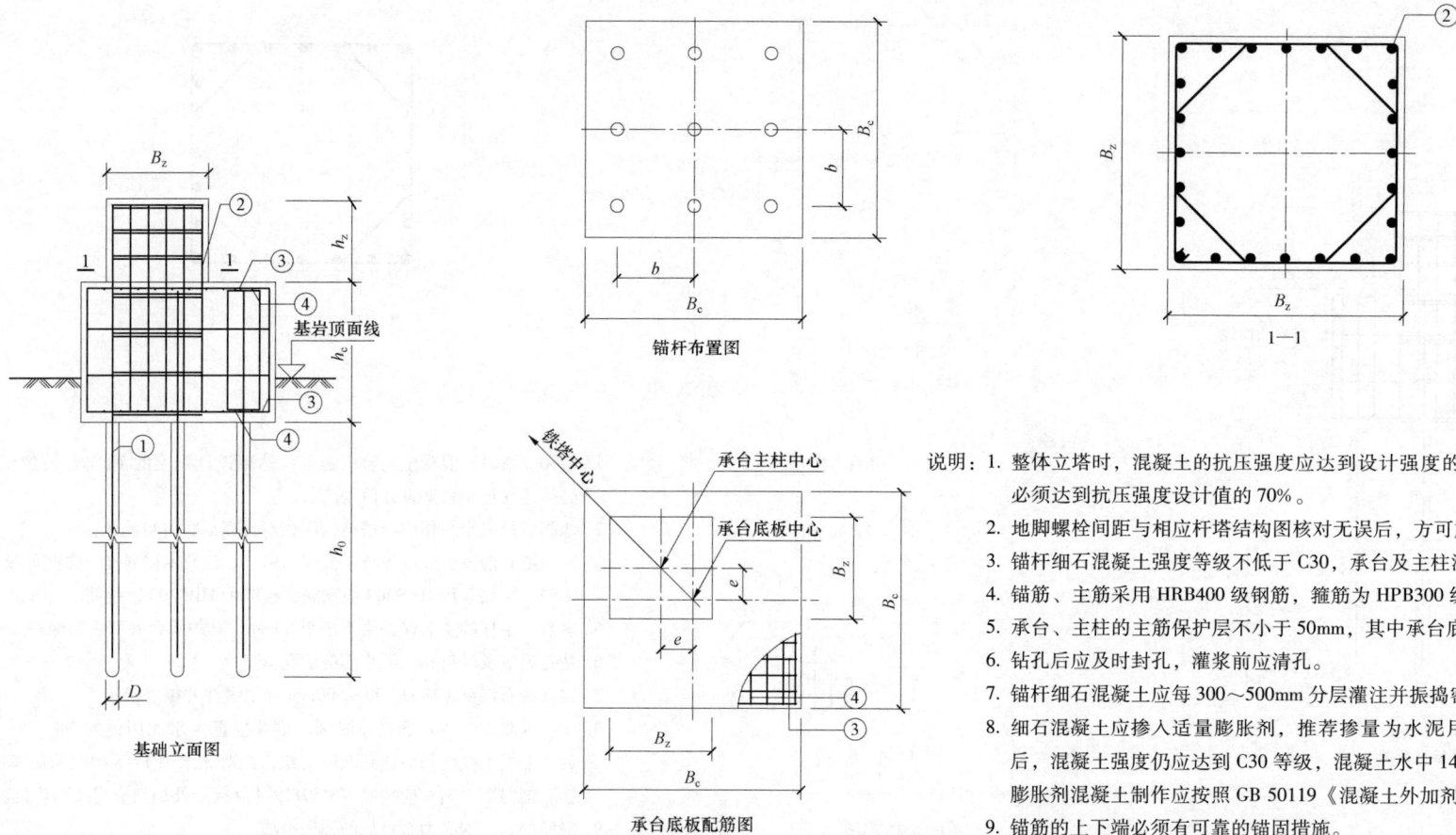

锚杆布置图

基础立面图

承台底板配筋图

1—1

说明：1. 整体立塔时，混凝土的抗压强度应达到设计强度的 100%。分解组塔时，混凝土必须达到抗压强度设计值的 70%。

2. 地脚螺栓间距与相应杆塔结构图核对无误后，方可施工。

3. 锚杆细石混凝土强度等级不低于 C30，承台及主柱混凝土强度等级不低于 C25。

4. 锚筋、主筋采用 HRB400 级钢筋，箍筋为 HPB300 级钢筋。

5. 承台、主柱的主筋保护层不小于 50mm，其中承台底部主筋保护层不小于 70mm。

6. 钻孔后应及时封孔，灌浆前应清孔。

7. 锚杆细石混凝土应每 300～500mm 分层灌注并振捣密实。

8. 细石混凝土应掺入适量膨胀剂，推荐掺量为水泥用量的 3%～5%；掺入膨胀剂后，混凝土强度仍应达到 C30 等级，混凝土水中 14 天限制膨胀率应大于 0.02%；膨胀剂混凝土制作应按照 GB 50119《混凝土外加剂应用技术规范》执行。

9. 锚筋的上下端必须有可靠的锚固措施。

10. 基础参数表中的材料量为单腿工程量。

图 13.0-4　2ZMG6∗-1000-00 岩石锚杆基础施工图

基础名称	承台宽度 B_c (mm)	承台高度 h_c (mm)	主柱宽度 B_z (mm)	主柱高度 h_z (mm)	偏心距 e (mm)	锚杆直径 D (mm)	锚杆间距 b (mm)	锚杆长度 h_0 (mm)	锚筋 ①	主柱钢筋 ②	承台X向主筋 ③	承台Y向主筋 ④	锚杆混凝土 (m^3)	承台混凝土 (m^3)	钢筋 (kg)
2ZMG6r-700-05	1300	1000	700	800	50	90	405	3100	9Φ28	16Φ18	8Φ18	8Φ18	0.18	2.08	426.8
2ZMG6s-700-05	1300	1000	700	800	50	90	405	3000	9Φ28	16Φ18	8Φ18	8Φ18	0.17	2.08	422.5
2ZMG6t-700-05	1300	1000	700	800	50	90	405	3000	9Φ28	16Φ18	8Φ18	8Φ18	0.17	2.08	422.5
2ZMG6u-700-05	1300	1000	700	800	50	90	405	3000	9Φ28	16Φ18	8Φ18	8Φ18	0.17	2.08	422.5
2ZMG6v-700-05	1300	1000	700	800	50	90	405	3000	9Φ28	16Φ18	8Φ18	8Φ18	0.17	2.08	422.5

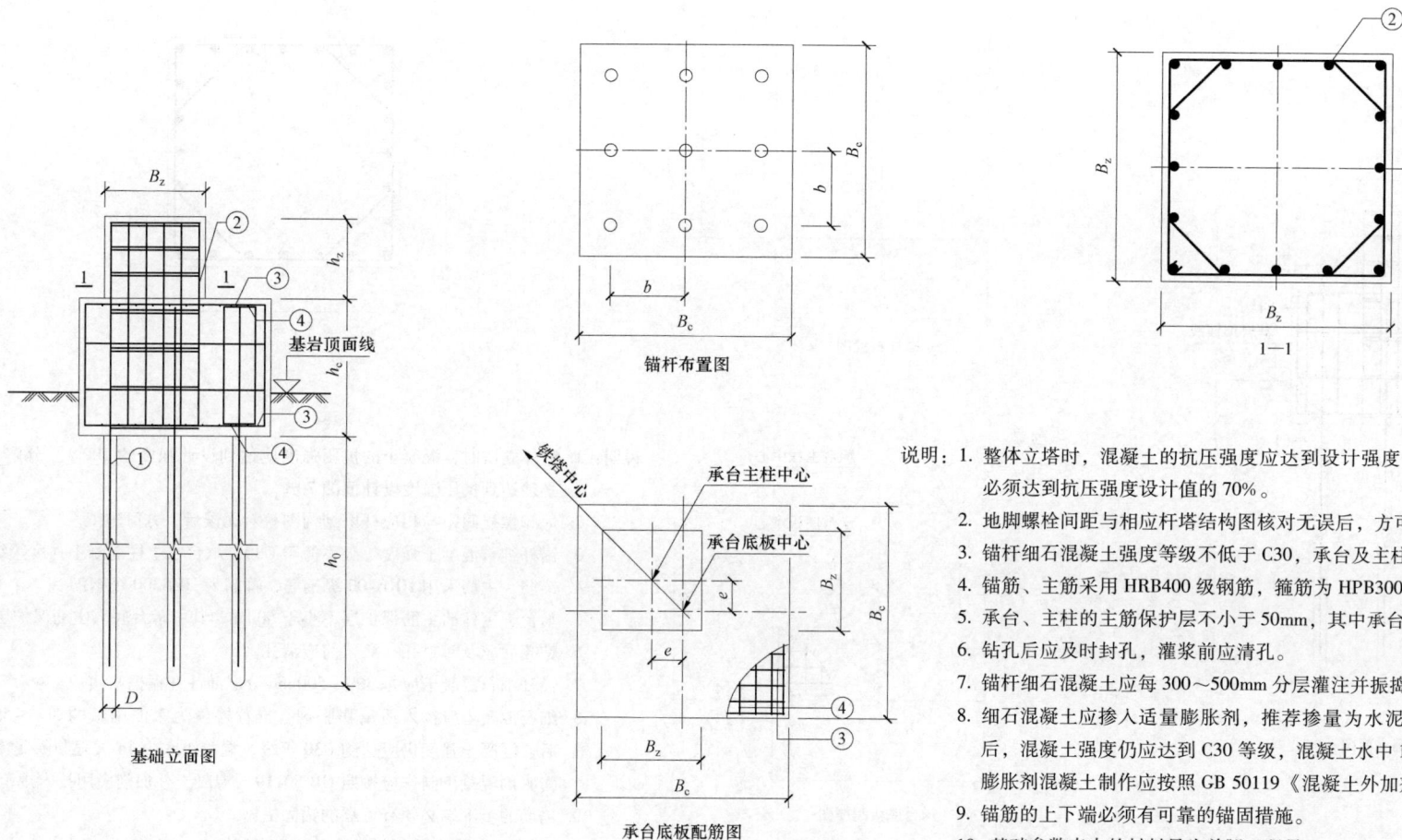

基础立面图

锚杆布置图

承台底板配筋图

说明：1. 整体立塔时，混凝土的抗压强度应达到设计强度的100%。分解组塔时，混凝土必须达到抗压强度设计值的70%。

2. 地脚螺栓间距与相应杆塔结构图核对无误后，方可施工。

3. 锚杆细石混凝土强度等级不低于C30，承台及主柱混凝土强度等级不低于C25。

4. 锚筋、主筋采用HRB400级钢筋，箍筋为HPB300级钢筋。

5. 承台、主柱的主筋保护层不小于50mm，其中承台底部主筋保护层不小于70mm。

6. 钻孔后应及时封孔，灌浆前应清孔。

7. 锚杆细石混凝土应每300~500mm分层灌注并振捣密实。

8. 细石混凝土应掺入适量膨胀剂，推荐掺量为水泥用量的3%~5%；掺入膨胀剂后，混凝土强度仍应达到C30等级，混凝土水中14天限制膨胀率应大于0.02%；膨胀剂混凝土制作应按照GB 50119《混凝土外加剂应用技术规范》执行。

9. 锚筋的上下端必须有可靠的锚固措施。

10. 基础参数表中的材料量为单腿工程量。

图 13.0-5　2ZMG6*-700-05岩石锚杆基础施工图

基 础 参 数 表

基础名称	承台宽度 B_c (mm)	承台高度 h_c (mm)	主柱宽度 B_z (mm)	主柱高度 h_z (mm)	偏心距 e (mm)	锚杆直径 D (mm)	锚杆间距 b (mm)	锚杆长度 h_0 (mm)	锚筋 ①	主柱钢筋 ②	承台 X 向主筋 ③	承台 Y 向主筋 ④	锚杆混凝土 (m³)	承台混凝土 (m³)	钢筋 (kg)
2ZMG6r-800-05	1300	1100	800	900	50	100	400	3400	9 Φ 32	24 Φ 18	9 Φ 18	9 Φ 18	0.24	2.44	574.0
2ZMG6s-800-05	1300	1100	800	900	50	100	400	3000	9 Φ 32	24 Φ 18	9 Φ 18	9 Φ 18	0.21	2.44	551.2
2ZMG6t-800-05	1300	1100	800	900	50	100	400	3000	9 Φ 32	24 Φ 18	9 Φ 18	9 Φ 18	0.21	2.44	551.2
2ZMG6u-800-05	1300	1100	800	900	50	100	400	3000	9 Φ 32	24 Φ 18	9 Φ 18	9 Φ 18	0.21	2.44	551.2
2ZMG6v-800-05	1300	1100	800	900	50	100	400	3000	9 Φ 32	24 Φ 18	9 Φ 18	9 Φ 18	0.21	2.44	551.2

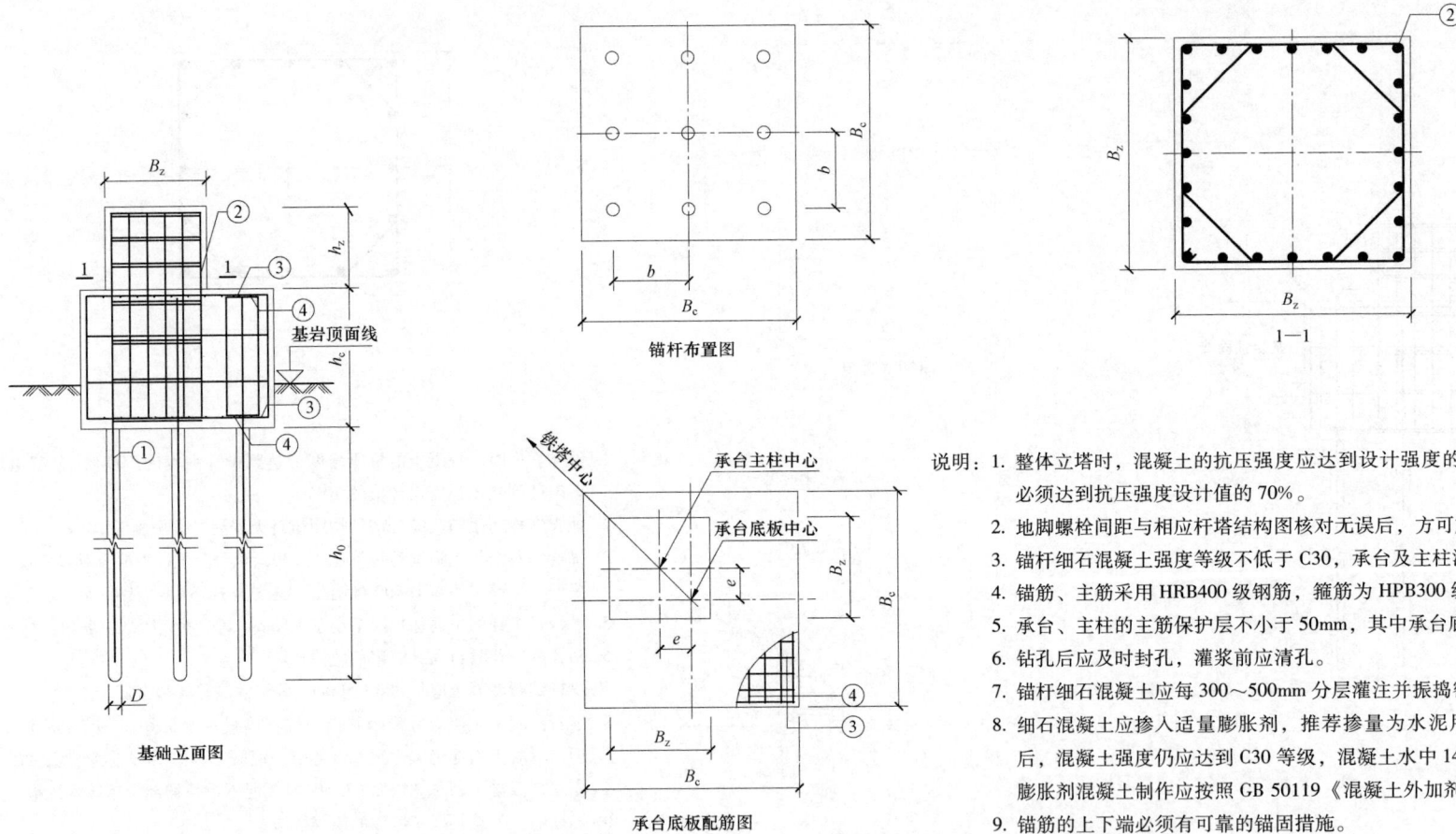

基础立面图

锚杆布置图

承台底板配筋图

1—1

说明：1. 整体立塔时，混凝土的抗压强度应达到设计强度的 100%。分解组塔时，混凝土必须达到抗压强度设计值的 70%。

2. 地脚螺栓间距与相应杆塔结构图核对无误后，方可施工。

3. 锚杆细石混凝土强度等级不低于 C30，承台及主柱混凝土强度等级不低于 C25。

4. 锚筋、主筋采用 HRB400 级钢筋，箍筋为 HPB300 级钢筋。

5. 承台、主柱的主筋保护层不小于 50mm，其中承台底部主筋保护层不小于 70mm。

6. 钻孔后应及时封孔，灌浆前应清孔。

7. 锚杆细石混凝土应每 300～500mm 分层灌注并振捣密实。

8. 细石混凝土应掺入适量膨胀剂，推荐掺量为水泥用量的 3%～5%；掺入膨胀剂后，混凝土强度仍应达到 C30 等级，混凝土水中 14 天限制膨胀率应大于 0.02%；膨胀剂混凝土制作应按照 GB 50119《混凝土外加剂应用技术规范》执行。

9. 锚筋的上下端必须有可靠的锚固措施。

10. 基础参数表中的材料量为单腿工程量。

图 13.0-6 2ZMG6＊-800-05岩石锚杆基础施工图

国家电网公司输变电工程通用设计 输电线路岩石锚杆基础分册（2017 年版）

基 础 参 数 表

基础名称	承台宽度 B_c（mm）	承台高度 h_c（mm）	主柱宽度 B_z（mm）	主柱高度 h_z（mm）	偏心距 e（mm）	锚杆直径 D（mm）	锚杆间距 b（mm）	锚杆长度 h_0（mm）	锚筋 ①	主柱钢筋 ②	承台 X 向主筋 ③	承台 Y 向主筋 ④	锚杆混凝土（m³）	承台混凝土（m³）	钢筋（kg）
2ZMG6r-900-05	1300	1100	800	900	50	100	400	3900	9 ⊈ 32	24 ⊈ 18	9 ⊈ 18	9 ⊈ 18	0.28	2.44	602.4
2ZMG6s-900-05	1300	1100	800	900	50	100	400	3200	9 ⊈ 32	24 ⊈ 18	9 ⊈ 18	9 ⊈ 18	0.23	2.44	562.4
2ZMG6t-900-05	1300	1100	800	900	50	100	400	3000	9 ⊈ 32	24 ⊈ 18	9 ⊈ 18	9 ⊈ 18	0.21	2.44	551.2
2ZMG6u-900-05	1300	1100	800	900	50	100	400	3000	9 ⊈ 32	24 ⊈ 18	9 ⊈ 18	9 ⊈ 18	0.21	2.44	551.2
2ZMG6v-900-05	1300	1100	800	900	50	100	400	3000	9 ⊈ 32	24 ⊈ 18	9 ⊈ 18	9 ⊈ 18	0.21	2.44	551.2

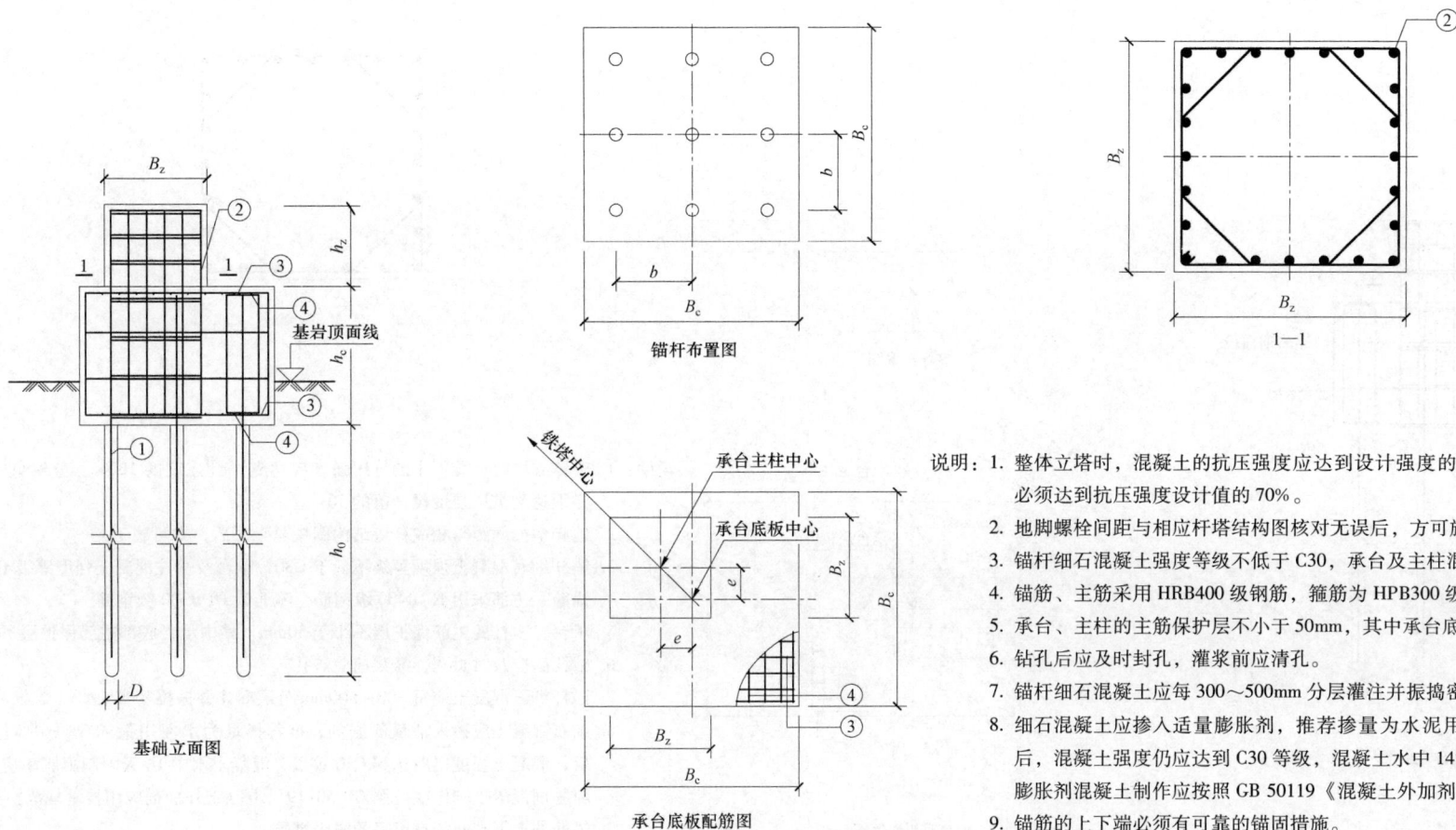

基础立面图

锚杆布置图

1—1

承台底板配筋图

说明：1. 整体立塔时，混凝土的抗压强度应达到设计强度的 100%。分解组塔时，混凝土必须达到抗压强度设计值的 70%。

2. 地脚螺栓间距与相应杆塔结构图核对无误后，方可施工。

3. 锚杆细石混凝土强度等级不低于 C30，承台及主柱混凝土强度等级不低于 C25。

4. 锚筋、主筋采用 HRB400 级钢筋，箍筋为 HPB300 级钢筋。

5. 承台、主柱的主筋保护层不小于 50mm，其中承台底部主筋保护层不小于 70mm。

6. 钻孔后应及时封孔，灌浆前应清孔。

7. 锚杆细石混凝土应每 300～500mm 分层灌注并振捣密实。

8. 细石混凝土应掺入适量膨胀剂，推荐掺量为水泥用量的 3%～5%；掺入膨胀剂后，混凝土强度仍应达到 C30 等级，混凝土水中 14 天限制膨胀率应大于 0.02%；膨胀剂混凝土制作应按照 GB 50119《混凝土外加剂应用技术规范》执行。

9. 锚筋的上下端必须有可靠的锚固措施。

10. 基础参数表中的材料量为单腿工程量。

图 13.0-7　2ZMG6*-900-05 岩石锚杆基础施工图

基 础 参 数 表

基础名称	承台宽度 B_c (mm)	承台高度 h_c (mm)	主柱宽度 B_z (mm)	主柱高度 h_z (mm)	偏心距 e (mm)	锚杆直径 D (mm)	锚杆间距 b (mm)	锚杆长度 h_0 (mm)	锚筋 ①	主柱钢筋 ②	承台 X 向主筋 ③	承台 Y 向主筋 ④	锚杆混凝土 (m³)	承台混凝土 (m³)	钢筋 (kg)
2ZMG6r-1000-05	1400	1100	800	900	50	100	450	4000	9 Φ 32	24 Φ 18	10 Φ 18	10 Φ 18	0.28	2.73	635.7
2ZMG6s-1000-05	1400	1100	800	900	50	100	450	3400	9 Φ 32	24 Φ 18	10 Φ 18	10 Φ 18	0.24	2.73	601.6
2ZMG6t-1000-05	1400	1100	800	900	50	100	450	3000	9 Φ 32	24 Φ 18	10 Φ 18	10 Φ 18	0.21	2.73	578.8
2ZMG6u-1000-05	1400	1100	800	900	50	100	450	3000	9 Φ 32	24 Φ 18	10 Φ 18	10 Φ 18	0.21	2.73	578.8
2ZMG6v-1000-05	1400	1100	800	900	50	100	450	3000	9 Φ 32	24 Φ 18	10 Φ 18	10 Φ 18	0.21	2.73	578.8

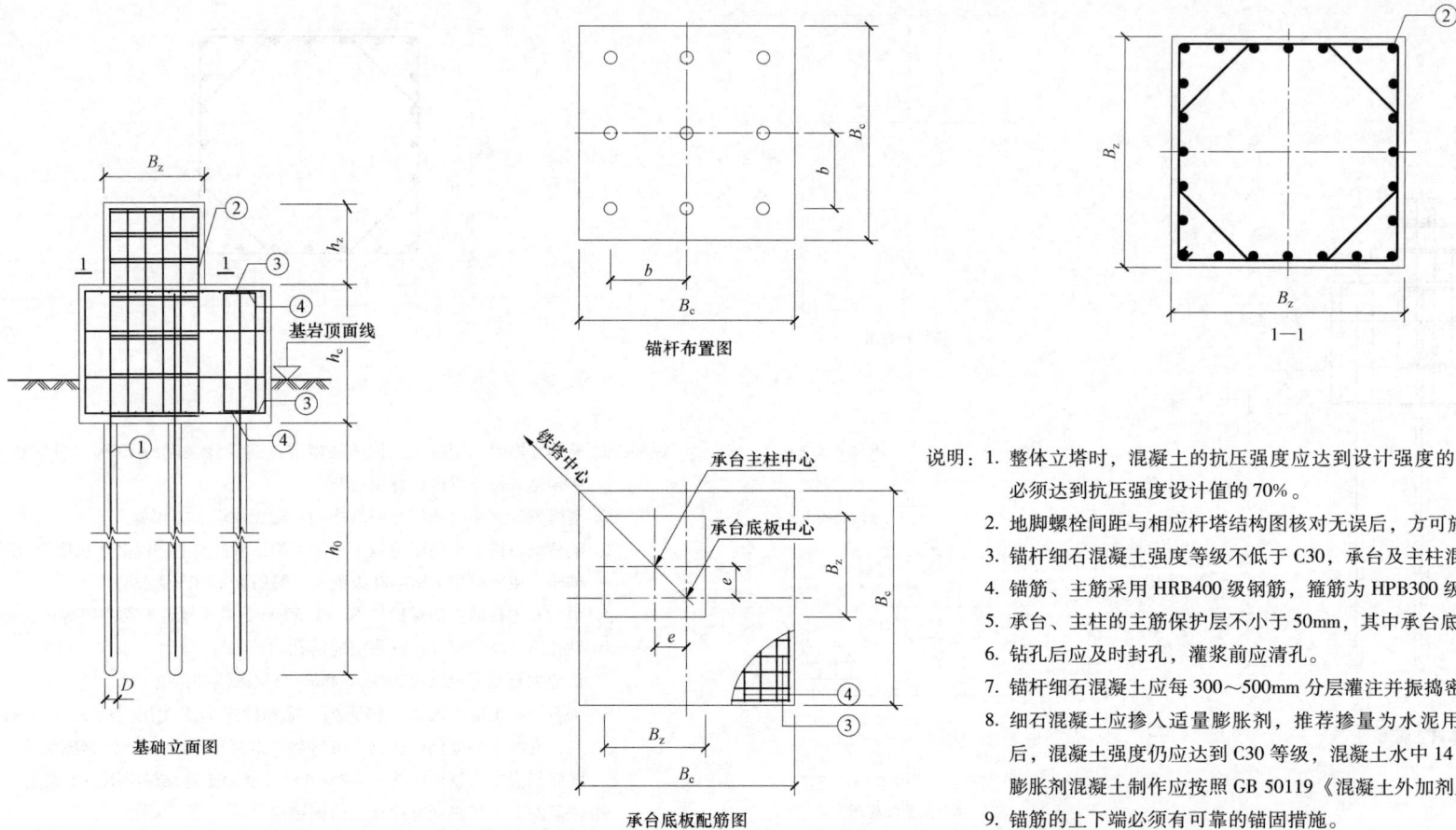

基础立面图

锚杆布置图

1—1

承台底板配筋图

说明：1. 整体立塔时，混凝土的抗压强度应达到设计强度的 100%。分解组塔时，混凝土必须达到抗压强度设计值的 70%。

2. 地脚螺栓间距与相应杆塔结构图核对无误后，方可施工。

3. 锚杆细石混凝土强度等级不低于 C30，承台及主柱混凝土强度等级不低于 C25。

4. 锚筋、主筋采用 HRB400 级钢筋，箍筋为 HPB300 级钢筋。

5. 承台、主柱的主筋保护层不小于 50mm，其中承台底部主筋保护层不小于 70mm。

6. 钻孔后应及时封孔，灌浆前应清孔。

7. 锚杆细石混凝土应每 300～500mm 分层灌注并振捣密实。

8. 细石混凝土应掺入适量膨胀剂，推荐掺量为水泥用量的 3%～5%；掺入膨胀剂后，混凝土强度仍应达到 C30 等级，混凝土水中 14 天限制膨胀率应大于 0.02%；膨胀剂混凝土制作应按照 GB 50119《混凝土外加剂应用技术规范》执行。

9. 锚筋的上下端必须有可靠的锚固措施。

10. 基础参数表中的材料量为单腿工程量。

图 13.0-8　2ZMG6*-1000-05 岩石锚杆基础施工图

第14章 2JMG 模 块

本模块为转角塔岩石锚杆基础模块，适用于岩石地质。

本模块共 40 个基础、8 张图纸，不同设计参数基础合并出图。如基础 2JMG6r-700-00、2JMG6s-700-00、2JMG6t-700-00、2JMG6u-700-00、2JMG6v-700-00 合并为一张图纸，图名为 2JMG6*-700-00 岩石锚杆基础施工图。

本模块由安徽华电公司设计。

基础作用力见表 14.0-1，设计参数见表 14.0-2。

表 14.0-1　　　　基 础 作 用 力 表　　　　（kN）

电压等级（kV）	基础作用力代号	T	T_x	T_y	N	N_x	N_y
220（330）	700	700	133	133	910	173	173
	800	800	152	152	1040	198	198
	900	900	171	171	1170	222	222
	1000	1000	190	190	1300	247	247

表 14.0-2　　　　设 计 参 数 表　　　　（kPa）

岩土类别	代号	τ_a	τ_b	τ_s
岩石	6r	3000	250	25
	6s	3000	300	30
	6t	3000	400	40
	6u	3000	500	50
	6v	3000	600	60

注　1. 代号含义详见 5.2 节。

　　2. 6* 包含 6r、6s、6t、6u、6v 五种地质参数组合，对应的基础参数详见基础施工图。

2JMG 模块共包含 8 张图纸，基础施工图图纸清单见表 14.0-3。

表 14.0-3　　　　2JMG 模块基础施工图图纸清单

序号	图号	图　名	基础作用力 $T/T_x/T_y$	基础作用力 $N/N_x/N_y$
1	图 14.0-1	2JMG6*-700-00 岩石锚杆基础施工图	700/133/133	910/173/173
2	图 14.0-2	2JMG6*-800-00 岩石锚杆基础施工图	800/152/152	1040/198/198
3	图 14.0-3	2JMG6*-900-00 岩石锚杆基础施工图	900/171/171	1170/222/222
4	图 14.0-4	2JMG6*-1000-00 岩石锚杆基础施工图	1000/190/190	1300/247/247
5	图 14.0-5	2JMG6*-700-05 岩石锚杆基础施工图	700/133/133	910/173/173
6	图 14.0-6	2JMG6*-800-05 岩石锚杆基础施工图	800/152/152	1040/198/198
7	图 14.0-7	2JMG6*-900-05 岩石锚杆基础施工图	900/171/171	1170/222/222
8	图 14.0-8	2JMG6*-1000-05 岩石锚杆基础施工图	1000/190/190	1300/247/247

注　当基础上拔力小于 600kN 时，见第 11 章；当基础上拔力大于 1000kN 时，见第 16 章。

基 础 参 数 表

基础名称	承台宽度 B_c（mm）	承台高度 h_c（mm）	主柱宽度 B_z（mm）	主柱高度 h_z（mm）	偏心距 e（mm）	锚杆直径 D（mm）	锚杆间距 b（mm）	锚杆长度 h_0（mm）	锚筋 ①	主柱钢筋 ②	承台 X 向主筋 ③	承台 Y 向主筋 ④	锚杆混凝土（m³）	承台混凝土（m³）	钢筋（kg）
2JMG6r-700-00	1500	900	700	400	200	90	505	3300	9⌀25	16⌀18	8⌀18	8⌀18	0.19	2.22	381.0
2JMG6s-700-00	1500	900	700	400	200	90	505	3000	9⌀25	16⌀18	8⌀18	8⌀18	0.17	2.22	370.6
2JMG6t-700-00	1500	900	700	400	200	90	505	3000	9⌀25	16⌀18	8⌀18	8⌀18	0.17	2.22	370.6
2JMG6u-700-00	1500	900	700	400	200	90	505	3000	9⌀25	16⌀18	8⌀18	8⌀18	0.17	2.22	370.6
2JMG6v-700-00	1500	900	700	400	200	90	505	3000	9⌀25	16⌀18	8⌀18	8⌀18	0.17	2.22	370.6

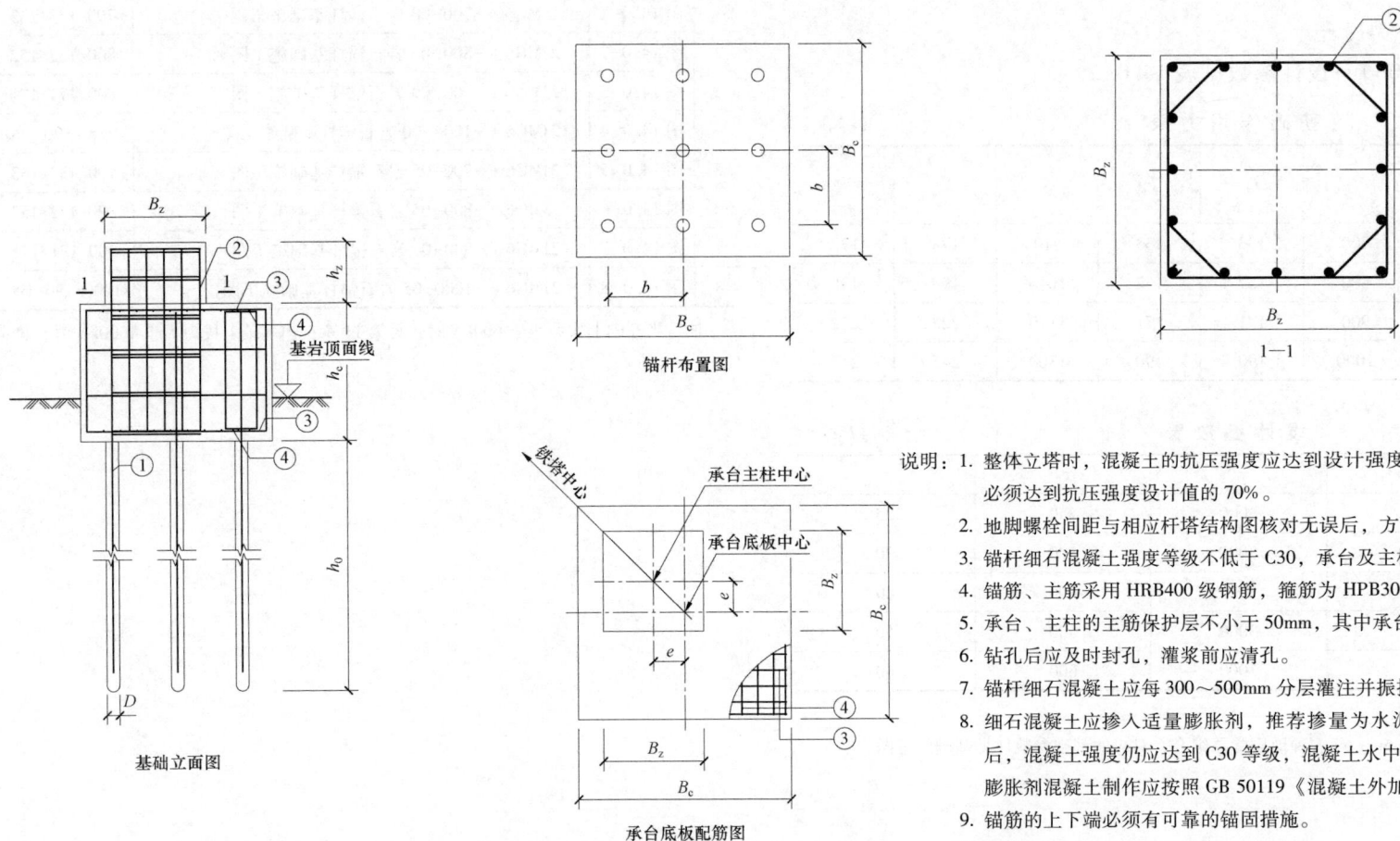

基础立面图

锚杆布置图

承台底板配筋图

1—1

说明：1. 整体立塔时，混凝土的抗压强度应达到设计强度的 100%。分解组塔时，混凝土必须达到抗压强度设计值的 70%。

2. 地脚螺栓间距与相应杆塔结构图核对无误后，方可施工。

3. 锚杆细石混凝土强度等级不低于 C30，承台及主柱混凝土强度等级不低于 C25。

4. 锚筋、主筋采用 HRB400 级钢筋，箍筋为 HPB300 级钢筋。

5. 承台、主柱的主筋保护层不小于 50mm，其中承台底部主筋保护层不小于 70mm。

6. 钻孔后应及时封孔，灌浆前应清孔。

7. 锚杆细石混凝土应每 300~500mm 分层灌注并振捣密实。

8. 细石混凝土应掺入适量膨胀剂，推荐掺量为水泥用量的 3%~5%；掺入膨胀剂后，混凝土强度仍应达到 C30 等级，混凝土水中 14 天限制膨胀率应大于 0.02%；膨胀剂混凝土制作应按照 GB 50119《混凝土外加剂应用技术规范》执行。

9. 锚筋的上下端必须有可靠的锚固措施。

10. 基础参数表中的材料量为单腿工程量。

图 14.0-1   2JMG6*-700-00 岩石锚杆基础施工图

基础名称	承台宽度 B_c（mm）	承台高度 h_c（mm）	主柱宽度 B_z（mm）	主柱高度 h_z（mm）	偏心距 e（mm）	锚杆直径 D（mm）	锚杆间距 b（mm）	锚杆长度 h_0（mm）	锚筋 ①	主柱钢筋 ②	承台 X 向主筋 ③	承台 Y 向主筋 ④	锚杆混凝土（m³）	承台混凝土（m³）	钢筋（kg）
2JMG6r-800-00	1600	1000	800	500	200	90	555	3600	9⏀28	24⏀18	10⏀18	10⏀18	0.21	2.88	524.3
2JMG6s-800-00	1600	1000	800	500	200	90	555	3200	9⏀28	24⏀18	10⏀18	10⏀18	0.18	2.88	506.9
2JMG6t-800-00	1600	1000	800	500	200	90	555	3000	9⏀28	24⏀18	10⏀18	10⏀18	0.17	2.88	498.2
2JMG6u-800-00	1600	1000	800	500	200	90	555	3000	9⏀28	24⏀18	10⏀18	10⏀18	0.17	2.88	498.2
2JMG6v-800-00	1600	1000	800	500	200	90	555	3000	9⏀28	24⏀18	10⏀18	10⏀18	0.17	2.88	498.2

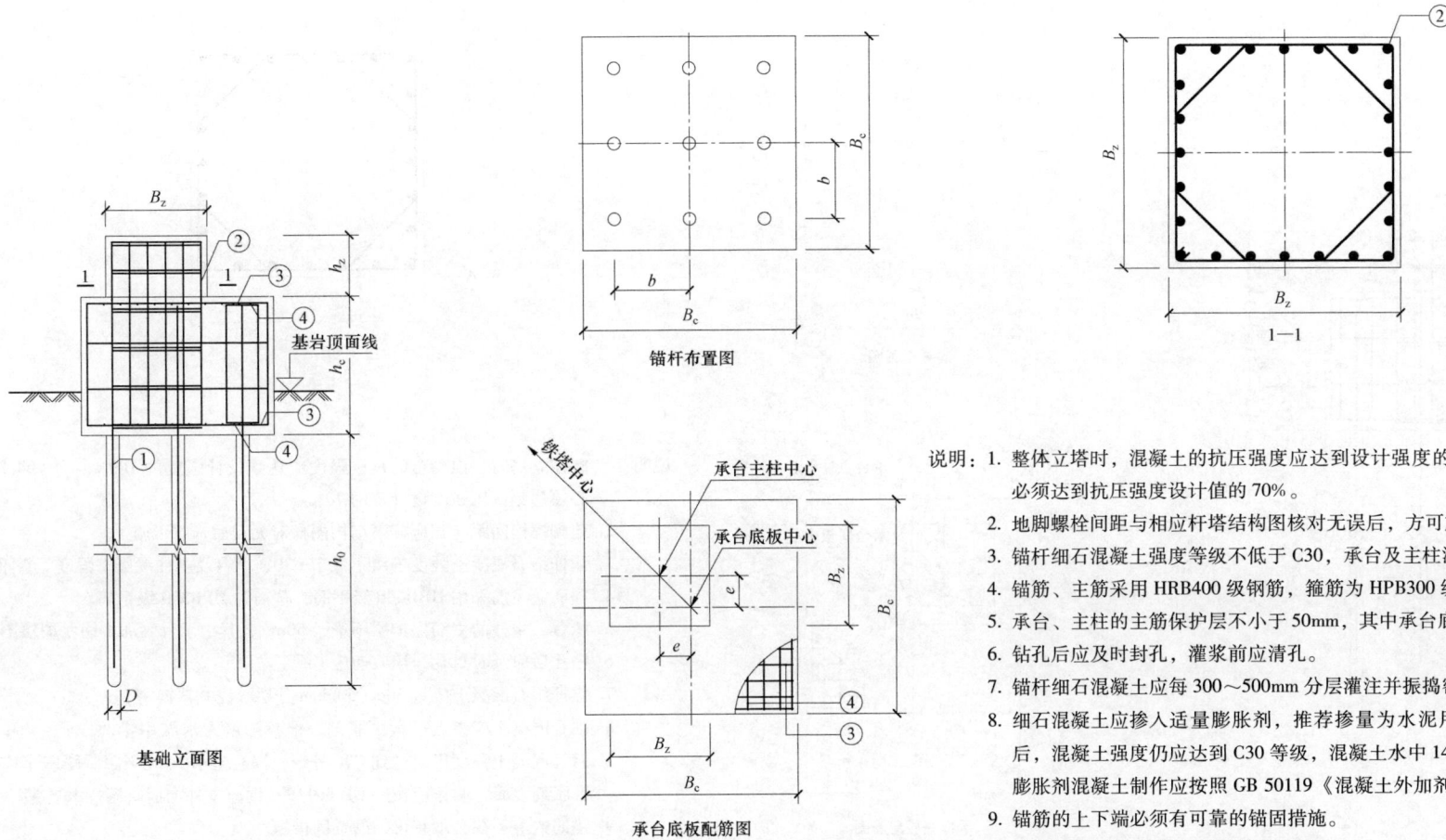

基础立面图

锚杆布置图

1—1

承台底板配筋图

说明：1. 整体立塔时，混凝土的抗压强度应达到设计强度的100%。分解组塔时，混凝土必须达到抗压强度设计值的70%。

2. 地脚螺栓间距与相应杆塔结构图核对无误后，方可施工。

3. 锚杆细石混凝土强度等级不低于C30，承台及主柱混凝土强度等级不低于C25。

4. 锚筋、主筋采用HRB400级钢筋，箍筋为HPB300级钢筋。

5. 承台、主柱的主筋保护层不小于50mm，其中承台底部主筋保护层不小于70mm。

6. 钻孔后应及时封孔，灌浆前应清孔。

7. 锚杆细石混凝土应每300～500mm分层灌注并振捣密实。

8. 细石混凝土应掺入适量膨胀剂，推荐掺量为水泥用量的3%～5%；掺入膨胀剂后，混凝土强度仍应达到C30等级，混凝土水中14天限制膨胀率应大于0.02%；膨胀剂混凝土制作应按照GB 50119《混凝土外加剂应用技术规范》执行。

9. 锚筋的上下端必须有可靠的锚固措施。

10. 基础参数表中的材料量为单腿工程量。

图 14.0-2 2JMG6*-800-00岩石锚杆基础施工图

基 础 参 数 表

基础名称	承台宽度 B_c (mm)	承台高度 h_c (mm)	主柱宽度 B_z (mm)	主柱高度 h_z (mm)	偏心距 e (mm)	锚杆直径 D (mm)	锚杆间距 b (mm)	锚杆长度 h_0 (mm)	锚筋 ①	主柱钢筋 ②	承台 X 向主筋 ③	承台 Y 向主筋 ④	锚杆混凝土 (m^3)	承台混凝土 (m^3)	钢筋 (kg)
2JMG6r-900-00	1600	1000	800	500	200	90	555	3800	9 Φ 28	24 Φ 18	10 Φ 18	10 Φ 18	0.22	2.88	533.9
2JMG6s-900-00	1600	1000	800	500	200	90	555	3400	9 Φ 28	24 Φ 18	10 Φ 18	10 Φ 18	0.19	2.88	515.6
2JMG6t-900-00	1600	1000	800	500	200	90	555	3000	9 Φ 28	24 Φ 18	10 Φ 18	10 Φ 18	0.17	2.88	498.2
2JMG6u-900-00	1600	1000	800	500	200	90	555	3000	9 Φ 28	24 Φ 18	10 Φ 18	10 Φ 18	0.17	2.88	498.2
2JMG6v-900-00	1600	1000	800	500	200	90	555	3000	9 Φ 28	24 Φ 18	10 Φ 18	10 Φ 18	0.17	2.88	498.2

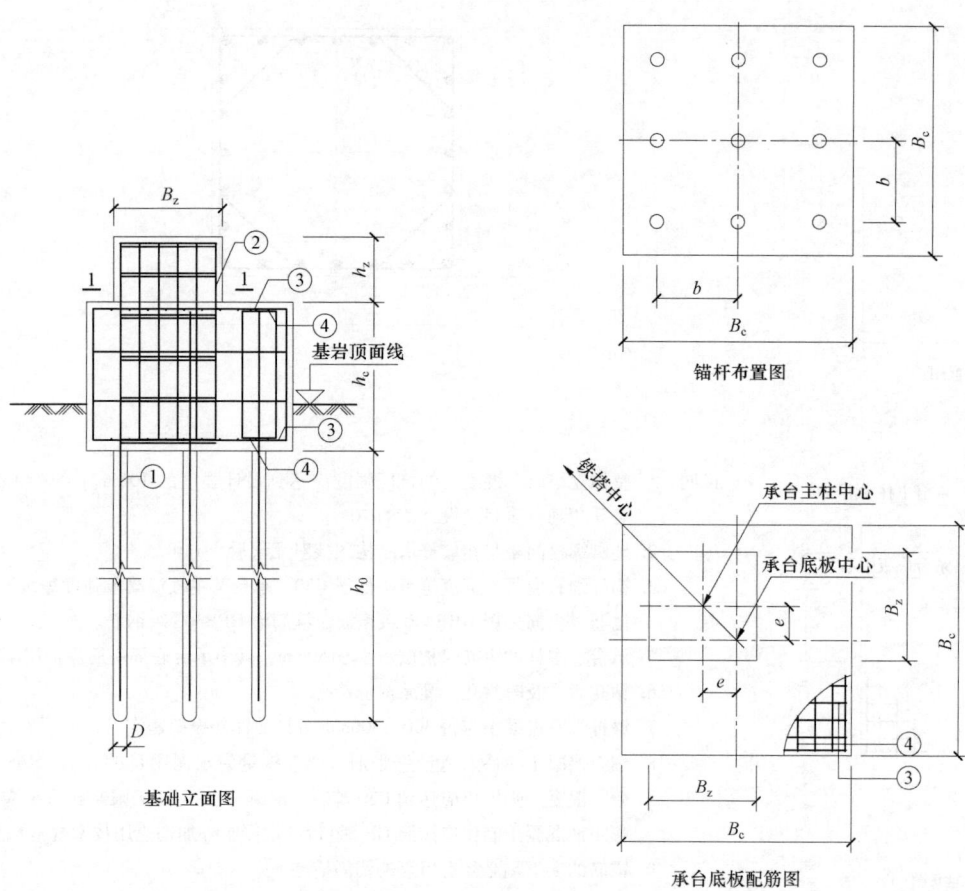

锚杆布置图

1—1

基础立面图

承台底板配筋图

说明：1. 整体立塔时，混凝土的抗压强度应达到设计强度的 100%。分解组塔时，混凝土必须达到抗压强度设计值的 70%。

2. 地脚螺栓间距与相应杆塔结构图核对无误后，方可施工。

3. 锚杆细石混凝土强度等级不低于 C30，承台及主柱混凝土强度等级不低于 C25。

4. 锚筋、主筋采用 HRB400 级钢筋，箍筋为 HPB300 级钢筋。

5. 承台、主柱的主筋保护层不小于 50mm，其中承台底部主筋保护层不小于 70mm。

6. 钻孔后应及时封孔，灌浆前应清孔。

7. 锚杆细石混凝土应每 300～500mm 分层灌注并振捣密实。

8. 细石混凝土应掺入适量膨胀剂，推荐掺量为水泥用量的 3%～5%；掺入膨胀剂后，混凝土强度仍应达到 C30 等级，混凝土水中 14 天限制膨胀率应大于 0.02%；膨胀剂混凝土制作应按照 GB 50119《混凝土外加剂应用技术规范》执行。

9. 锚筋的上下端必须有可靠的锚固措施。

10. 基础参数表中的材料量为单腿工程量。

图 14.0-3 2JMG6∗-900-00 岩石锚杆基础施工图

基础参数表

基础名称	承台宽度 B_c (mm)	承台高度 h_c (mm)	主柱宽度 B_z (mm)	主柱高度 h_z (mm)	偏心距 e (mm)	锚杆直径 D (mm)	锚杆间距 b (mm)	锚杆长度 h_0 (mm)	锚筋 ①	主柱钢筋 ②	承台 X 向主筋 ③	承台 Y 向主筋 ④	锚杆混凝土 (m^3)	承台混凝土 (m^3)	钢筋 (kg)
2JMG6r-1000-00	1600	1100	800	400	200	100	550	4000	9Φ32	24Φ18	11Φ18	11Φ18	0.28	3.07	646.9
2JMG6s-1000-00	1600	1100	800	400	200	100	550	3700	9Φ32	24Φ18	11Φ18	11Φ18	0.26	3.07	629.8
2JMG6t-1000-00	1600	1100	800	400	200	100	550	3100	9Φ32	24Φ18	11Φ18	11Φ18	0.22	3.07	595.7
2JMG6u-1000-00	1600	1100	800	400	200	100	550	3000	9Φ32	24Φ18	11Φ18	11Φ18	0.21	3.07	590.0
2JMG6v-1000-00	1600	1100	800	400	200	100	550	3000	9Φ32	24Φ18	11Φ18	11Φ18	0.21	3.07	590.0

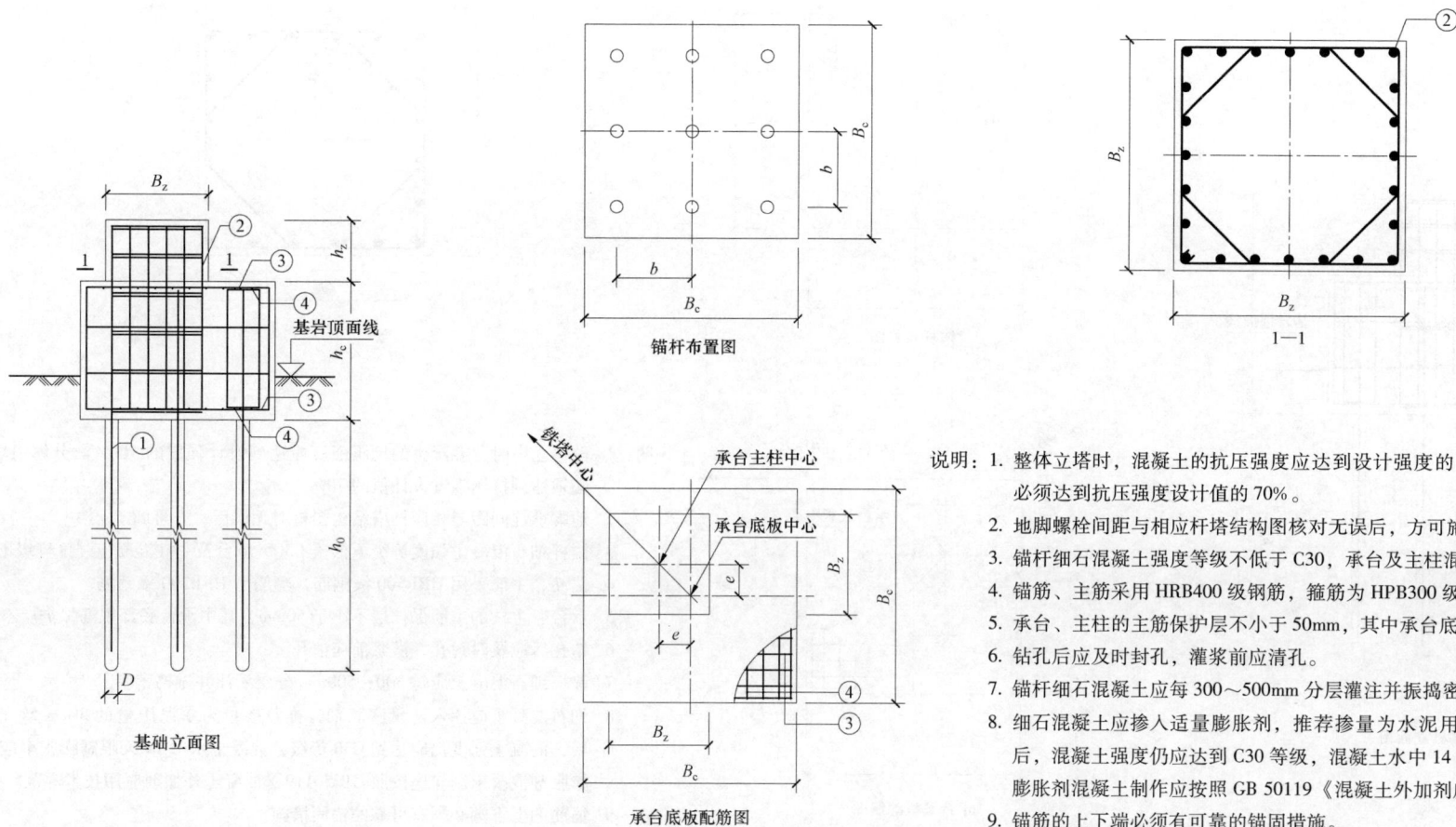

基础立面图

锚杆布置图

承台底板配筋图

1—1

说明：1. 整体立塔时，混凝土的抗压强度应达到设计强度的 100% 。分解组塔时，混凝土必须达到抗压强度设计值的 70% 。

2. 地脚螺栓间距与相应杆塔结构图核对无误后，方可施工。

3. 锚杆细石混凝土强度等级不低于 C30，承台及主柱混凝土强度等级不低于 C25。

4. 锚筋、主筋采用 HRB400 级钢筋，箍筋为 HPB300 级钢筋。

5. 承台、主柱的主筋保护层不小于 50mm，其中承台底部主筋保护层不小于 70mm。

6. 钻孔后应及时封孔，灌浆前应清孔。

7. 锚杆细石混凝土应每 300～500mm 分层灌注并振捣密实。

8. 细石混凝土应掺入适量膨胀剂，推荐掺量为水泥用量的 3%～5%；掺入膨胀剂后，混凝土强度仍应达到 C30 等级，混凝土水中 14 天限制膨胀率应大于 0.02%；膨胀混凝土制作应按照 GB 50119《混凝土外加剂应用技术规范》执行。

9. 锚筋的上下端必须有可靠的锚固措施。

10. 基础参数表中的材料量为单腿工程量。

图 14.0-4 2JMG6*-1000-00 岩石锚杆基础施工图

基础名称	承台宽度 B_c (mm)	承台高度 h_c (mm)	主柱宽度 B_z (mm)	主柱高度 h_z (mm)	偏心距 e (mm)	锚杆直径 D (mm)	锚杆间距 b (mm)	锚杆长度 h_0 (mm)	锚筋 ①	主柱钢筋 ②	承台 X 向主筋 ③	承台 Y 向主筋 ④	锚杆混凝土 (m^3)	承台混凝土 (m^3)	钢筋 (kg)
2JMG6r-700-05	1500	1000	700	800	200	90	505	3300	9Φ28	20Φ18	9Φ18	9Φ18	0.19	2.64	482.9
2JMG6s-700-05	1500	1000	700	800	200	90	505	3000	9Φ28	20Φ18	9Φ18	9Φ18	0.17	2.64	469.9
2JMG6t-700-05	1500	1000	700	800	200	90	505	3000	9Φ28	20Φ18	9Φ18	9Φ18	0.17	2.64	469.9
2JMG6u-700-05	1500	1000	700	800	200	90	505	3000	9Φ28	20Φ18	9Φ18	9Φ18	0.17	2.64	469.9
2JMG6v-700-05	1500	1000	700	800	200	90	505	3000	9Φ28	20Φ18	9Φ18	9Φ18	0.17	2.64	469.9

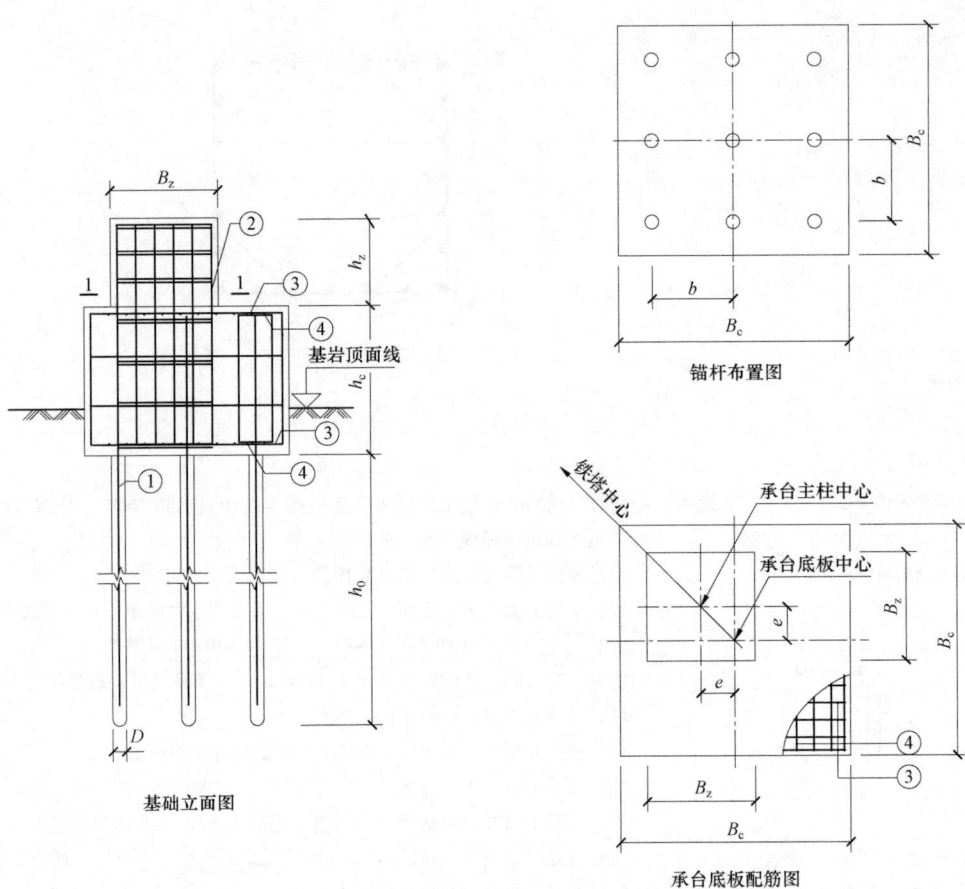

基础立面图

锚杆布置图

承台底板配筋图

1—1

说明：1. 整体立塔时，混凝土的抗压强度应达到设计强度的 100%。分解组塔时，混凝土必须达到抗压强度设计值的 70%。

2. 地脚螺栓间距与相应杆塔结构图核对无误后，方可施工。

3. 锚杆细石混凝土强度等级不低于 C30，承台及主柱混凝土强度等级不低于 C25。

4. 锚筋、主筋采用 HRB400 级钢筋，箍筋为 HPB300 级钢筋。

5. 承台、主柱的主筋保护层不小于 50mm，其中承台底部主筋保护层不小于 70mm。

6. 钻孔后应及时封孔，灌浆前应清孔。

7. 锚杆细石混凝土应每 300～500mm 分层灌注并振捣密实。

8. 细石混凝土应掺入适量膨胀剂，推荐掺量为水泥用量的 3%～5%；掺入膨胀剂后，混凝土强度仍应达到 C30 等级，混凝土水中 14 天限制膨胀率应大于 0.02%；膨胀剂混凝土制作应按照 GB 50119《混凝土外加剂应用技术规范》执行。

9. 锚筋的上下端必须有可靠的锚固措施。

10. 基础参数表中的材料量为单腿工程量。

图 14.0-5　2JMG6*-700-05 岩石锚杆基础施工图

基 础 参 数 表

基础名称	承台宽度 B_c（mm）	承台高度 h_c（mm）	主柱宽度 B_z（mm）	主柱高度 h_z（mm）	偏心距 e（mm）	锚杆直径 D（mm）	锚杆间距 b（mm）	锚杆长度 h_0（mm）	锚筋 ①	主柱钢筋 ②	承台 X 向主筋 ③	承台 Y 向主筋 ④	锚杆混凝土（m³）	承台混凝土（m³）	钢筋（kg）
2JMG6r-800-05	1600	1100	800	900	200	100	550	3700	9Φ32	24Φ18	11Φ18	11Φ18	0.26	3.39	657.9
2JMG6s-800-05	1600	1100	800	900	200	100	550	3200	9Φ32	24Φ18	11Φ18	11Φ18	0.23	3.39	629.4
2JMG6t-800-05	1600	1100	800	900	200	100	550	3000	9Φ32	24Φ18	11Φ18	11Φ18	0.21	3.39	618.1
2JMG6u-800-05	1600	1100	800	900	200	100	550	3000	9Φ32	24Φ18	11Φ18	11Φ18	0.21	3.39	618.1
2JMG6v-800-05	1600	1100	800	900	200	100	550	3000	9Φ32	24Φ18	11Φ18	11Φ18	0.21	3.39	618.1

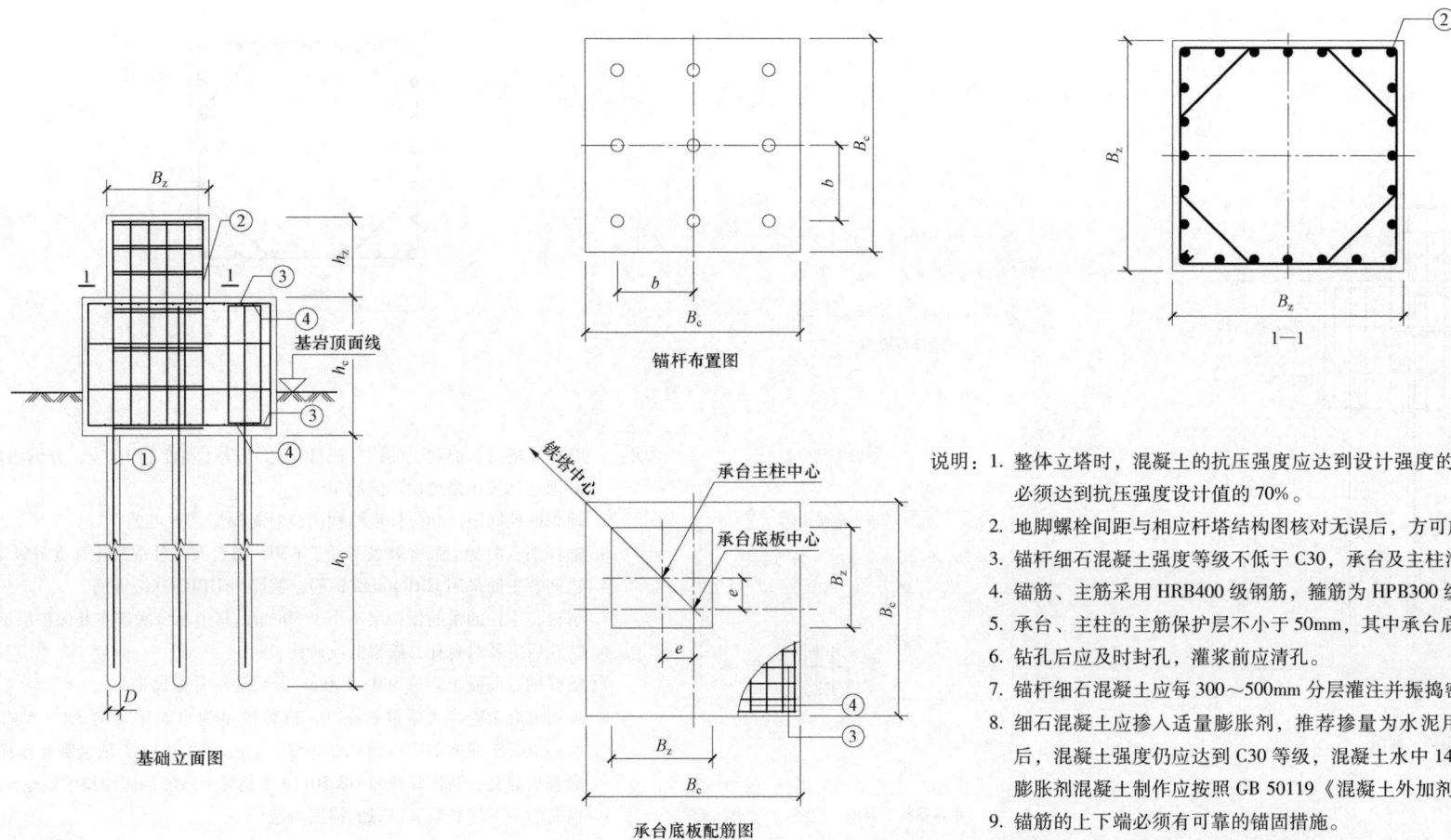

锚杆布置图

1—1

基础立面图

承台底板配筋图

说明：1. 整体立塔时，混凝土的抗压强度应达到设计强度的 100%。分解组塔时，混凝土必须达到抗压强度设计值的 70%。

2. 地脚螺栓间距与相应杆塔结构图核对无误后，方可施工。

3. 锚杆细石混凝土强度等级不低于 C30，承台及主柱混凝土强度等级不低于 C25。

4. 锚筋、主筋采用 HRB400 级钢筋，箍筋为 HPB300 级钢筋。

5. 承台、主柱的主筋保护层不小于 50mm，其中承台底部主筋保护层不小于 70mm。

6. 钻孔后应及时封孔，灌浆前应清孔。

7. 锚杆细石混凝土应每 300～500mm 分层灌注并振捣密实。

8. 细石混凝土应掺入适量膨胀剂，推荐掺量为水泥用量的 3%～5%；掺入膨胀剂后，混凝土强度仍应达到 C30 等级，混凝土水中 14 天限制膨胀率应大于 0.02%；膨胀剂混凝土制作应按照 GB 50119《混凝土外加剂应用技术规范》执行。

9. 锚筋的上下端必须有可靠的锚固措施。

10. 基础参数表中的材料量为单腿工程量。

图 14.0-6　2JMG6∗-800-05 岩石锚杆基础施工图

基 础 参 数 表

基础名称	承台宽度 B_c (mm)	承台高度 h_c (mm)	主柱宽度 B_z (mm)	主柱高度 h_z (mm)	偏心距 e (mm)	锚杆直径 D (mm)	锚杆间距 b (mm)	锚杆长度 h_0 (mm)	锚筋 ①	主柱钢筋 ②	承台X向主筋 ③	承台Y向主筋 ④	锚杆混凝土 (m^3)	承台混凝土 (m^3)	钢筋 (kg)
2JMG6r-900-05	1600	1100	800	900	200	100	550	4100	9Φ32	24Φ18	11Φ18	11Φ18	0.29	3.39	680.6
2JMG6s-900-05	1600	1100	800	900	200	100	550	3400	9Φ32	24Φ18	11Φ18	11Φ18	0.24	3.39	640.8
2JMG6t-900-05	1600	1100	800	900	200	100	550	3000	9Φ32	24Φ18	11Φ18	11Φ18	0.21	3.39	618.1
2JMG6u-900-05	1600	1100	800	900	200	100	550	3000	9Φ32	24Φ18	11Φ18	11Φ18	0.21	3.39	618.1
2JMG6v-900-05	1600	1100	800	900	200	100	550	3000	9Φ32	24Φ18	11Φ18	11Φ18	0.21	3.39	618.1

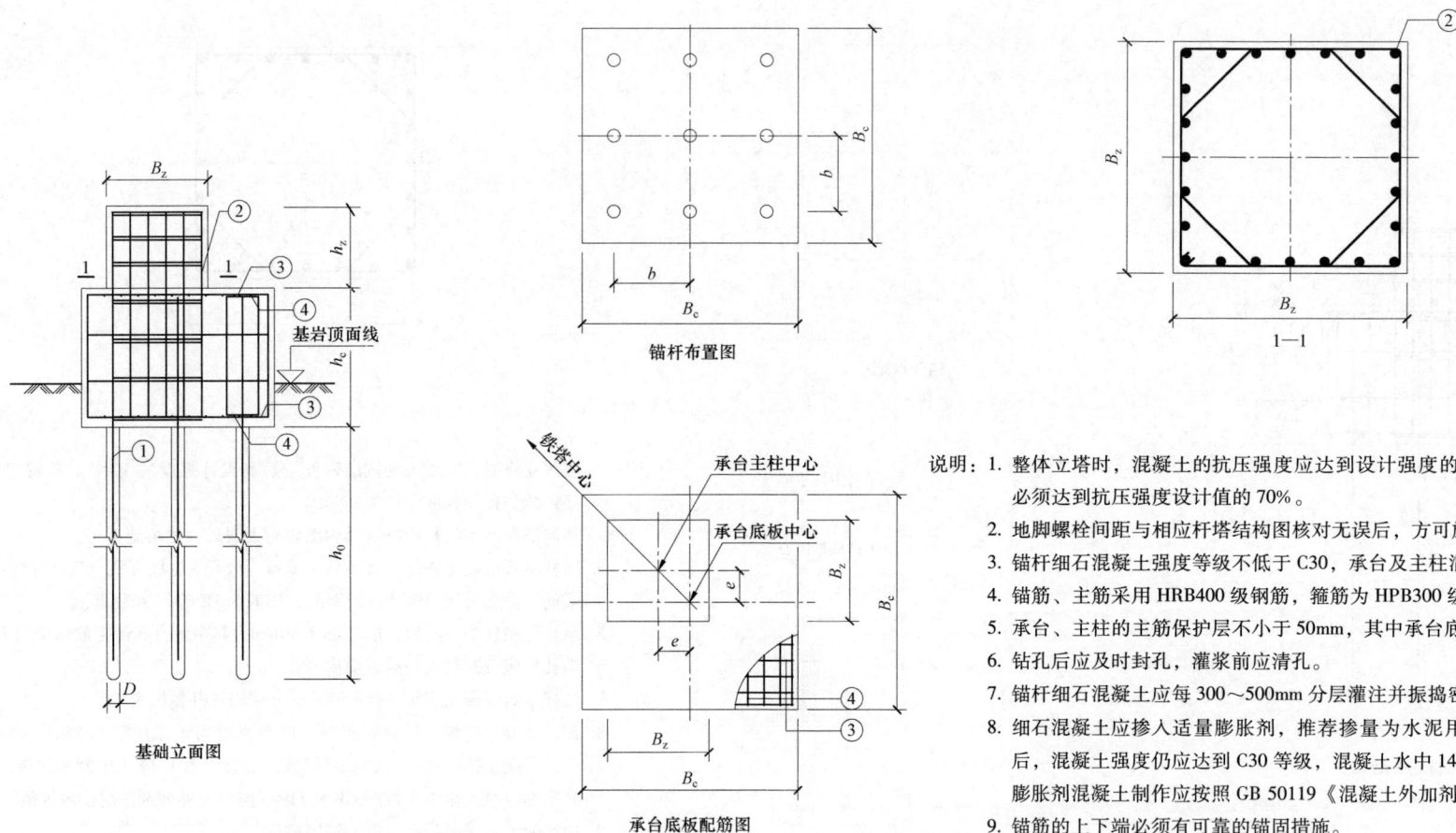

基础立面图

锚杆布置图

1—1

承台底板配筋图

说明：1. 整体立塔时，混凝土的抗压强度应达到设计强度的 100%。分解组塔时，混凝土必须达到抗压强度设计值的 70%。

2. 地脚螺栓间距与相应杆塔结构图核对无误后，方可施工。

3. 锚杆细石混凝土强度等级不低于 C30，承台及主柱混凝土强度等级不低于 C25。

4. 锚筋、主筋采用 HRB400 级钢筋，箍筋为 HPB300 级钢筋。

5. 承台、主柱的主筋保护层不小于 50mm，其中承台底部主筋保护层不小于 70mm。

6. 钻孔后应及时封孔，灌浆前应清孔。

7. 锚杆细石混凝土应每 300～500mm 分层灌注并振捣密实。

8. 细石混凝土应掺入适量膨胀剂，推荐掺量为水泥用量的 3%～5%；掺入膨胀剂后，混凝土强度仍应达到 C30 等级，混凝土水中 14 天限制膨胀率应大于 0.02%；膨胀剂混凝土制作应按照 GB 50119《混凝土外加剂应用技术规范》执行。

9. 锚筋的上下端必须有可靠的锚固措施。

10. 基础参数表中的材料量为单腿工程量。

图 14.0-7 2JMG6 * -900-05 岩石锚杆基础施工图

基 础 参 数 表

基础名称	承台宽度 B_c（mm）	承台高度 h_c（mm）	主柱宽度 B_z（mm）	主柱高度 h_z（mm）	偏心距 e（mm）	锚杆直径 D（mm）	锚杆间距 b（mm）	锚杆长度 h_0（mm）	锚筋 ①	主柱钢筋 ②	承台 X 向主筋 ③	承台 Y 向主筋 ④	锚杆混凝土（m³）	承台混凝土（m³）	钢筋（kg）
2JMG6r-1000-05	1600	1200	800	800	200	110	545	4200	9⏀36	24⏀18	12⏀18	12⏀18	0.36	3.58	809.4
2JMG6s-1000-05	1600	1200	800	800	200	110	545	3600	9⏀36	24⏀18	12⏀18	12⏀18	0.31	3.58	766.3
2JMG6t-1000-05	1600	1200	800	800	200	110	545	3100	9⏀36	24⏀18	12⏀18	12⏀18	0.27	3.58	730.3
2JMG6u-1000-05	1600	1200	800	800	200	110	545	3000	9⏀36	24⏀18	12⏀18	12⏀18	0.26	3.58	723.1
2JMG6v-1000-05	1600	1200	800	800	200	110	545	3000	9⏀36	24⏀18	12⏀18	12⏀18	0.26	3.58	723.1

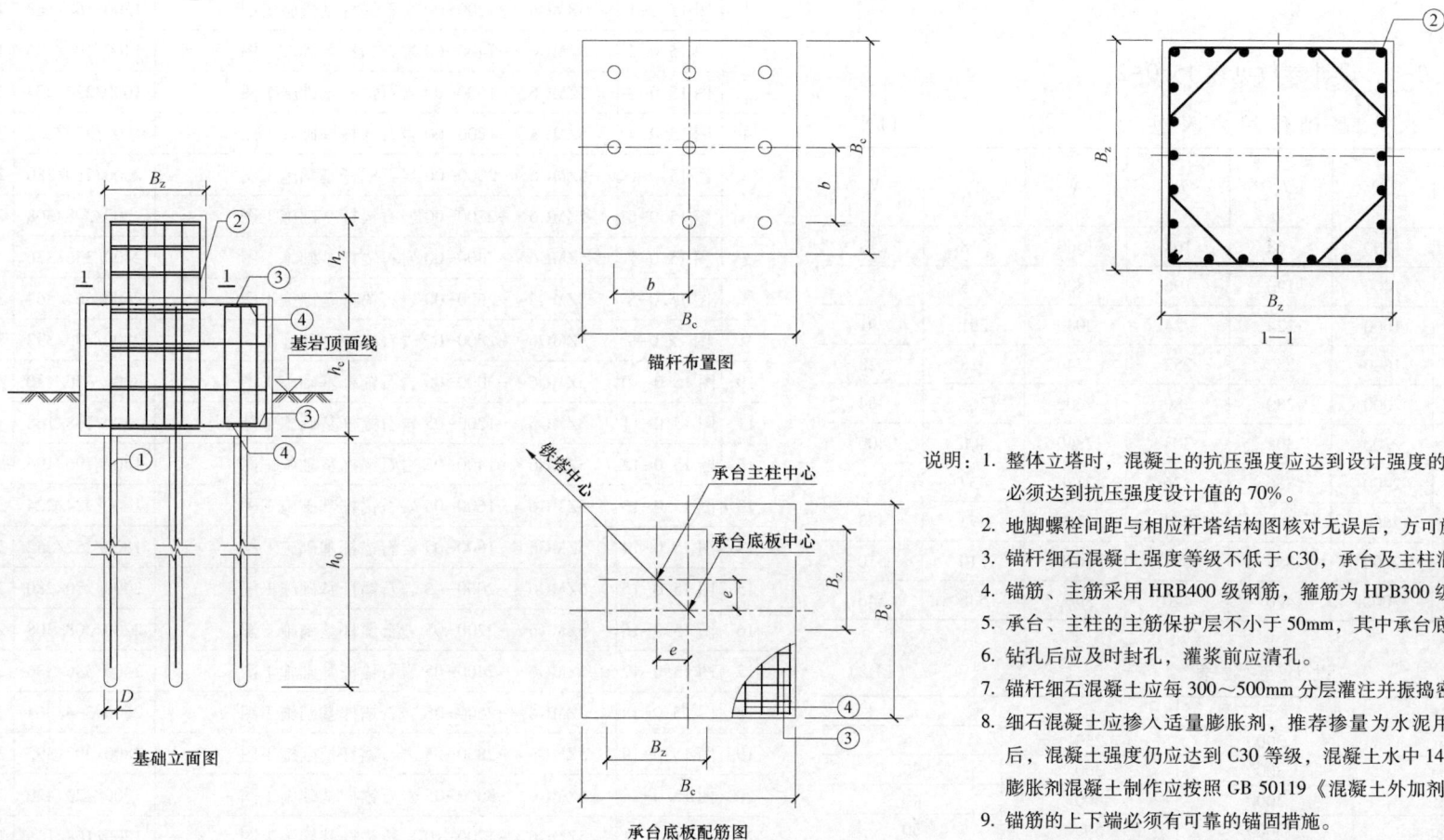

锚杆布置图

基础立面图

承台底板配筋图

说明：1. 整体立塔时，混凝土的抗压强度应达到设计强度的 100%。分解组塔时，混凝土必须达到抗压强度设计值的 70%。

2. 地脚螺栓间距与相应杆塔结构图核对无误后，方可施工。

3. 锚杆细石混凝土强度等级不低于 C30，承台及主柱混凝土强度等级不低于 C25。

4. 锚筋、主筋采用 HRB400 级钢筋，箍筋为 HPB300 级钢筋。

5. 承台、主柱的主筋保护层不小于 50mm，其中承台底部主筋保护层不小于 70mm。

6. 钻孔后应及时封孔，灌浆前应清孔。

7. 锚杆细石混凝土应每 300～500mm 分层灌注并振捣密实。

8. 细石混凝土应掺入适量膨胀剂，推荐掺量为水泥用量的 3%～5%；掺入膨胀剂后，混凝土强度仍应达到 C30 等级，混凝土水中 14 天限制膨胀率应大于 0.02%；膨胀剂混凝土制作应按照 GB 50119《混凝土外加剂应用技术规范》执行。

9. 锚筋的上下端必须有可靠的锚固措施。

10. 基础参数表中的材料量为单腿工程量。

图 14.0-8 2JMG6 ∗ -1000-05 岩石锚杆基础施工图

第15章 5ZMG 模 块

本模块为直线塔岩石锚杆基础模块，适用于岩石地质。

本模块共200个基础、40张图纸，不同设计参数基础合并出图。如基础 5ZMG6r-1200-00、5ZMG6s-1200-00、5ZMG6t-1200-00、5ZMG6u-1200-00、5ZMG6v-1200-00 合并为一张图纸，图名为 5ZMG6*-1200-00 岩石锚杆基础施工图。

本模块由华北院设计。

基础作用力见表15.0-1，设计参数见表15.0-2。

表15.0-1　　　　基 础 作 用 力 表　　　　（kN）

电压等级（kV）	基础作用力代号	T	T_x	T_y	N	N_x	N_y
500（750）	1200	1200	168	168	1560	218	218
	1400	1400	196	196	1820	255	255
	1600	1600	224	224	2080	291	291
	1800	1800	252	252	2340	328	328
	2000	2000	280	280	2600	364	364
	2200	2200	308	308	2860	400	400
	2400	2400	336	336	3120	437	437
	2600	2600	364	364	3380	473	473
	2800	2800	392	392	3640	510	510
	3000	3000	420	420	3900	546	546

表15.0-2　　　　设 计 参 数 表　　　　（kPa）

岩土类别	代号	τ_a	τ_b	τ_s
岩石	6r	3000	250	25
	6s	3000	300	30
	6t	3000	400	40
	6u	3000	500	50
	6v	3000	600	60

注　1. 代号含义详见5.2节。

　　2. 6*包含6r、6s、6t、6u、6v五种地质参数组合，对应的基础参数详见基础施工图。

5ZMG 模块共包含40张图纸，基础施工图图纸清单见表15.0-3。

表15.0-3　　　　5ZMG 模块基础施工图图纸清单

序号	图号	图 名	基础作用力（kN）$T/T_x/T_y$	$N/N_x/N_y$
1	图15.0-1	5ZMG6*-1200-00 岩石锚杆基础施工图	1200/168/168	1560/218/218
2	图15.0-2	5ZMG6*-1400-00 岩石锚杆基础施工图	1400/196/196	1820/255/255
3	图15.0-3	5ZMG6*-1600-00 岩石锚杆基础施工图	1600/224/224	2080/291/291
4	图15.0-4	5ZMG6*-1800-00 岩石锚杆基础施工图	1800/252/252	2340/328/328
5	图15.0-5	5ZMG6*-2000-00 岩石锚杆基础施工图	2000/280/280	2600/364/364
6	图15.0-6	5ZMG6*-2200-00 岩石锚杆基础施工图	2200/308/308	2860/400/400
7	图15.0-7	5ZMG6*-2400-00 岩石锚杆基础施工图	2400/336/336	3120/437/437
8	图15.0-8	5ZMG6*-2600-00 岩石锚杆基础施工图	2600/364/364	3380/473/473
9	图15.0-9	5ZMG6*-2800-00 岩石锚杆基础施工图	2800/392/392	3640/510/510
10	图15.0-10	5ZMG6*-3000-00 岩石锚杆基础施工图	3000/420/420	3900/546/546
11	图15.0-11	5ZMG6*-1200-05 岩石锚杆基础施工图	1200/168/168	1560/218/218
12	图15.0-12	5ZMG6*-1400-05 岩石锚杆基础施工图	1400/196/196	1820/255/255
13	图15.0-13	5ZMG6*-1600-05 岩石锚杆基础施工图	1600/224/224	2080/291/291
14	图15.0-14	5ZMG6*-1800-05 岩石锚杆基础施工图	1800/252/252	2340/328/328
15	图15.0-15	5ZMG6*-2000-05 岩石锚杆基础施工图	2000/280/280	2600/364/364
16	图15.0-16	5ZMG6*-2200-05 岩石锚杆基础施工图	2200/308/308	2860/400/400
17	图15.0-17	5ZMG6*-2400-05 岩石锚杆基础施工图	2400/336/336	3120/437/437
18	图15.0-18	5ZMG6*-2600-05 岩石锚杆基础施工图	2600/364/364	3380/473/473
19	图15.0-19	5ZMG6*-2800-05 岩石锚杆基础施工图	2800/392/392	3640/510/510
20	图15.0-20	5ZMG6*-3000-05 岩石锚杆基础施工图	3000/420/420	3900/546/546
21	图15.0-21	5ZMG6*-1200-10 岩石锚杆基础施工图	1200/168/168	1560/218/218
22	图15.0-22	5ZMG6*-1400-10 岩石锚杆基础施工图	1400/196/196	1820/255/255
23	图15.0-23	5ZMG6*-1600-10 岩石锚杆基础施工图	1600/224/224	2080/291/291

序号	图号	图　名	基础作用力（kN）	
			$T/T_x/T_y$	$N/N_x/N_y$
24	图 15.0-24	5ZMG6*-1800-10 岩石锚杆基础施工图	1800/252/252	2340/328/328
25	图 15.0-25	5ZMG6*-2000-10 岩石锚杆基础施工图	2000/280/280	2600/364/364
26	图 15.0-26	5ZMG6*-2200-10 岩石锚杆基础施工图	2200/308/308	2860/400/400
27	图 15.0-27	5ZMG6*-2400-10 岩石锚杆基础施工图	2400/336/336	3120/437/437
28	图 15.0-28	5ZMG6*-2600-10 岩石锚杆基础施工图	2600/364/364	3380/473/473
29	图 15.0-29	5ZMG6*-2800-10 岩石锚杆基础施工图	2800/392/392	3640/510/510
30	图 15.0-30	5ZMG6*-3000-10 岩石锚杆基础施工图	3000/420/420	3900/546/546
31	图 15.0-31	5ZMG6*-1200-15 岩石锚杆基础施工图	1200/168/168	1560/218/218
32	图 15.0-32	5ZMG6*-1400-15 岩石锚杆基础施工图	1400/196/196	1820/255/255

续表 15.0-3

序号	图号	图　名	基础作用力（kN）	
			$T/T_x/T_y$	$N/N_x/N_y$
33	图 15.0-33	5ZMG6*-1600-15 岩石锚杆基础施工图	1600/224/224	2080/291/291
34	图 15.0-34	5ZMG6*-1800-15 岩石锚杆基础施工图	1800/252/252	2340/328/328
35	图 15.0-35	5ZMG6*-2000-15 岩石锚杆基础施工图	2000/280/280	2600/364/364
36	图 15.0-36	5ZMG6*-2200-15 岩石锚杆基础施工图	2200/308/308	2860/400/400
37	图 15.0-37	5ZMG6*-2400-15 岩石锚杆基础施工图	2400/336/336	3120/437/437
38	图 15.0-38	5ZMG6*-2600-15 岩石锚杆基础施工图	2600/364/364	3380/473/473
39	图 15.0-39	5ZMG6*-2800-15 岩石锚杆基础施工图	2800/392/392	3640/510/510
40	图 15.0-40	5ZMG6*-3000-15 岩石锚杆基础施工图	3000/420/420	3900/546/546

注　当基础上拔力小于 1000kN 时，见第 10、13 章。

基 础 参 数 表

基础名称	承台宽度 B_c (mm)	承台高度 h_c (mm)	主柱宽度 B_z (mm)	主柱高度 h_z (mm)	偏心距 e (mm)	锚杆直径 D (mm)	锚杆间距 b (mm)	锚杆长度 h_0 (mm)	锚筋 ①	主柱钢筋 ②	承台 X 向主筋 ③	承台 Y 向主筋 ④	锚杆混凝土 (m³)	承台混凝土 (m³)	钢筋 (kg)
5ZMG6r-1200-00	1400	1200	900	500	50	110	450	4000	9 Φ 36	20 Φ 20	10 Φ 22	10 Φ 22	0.34	2.76	840.0
5ZMG6s-1200-00	1400	1200	900	500	50	110	450	3400	9 Φ 36	20 Φ 20	10 Φ 22	10 Φ 22	0.29	2.76	796.9
5ZMG6t-1200-00	1400	1200	900	500	50	110	450	3000	9 Φ 36	20 Φ 20	10 Φ 22	10 Φ 22	0.26	2.76	768.1
5ZMG6u-1200-00	1400	1200	900	500	50	110	450	3000	9 Φ 36	20 Φ 20	10 Φ 22	10 Φ 22	0.26	2.76	768.1
5ZMG6v-1200-00	1400	1200	900	500	50	110	450	3000	9 Φ 36	20 Φ 20	10 Φ 22	10 Φ 22	0.26	2.76	768.1

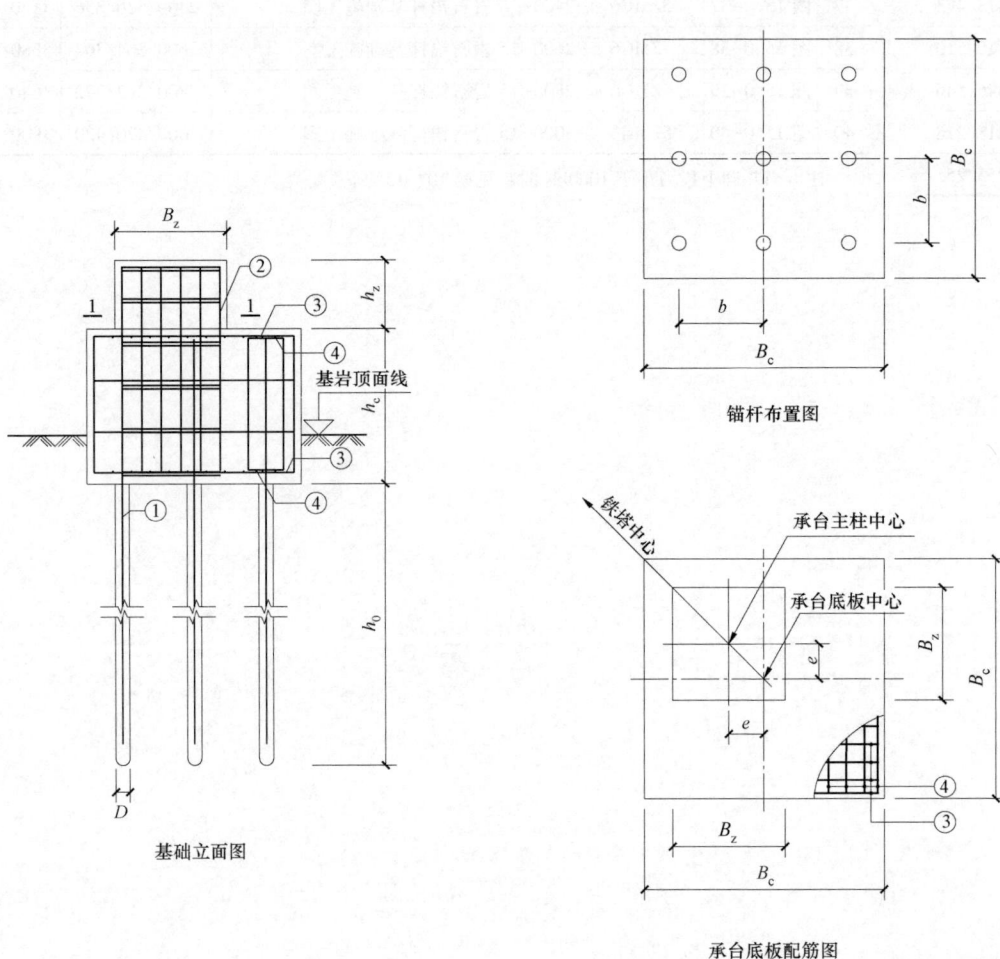

基础立面图

锚杆布置图

承台底板配筋图

1—1

说明：1. 整体立塔时，混凝土的抗压强度应达到设计强度的 100%。分解组塔时，混凝土必须达到抗压强度设计值的 70%。

2. 地脚螺栓间距与相应杆塔结构图核对无误后，方可施工。

3. 锚杆细石混凝土强度等级不低于 C30，承台及主柱混凝土强度等级不低于 C25。

4. 锚筋、主筋采用 HRB400 级钢筋，箍筋为 HPB300 级钢筋。

5. 承台、主柱的主筋保护层不小于 50mm，其中承台底部主筋保护层不小于 70mm。

6. 钻孔后应及时封孔，灌浆前应清孔。

7. 锚杆细石混凝土应每 300～500mm 分层灌注并振捣密实。

8. 细石混凝土应掺入适量膨胀剂，推荐掺量为水泥用量的 3%～5%；掺入膨胀剂后，混凝土强度仍应达到 C30 等级，混凝土水中 14 天限制膨胀率应大于 0.02%；膨胀剂混凝土制作应按照 GB 50119《混凝土外加剂应用技术规范》执行。

9. 锚筋的上下端必须有可靠的锚固措施。

10. 基础参数表中的材料量为单腿工程量。

图 15.0-1　5ZMG6＊-1200-00 岩石锚杆基础施工图

基 础 参 数 表

基础名称	承台宽度 B_c（mm）	承台高度 h_c（mm）	主柱宽度 B_z（mm）	主柱高度 h_z（mm）	偏心距 e（mm）	锚杆直径 D（mm）	锚杆间距 b（mm）	锚杆长度 h_0（mm）	锚筋 ①	主柱钢筋 ②	承台 X 向主筋 ③	承台 Y 向主筋 ④	锚杆混凝土（m³）	承台混凝土（m³）	钢筋（kg）
5ZMG6r-1400-00	1400	1200	900	500	50	110	450	4800	9Φ36	20Φ20	10Φ22	10Φ22	0.41	2.76	900.3
5ZMG6s-1400-00	1400	1200	900	500	50	110	450	4000	9Φ36	20Φ20	10Φ22	10Φ22	0.34	2.76	842.8
5ZMG6t-1400-00	1400	1200	900	500	50	110	450	3000	9Φ36	20Φ20	10Φ22	10Φ22	0.26	2.76	770.8
5ZMG6u-1400-00	1400	1200	900	500	50	110	450	3000	9Φ36	20Φ20	10Φ22	10Φ22	0.26	2.76	770.8
5ZMG6v-1400-00	1400	1200	900	500	50	110	450	3000	9Φ36	20Φ20	10Φ22	10Φ22	0.26	2.76	770.8

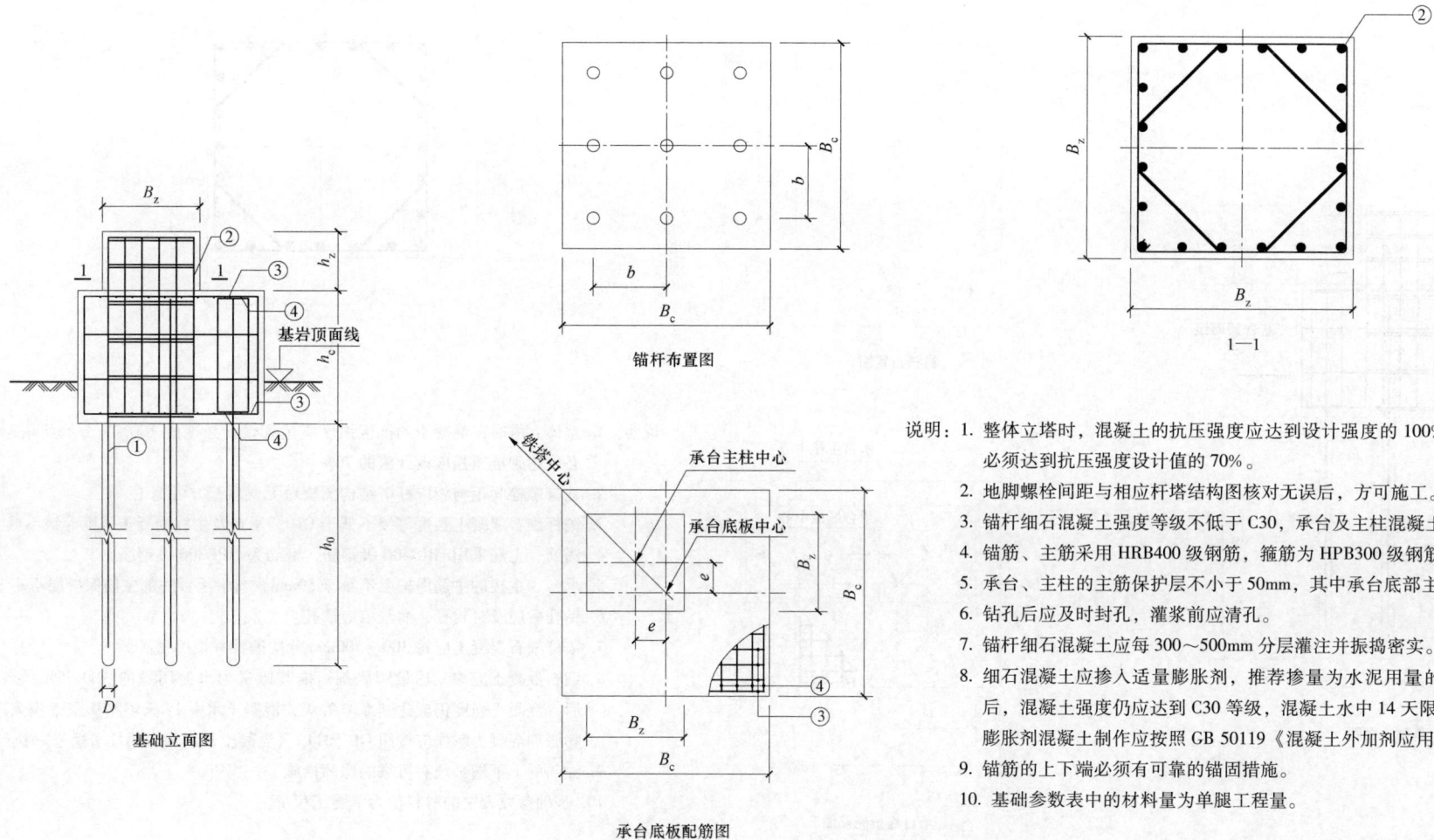

锚杆布置图

1—1

基础立面图

承台底板配筋图

说明：
1. 整体立塔时，混凝土的抗压强度应达到设计强度的 100%。分解组塔时，混凝土必须达到抗压强度设计值的 70%。
2. 地脚螺栓间距与相应杆塔结构图核对无误后，方可施工。
3. 锚杆细石混凝土强度等级不低于 C30，承台及主柱混凝土强度等级不低于 C25。
4. 锚筋、主筋采用 HRB400 级钢筋，箍筋为 HPB300 级钢筋。
5. 承台、主柱的主筋保护层不小于 50mm，其中承台底部主筋保护层不小于 70mm。
6. 钻孔后应及时封孔，灌浆前应清孔。
7. 锚杆细石混凝土应每 300～500mm 分层灌注并振捣密实。
8. 细石混凝土应掺入适量膨胀剂，推荐掺量为水泥用量的 3%～5%；掺入膨胀剂后，混凝土强度仍应达到 C30 等级，混凝土水中 14 天限制膨胀率应大于 0.02%；膨胀剂混凝土制作应按照 GB 50119《混凝土外加剂应用技术规范》执行。
9. 锚筋的上下端必须有可靠的锚固措施。
10. 基础参数表中的材料量为单腿工程量。

图 15.0-2 5ZMG6*-1400-00 岩石锚杆基础施工图

基础名称	承台宽度 B_c (mm)	承台高度 h_c (mm)	主柱宽度 B_z (mm)	主柱高度 h_z (mm)	偏心距 e (mm)	锚杆直径 D (mm)	锚杆间距 b (mm)	锚杆长度 h_0 (mm)	锚筋 ①	主柱钢筋 ②	承台 X 向主筋 ③	承台 Y 向主筋 ④	锚杆混凝土 (m³)	承台混凝土 (m³)	钢筋 (kg)
5ZMG6r-1600-00	1600	1200	1000	900	100	110	550	5000	9 Φ 36	24 Φ 22	11 Φ 22	11 Φ 22	0.43	3.97	1042.3
5ZMG6s-1600-00	1600	1200	1000	900	100	110	550	4200	9 Φ 36	24 Φ 22	11 Φ 22	11 Φ 22	0.36	3.97	984.7
5ZMG6t-1600-00	1600	1200	1000	900	100	110	550	3200	9 Φ 36	24 Φ 22	11 Φ 22	11 Φ 22	0.27	3.97	912.8
5ZMG6u-1600-00	1600	1200	1000	900	100	110	550	3000	9 Φ 36	24 Φ 22	11 Φ 22	11 Φ 22	0.26	3.97	898.4
5ZMG6v-1600-00	1600	1200	1000	900	100	110	550	3000	9 Φ 36	24 Φ 22	11 Φ 22	11 Φ 22	0.26	3.97	898.4

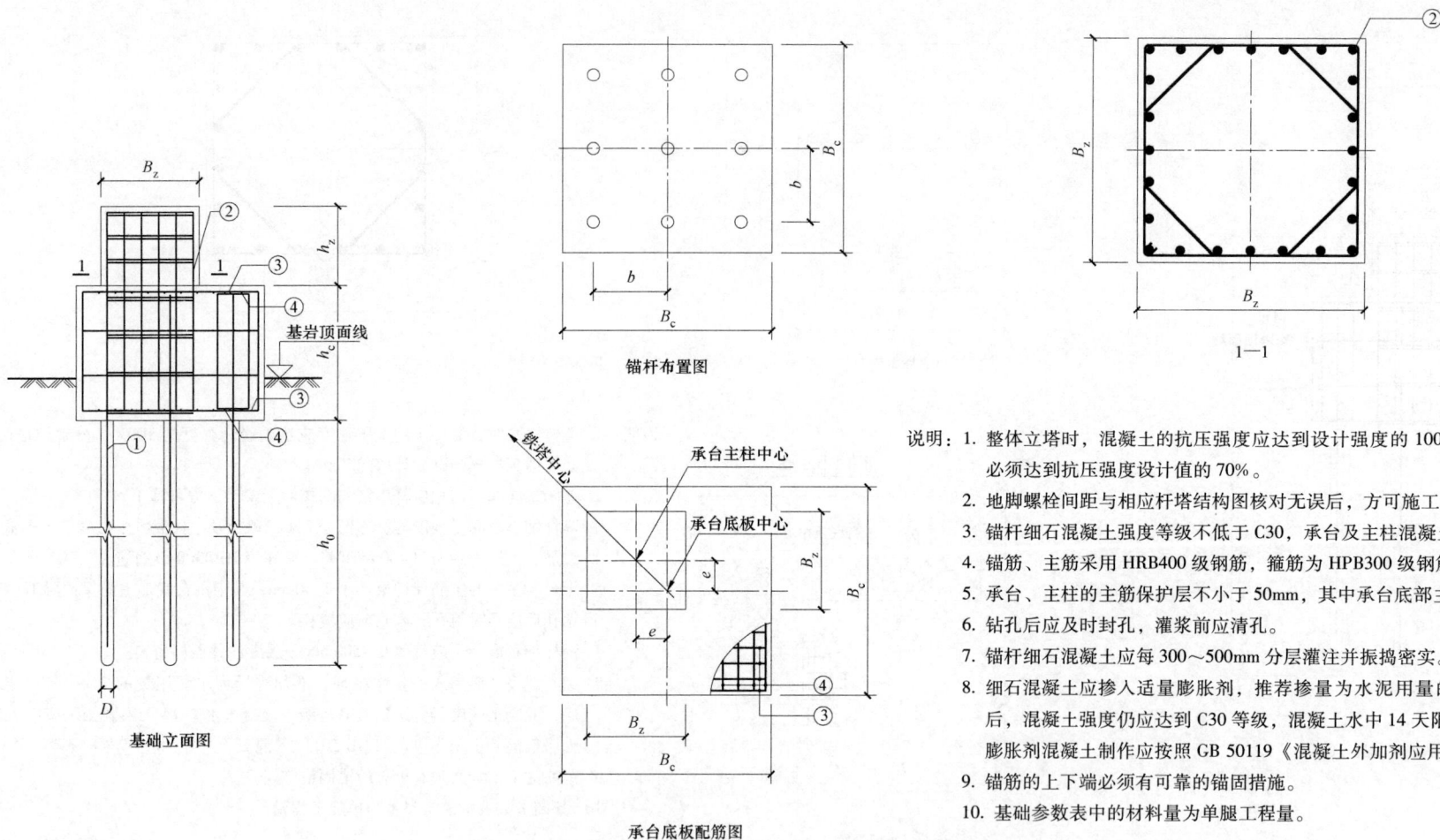

锚杆布置图

1—1

基础立面图

承台底板配筋图

说明：1. 整体立塔时，混凝土的抗压强度应达到设计强度的 100%。分解组塔时，混凝土必须达到抗压强度设计值的 70%。

2. 地脚螺栓间距与相应杆塔结构图核对无误后，方可施工。

3. 锚杆细石混凝土强度等级不低于 C30，承台及主柱混凝土强度等级不低于 C25。

4. 锚筋、主筋采用 HRB400 级钢筋，箍筋为 HPB300 级钢筋。

5. 承台、主柱的主筋保护层不小于 50mm，其中承台底部主筋保护层不小于 70mm。

6. 钻孔后应及时封孔，灌浆前应清孔。

7. 锚杆细石混凝土应每 300~500mm 分层灌注并振捣密实。

8. 细石混凝土应掺入适量膨胀剂，推荐掺量为水泥用量的 3%~5%；掺入膨胀剂后，混凝土强度仍应达到 C30 等级，混凝土水中 14 天限制膨胀率应大于 0.02%；膨胀剂混凝土制作应按照 GB 50119《混凝土外加剂应用技术规范》执行。

9. 锚筋的上下端必须有可靠的锚固措施。

10. 基础参数表中的材料量为单腿工程量。

图 15.0-3　5ZMG6*-1600-00 岩石锚杆基础施工图

基 础 参 数 表

基础名称	承台宽度 B_c (mm)	承台高度 h_c (mm)	主柱宽度 B_z (mm)	主柱高度 h_z (mm)	偏心距 e (mm)	锚杆直径 D (mm)	锚杆间距 b (mm)	锚杆长度 h_0 (mm)	锚筋 ①	主柱钢筋 ②	承台 X 向主筋 ③	承台 Y 向主筋 ④	锚杆混凝土 （m³）	承台混凝土 （m³）	钢筋 （kg）
5ZMG6r-1800-00	1600	1300	1000	800	100	130	525	5000	9 Φ 40	24 Φ 22	12 Φ 22	12 Φ 22	0.60	4.13	1229.3
5ZMG6s-1800-00	1600	1300	1000	800	100	130	525	4200	9 Φ 40	24 Φ 22	12 Φ 22	12 Φ 22	0.50	4.13	1158.2
5ZMG6t-1800-00	1600	1300	1000	800	100	130	525	3400	9 Φ 40	24 Φ 22	12 Φ 22	12 Φ 22	0.41	4.13	1087.2
5ZMG6u-1800-00	1600	1300	1000	800	100	130	525	3000	9 Φ 40	24 Φ 22	12 Φ 22	12 Φ 22	0.36	4.13	1051.7
5ZMG6v-1800-00	1600	1300	1000	800	100	130	525	3000	9 Φ 40	24 Φ 22	12 Φ 22	12 Φ 22	0.36	4.13	1051.7

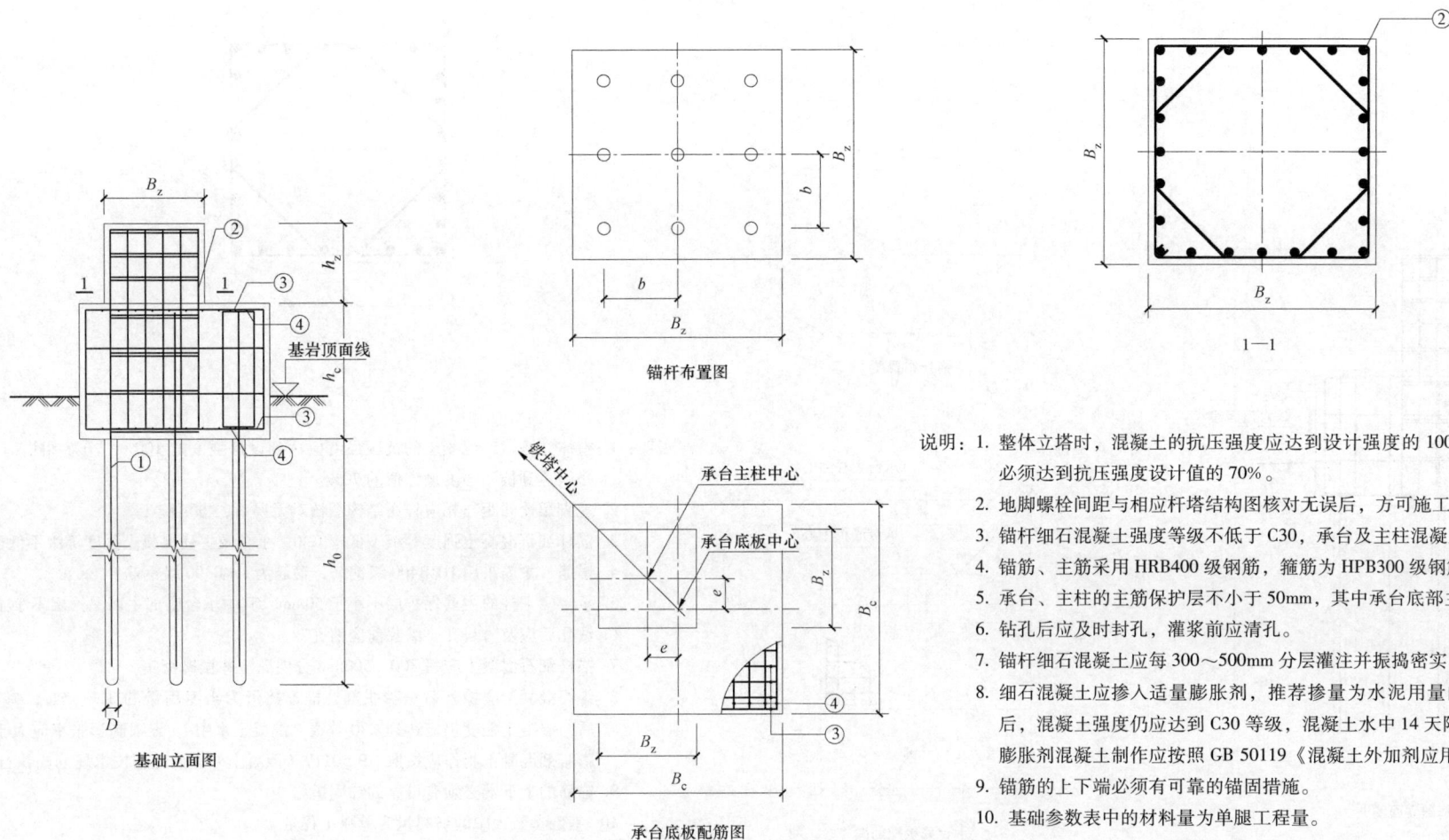

基础立面图

锚杆布置图

承台底板配筋图

1—1

说明: 1. 整体立塔时，混凝土的抗压强度应达到设计强度的 100%。分解组塔时，混凝土必须达到抗压强度设计值的 70%。

2. 地脚螺栓间距与相应杆塔结构图核对无误后，方可施工。

3. 锚杆细石混凝土强度等级不低于 C30，承台及主柱混凝土强度等级不低于 C25。

4. 锚筋、主筋采用 HRB400 级钢筋，箍筋为 HPB300 级钢筋。

5. 承台、主柱的主筋保护层不小于 50mm，其中承台底部主筋保护层不小于 70mm。

6. 钻孔后应及时封孔，灌浆前应清孔。

7. 锚杆细石混凝土应每 300~500mm 分层灌注并振捣密实。

8. 细石混凝土应掺入适量膨胀剂，推荐掺量为水泥用量的 3%~5%；掺入膨胀剂后，混凝土强度仍应达到 C30 等级，混凝土水中 14 天限制膨胀率应大于 0.02%；膨胀剂混凝土制作应按照 GB 50119《混凝土外加剂应用技术规范》执行。

9. 锚筋的上下端必须有可靠的锚固措施。

10. 基础参数表中的材料量为单腿工程量。

图 15.0-4 5ZMG6∗-1800-00 岩石锚杆基础施工图

基础名称	承台宽度 B_c (mm)	承台高度 h_c (mm)	主柱宽度 B_z (mm)	主柱高度 h_z (mm)	偏心距 e (mm)	锚杆直径 D (mm)	锚杆间距 b (mm)	锚杆长度 h_0 (mm)	锚筋 ①	主柱钢筋 ②	承台 X 向主筋 ③	承台 Y 向主筋 ④	锚杆混凝土 (m^3)	承台混凝土 (m^3)	钢筋 (kg)
5ZMG6r-2000-00	1700	1100	1000	1000	150	100	400	4600	16 Φ 32	28 Φ 22	11 Φ 22	11 Φ 22	0.58	4.18	1215.9
5ZMG6s-2000-00	1700	1100	1000	1000	150	100	400	4200	16 Φ 32	28 Φ 22	11 Φ 22	11 Φ 22	0.53	4.18	1175.5
5ZMG6t-2000-00	1700	1100	1000	1000	150	100	400	3600	16 Φ 32	28 Φ 22	11 Φ 22	11 Φ 22	0.45	4.18	1114.9
5ZMG6u-2000-00	1700	1100	1000	1000	150	100	400	3200	16 Φ 32	28 Φ 22	11 Φ 22	11 Φ 22	0.40	4.18	1074.5
5ZMG6v-2000-00	1700	1100	1000	1000	150	100	400	3000	16 Φ 32	28 Φ 22	11 Φ 22	11 Φ 22	0.38	4.18	1054.3

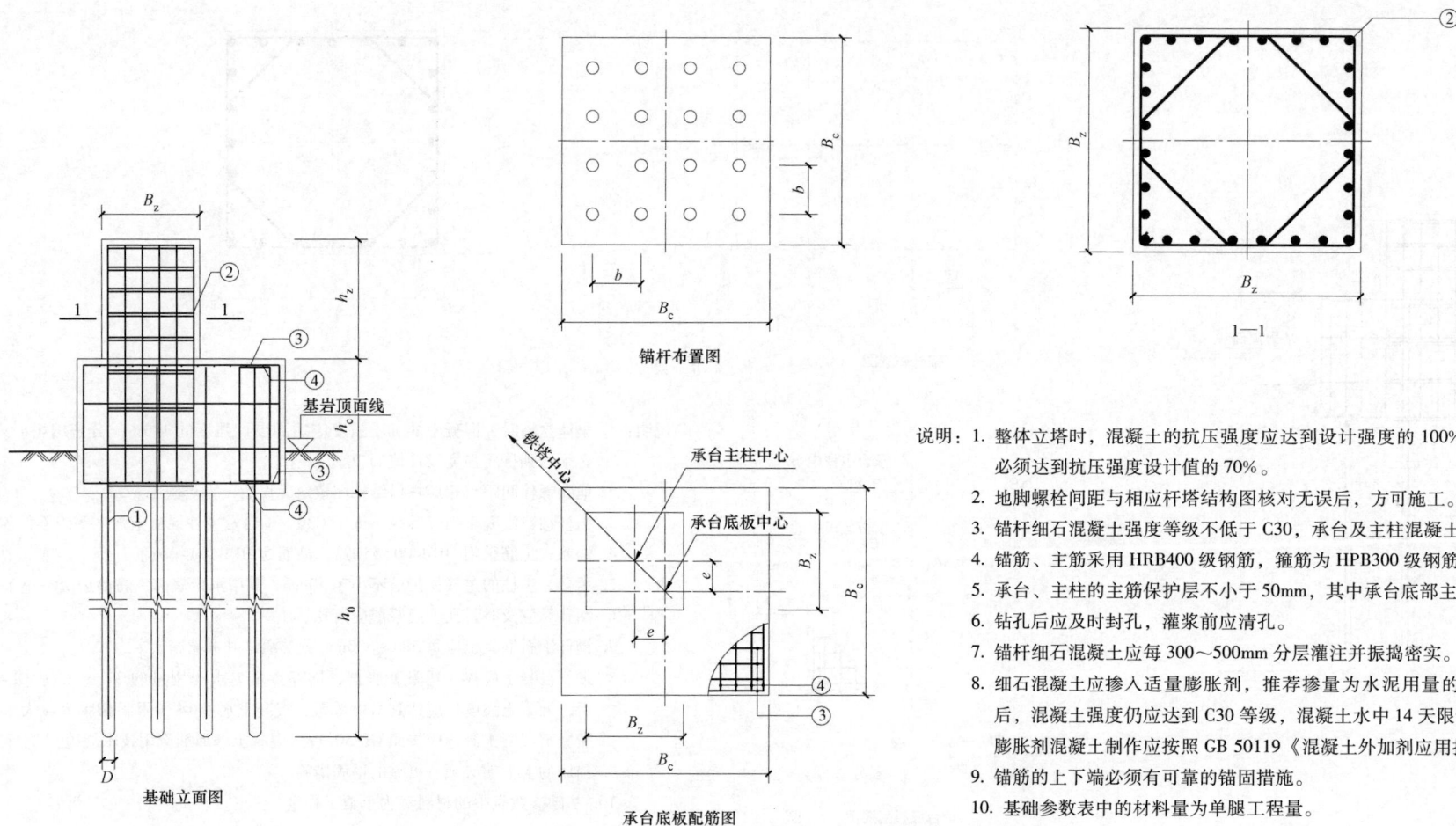

锚杆布置图

基础立面图

承台底板配筋图

1—1

说明：1. 整体立塔时，混凝土的抗压强度应达到设计强度的 100%。分解组塔时，混凝土必须达到抗压强度设计值的 70%。

2. 地脚螺栓间距与相应杆塔结构图核对无误后，方可施工。

3. 锚杆细石混凝土强度等级不低于 C30，承台及主柱混凝土强度等级不低于 C25。

4. 锚筋、主筋采用 HRB400 级钢筋，箍筋为 HPB300 级钢筋。

5. 承台、主柱的主筋保护层不小于 50mm，其中承台底部主筋保护层不小于 70mm。

6. 钻孔后应及时封孔，灌浆前应清孔。

7. 锚杆细石混凝土应每 300～500mm 分层灌注并振捣密实。

8. 细石混凝土应掺入适量膨胀剂，推荐掺量为水泥用量的 3%～5%；掺入膨胀剂后，混凝土强度仍应达到 C30 等级，混凝土水中 14 天限制膨胀率应大于 0.02%；膨胀剂混凝土制作应按照 GB 50119《混凝土外加剂应用技术规范》执行。

9. 锚筋的上下端必须有可靠的锚固措施。

10. 基础参数表中的材料量为单腿工程量。

图 15.0-5　5ZMG6∗-2000-00 岩石锚杆基础施工图

基 础 参 数 表

基础名称	承台宽度 B_c（mm）	承台高度 h_c（mm）	主柱宽度 B_z（mm）	主柱高度 h_z（mm）	偏心距 e（mm）	锚杆直径 D（mm）	锚杆间距 b（mm）	锚杆长度 h_0（mm）	锚筋 ①	主柱钢筋 ②	承台 X 向主筋 ③	承台 Y 向主筋 ④	锚杆混凝土（m³）	承台混凝土（m³）	钢筋（kg）
5ZMG6r-2200-00	1800	1100	1000	1500	200	100	420	5000	16 ⌀ 32	28 ⌀ 25	11 ⌀ 22	11 ⌀ 22	0.63	5.06	1385.0
5ZMG6s-2200-00	1800	1100	1000	1500	200	100	420	4400	16 ⌀ 32	28 ⌀ 25	11 ⌀ 22	11 ⌀ 22	0.55	5.06	1324.4
5ZMG6t-2200-00	1800	1100	1000	1500	200	100	420	3800	16 ⌀ 32	28 ⌀ 25	11 ⌀ 22	11 ⌀ 22	0.48	5.06	1263.8
5ZMG6u-2200-00	1800	1100	1000	1500	200	100	420	3200	16 ⌀ 32	28 ⌀ 25	11 ⌀ 22	11 ⌀ 22	0.40	5.06	1203.2
5ZMG6v-2200-00	1800	1100	1000	1500	200	100	420	3000	16 ⌀ 32	28 ⌀ 25	11 ⌀ 22	11 ⌀ 22	0.38	5.06	1183.0

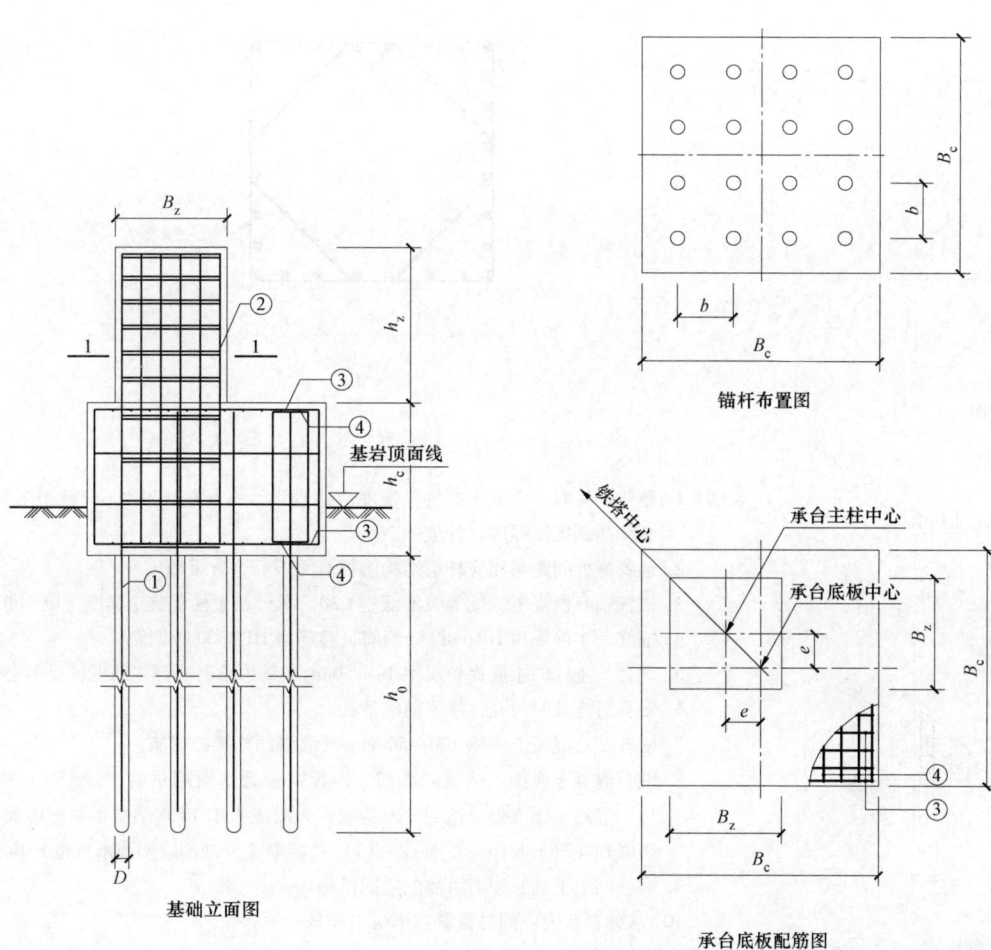

锚杆布置图

基础立面图

承台底板配筋图

1—1

说明：1. 整体立塔时，混凝土的抗压强度应达到设计强度的 100%。分解组塔时，混凝土必须达到抗压强度设计值的 70%。

2. 地脚螺栓间距与相应杆塔结构图核对无误后，方可施工。

3. 锚杆细石混凝土强度等级不低于 C30，承台及主柱混凝土强度等级不低于 C25。

4. 锚筋、主筋采用 HRB400 级钢筋，箍筋为 HPB300 级钢筋。

5. 承台、主柱的主筋保护层不小于 50mm，其中承台底部主筋保护层不小于 70mm。

6. 钻孔后应及时封孔，灌浆前应清孔。

7. 锚杆细石混凝土应每 300～500mm 分层灌注并振捣密实。

8. 细石混凝土应掺入适量膨胀剂，推荐掺量为水泥用量的 3%～5%；掺入膨胀剂后，混凝土强度仍应达到 C30 等级，混凝土水中 14 天限制膨胀率应大于 0.02%；膨胀剂混凝土制作应按照 GB 50119《混凝土外加剂应用技术规范》执行。

9. 锚筋的上下端必须有可靠的锚固措施。

10. 基础参数表中的材料量为单腿工程量。

图 15.0-6　5ZMG6∗-2200-00 岩石锚杆基础施工图

基 础 参 数 表

基础名称	承台宽度 B_c (mm)	承台高度 h_c (mm)	主柱宽度 B_z (mm)	主柱高度 h_z (mm)	偏心距 e (mm)	锚杆直径 D (mm)	锚杆间距 b (mm)	锚杆长度 h_0 (mm)	锚筋 ①	主柱钢筋 ②	承台 X 向主筋 ③	承台 Y 向主筋 ④	锚杆混凝土 (m^3)	承台混凝土 (m^3)	钢筋 (kg)
5ZMG6r-2400-00	1900	1100	1000	1500	250	100	450	5000	16⚿32	28⚿28	12⚿22	12⚿22	0.63	5.47	1525.0
5ZMG6s-2400-00	1900	1100	1000	1500	250	100	450	4600	16⚿32	28⚿28	12⚿22	12⚿22	0.58	5.47	1484.6
5ZMG6t-2400-00	1900	1100	1000	1500	250	100	450	3800	16⚿32	28⚿28	12⚿22	12⚿22	0.48	5.47	1403.8
5ZMG6u-2400-00	1900	1100	1000	1500	250	100	450	3400	16⚿32	28⚿28	12⚿22	12⚿22	0.43	5.47	1363.4
5ZMG6v-2400-00	1900	1100	1000	1500	250	100	450	3000	16⚿32	28⚿28	12⚿22	12⚿22	0.38	5.47	1323.0

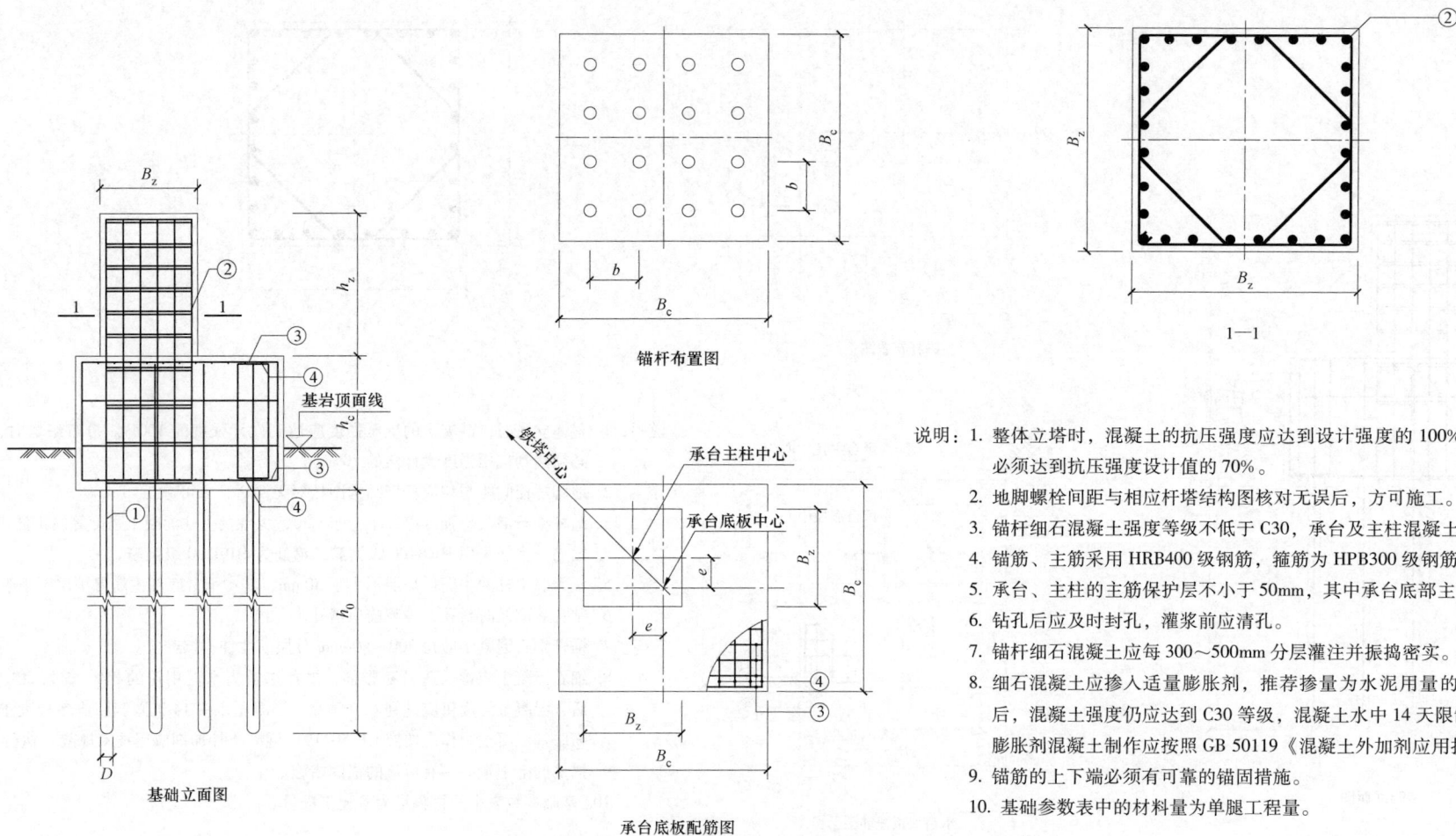

基础立面图

锚杆布置图

承台底板配筋图

1—1

说明：1. 整体立塔时，混凝土的抗压强度应达到设计强度的 100%。分解组塔时，混凝土必须达到抗压强度设计值的 70%。

2. 地脚螺栓间距与相应杆塔结构图核对无误后，方可施工。

3. 锚杆细石混凝土强度等级不低于 C30，承台及主柱混凝土强度等级不低于 C25。

4. 锚筋、主筋采用 HRB400 级钢筋，箍筋为 HPB300 级钢筋。

5. 承台、主柱的主筋保护层不小于 50mm，其中承台底部主筋保护层不小于 70mm。

6. 钻孔后应及时封孔，灌浆前应清孔。

7. 锚杆细石混凝土应每 300～500mm 分层灌注并振捣密实。

8. 细石混凝土应掺入适量膨胀剂，推荐掺量为水泥用量的 3%～5%；掺入膨胀剂后，混凝土强度仍应达到 C30 等级，混凝土水中 14 天限制膨胀率应大于 0.02%；膨胀剂混凝土制作应按照 GB 50119《混凝土外加剂应用技术规范》执行。

9. 锚筋的上下端必须有可靠的锚固措施。

10. 基础参数表中的材料量为单腿工程量。

图 15.0-7　5ZMG6*-2400-00 岩石锚杆基础施工图

基 础 参 数 表

基础名称	承台宽度 B_c (mm)	承台高度 h_c (mm)	主柱宽度 B_z (mm)	主柱高度 h_z (mm)	偏心距 e (mm)	锚杆直径 D (mm)	锚杆间距 b (mm)	锚杆长度 h_0 (mm)	锚筋 ①	主柱钢筋 ②	承台X向主筋 ③	承台Y向主筋 ④	锚杆混凝土 (m^3)	承台混凝土 (m^3)	钢筋 (kg)
5ZMG6r-2600-00	1900	1100	1000	1500	250	100	450	5400	16 Φ 32	28 Φ 28	12 Φ 22	12 Φ 22	0.68	5.47	1565.4
5ZMG6s-2600-00	1900	1100	1000	1500	250	100	450	4800	16 Φ 32	28 Φ 28	12 Φ 22	12 Φ 22	0.60	5.47	1504.8
5ZMG6t-2600-00	1900	1100	1000	1500	250	100	450	4000	16 Φ 32	28 Φ 28	12 Φ 22	12 Φ 22	0.50	5.47	1424.0
5ZMG6u-2600-00	1900	1100	1000	1500	250	100	450	3600	16 Φ 32	28 Φ 28	12 Φ 22	12 Φ 22	0.45	5.47	1383.6
5ZMG6v-2600-00	1900	1100	1000	1500	250	100	450	3200	16 Φ 32	28 Φ 28	12 Φ 22	12 Φ 22	0.40	5.47	1343.2

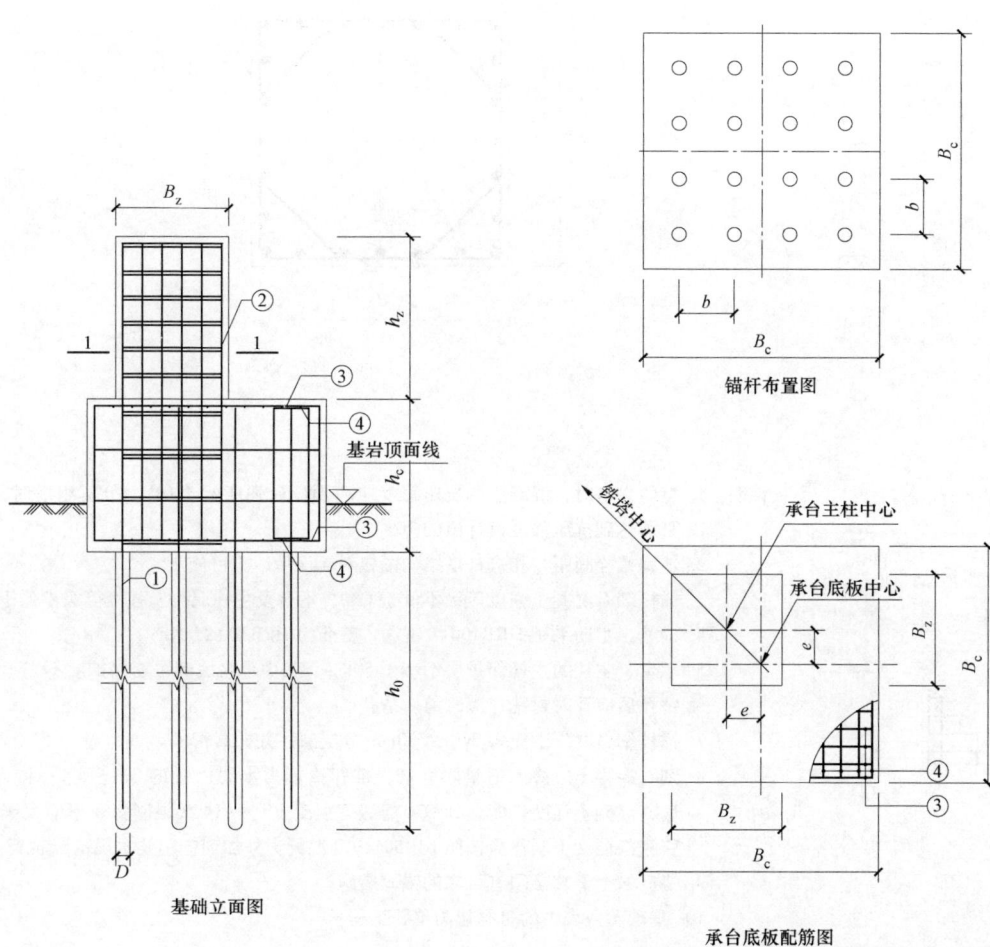

基础立面图

锚杆布置图

承台底板配筋图

1—1

说明：1. 整体立塔时，混凝土的抗压强度应达到设计强度的100%。分解组塔时，混凝土必须达到抗压强度设计值的70%。

2. 地脚螺栓间距与相应杆塔结构图核对无误后，方可施工。

3. 锚杆细石混凝土强度等级不低于C30，承台及主柱混凝土强度等级不低于C25。

4. 锚筋、主筋采用HRB400级钢筋，箍筋为HPB300级钢筋。

5. 承台、主柱的主筋保护层不小于50mm，其中承台底部主筋保护层不小于70mm。

6. 钻孔后应及时封孔，灌浆前应清孔。

7. 锚杆细石混凝土应每300～500mm分层灌注并振捣密实。

8. 细石混凝土应掺入适量膨胀剂，推荐掺量为水泥用量的3%～5%；掺入膨胀剂后，混凝土强度仍应达到C30等级，混凝土水中14天限制膨胀率应大于0.02%；膨胀剂混凝土制作应按照GB 50119《混凝土外加剂应用技术规范》执行。

9. 锚筋的上下端必须有可靠的锚固措施。

10. 基础参数表中的材料量为单腿工程量。

图 15.0-8 5ZMG6*-2600-00岩石锚杆基础施工图

基 础 参 数 表

基础名称	承台宽度 B_c（mm）	承台高度 h_c（mm）	主柱宽度 B_z（mm）	主柱高度 h_z（mm）	偏心距 e（mm）	锚杆直径 D（mm）	锚杆间距 b（mm）	锚杆长度 h_0（mm）	锚筋 ①	主柱钢筋 ②	承台 X 向主筋 ③	承台 Y 向主筋 ④	锚杆混凝土（m³）	承台混凝土（m³）	钢筋（kg）
5ZMG6r-2800-00	1900	1100	1200	600	150	100	450	5600	16 Φ 32	24 Φ 25	12 Φ 22	12 Φ 22	0.70	4.84	1367.9
5ZMG6s-2800-00	1900	1100	1200	600	150	100	450	5000	16 Φ 32	24 Φ 25	12 Φ 22	12 Φ 22	0.63	4.84	1307.3
5ZMG6t-2800-00	1900	1100	1200	600	150	100	450	4200	16 Φ 32	24 Φ 25	12 Φ 22	12 Φ 22	0.53	4.84	1226.5
5ZMG6u-2800-00	1900	1100	1200	600	150	100	450	3800	16 Φ 32	24 Φ 25	12 Φ 22	12 Φ 22	0.48	4.84	1186.0
5ZMG6v-2800-00	1900	1100	1200	600	150	100	450	3400	16 Φ 32	24 Φ 25	12 Φ 22	12 Φ 22	0.43	4.84	1145.6

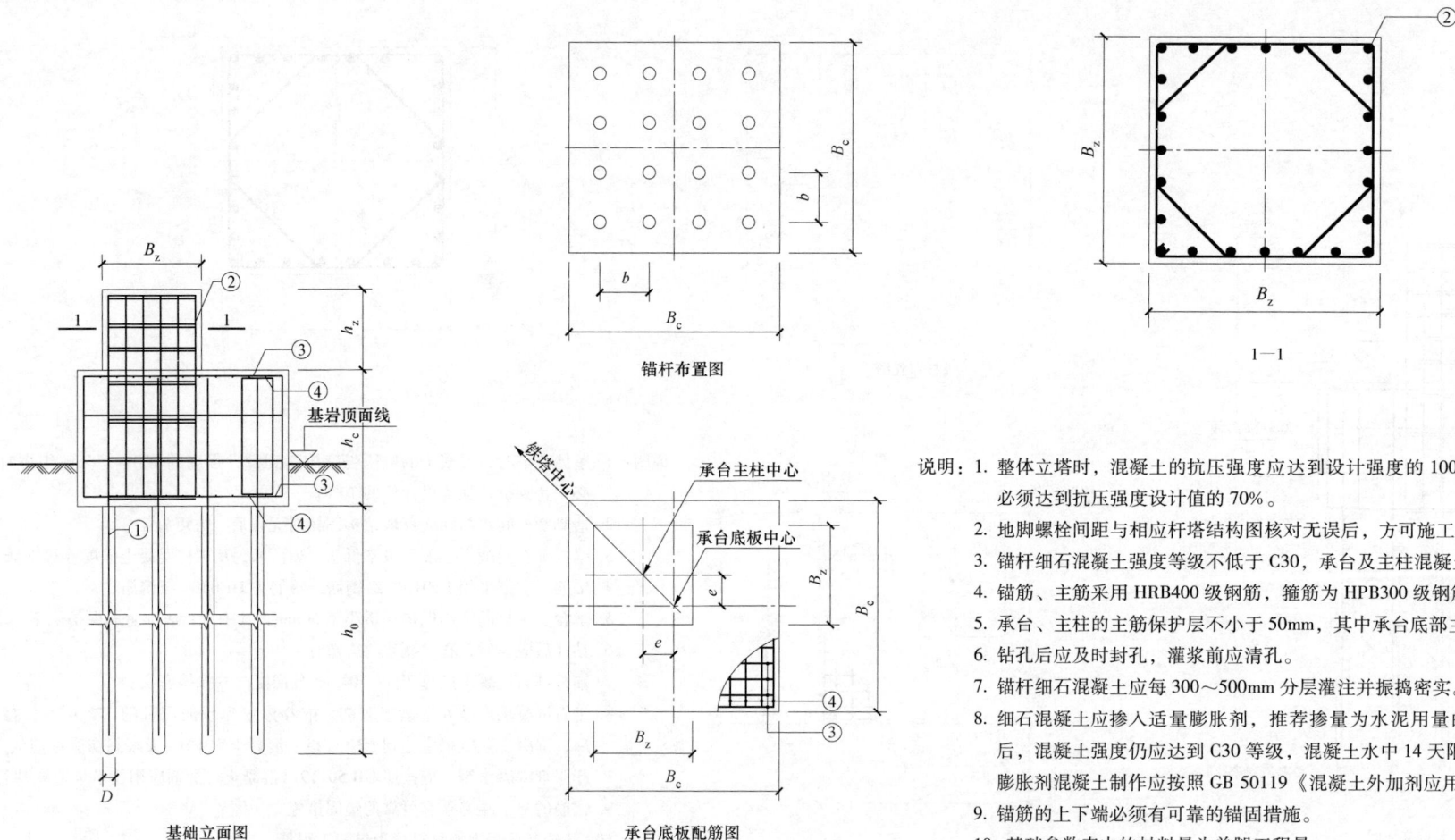

锚杆布置图

1—1

基础立面图

承台底板配筋图

说明：1. 整体立塔时，混凝土的抗压强度应达到设计强度的100%。分解组塔时，混凝土必须达到抗压强度设计值的70%。

2. 地脚螺栓间距与相应杆塔结构图核对无误后，方可施工。

3. 锚杆细石混凝土强度等级不低于 C30，承台及主柱混凝土强度等级不低于 C25。

4. 锚筋、主筋采用 HRB400 级钢筋，箍筋为 HPB300 级钢筋。

5. 承台、主柱的主筋保护层不小于50mm，其中承台底部主筋保护层不小于70mm。

6. 钻孔后应及时封孔，灌浆前应清孔。

7. 锚杆细石混凝土应每 300～500mm 分层灌注并振捣密实。

8. 细石混凝土应掺入适量膨胀剂，推荐掺量为水泥用量的 3%～5%；掺入膨胀剂后，混凝土强度仍应达到 C30 等级，混凝土水中 14 天限制膨胀率应大于 0.02%；膨胀剂混凝土制作应按照 GB 50119《混凝土外加剂应用技术规范》执行。

9. 锚筋的上下端必须有可靠的锚固措施。

10. 基础参数表中的材料量为单腿工程量。

图 15.0-9　5ZMG6＊-2800-00 岩石锚杆基础施工图

基 础 参 数 表

基础名称	承台宽度 B_c (mm)	承台高度 h_c (mm)	主柱宽度 B_z (mm)	主柱高度 h_z (mm)	偏心距 e (mm)	锚杆直径 D (mm)	锚杆间距 b (mm)	锚杆长度 h_0 (mm)	锚筋 ①	主柱钢筋 ②	承台 X 向主筋 ③	承台 Y 向主筋 ④	锚杆混凝土 (m^3)	承台混凝土 (m^3)	钢筋 (kg)
5ZMG6r-3000-00	1900	1100	1200	600	150	100	450	5800	16 Φ 32	28 Φ 25	12 Φ 22	12 Φ 22	0.73	4.84	1412.6
5ZMG6s-3000-00	1900	1100	1200	600	150	100	450	5200	16 Φ 32	28 Φ 25	12 Φ 22	12 Φ 22	0.65	4.84	1352.0
5ZMG6t-3000-00	1900	1100	1200	600	150	100	450	4400	16 Φ 32	28 Φ 25	12 Φ 22	12 Φ 22	0.55	4.84	1271.2
5ZMG6u-3000-00	1900	1100	1200	600	150	100	450	3800	16 Φ 32	28 Φ 25	12 Φ 22	12 Φ 22	0.48	4.84	1210.6
5ZMG6v-3000-00	1900	1100	1200	600	150	100	450	3400	16 Φ 32	28 Φ 25	12 Φ 22	12 Φ 22	0.43	4.84	1170.2

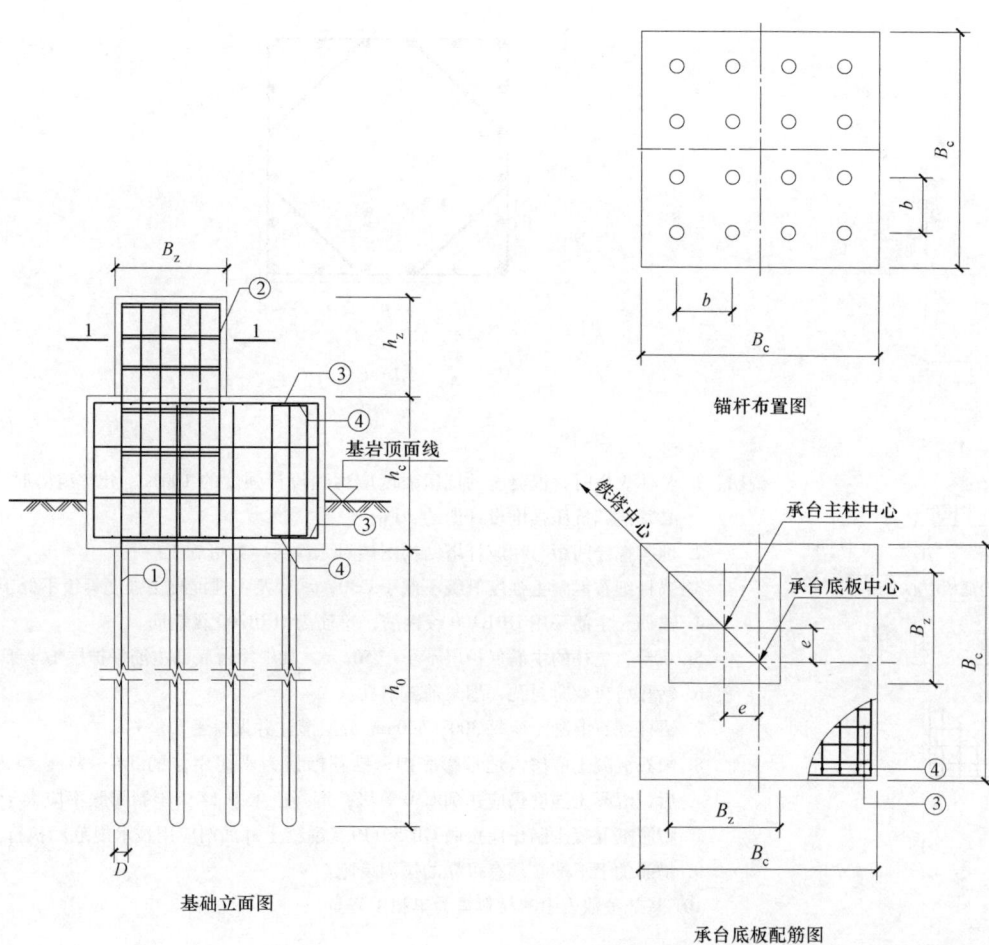

锚杆布置图

基础立面图

承台底板配筋图

1—1

说明：1. 整体立塔时，混凝土的抗压强度应达到设计强度的 100%。分解组塔时，混凝土必须达到抗压强度设计值的 70%。

2. 地脚螺栓间距与相应杆塔结构图核对无误后，方可施工。

3. 锚杆细石混凝土强度等级不低于 C30，承台及主柱混凝土强度等级不低于 C25。

4. 锚筋、主筋采用 HRB400 级钢筋，箍筋为 HPB300 级钢筋。

5. 承台、主柱的主筋保护层不小于 50mm，其中承台底部主筋保护层不小于 70mm。

6. 钻孔后应及时封孔，灌浆前应清孔。

7. 锚杆细石混凝土应每 300～500mm 分层灌注并振捣密实。

8. 细石混凝土应掺入适量膨胀剂，推荐掺量为水泥用量的 3%～5%；掺入膨胀剂后，混凝土强度仍应达到 C30 等级，混凝土水中 14 天限制膨胀率应大于 0.02%；膨胀剂混凝土制作应按照 GB 50119《混凝土外加剂应用技术规范》执行。

9. 锚筋的上下端必须有可靠的锚固措施。

10. 基础参数表中的材料量为单腿工程量。

图 15.0-10 5ZMG6*-3000-00 岩石锚杆基础施工图

基础参数表

基础名称	承台宽度 B_c (mm)	承台高度 h_c (mm)	主柱宽度 B_z (mm)	主柱高度 h_z (mm)	偏心距 e (mm)	锚杆直径 D (mm)	锚杆间距 b (mm)	锚杆长度 h_0 (mm)	锚筋 ①	主柱钢筋 ②	承台 X 向主筋 ③	承台 Y 向主筋 ④	锚杆混凝土 (m^3)	承台混凝土 (m^3)	钢筋 (kg)
5ZMG6r-1200-05	1400	1200	900	1000	50	110	450	4800	9Φ36	20Φ22	10Φ22	10Φ22	0.41	3.16	950.9
5ZMG6s-1200-05	1400	1200	900	1000	50	110	450	4000	9Φ36	20Φ22	10Φ22	10Φ22	0.34	3.16	893.4
5ZMG6t-1200-05	1400	1200	900	1000	50	110	450	3000	9Φ36	20Φ22	10Φ22	10Φ22	0.26	3.16	821.4
5ZMG6u-1200-05	1400	1200	900	1000	50	110	450	3000	9Φ36	20Φ22	10Φ22	10Φ22	0.26	3.16	821.4
5ZMG6v-1200-05	1400	1200	900	1000	50	110	450	3000	9Φ36	20Φ22	10Φ22	10Φ22	0.26	3.16	821.4

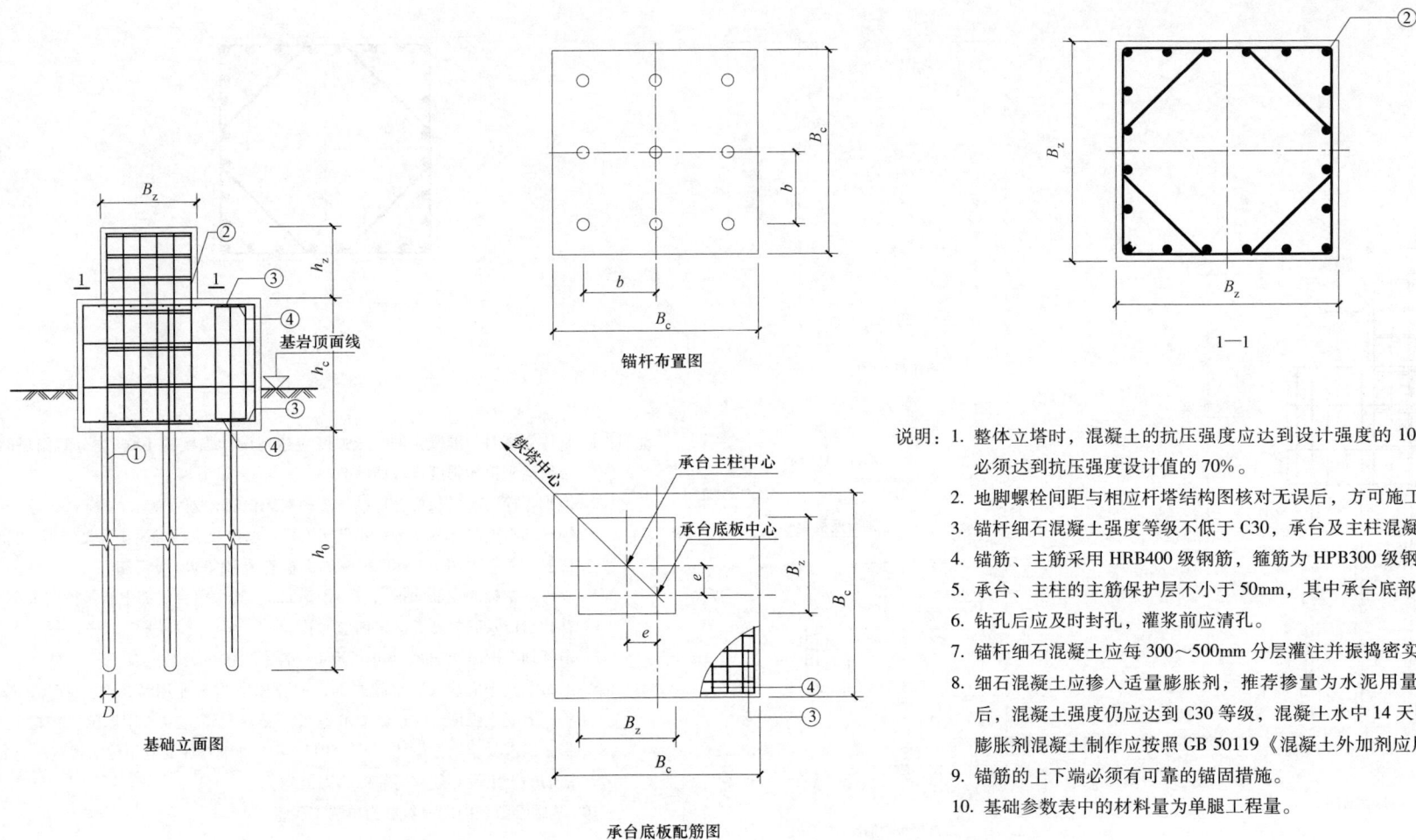

基础立面图

锚杆布置图

承台底板配筋图

1—1

说明：1. 整体立塔时，混凝土的抗压强度应达到设计强度的 100%。分解组塔时，混凝土必须达到抗压强度设计值的 70%。

2. 地脚螺栓间距与相应杆塔结构图核对无误后，方可施工。

3. 锚杆细石混凝土强度等级不低于 C30，承台及主柱混凝土强度等级不低于 C25。

4. 锚筋、主筋采用 HRB400 级钢筋，箍筋为 HPB300 级钢筋。

5. 承台、主柱的主筋保护层不小于 50mm，其中承台底部主筋保护层不小于 70mm。

6. 钻孔后应及时封孔，灌浆前应清孔。

7. 锚杆细石混凝土应每 300～500mm 分层灌注并振捣密实。

8. 细石混凝土应掺入适量膨胀剂，推荐掺量为水泥用量的 3%～5%；掺入膨胀剂后，混凝土强度仍应达到 C30 等级，混凝土水中 14 天限制膨胀率应大于 0.02%；膨胀剂混凝土制作应按照 GB 50119《混凝土外加剂应用技术规范》执行。

9. 锚筋的上下端必须有可靠的锚固措施。

10. 基础参数表中的材料量为单腿工程量。

图 15.0-11 5ZMG6*-1200-05 岩石锚杆基础施工图

基 础 参 数 表

基础名称	承台宽度 B_c (mm)	承台高度 h_c (mm)	主柱宽度 B_z (mm)	主柱高度 h_z (mm)	偏心距 e (mm)	锚杆直径 D (mm)	锚杆间距 b (mm)	锚杆长度 h_0 (mm)	锚筋 ①	主柱钢筋 ②	承台 X 向主筋 ③	承台 Y 向主筋 ④	锚杆混凝土 (m³)	承台混凝土 (m³)	钢筋 (kg)
5ZMG6r-1400-05	1600	1300	900	900	50	130	525	4400	9 Φ 40	24 Φ 22	12 Φ 22	12 Φ 22	0.53	4.06	1182.7
5ZMG6s-1400-05	1600	1300	900	900	50	130	525	3600	9 Φ 40	24 Φ 22	12 Φ 22	12 Φ 22	0.43	4.06	1111.7
5ZMG6t-1400-05	1600	1300	900	900	50	130	525	3000	9 Φ 40	24 Φ 22	12 Φ 22	12 Φ 22	0.36	4.06	1058.4
5ZMG6u-1400-05	1600	1300	900	900	50	130	525	3000	9 Φ 40	24 Φ 22	12 Φ 22	12 Φ 22	0.36	4.06	1058.4
5ZMG6v-1400-05	1600	1300	900	900	50	130	525	3000	9 Φ 40	24 Φ 22	12 Φ 22	12 Φ 22	0.36	4.06	1058.4

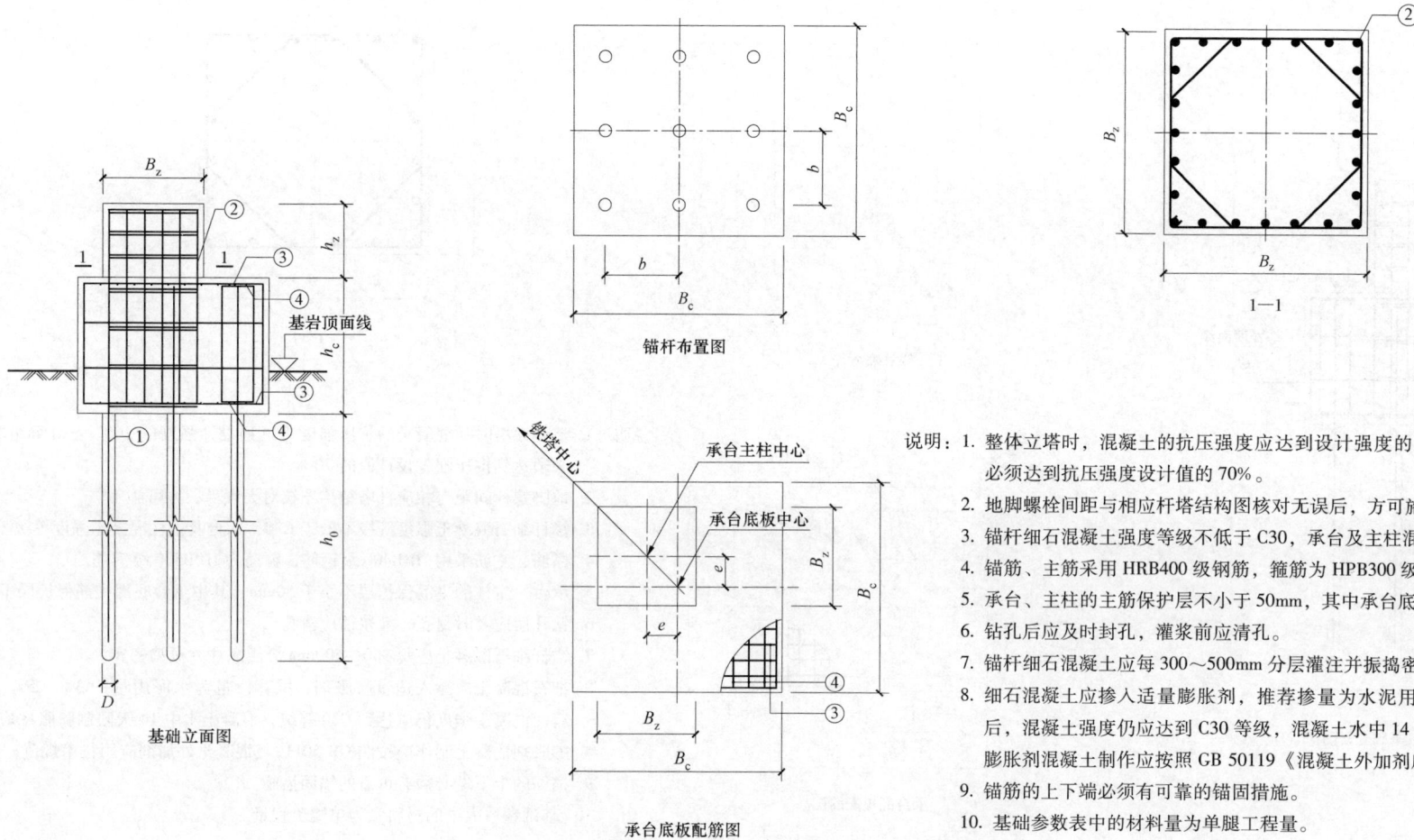

基础立面图

锚杆布置图

1—1

承台底板配筋图

说明：1. 整体立塔时，混凝土的抗压强度应达到设计强度的100%。分解组塔时，混凝土必须达到抗压强度设计值的70%。

2. 地脚螺栓间距与相应杆塔结构图核对无误后，方可施工。

3. 锚杆细石混凝土强度等级不低于C30，承台及主柱混凝土强度等级不低于C25。

4. 锚筋、主筋采用HRB400级钢筋，箍筋为HPB300级钢筋。

5. 承台、主柱的主筋保护层不小于50mm，其中承台底部主筋保护层不小于70mm。

6. 钻孔后应及时封孔，灌浆前应清孔。

7. 锚杆细石混凝土应每300~500mm分层灌注并振捣密实。

8. 细石混凝土应掺入适量膨胀剂，推荐掺量为水泥用量的3%～5%；掺入膨胀剂后，混凝土强度仍应达到C30等级，混凝土水中14天限制膨胀率应大于0.02%；膨胀剂混凝土制作应按照GB 50119《混凝土外加剂应用技术规范》执行。

9. 锚筋的上下端必须有可靠的锚固措施。

10. 基础参数表中的材料量为单腿工程量。

图 15.0-12　5ZMG6∗-1400-05岩石锚杆基础施工图

基 础 参 数 表

基础名称	承台宽度 B_c (mm)	承台高度 h_c (mm)	主柱宽度 B_z (mm)	主柱高度 h_z (mm)	偏心距 e (mm)	锚杆直径 D (mm)	锚杆间距 b (mm)	锚杆长度 h_0 (mm)	锚筋 ①	主柱钢筋 ②	承台 X 向主筋 ③	承台 Y 向主筋 ④	锚杆混凝土 (m³)	承台混凝土 (m³)	钢筋 (kg)
5ZMG6r-1600-05	1600	1300	1000	1300	100	130	525	5000	9 Φ 40	20 Φ 25	12 Φ 22	12 Φ 22	0.60	4.63	1282.8
5ZMG6s-1600-05	1600	1300	1000	1300	100	130	525	4200	9 Φ 40	20 Φ 25	12 Φ 22	12 Φ 22	0.50	4.63	1211.8
5ZMG6t-1600-05	1600	1300	1000	1300	100	130	525	3200	9 Φ 40	20 Φ 25	12 Φ 22	12 Φ 22	0.38	4.63	1123.0
5ZMG6u-1600-05	1600	1300	1000	1300	100	130	525	3000	9 Φ 40	20 Φ 25	12 Φ 22	12 Φ 22	0.36	4.63	1105.3
5ZMG6v-1600-05	1600	1300	1000	1300	100	130	525	3000	9 Φ 40	20 Φ 25	12 Φ 22	12 Φ 22	0.36	4.63	1105.3

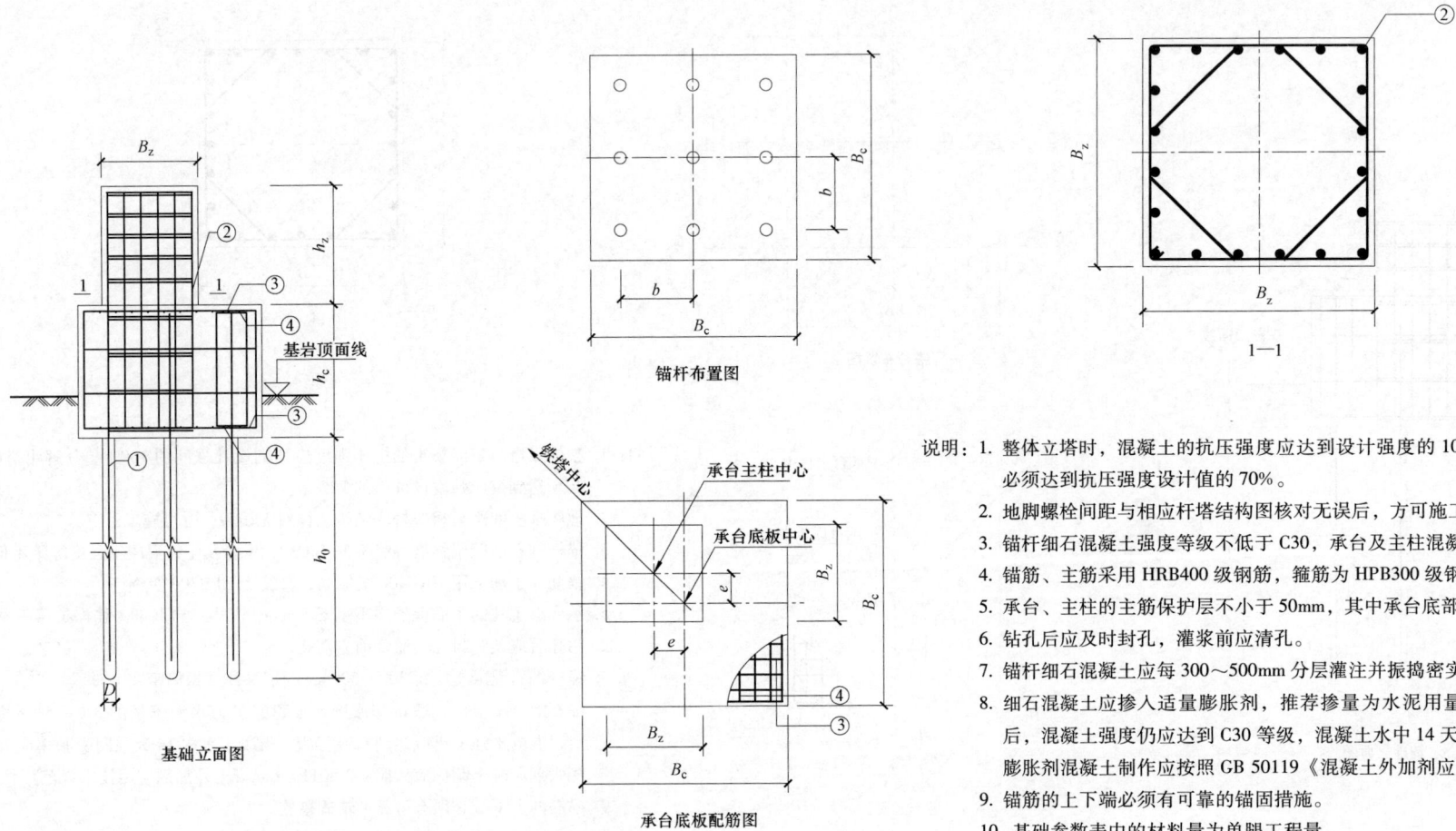

基础立面图

锚杆布置图

1—1

承台底板配筋图

说明：1. 整体立塔时，混凝土的抗压强度应达到设计强度的100%。分解组塔时，混凝土必须达到抗压强度设计值的70%。

2. 地脚螺栓间距与相应杆塔结构图核对无误后，方可施工。

3. 锚杆细石混凝土强度等级不低于C30，承台及主柱混凝土强度等级不低于C25。

4. 锚筋、主筋采用HRB400级钢筋，箍筋为HPB300级钢筋。

5. 承台、主柱的主筋保护层不小于50mm，其中承台底部主筋保护层不小于70mm。

6. 钻孔后应及时封孔，灌浆前应清孔。

7. 锚杆细石混凝土应每300~500mm分层灌注并振捣密实。

8. 细石混凝土应掺入适量膨胀剂，推荐掺量为水泥用量的3%～5%；掺入膨胀剂后，混凝土强度仍应达到C30等级，混凝土水中14天限制膨胀率应大于0.02%；膨胀剂混凝土制作应按照GB 50119《混凝土外加剂应用技术规范》执行。

9. 锚筋的上下端必须有可靠的锚固措施。

10. 基础参数表中的材料量为单腿工程量。

图 15.0-13 5ZMG6∗-1600-05岩石锚杆基础施工图

基 础 参 数 表

基础名称	承台宽度 B_c（mm）	承台高度 h_c（mm）	主柱宽度 B_z（mm）	主柱高度 h_z（mm）	偏心距 e（mm）	锚杆直径 D（mm）	锚杆间距 b（mm）	锚杆长度 h_0（mm）	锚筋 ①	主柱钢筋 ②	承台 X 向主筋 ③	承台 Y 向主筋 ④	锚杆混凝土（m³）	承台混凝土（m³）	钢筋（kg）
5ZMG6r-1800-05	1700	1100	1000	1500	150	100	400	4400	16⌀32	24⌀25	11⌀22	11⌀22	0.55	4.68	1274.1
5ZMG6s-1800-05	1700	1100	1000	1500	150	100	400	4000	16⌀32	24⌀25	11⌀22	11⌀22	0.50	4.68	1233.7
5ZMG6t-1800-05	1700	1100	1000	1500	150	100	400	3400	16⌀32	24⌀25	11⌀22	11⌀22	0.43	4.68	1173.1
5ZMG6u-1800-05	1700	1100	1000	1500	150	100	400	3000	16⌀32	24⌀25	11⌀22	11⌀22	0.38	4.68	1132.7
5ZMG6v-1800-05	1700	1100	1000	1500	150	100	400	3000	16⌀32	24⌀25	11⌀22	11⌀22	0.38	4.68	1132.7

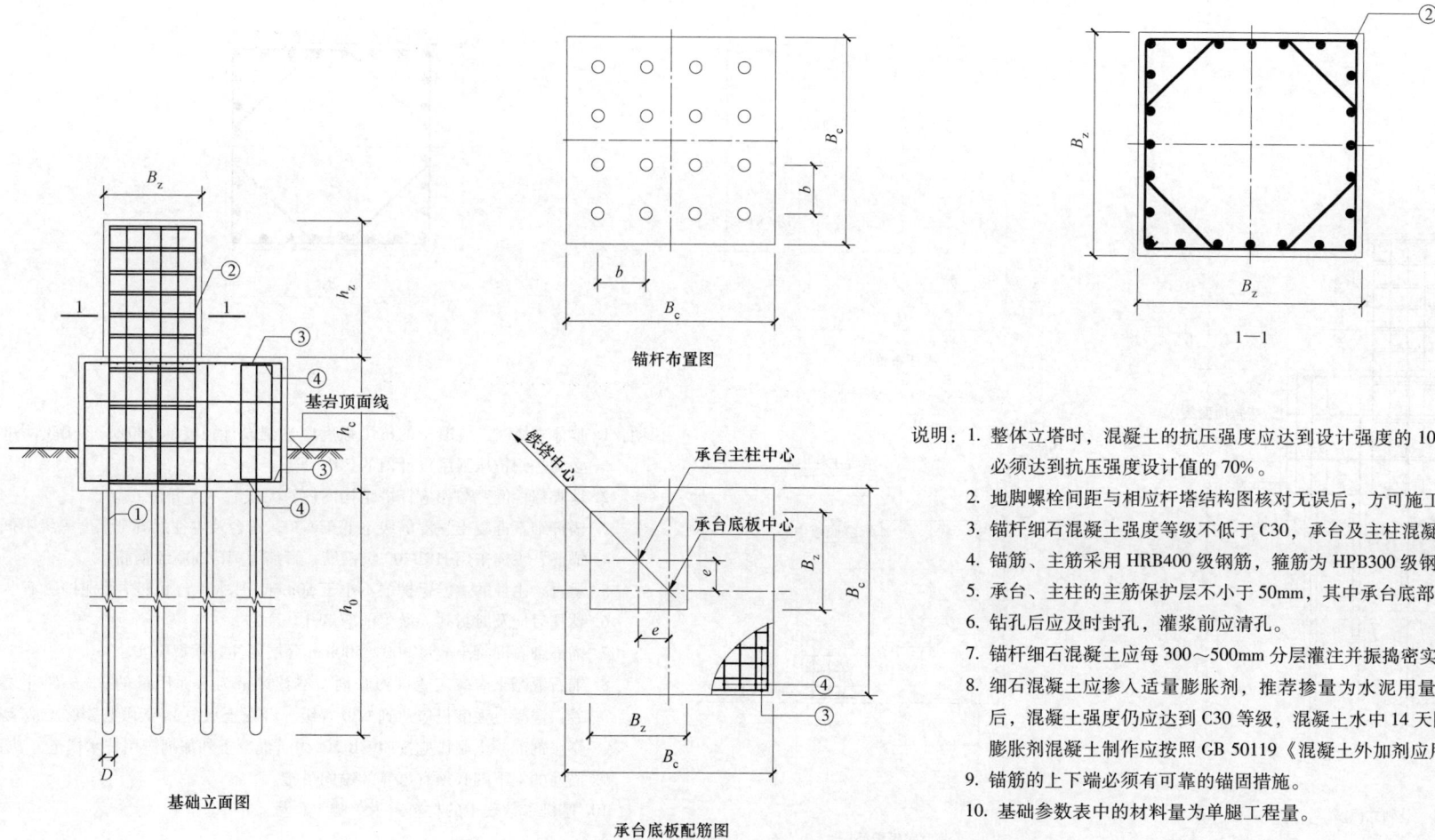

锚杆布置图

基础立面图

承台底板配筋图

说明：1. 整体立塔时，混凝土的抗压强度应达到设计强度的 100%。分解组塔时，混凝土必须达到抗压强度设计值的 70%。

2. 地脚螺栓间距与相应杆塔结构图核对无误后，方可施工。

3. 锚杆细石混凝土强度等级不低于 C30，承台及主柱混凝土强度等级不低于 C25。

4. 锚筋、主筋采用 HRB400 级钢筋，箍筋为 HPB300 级钢筋。

5. 承台、主柱的主筋保护层不小于 50mm，其中承台底部主筋保护层不小于 70mm。

6. 钻孔后应及时封孔，灌浆前应清孔。

7. 锚杆细石混凝土应每 300～500mm 分层灌注并振捣密实。

8. 细石混凝土应掺入适量膨胀剂，推荐掺量为水泥用量的 3%～5%；掺入膨胀剂后，混凝土强度仍应达到 C30 等级，混凝土水中 14 天限制膨胀率应大于 0.02%；膨胀混凝土制作应按照 GB 50119《混凝土外加剂应用技术规范》执行。

9. 锚筋的上下端必须有可靠的锚固措施。

10. 基础参数表中的材料量为单腿工程量。

图 15.0-14　5ZMG6*-1800-05 岩石锚杆基础施工图

基 础 参 数 表

基础名称	承台宽度 B_c (mm)	承台高度 h_c (mm)	主柱宽度 B_z (mm)	主柱高度 h_z (mm)	偏心距 e (mm)	锚杆直径 D (mm)	锚杆间距 b (mm)	锚杆长度 h_0 (mm)	锚筋 ①	主柱钢筋 ②	承台 X 向主筋 ③	承台 Y 向主筋 ④	锚杆混凝土 (m³)	承台混凝土 (m³)	钢筋 (kg)
5ZMG6r-2000-05	1800	1100	1000	1500	150	100	430	4600	16Φ32	28Φ25	11Φ22	11Φ22	0.58	5.06	1347.5
5ZMG6s-2000-05	1800	1100	1000	1500	150	100	430	4200	16Φ32	28Φ25	11Φ22	11Φ22	0.53	5.06	1307.1
5ZMG6t-2000-05	1800	1100	1000	1500	150	100	430	3400	16Φ32	28Φ25	11Φ22	11Φ22	0.43	5.06	1226.3
5ZMG6u-2000-05	1800	1100	1000	1500	150	100	430	3000	16Φ32	28Φ25	11Φ22	11Φ22	0.38	5.06	1185.9
5ZMG6v-2000-05	1800	1100	1000	1500	150	100	430	3000	16Φ32	28Φ25	11Φ22	11Φ22	0.38	5.06	1185.9

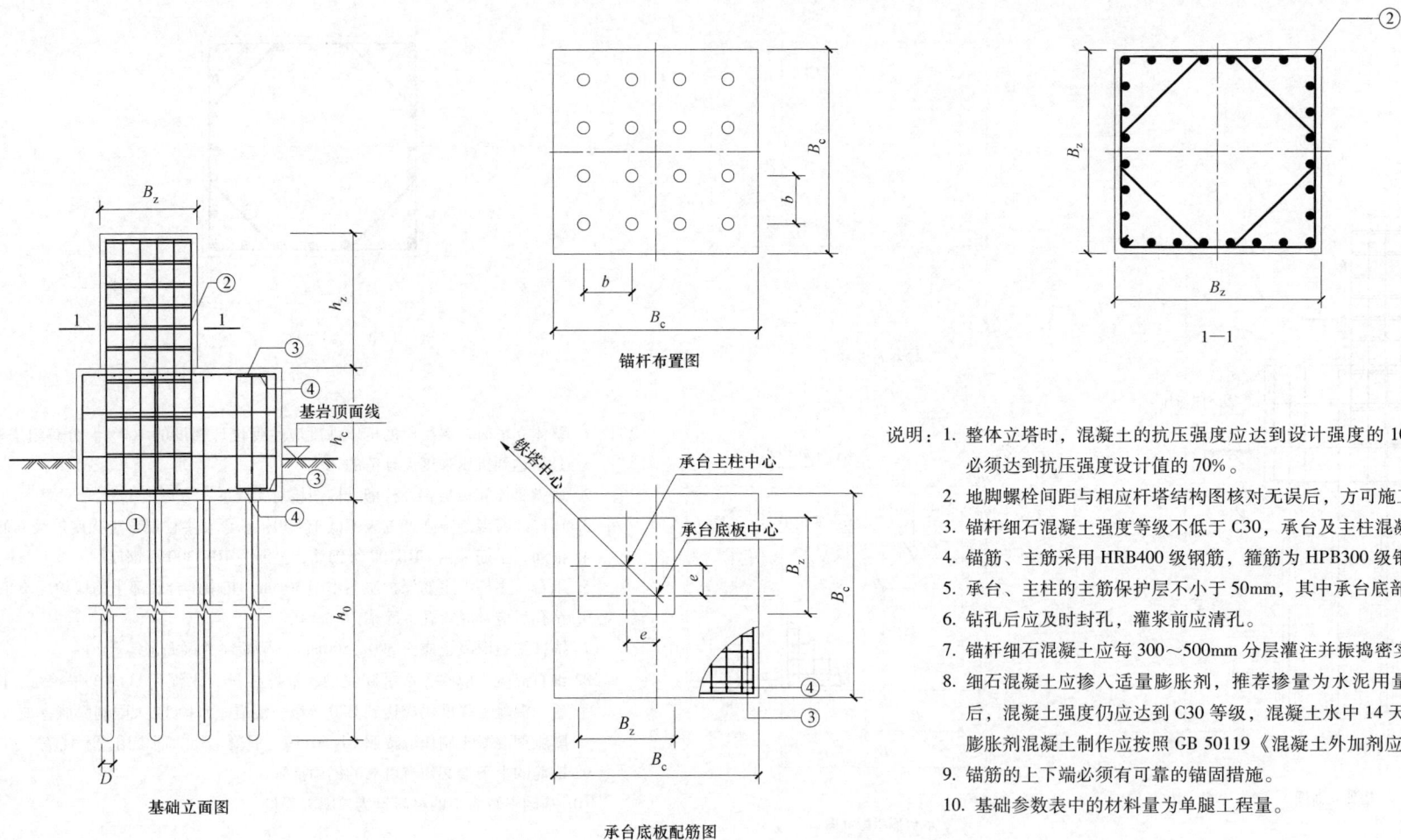

锚杆布置图

1—1

基础立面图

承台底板配筋图

说明：1. 整体立塔时，混凝土的抗压强度应达到设计强度的 100%。分解组塔时，混凝土必须达到抗压强度设计值的 70%。

2. 地脚螺栓间距与相应杆塔结构图核对无误后，方可施工。

3. 锚杆细石混凝土强度等级不低于 C30，承台及主柱混凝土强度等级不低于 C25。

4. 锚筋、主筋采用 HRB400 级钢筋，箍筋为 HPB300 级钢筋。

5. 承台、主柱的主筋保护层不小于 50mm，其中承台底部主筋保护层不小于 70mm。

6. 钻孔后应及时封孔，灌浆前应清孔。

7. 锚杆细石混凝土应每 300～500mm 分层灌注并振捣密实。

8. 细石混凝土应掺入适量膨胀剂，推荐掺量为水泥用量的 3%～5%；掺入膨胀剂后，混凝土强度仍应达到 C30 等级，混凝土水中 14 天限制膨胀率应大于 0.02%；膨胀剂混凝土制作应按照 GB 50119《混凝土外加剂应用技术规范》执行。

9. 锚筋的上下端必须有可靠的锚固措施。

10. 基础参数表中的材料量为单腿工程量。

图 15.0-15 5ZMG6*-2000-05 岩石锚杆基础施工图

基 础 参 数 表

基础名称	承台宽度 B_c (mm)	承台高度 h_c (mm)	主柱宽度 B_z (mm)	主柱高度 h_z (mm)	偏心距 e (mm)	锚杆直径 D (mm)	锚杆间距 b (mm)	锚杆长度 h_0 (mm)	锚筋 ①	主柱钢筋 ②	承台 X 向主筋 ③	承台 Y 向主筋 ④	锚杆混凝土 (m³)	承台混凝土 (m³)	钢筋 (kg)
5ZMG6r-2200-05	1900	1100	1000	2000	250	100	450	4800	16 ⲫ 32	28 ⲫ 28	12 ⲫ 22	12 ⲫ 22	0.60	5.97	1574.6
5ZMG6s-2200-05	1900	1100	1000	2000	250	100	450	4400	16 ⲫ 32	28 ⲫ 28	12 ⲫ 22	12 ⲫ 22	0.55	5.97	1534.2
5ZMG6t-2200-05	1900	1100	1000	2000	250	100	450	3600	16 ⲫ 32	28 ⲫ 28	12 ⲫ 22	12 ⲫ 22	0.45	5.97	1453.4
5ZMG6u-2200-05	1900	1100	1000	2000	250	100	450	3200	16 ⲫ 32	28 ⲫ 28	12 ⲫ 22	12 ⲫ 22	0.40	5.97	1413.0
5ZMG6v-2200-05	1900	1100	1000	2000	250	100	450	3000	16 ⲫ 32	28 ⲫ 28	12 ⲫ 22	12 ⲫ 22	0.38	5.97	1392.8

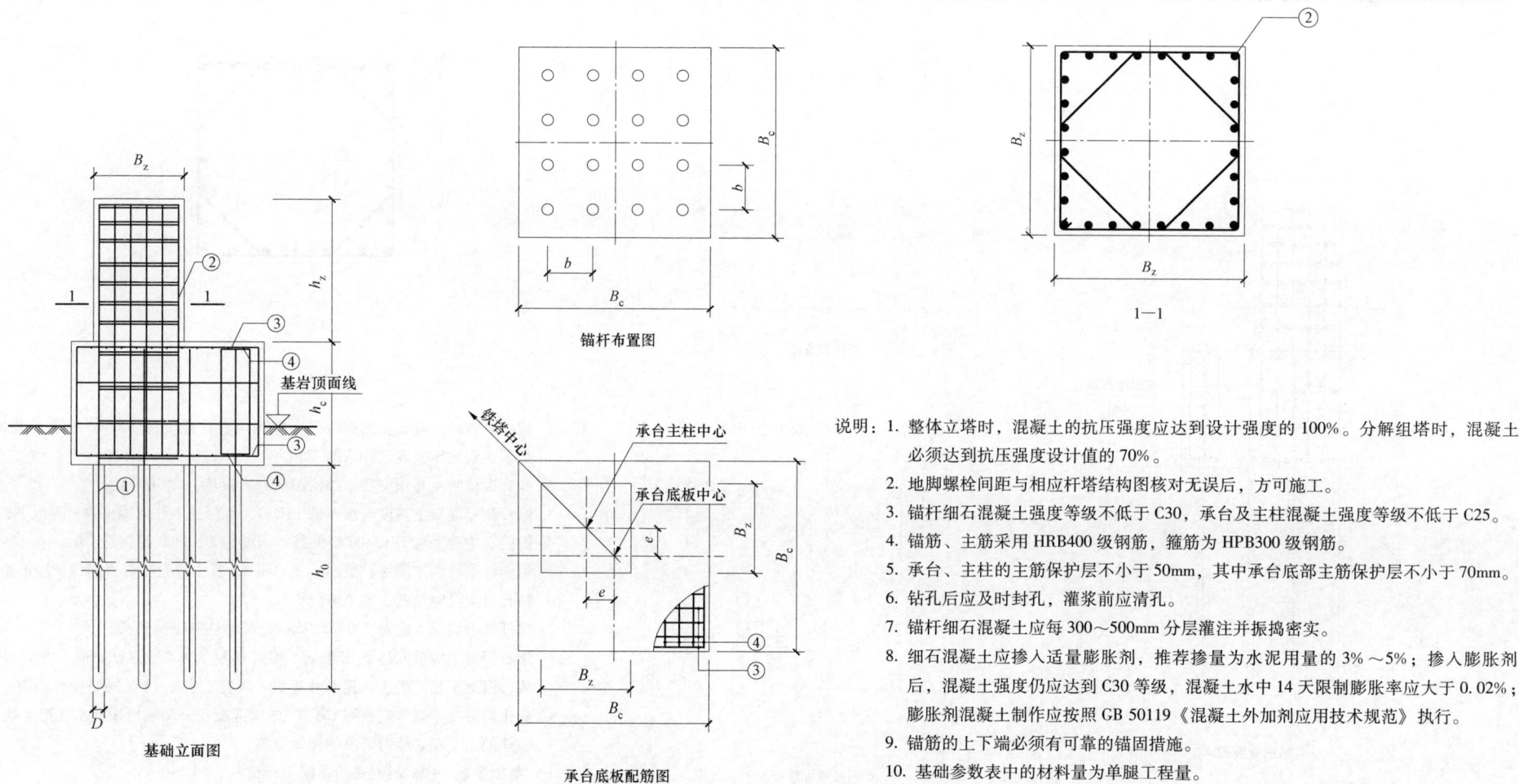

锚杆布置图

1—1

基础立面图

基岩顶面线

承台主柱中心

承台底板中心

铁塔中心

承台底板配筋图

说明：1. 整体立塔时，混凝土的抗压强度应达到设计强度的 100%。分解组塔时，混凝土必须达到抗压强度设计值的 70%。

2. 地脚螺栓间距与相应杆塔结构图核对无误后，方可施工。

3. 锚杆细石混凝土强度等级不低于 C30，承台及主柱混凝土强度等级不低于 C25。

4. 锚筋、主筋采用 HRB400 级钢筋，箍筋为 HPB300 级钢筋。

5. 承台、主柱的主筋保护层不小于 50mm，其中承台底部主筋保护层不小于 70mm。

6. 钻孔后应及时封孔，灌浆前应清孔。

7. 锚杆细石混凝土应每 300～500mm 分层灌注并振捣密实。

8. 细石混凝土应掺入适量膨胀剂，推荐掺量为水泥用量的 3%～5%；掺入膨胀剂后，混凝土强度仍应达到 C30 等级，混凝土水中 14 天限制膨胀率应大于 0.02%；膨胀剂混凝土制作应按照 GB 50119《混凝土外加剂应用技术规范》执行。

9. 锚筋的上下端必须有可靠的锚固措施。

10. 基础参数表中的材料量为单腿工程量。

图 15.0-16　5ZMG6∗-2200-05 岩石锚杆基础施工图

基 础 参 数 表

基础名称	承台宽度 B_c (mm)	承台高度 h_c (mm)	主柱宽度 B_z (mm)	主柱高度 h_z (mm)	偏心距 e (mm)	锚杆直径 D (mm)	锚杆间距 b (mm)	锚杆长度 h_0 (mm)	锚筋 ①	主柱钢筋 ②	承台 X 向主筋 ③	承台 Y 向主筋 ④	锚杆混凝土 (m^3)	承台混凝土 (m^3)	钢筋 (kg)
5ZMG6r-2400-05	1900	1200	1000	1900	250	110	450	5000	16 φ 36	24 φ 32	13 φ 22	13 φ 22	0.76	6.23	1893.1
5ZMG6s-2400-05	1900	1200	1000	1900	250	110	450	4600	16 φ 36	24 φ 32	13 φ 22	13 φ 22	0.70	6.23	1842.0
5ZMG6t-2400-05	1900	1200	1000	1900	250	110	450	3800	16 φ 36	24 φ 32	13 φ 22	13 φ 22	0.58	6.23	1739.7
5ZMG6u-2400-05	1900	1200	1000	1900	250	110	450	3400	16 φ 36	24 φ 32	13 φ 22	13 φ 22	0.52	6.23	1688.6
5ZMG6v-2400-05	1900	1200	1000	1900	250	110	450	3000	16 φ 36	24 φ 32	13 φ 22	13 φ 22	0.46	6.23	1637.4

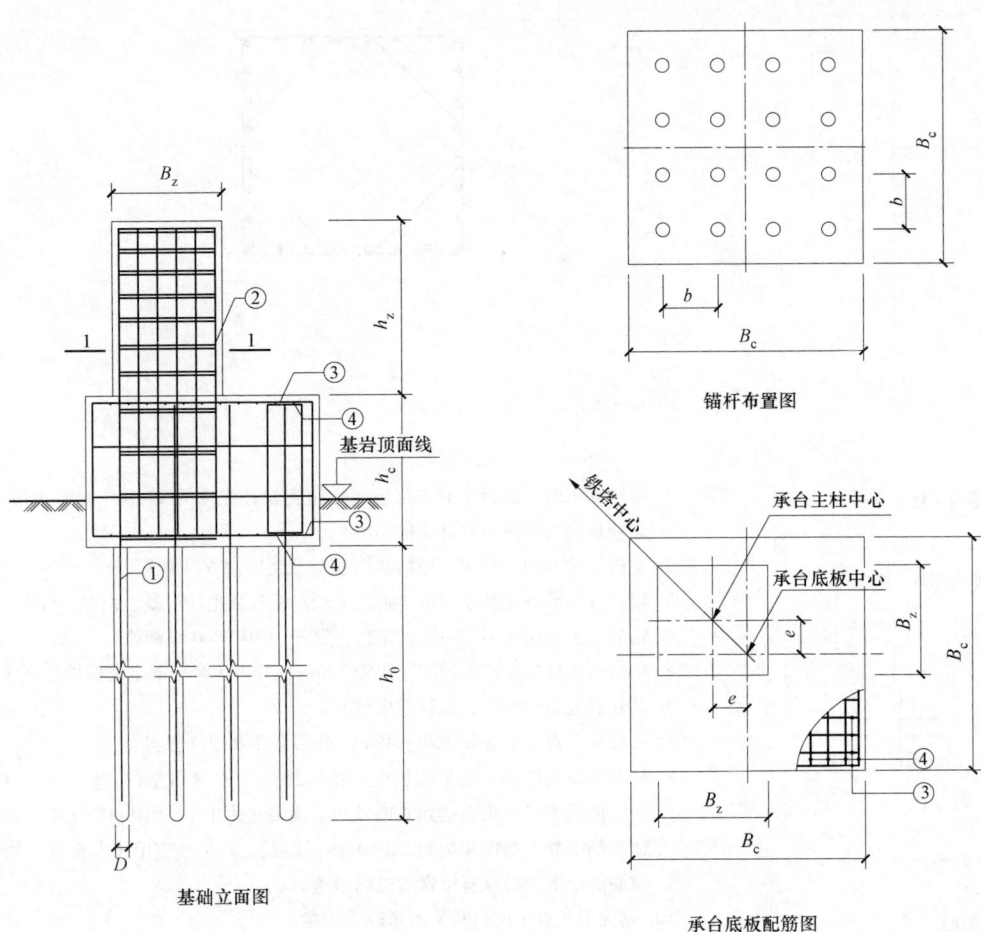

基础立面图

锚杆布置图

1—1

承台底板配筋图

说明：1. 整体立塔时，混凝土的抗压强度应达到设计强度的 100%。分解组塔时，混凝土必须达到抗压强度设计值的 70%。

2. 地脚螺栓间距与相应杆塔结构图核对无误后，方可施工。

3. 锚杆细石混凝土强度等级不低于 C30，承台及主柱混凝土强度等级不低于 C25。

4. 锚筋、主筋采用 HRB400 级钢筋，箍筋为 HPB300 级钢筋。

5. 承台、主柱的主筋保护层不小于 50mm，其中承台底部主筋保护层不小于 70mm。

6. 钻孔后应及时封孔，灌浆前应清孔。

7. 锚杆细石混凝土应每 300～500mm 分层灌注并振捣密实。

8. 细石混凝土应掺入适量膨胀剂，推荐掺量为水泥用量的 3%～5%；掺入膨胀剂后，混凝土强度仍应达到 C30 等级，混凝土水中 14 天限制膨胀率应大于 0.02%；膨胀剂混凝土制作应按照 GB 50119《混凝土外加剂应用技术规范》执行。

9. 锚筋的上下端必须有可靠的锚固措施。

10. 基础参数表中的材料量为单腿工程量。

图 15.0-17 5ZMG6*-2400-05 岩石锚杆基础施工图

基 础 参 数 表

基础名称	承台宽度 B_c (mm)	承台高度 h_c (mm)	主柱宽度 B_z (mm)	主柱高度 h_z (mm)	偏心距 e (mm)	锚杆直径 D (mm)	锚杆间距 b (mm)	锚杆长度 h_0 (mm)	锚筋 ①	主柱钢筋 ②	承台 X 向主筋 ③	承台 Y 向主筋 ④	锚杆混凝土 (m^3)	承台混凝土 (m^3)	钢筋 (kg)
5ZMG6r-2600-05	1900	1200	1000	1900	250	110	450	5200	16 ⏀ 36	24 ⏀ 32	13 ⏀ 22	13 ⏀ 22	0.79	6.23	1918.7
5ZMG6s-2600-05	1900	1200	1000	1900	250	110	450	4800	16 ⏀ 36	24 ⏀ 32	13 ⏀ 22	13 ⏀ 22	0.73	6.23	1867.5
5ZMG6t-2600-05	1900	1200	1000	1900	250	110	450	4000	16 ⏀ 36	24 ⏀ 32	13 ⏀ 22	13 ⏀ 22	0.61	6.23	1765.3
5ZMG6u-2600-05	1900	1200	1000	1900	250	110	450	3600	16 ⏀ 36	24 ⏀ 32	13 ⏀ 22	13 ⏀ 22	0.55	6.23	1714.1
5ZMG6v-2600-05	1900	1200	1000	1900	250	110	450	3200	16 ⏀ 36	24 ⏀ 32	13 ⏀ 22	13 ⏀ 22	0.49	6.23	1663.0

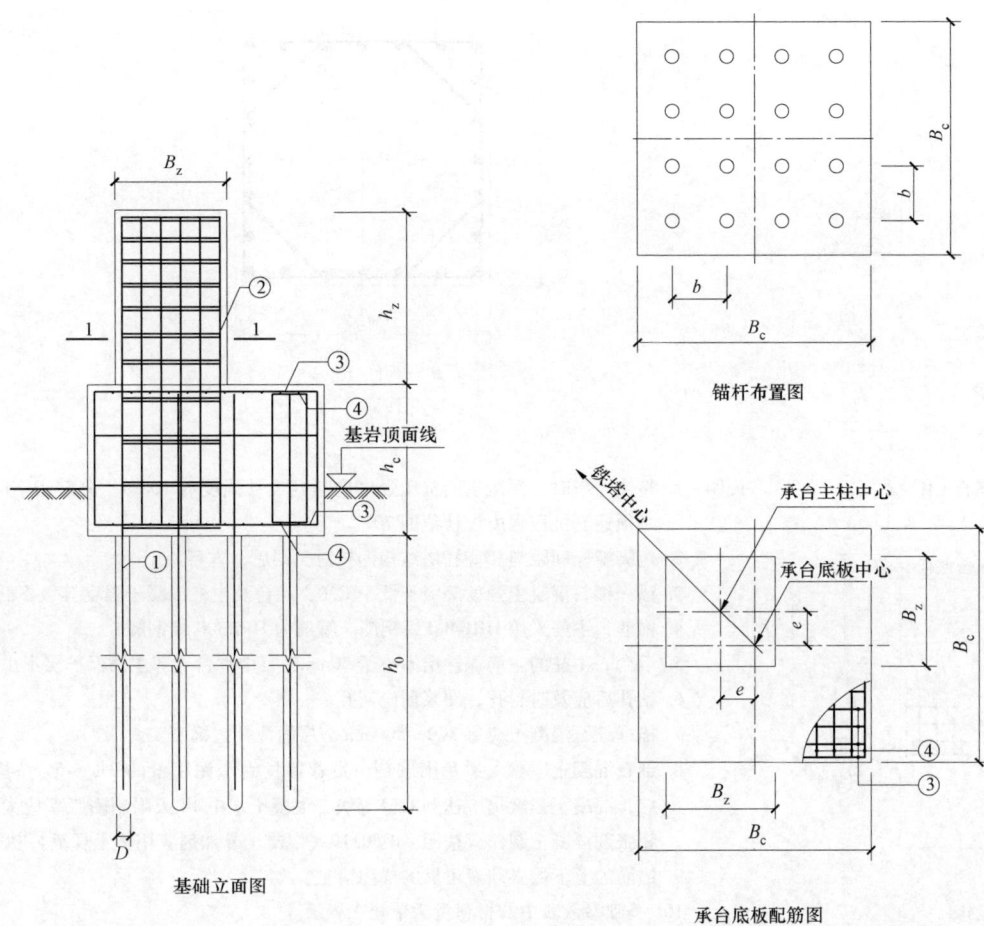

锚杆布置图

1—1

基础立面图

承台底板配筋图

说明：1. 整体立塔时，混凝土的抗压强度应达到设计强度的 100%。分解组塔时，混凝土
必须达到抗压强度设计值的 70%。

2. 地脚螺栓间距与相应杆塔结构图核对无误后，方可施工。

3. 锚杆细石混凝土强度等级不低于 C30，承台及主柱混凝土强度等级不低于 C25。

4. 锚筋、主筋采用 HRB400 级钢筋，箍筋为 HPB300 级钢筋。

5. 承台、主柱的主筋保护层不小于 50mm，其中承台底部主筋保护层不小于 70mm。

6. 钻孔后应及时封孔，灌浆前应清孔。

7. 锚杆细石混凝土应每 300～500mm 分层灌注并振捣密实。

8. 细石混凝土应掺入适量膨胀剂，推荐掺量为水泥用量的 3%～5%；掺入膨胀剂
后，混凝土强度仍应达到 C30 等级，混凝土水中 14 天限制膨胀率应大于 0.02%；
膨胀剂混凝土制作应按照 GB 50119《混凝土外加剂应用技术规范》执行。

9. 锚筋的上下端必须有可靠的锚固措施。

10. 基础参数表中的材料量为单腿工程量。

图 15.0-18 5ZMG6*-2600-05 岩石锚杆基础施工图

基 础 参 数 表

基础名称	承台宽度 B_c (mm)	承台高度 h_c (mm)	主柱宽度 B_z (mm)	主柱高度 h_z (mm)	偏心距 e (mm)	锚杆直径 D (mm)	锚杆间距 b (mm)	锚杆长度 h_0 (mm)	锚筋 ①	主柱钢筋 ②	承台 X 向主筋 ③	承台 Y 向主筋 ④	锚杆混凝土 (m³)	承台混凝土 (m³)	钢筋 (kg)
5ZMG6r-2800-05	1900	1200	1200	1000	150	110	450	5600	16 ⌀ 36	24 ⌀ 28	13 ⌀ 22	13 ⌀ 22	0.85	5.77	1725.3
5ZMG6s-2800-05	1900	1200	1200	1000	150	110	450	5000	16 ⌀ 36	24 ⌀ 28	13 ⌀ 22	13 ⌀ 22	0.76	5.77	1648.6
5ZMG6t-2800-05	1900	1200	1200	1000	150	110	450	4200	16 ⌀ 36	24 ⌀ 28	13 ⌀ 22	13 ⌀ 22	0.64	5.77	1546.3
5ZMG6u-2800-05	1900	1200	1200	1000	150	110	450	3600	16 ⌀ 36	24 ⌀ 28	13 ⌀ 22	13 ⌀ 22	0.55	5.77	1469.6
5ZMG6v-2800-05	1900	1200	1200	1000	150	110	450	3400	16 ⌀ 36	24 ⌀ 28	13 ⌀ 22	13 ⌀ 22	0.52	5.77	1444.0

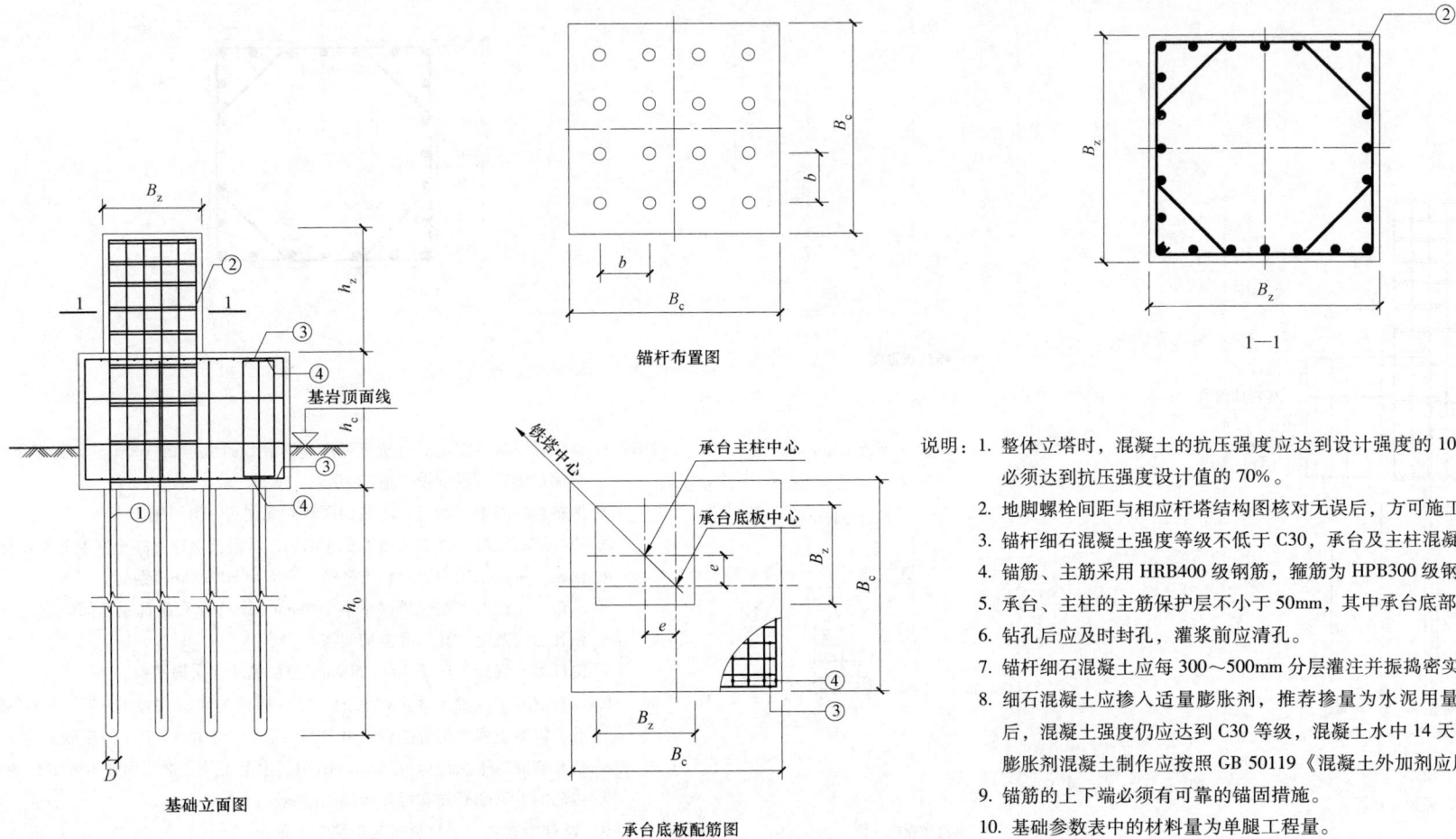

锚杆布置图

1—1

基础立面图

承台底板配筋图

说明：1. 整体立塔时，混凝土的抗压强度应达到设计强度的100%。分解组塔时，混凝土必须达到抗压强度设计值的70%。

2. 地脚螺栓间距与相应杆塔结构图核对无误后，方可施工。

3. 锚杆细石混凝土强度等级不低于C30，承台及主柱混凝土强度等级不低于C25。

4. 锚筋、主筋采用 HRB400 级钢筋，箍筋为 HPB300 级钢筋。

5. 承台、主柱的主筋保护层不小于50mm，其中承台底部主筋保护层不小于70mm。

6. 钻孔后应及时封孔，灌浆前应清孔。

7. 锚杆细石混凝土应每 300~500mm 分层灌注并振捣密实。

8. 细石混凝土应掺入适量膨胀剂，推荐掺量为水泥用量的 3%~5%；掺入膨胀剂后，混凝土强度仍应达到 C30 等级，混凝土水中 14 天限制膨胀率应大于 0.02%；膨胀剂混凝土制作应按照 GB 50119《混凝土外加剂应用技术规范》执行。

9. 锚筋的上下端必须有可靠的锚固措施。

10. 基础参数表中的材料量为单腿工程量。

图 15.0-19　5ZMG6*-2800-05 岩石锚杆基础施工图

基 础 参 数 表

基础名称	承台宽度 B_c (mm)	承台高度 h_c (mm)	主柱宽度 B_z (mm)	主柱高度 h_z (mm)	偏心距 e (mm)	锚杆直径 D (mm)	锚杆间距 b (mm)	锚杆长度 h_0 (mm)	锚筋 ①	主柱钢筋 ②	承台X向主筋 ③	承台Y向主筋 ④	锚杆混凝土 (m^3)	承台混凝土 (m^3)	钢筋 (kg)
5ZMG6r-3000-05	1900	1200	1200	1000	150	110	450	5800	16⌀36	24⌀28	13⌀22	13⌀22	0.88	5.77	1750.9
5ZMG6s-3000-05	1900	1200	1200	1000	150	110	450	5200	16⌀36	24⌀28	13⌀22	13⌀22	0.79	5.77	1674.2
5ZMG6t-3000-05	1900	1200	1200	1000	150	110	450	4400	16⌀36	24⌀28	13⌀22	13⌀22	0.67	5.77	1571.9
5ZMG6u-3000-05	1900	1200	1200	1000	150	110	450	3800	16⌀36	24⌀28	13⌀22	13⌀22	0.58	5.77	1495.2
5ZMG6v-3000-05	1900	1200	1200	1000	150	110	450	3400	16⌀36	24⌀28	13⌀22	13⌀22	0.52	5.77	1444.0

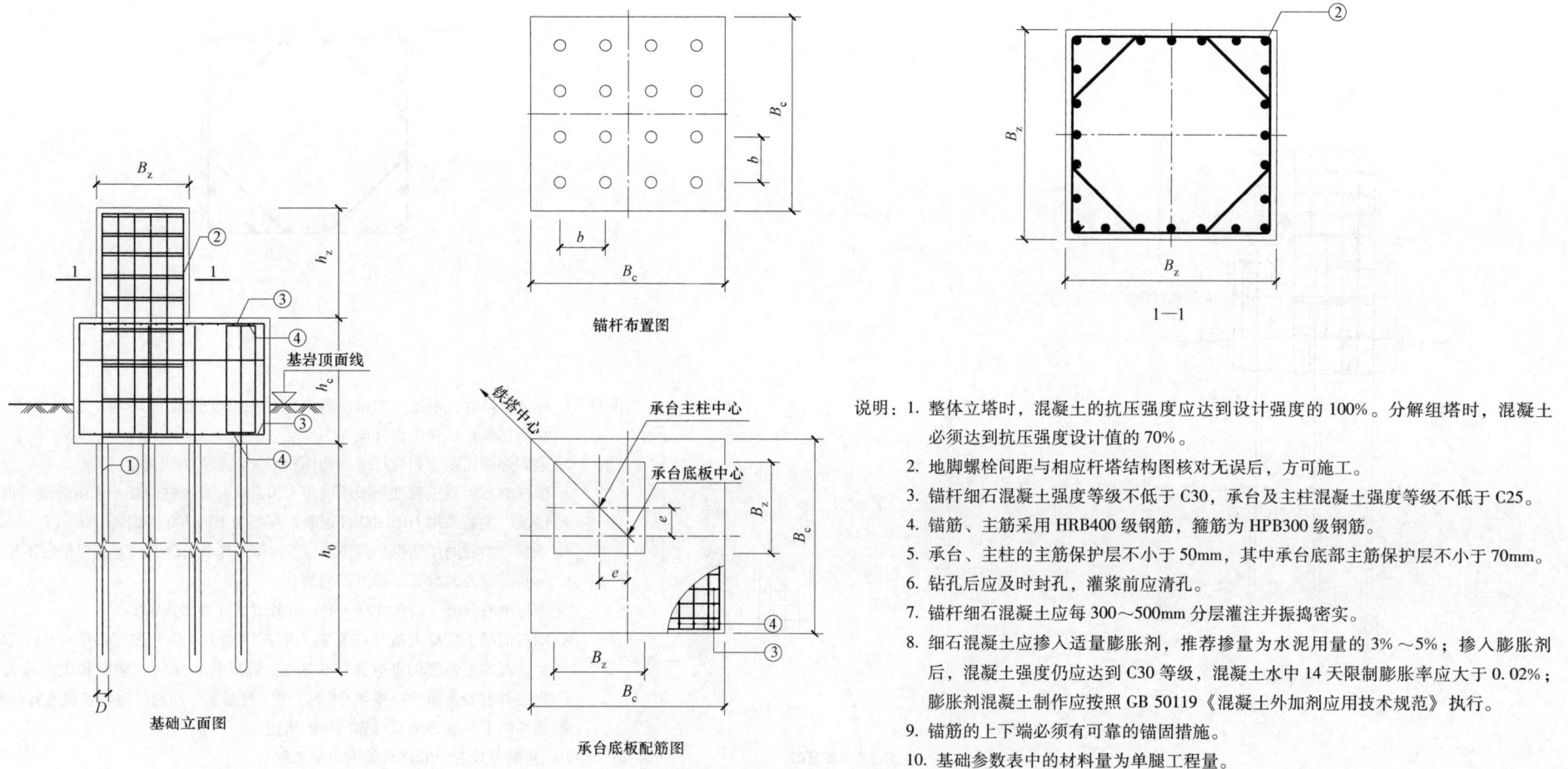

锚杆布置图

1—1

基础立面图

承台底板配筋图

说明：1. 整体立塔时，混凝土的抗压强度应达到设计强度的100%。分解组塔时，混凝土必须达到抗压强度设计值的70%。

2. 地脚螺栓间距与相应杆塔结构图核对无误后，方可施工。

3. 锚杆细石混凝土强度等级不低于C30，承台及主柱混凝土强度等级不低于C25。

4. 锚筋、主筋采用HRB400级钢筋，箍筋为HPB300级钢筋。

5. 承台、主柱的主筋保护层不小于50mm，其中承台底部主筋保护层不小于70mm。

6. 钻孔后应及时封孔，灌浆前应清孔。

7. 锚杆细石混凝土应每300～500mm分层灌注并振捣密实。

8. 细石混凝土应掺入适量膨胀剂，推荐掺量为水泥用量的3%～5%；掺入膨胀剂后，混凝土强度仍应达到C30等级，混凝土水中14天限制膨胀率应大于0.02%；膨胀剂混凝土制作应按照GB 50119《混凝土外加剂应用技术规范》执行。

9. 锚筋的上下端必须有可靠的锚固措施。

10. 基础参数表中的材料量为单腿工程量。

图 15.0-20　5ZMG6*-3000-05 岩石锚杆基础施工图

基 础 参 数 表

基础名称	承台宽度 B_c（mm）	承台高度 h_c（mm）	主柱宽度 B_z（mm）	主柱高度 h_z（mm）	偏心距 e（mm）	锚杆直径 D（mm）	锚杆间距 b（mm）	锚杆长度 h_0（mm）	锚筋 ①	主柱钢筋 ②	承台 X 向主筋 ③	承台 Y 向主筋 ④	锚杆混凝土（m³）	承台混凝土（m³）	钢筋（kg）
5ZMG6r-1200-10	1600	1300	900	1400	50	130	525	4400	9⌀40	20⌀25	12⌀22	12⌀22	0.53	4.46	1233.6
5ZMG6s-1200-10	1600	1300	900	1400	50	130	525	3600	9⌀40	20⌀25	12⌀22	12⌀22	0.43	4.46	1162.6
5ZMG6t-1200-10	1600	1300	900	1400	50	130	525	3000	9⌀40	20⌀25	12⌀22	12⌀22	0.36	4.46	1109.3
5ZMG6u-1200-10	1600	1300	900	1400	50	130	525	3000	9⌀40	20⌀25	12⌀22	12⌀22	0.36	4.46	1109.3
5ZMG6v-1200-10	1600	1300	900	1400	50	130	525	3000	9⌀40	20⌀25	12⌀22	12⌀22	0.36	4.46	1109.3

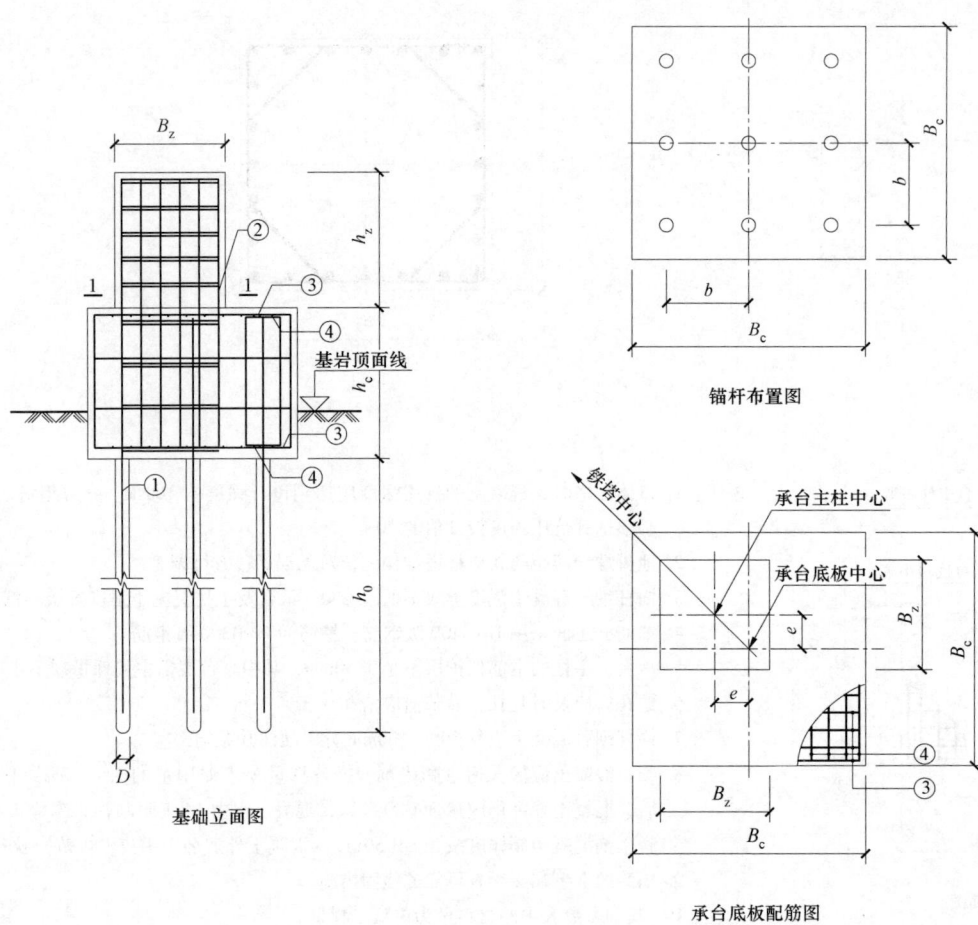

基础立面图

锚杆布置图

1—1

承台底板配筋图

说明：1. 整体立塔时，混凝土的抗压强度应达到设计强度的 100%。分解组塔时，混凝土必须达到抗压强度设计值的 70%。

2. 地脚螺栓间距与相应杆塔结构图核对无误后，方可施工。

3. 锚杆细石混凝土强度等级不低于 C30，承台及主柱混凝土强度等级不低于 C25。

4. 锚筋、主筋采用 HRB400 级钢筋，箍筋为 HPB300 级钢筋。

5. 承台、主柱的主筋保护层不小于 50mm，其中承台底部主筋保护层不小于 70mm。

6. 钻孔后应及时封孔，灌浆前应清孔。

7. 锚杆细石混凝土应每 300～500mm 分层灌注并振捣密实。

8. 细石混凝土应掺入适量膨胀剂，推荐掺量为水泥用量的 3%～5%；掺入膨胀剂后，混凝土强度仍应达到 C30 等级，混凝土水中 14 天限制膨胀率应大于 0.02%；膨胀剂混凝土制作应按照 GB 50119《混凝土外加剂应用技术规范》执行。

9. 锚筋的上下端必须有可靠的锚固措施。

10. 基础参数表中的材料量为单腿工程量。

图 15.0-21　5ZMG6*-1200-10 岩石锚杆基础施工图

基础参数表

基础名称	承台宽度 B_c (mm)	承台高度 h_c (mm)	主柱宽度 B_z (mm)	主柱高度 h_z (mm)	偏心距 e (mm)	锚杆直径 D (mm)	锚杆间距 b (mm)	锚杆长度 h_0 (mm)	锚筋 ①	主柱钢筋 ②	承台 X 向主筋 ③	承台 Y 向主筋 ④	锚杆混凝土 (m^3)	承台混凝土 (m^3)	钢筋 (kg)
5ZMG6r-1400-10	1700	1300	900	1400	50	130	575	4800	9Φ40	20Φ25	13Φ22	13Φ22	0.57	4.89	1323.1
5ZMG6s-1400-10	1700	1300	900	1400	50	130	575	4000	9Φ40	20Φ25	13Φ22	13Φ22	0.48	4.89	1252.1
5ZMG6t-1400-10	1700	1300	900	1400	50	130	575	3000	9Φ40	20Φ25	13Φ22	13Φ22	0.36	4.89	1163.3
5ZMG6u-1400-10	1700	1300	900	1400	50	130	575	3000	9Φ40	20Φ25	13Φ22	13Φ22	0.36	4.89	1163.3
5ZMG6v-1400-10	1700	1300	900	1400	50	130	575	3000	9Φ40	20Φ25	13Φ22	13Φ22	0.36	4.89	1163.3

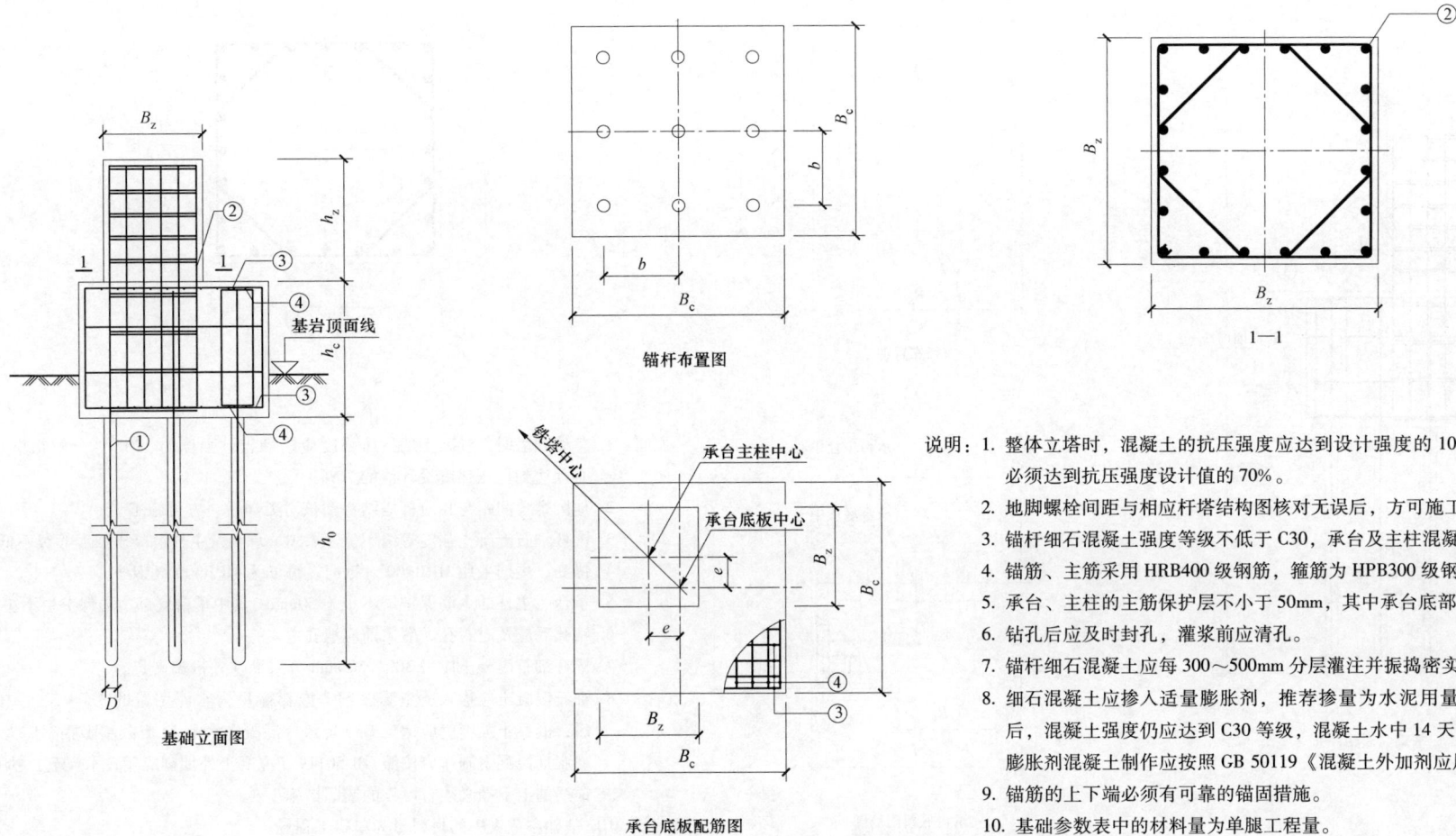

基础立面图

锚杆布置图

承台底板配筋图

1—1

说明: 1. 整体立塔时,混凝土的抗压强度应达到设计强度的 100%。分解组塔时,混凝土必须达到抗压强度设计值的 70%。

2. 地脚螺栓间距与相应杆塔结构图核对无误后,方可施工。

3. 锚杆细石混凝土强度等级不低于 C30,承台及主柱混凝土强度等级不低于 C25。

4. 锚筋、主筋采用 HRB400 级钢筋,箍筋为 HPB300 级钢筋。

5. 承台、主柱的主筋保护层不小于 50mm,其中承台底部主筋保护层不小于 70mm。

6. 钻孔后应及时封孔,灌浆前应清孔。

7. 锚杆细石混凝土应每 300~500mm 分层灌注并振捣密实。

8. 细石混凝土应掺入适量膨胀剂,推荐掺量为水泥用量的 3%~5%;掺入膨胀剂后,混凝土强度仍应达到 C30 等级,混凝土水中 14 天限制膨胀率应大于 0.02%;膨胀剂混凝土制作应按照 GB 50119《混凝土外加剂应用技术规范》执行。

9. 锚筋的上下端必须有可靠的锚固措施。

10. 基础参数表中的材料量为单腿工程量。

图 15.0-22 5ZMG6*-1400-10 岩石锚杆基础施工图

基 础 参 数 表

基础名称	承台宽度 B_c (mm)	承台高度 h_c (mm)	主柱宽度 B_z (mm)	主柱高度 h_z (mm)	偏心距 e (mm)	锚杆直径 D (mm)	锚杆间距 b (mm)	锚杆长度 h_0 (mm)	锚筋 ①	主柱钢筋 ②	承台 X 向主筋 ③	承台 Y 向主筋 ④	锚杆混凝土 (m^3)	承台混凝土 (m^3)	钢筋 (kg)
5ZMG6r-1600-10	1700	1100	1000	2000	150	100	400	4200	16 Φ 32	24 Φ 25	11 Φ 22	11 Φ 22	0.53	5.18	1302.7
5ZMG6s-1600-10	1700	1100	1000	2000	150	100	400	3600	16 Φ 32	24 Φ 25	11 Φ 22	11 Φ 22	0.45	5.18	1242.1
5ZMG6t-1600-10	1700	1100	1000	2000	150	100	400	3000	16 Φ 32	24 Φ 25	11 Φ 22	11 Φ 22	0.38	5.18	1181.5
5ZMG6u-1600-10	1700	1100	1000	2000	150	100	400	3000	16 Φ 32	24 Φ 25	11 Φ 22	11 Φ 22	0.38	5.18	1181.5
5ZMG6v-1600-10	1700	1100	1000	2000	150	100	400	3000	16 Φ 32	24 Φ 25	11 Φ 22	11 Φ 22	0.38	5.18	1181.5

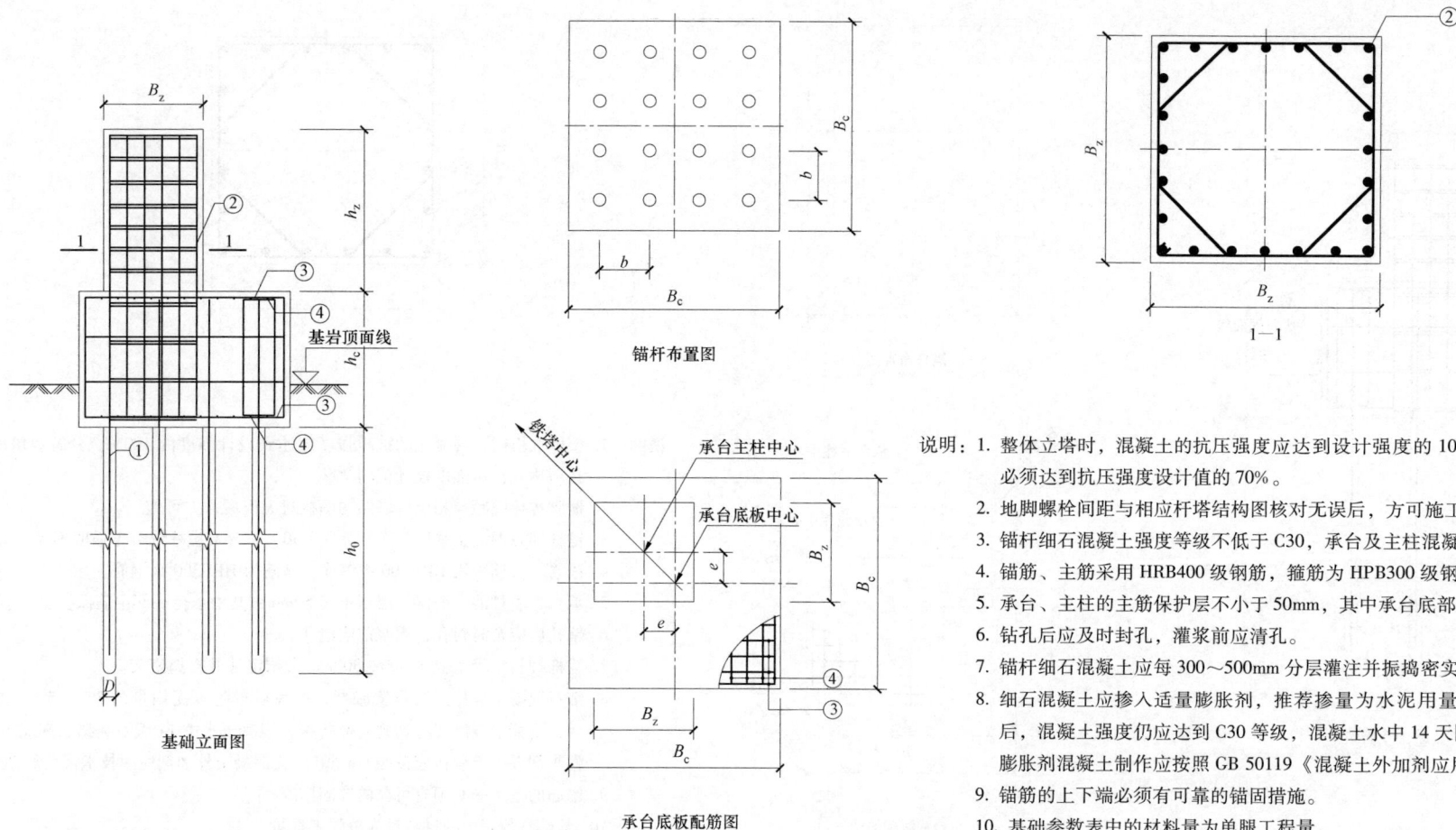

锚杆布置图

1—1

基础立面图

承台底板配筋图

说明：1. 整体立塔时，混凝土的抗压强度应达到设计强度的 100%。分解组塔时，混凝土必须达到抗压强度设计值的 70%。

2. 地脚螺栓间距与相应杆塔结构图核对无误后，方可施工。

3. 锚杆细石混凝土强度等级不低于 C30，承台及主柱混凝土强度等级不低于 C25。

4. 锚筋、主筋采用 HRB400 级钢筋，箍筋为 HPB300 级钢筋。

5. 承台、主柱的主筋保护层不小于 50mm，其中承台底部主筋保护层不小于 70mm。

6. 钻孔后应及时封孔，灌浆前应清孔。

7. 锚杆细石混凝土应每 300～500mm 分层灌注并振捣密实。

8. 细石混凝土应掺入适量膨胀剂，推荐掺量为水泥用量的 3%～5%；掺入膨胀剂后，混凝土强度仍应达到 C30 等级，混凝土水中 14 天限制膨胀率应大于 0.02%；膨胀剂混凝土制作应按照 GB 50119《混凝土外加剂应用技术规范》执行。

9. 锚筋的上下端必须有可靠的锚固措施。

10. 基础参数表中的材料量为单腿工程量。

图 15.0-23　5ZMG6∗-1600-10 岩石锚杆基础施工图

基 础 参 数 表

基础名称	承台宽度 B_c (mm)	承台高度 h_c (mm)	主柱宽度 B_z (mm)	主柱高度 h_z (mm)	偏心距 e (mm)	锚杆直径 D (mm)	锚杆间距 b (mm)	锚杆长度 h_0 (mm)	锚筋 ①	主柱钢筋 ②	承台 X 向主筋 ③	承台 Y 向主筋 ④	锚杆混凝土 (m³)	承台混凝土 (m³)	钢筋 (kg)
5ZMG6r-1800-10	1800	1100	1000	2000	200	100	430	4200	16 Φ 32	28 Φ 25	11 Φ 22	11 Φ 22	0.53	5.56	1366.3
5ZMG6s-1800-10	1800	1100	1000	2000	200	100	430	3800	16 Φ 32	28 Φ 25	11 Φ 22	11 Φ 22	0.48	5.56	1325.9
5ZMG6t-1800-10	1800	1100	1000	2000	200	100	430	3200	16 Φ 32	28 Φ 25	11 Φ 22	11 Φ 22	0.40	5.56	1265.3
5ZMG6u-1800-10	1800	1100	1000	2000	200	100	430	3000	16 Φ 32	28 Φ 25	11 Φ 22	11 Φ 22	0.38	5.56	1245.1
5ZMG6v-1800-10	1800	1100	1000	2000	200	100	430	3000	16 Φ 32	28 Φ 25	11 Φ 22	11 Φ 22	0.38	5.56	1245.1

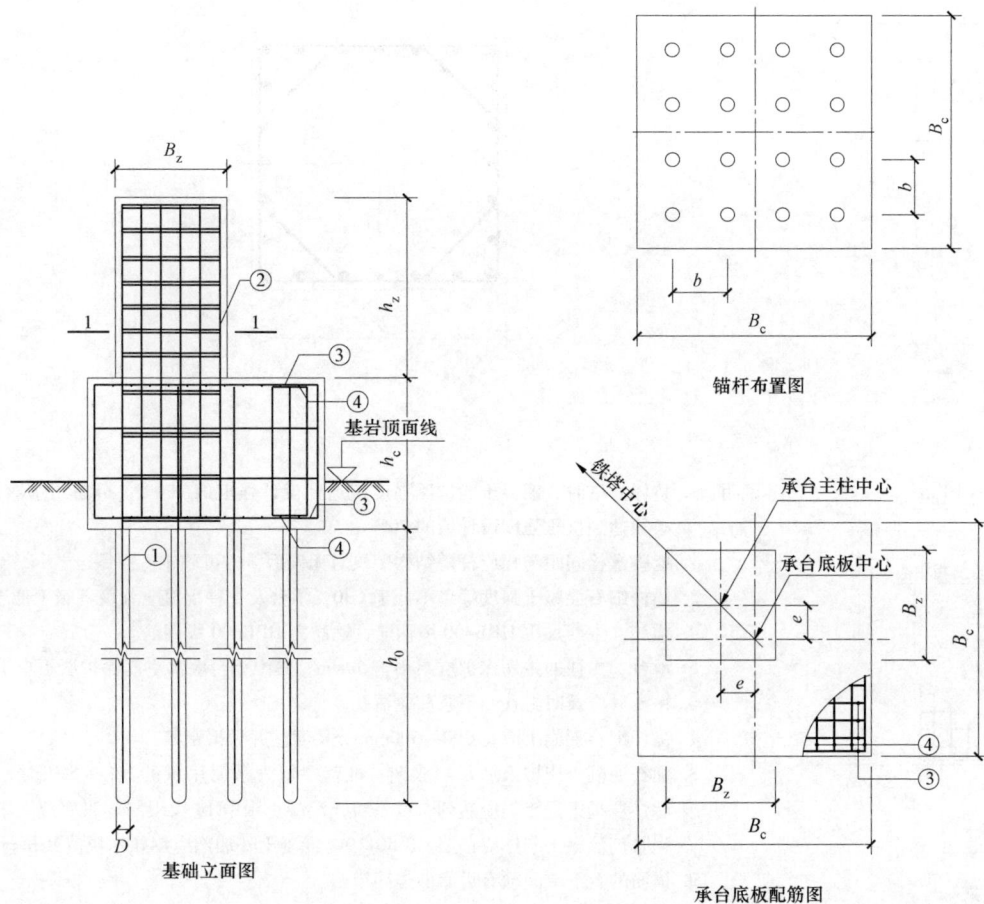

锚杆布置图

1—1

基础立面图

承台底板配筋图

说明: 1. 整体立塔时, 混凝土的抗压强度应达到设计强度的 100%。分解组塔时, 混凝土必须达到抗压强度设计值的 70%。

2. 地脚螺栓间距与相应杆塔结构图核对无误后, 方可施工。

3. 锚杆细石混凝土强度等级不低于 C30, 承台及主柱混凝土强度等级不低于 C25。

4. 锚筋、主筋采用 HRB400 级钢筋, 箍筋为 HPB300 级钢筋。

5. 承台、主柱的主筋保护层不小于 50mm, 其中承台底部主筋保护层不小于 70mm。

6. 钻孔后应及时封孔, 灌浆前应清孔。

7. 锚杆细石混凝土应每 300～500mm 分层灌注并振捣密实。

8. 细石混凝土应掺入适量膨胀剂, 推荐掺量为水泥用量的 3%～5%; 掺入膨胀剂后, 混凝土强度仍应达到 C30 等级, 混凝土水中 14 天限制膨胀率应大于 0.02%; 膨胀剂混凝土制作应按照 GB 50119《混凝土外加剂应用技术规范》执行。

9. 锚筋的上下端必须有可靠的锚固措施。

10. 基础参数表中的材料量为单腿工程量。

图 15.0-24 5ZMG6﹡-1800-10 岩石锚杆基础施工图

基 础 参 数 表

基础名称	承台宽度 B_c (mm)	承台高度 h_c (mm)	主柱宽度 B_z (mm)	主柱高度 h_z (mm)	偏心距 e (mm)	锚杆直径 D (mm)	锚杆间距 b (mm)	锚杆长度 h_0 (mm)	锚筋 ①	主柱钢筋 ②	承台 X 向主筋 ③	承台 Y 向主筋 ④	锚杆混凝土 (m³)	承台混凝土 (m³)	钢筋 (kg)
5ZMG6r-2000-10	1900	1100	1000	2000	250	100	450	4400	16 Φ 32	24 Φ 28	13 Φ 22	13 Φ 22	0.55	5.97	1511.7
5ZMG6s-2000-10	1900	1100	1000	2000	250	100	450	4000	16 Φ 32	24 Φ 28	13 Φ 22	13 Φ 22	0.50	5.97	1471.3
5ZMG6t-2000-10	1900	1100	1000	2000	250	100	450	3400	16 Φ 32	24 Φ 28	13 Φ 22	13 Φ 22	0.43	5.97	1410.7
5ZMG6u-2000-10	1900	1100	1000	2000	250	100	450	3000	16 Φ 32	24 Φ 28	13 Φ 22	13 Φ 22	0.38	5.97	1370.3
5ZMG6v-2000-10	1900	1100	1000	2000	250	100	450	3000	16 Φ 32	24 Φ 28	13 Φ 22	13 Φ 22	0.38	5.97	1370.3

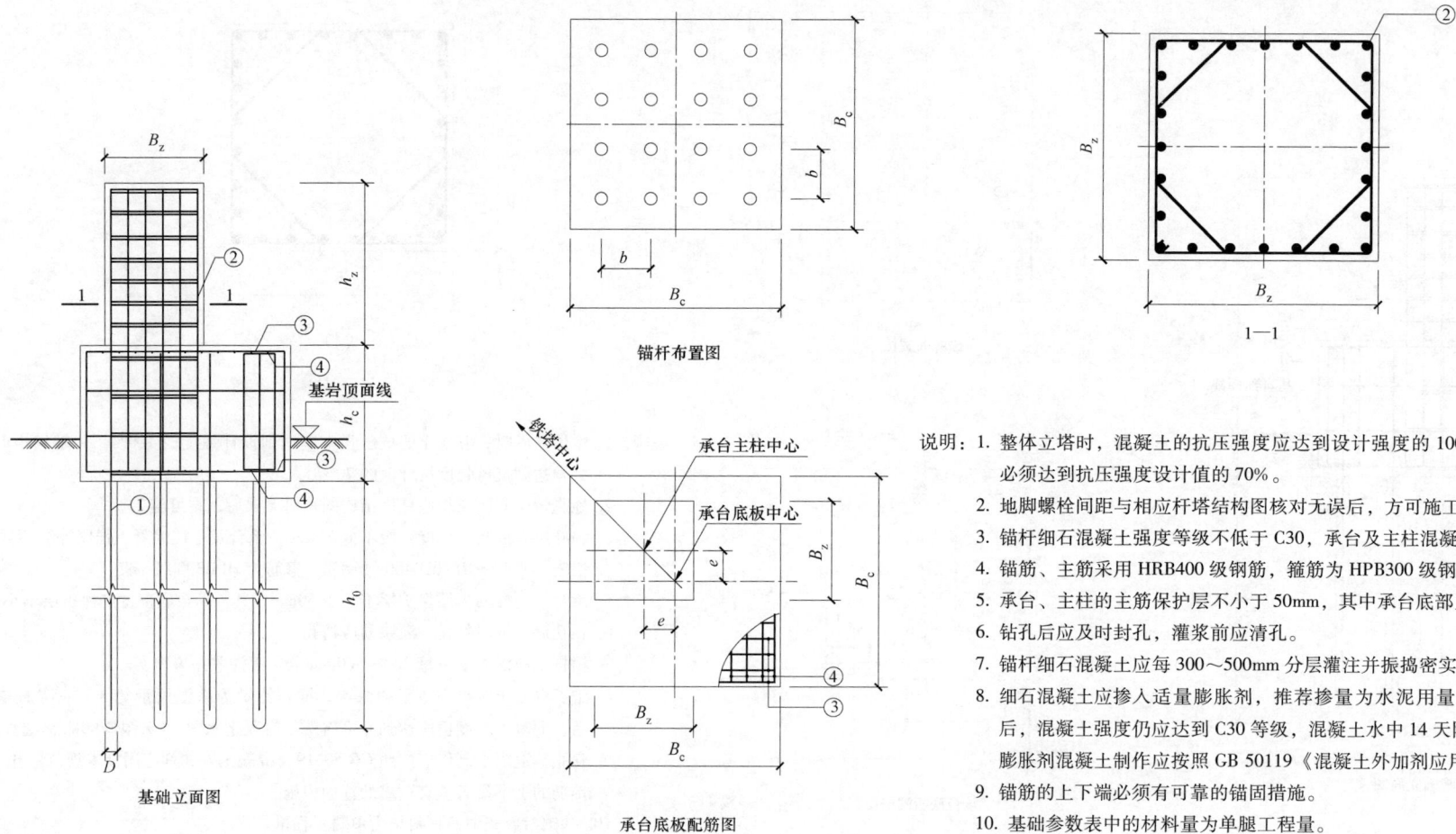

锚杆布置图

1—1

基础立面图

承台底板配筋图

说明：1. 整体立塔时，混凝土的抗压强度应达到设计强度的 100%。分解组塔时，混凝土必须达到抗压强度设计值的 70%。

2. 地脚螺栓间距与相应杆塔结构图核对无误后，方可施工。

3. 锚杆细石混凝土强度等级不低于 C30，承台及主柱混凝土强度等级不低于 C25。

4. 锚筋、主筋采用 HRB400 级钢筋，箍筋为 HPB300 级钢筋。

5. 承台、主柱的主筋保护层不小于 50mm，其中承台底部主筋保护层不小于 70mm。

6. 钻孔后应及时封孔，灌浆前应清孔。

7. 锚杆细石混凝土应每 300~500mm 分层灌注并振捣密实。

8. 细石混凝土应掺入适量膨胀剂，推荐掺量为水泥用量的 3%～5%；掺入膨胀剂后，混凝土强度仍应达到 C30 等级，混凝土水中 14 天限制膨胀率应大于 0.02%；膨胀混凝土制作应按照 GB 50119《混凝土外加剂应用技术规范》执行。

9. 锚筋的上下端必须有可靠的锚固措施。

10. 基础参数表中的材料量为单腿工程量。

图 15.0-25 5ZMG6 ∗ -2000-10 岩石锚杆基础施工图

基 础 参 数 表

基础名称	承台宽度 B_c (mm)	承台高度 h_c (mm)	主柱宽度 B_z (mm)	主柱高度 h_z (mm)	偏心距 e (mm)	锚杆直径 D (mm)	锚杆间距 b (mm)	锚杆长度 h_0 (mm)	锚筋 ①	主柱钢筋 ②	承台 X 向主筋 ③	承台 Y 向主筋 ④	锚杆混凝土 (m^3)	承台混凝土 (m^3)	钢筋 (kg)
5ZMG6r-2200-10	1900	1200	1000	2400	250	110	450	4800	16Φ36	24Φ32	13Φ22	13Φ22	0.73	6.73	1948.1
5ZMG6s-2200-10	1900	1200	1000	2400	250	110	450	4200	16Φ36	24Φ32	13Φ22	13Φ22	0.64	6.73	1871.4
5ZMG6t-2200-10	1900	1200	1000	2400	250	110	450	3600	16Φ36	24Φ32	13Φ22	13Φ22	0.55	6.73	1794.6
5ZMG6u-2200-10	1900	1200	1000	2400	250	110	450	3200	16Φ36	24Φ32	13Φ22	13Φ22	0.49	6.73	1743.5
5ZMG6v-2200-10	1900	1200	1000	2400	250	110	450	3000	16Φ36	24Φ32	13Φ22	13Φ22	0.46	6.73	1717.9

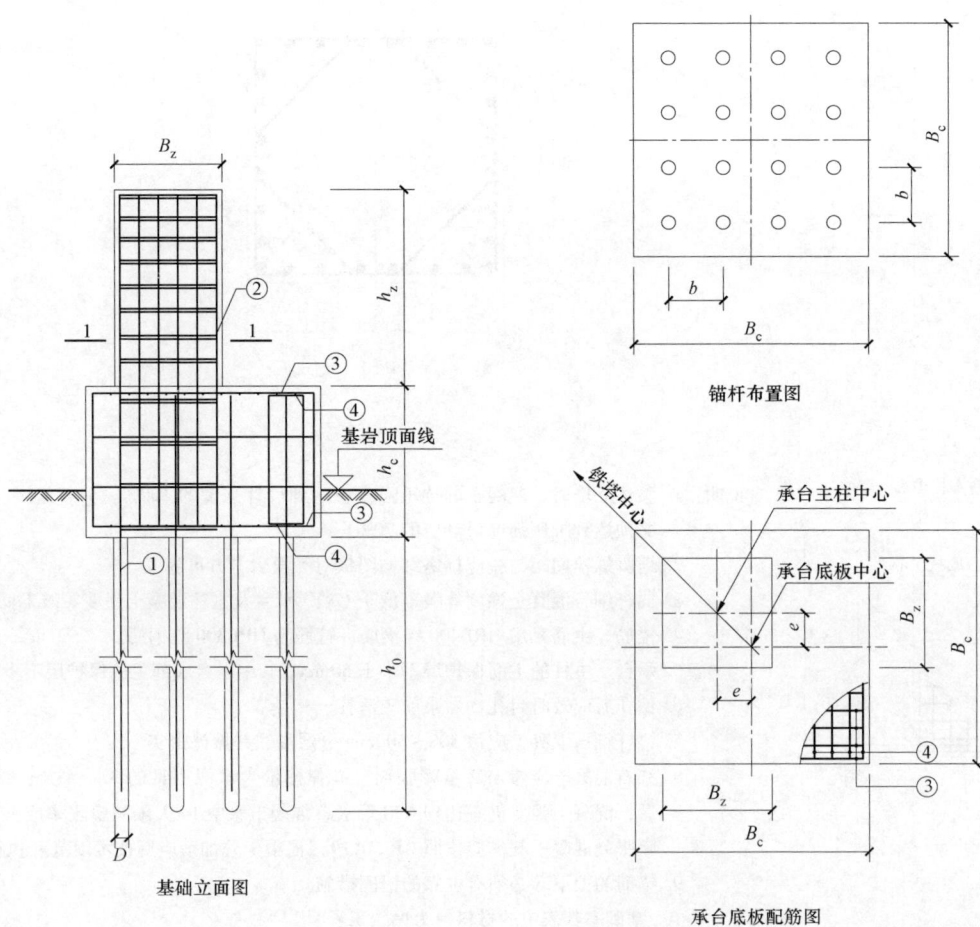

锚杆布置图

1—1

基础立面图

承台底板配筋图

说明：1. 整体立塔时，混凝土的抗压强度应达到设计强度的 100%。分解组塔时，混凝土必须达到抗压强度设计值的 70%。

2. 地脚螺栓间距与相应杆塔结构图核对无误后，方可施工。

3. 锚杆细石混凝土强度等级不低于 C30，承台及主柱混凝土强度等级不低于 C25。

4. 锚筋、主筋采用 HRB400 级钢筋，箍筋为 HPB300 级钢筋。

5. 承台、主柱的主筋保护层不小于 50mm，其中承台底部主筋保护层不小于 70mm。

6. 钻孔后应及时封孔，灌浆前应清孔。

7. 锚杆细石混凝土应每 300～500mm 分层灌注并振捣密实。

8. 细石混凝土应掺入适量膨胀剂，推荐掺量为水泥用量的 3%～5%；掺入膨胀剂后，混凝土强度仍应达到 C30 等级，混凝土水中 14 天限制膨胀率应大于 0.02%；膨胀剂混凝土制作应按照 GB 50119《混凝土外加剂应用技术规范》执行。

9. 锚筋的上下端必须有可靠的锚固措施。

10. 基础参数表中的材料量为单腿工程量。

图 15.0-26 5ZMG6*-2200-10 岩石锚杆基础施工图

基 础 参 数 表

基础名称	承台宽度 B_c (mm)	承台高度 h_c (mm)	主柱宽度 B_z (mm)	主柱高度 h_z (mm)	偏心距 e (mm)	锚杆直径 D (mm)	锚杆间距 b (mm)	锚杆长度 h_0 (mm)	锚筋 ①	主柱钢筋 ②	承台 X 向主筋 ③	承台 Y 向主筋 ④	锚杆混凝土 (m³)	承台混凝土 (m³)	钢筋 (kg)
5ZMG6r-2400-10	1900	1200	1000	2400	250	110	460	5000	16 ⏀ 36	28 ⏀ 32	13 ⏀ 22	13 ⏀ 22	0.76	6.73	2070.2
5ZMG6s-2400-10	1900	1200	1000	2400	250	110	460	4400	16 ⏀ 36	28 ⏀ 32	13 ⏀ 22	13 ⏀ 22	0.67	6.73	1993.5
5ZMG6t-2400-10	1900	1200	1000	2400	250	110	460	3800	16 ⏀ 36	28 ⏀ 32	13 ⏀ 22	13 ⏀ 22	0.58	6.73	1916.8
5ZMG6u-2400-10	1900	1200	1000	2400	250	110	460	3400	16 ⏀ 36	28 ⏀ 32	13 ⏀ 22	13 ⏀ 22	0.52	6.73	1865.6
5ZMG6v-2400-10	1900	1200	1000	2400	250	110	460	3000	16 ⏀ 36	28 ⏀ 32	13 ⏀ 22	13 ⏀ 22	0.46	6.73	1814.5

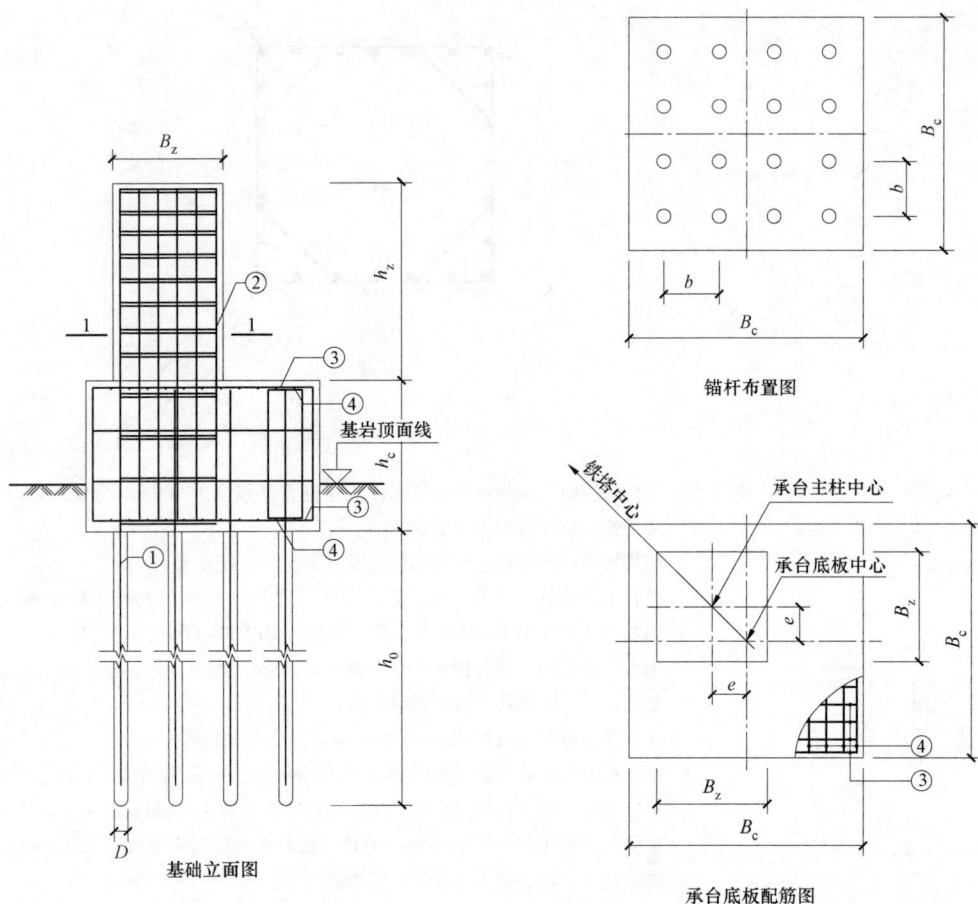

基础立面图

锚杆布置图

承台底板配筋图

1—1

说明：1. 整体立塔时，混凝土的抗压强度应达到设计强度的 100%。分解组塔时，混凝土必须达到抗压强度设计值的 70%。

2. 地脚螺栓间距与相应杆塔结构图核对无误后，方可施工。

3. 锚杆细石混凝土强度等级不低于 C30，承台及主柱混凝土强度等级不低于 C25。

4. 锚筋、主筋采用 HRB400 级钢筋，箍筋为 HPB300 级钢筋。

5. 承台、主柱的主筋保护层不小于 50mm，其中承台底部主筋保护层不小于 70mm。

6. 钻孔后应及时封孔，灌浆前应清孔。

7. 锚杆细石混凝土应每 300～500mm 分层灌注并振捣密实。

8. 细石混凝土应掺入适量膨胀剂，推荐掺量为水泥用量的 3%～5%；掺入膨胀剂后，混凝土强度仍应达到 C30 等级，混凝土水中 14 天限制膨胀率应大于 0.02%；膨胀剂混凝土制作应按照 GB 50119《混凝土外加剂应用技术规范》执行。

9. 锚筋的上下端必须有可靠的锚固措施。

10. 基础参数表中的材料量为单腿工程量。

图 15.0-27　5ZMG6*-2400-10 岩石锚杆基础施工图

基础参数表

基础名称	承台宽度 B_c (mm)	承台高度 h_c (mm)	主柱宽度 B_z (mm)	主柱高度 h_z (mm)	偏心距 e (mm)	锚杆直径 D (mm)	锚杆间距 b (mm)	锚杆长度 h_0 (mm)	锚筋 ①	主柱钢筋 ②	承台 X 向主筋 ③	承台 Y 向主筋 ④	锚杆混凝土 (m³)	承台混凝土 (m³)	钢筋 (kg)
5ZMG6r-2600-10	2000	1200	1000	2400	300	110	500	5200	16Φ36	28Φ32	14Φ22	14Φ22	0.79	7.20	2149.5
5ZMG6s-2600-10	2000	1200	1000	2400	300	110	500	4600	16Φ36	28Φ32	14Φ22	14Φ22	0.70	7.20	2072.8
5ZMG6t-2600-10	2000	1200	1000	2400	300	110	500	4000	16Φ36	28Φ32	14Φ22	14Φ22	0.61	7.20	1996.1
5ZMG6u-2600-10	2000	1200	1000	2400	300	110	500	3400	16Φ36	28Φ32	14Φ22	14Φ22	0.52	7.20	1919.4
5ZMG6v-2600-10	2000	1200	1000	2400	300	110	500	3000	16Φ36	28Φ32	14Φ22	14Φ22	0.46	7.20	1868.3

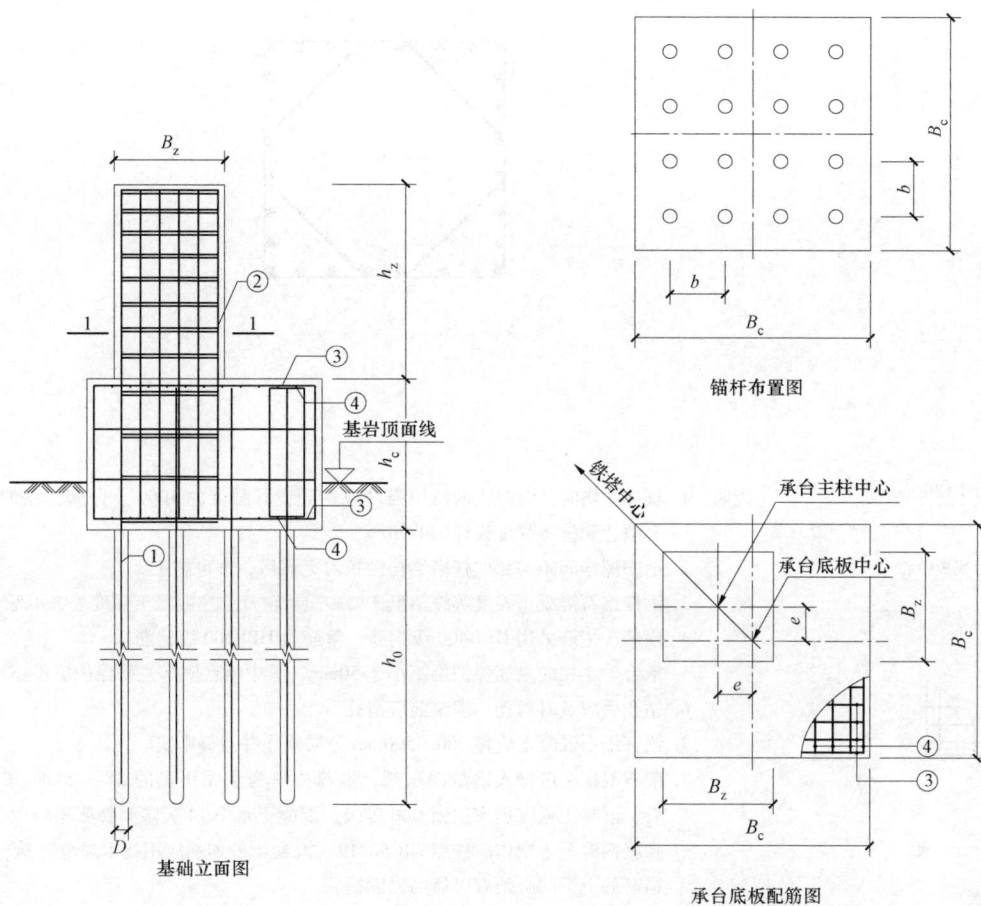

基础立面图

锚杆布置图

承台底板配筋图

1—1

说明：1. 整体立塔时，混凝土的抗压强度应达到设计强度的 100%。分解组塔时，混凝土必须达到抗压强度设计值的 70%。

2. 地脚螺栓间距与相应杆塔结构图核对无误后，方可施工。

3. 锚杆细石混凝土强度等级不低于 C30，承台及主柱混凝土强度等级不低于 C25。

4. 锚筋、主筋采用 HRB400 级钢筋，箍筋为 HPB300 级钢筋。

5. 承台、主柱的主筋保护层不小于 50mm，其中承台底部主筋保护层不小于 70mm。

6. 钻孔后应及时封孔，灌浆前应清孔。

7. 锚杆细石混凝土应每 300~500mm 分层灌注并振捣密实。

8. 细石混凝土应掺入适量膨胀剂，推荐掺量为水泥用量的 3%~5%；掺入膨胀剂后，混凝土强度仍应达到 C30 等级，混凝土水中 14 天限制膨胀率应大于 0.02%；膨胀剂混凝土制作应按照 GB 50119《混凝土外加剂应用技术规范》执行。

9. 锚筋的上下端必须有可靠的锚固措施。

10. 基础参数表中的材料量为单腿工程量。

图 15.0-28　5ZMG6*-2600-10 岩石锚杆基础施工图

基 础 参 数 表

基础名称	承台宽度 B_c (mm)	承台高度 h_c (mm)	主柱宽度 B_z (mm)	主柱高度 h_z (mm)	偏心距 e (mm)	锚杆直径 D (mm)	锚杆间距 b (mm)	锚杆长度 h_0 (mm)	锚筋 ①	主柱钢筋 ②	承台 X 向主筋 ③	承台 Y 向主筋 ④	锚杆混凝土 (m^3)	承台混凝土 (m^3)	钢筋 (kg)
5ZMG6r-2800-10	2000	1200	1200	1500	200	110	500	5400	16 Φ 36	28 Φ 28	14 Φ 22	14 Φ 22	0.82	6.96	1868.5
5ZMG6s-2800-10	2000	1200	1200	1500	200	110	500	4800	16 Φ 36	28 Φ 28	14 Φ 22	14 Φ 22	0.73	6.96	1791.8
5ZMG6t-2800-10	2000	1200	1200	1500	200	110	500	4200	16 Φ 36	28 Φ 28	14 Φ 22	14 Φ 22	0.64	6.96	1715.0
5ZMG6u-2800-10	2000	1200	1200	1500	200	110	500	3600	16 Φ 36	28 Φ 28	14 Φ 22	14 Φ 22	0.55	6.96	1638.3
5ZMG6v-2800-10	2000	1200	1200	1500	200	110	500	3200	16 Φ 36	28 Φ 28	14 Φ 22	14 Φ 22	0.49	6.96	1587.2

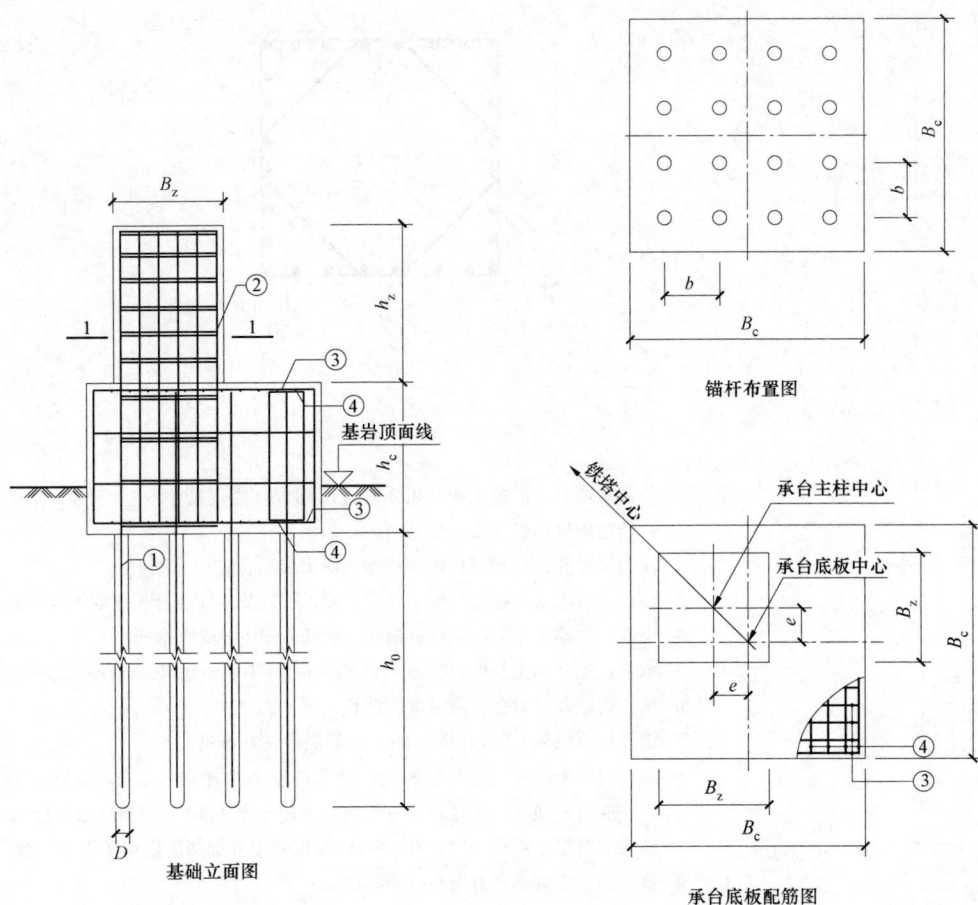

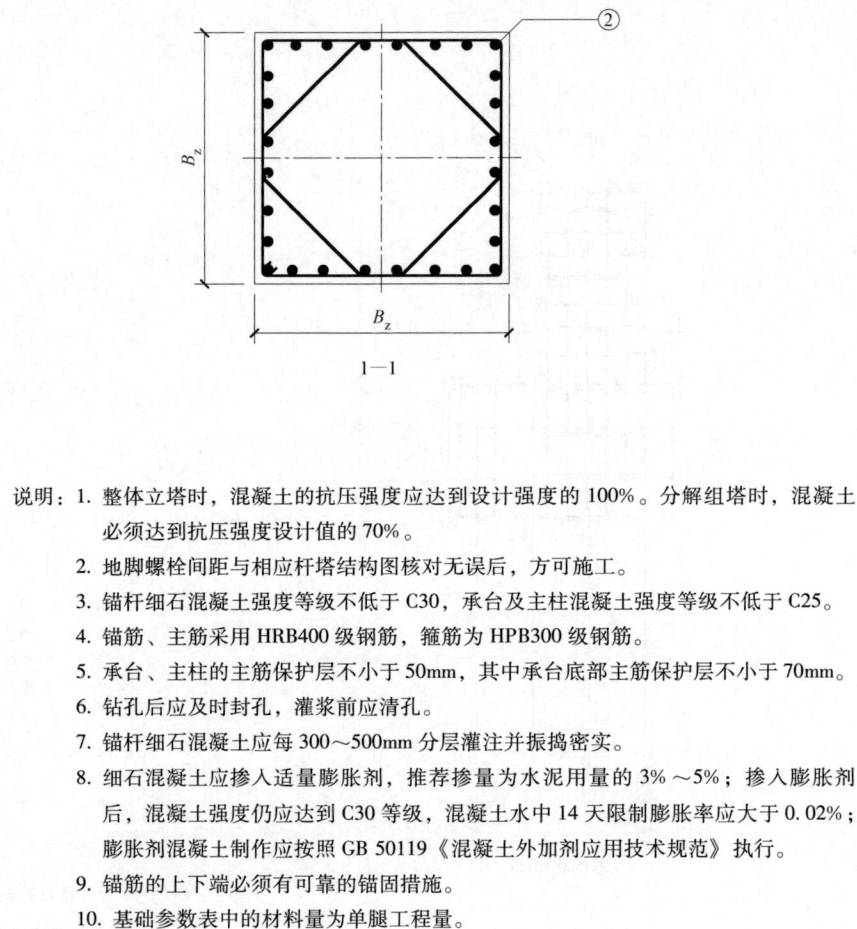

锚杆布置图

1—1

基础立面图

承台底板配筋图

说明：1. 整体立塔时，混凝土的抗压强度应达到设计强度的 100%。分解组塔时，混凝土必须达到抗压强度设计值的 70%。

2. 地脚螺栓间距与相应杆塔结构图核对无误后，方可施工。

3. 锚杆细石混凝土强度等级不低于 C30，承台及主柱混凝土强度等级不低于 C25。

4. 锚筋、主筋采用 HRB400 级钢筋，箍筋为 HPB300 级钢筋。

5. 承台、主柱的主筋保护层不小于 50mm，其中承台底部主筋保护层不小于 70mm。

6. 钻孔后应及时封孔，灌浆前应清孔。

7. 锚杆细石混凝土应每 300～500mm 分层灌注并振捣密实。

8. 细石混凝土应掺入适量膨胀剂，推荐掺量为水泥用量的 3%～5%；掺入膨胀剂后，混凝土强度仍应达到 C30 等级，混凝土水中 14 天限制膨胀率应大于 0.02%；膨胀剂混凝土制作应按照 GB 50119《混凝土外加剂应用技术规范》执行。

9. 锚筋的上下端必须有可靠的锚固措施。

10. 基础参数表中的材料量为单腿工程量。

图 15.0-29　5ZMG6＊-2800-10 岩石锚杆基础施工图

基 础 参 数 表

基础名称	承台宽度 B_c (mm)	承台高度 h_c (mm)	主柱宽度 B_z (mm)	主柱高度 h_z (mm)	偏心距 e (mm)	锚杆直径 D (mm)	锚杆间距 b (mm)	锚杆长度 h_0 (mm)	锚筋 ①	主柱钢筋 ②	承台 X 向主筋 ③	承台 Y 向主筋 ④	锚杆混凝土 (m^3)	承台混凝土 (m^3)	钢筋 (kg)
5ZMG6r-3000-10	2000	1200	1200	1500	200	110	500	5600	16⌀36	28⌀28	14⌀22	14⌀22	0.85	6.96	1894.0
5ZMG6s-3000-10	2000	1200	1200	1500	200	110	500	5000	16⌀36	28⌀28	14⌀22	14⌀22	0.76	6.96	1817.3
5ZMG6t-3000-10	2000	1200	1200	1500	200	110	500	4200	16⌀36	28⌀28	14⌀22	14⌀22	0.64	6.96	1715.0
5ZMG6u-3000-10	2000	1200	1200	1500	200	110	500	3800	16⌀36	28⌀28	14⌀22	14⌀22	0.58	6.96	1663.9
5ZMG6v-3000-10	2000	1200	1200	1500	200	110	500	3400	16⌀36	28⌀28	14⌀22	14⌀22	0.52	6.96	1612.8

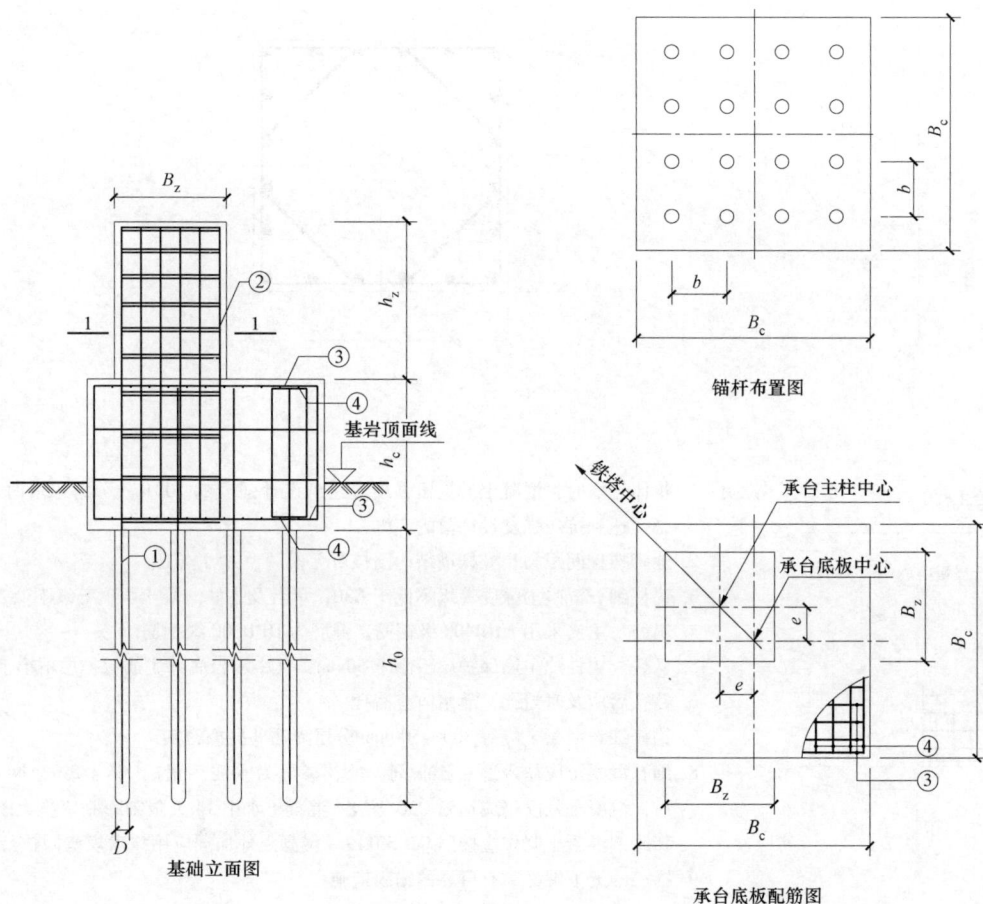

锚杆布置图

1—1

基础立面图

承台底板配筋图

说明：1. 整体立塔时，混凝土的抗压强度应达到设计强度的100%。分解组塔时，混凝土必须达到抗压强度设计值的70%。

2. 地脚螺栓间距与相应杆塔结构图核对无误后，方可施工。

3. 锚杆细石混凝土强度等级不低于C30，承台及主柱混凝土强度等级不低于C25。

4. 锚筋、主筋采用HRB400级钢筋，箍筋为HPB300级钢筋。

5. 承台、主柱的主筋保护层不小于50mm，其中承台底部主筋保护层不小于70mm。

6. 钻孔后应及时封孔，灌浆前应清孔。

7. 锚杆细石混凝土应每300～500mm分层灌注并振捣密实。

8. 细石混凝土应掺入适量膨胀剂，推荐掺量为水泥用量的3%～5%；掺入膨胀剂后，混凝土强度仍应达到C30等级，混凝土水中14天限制膨胀率应大于0.02%；膨胀剂混凝土制作应按照GB 50119《混凝土外加剂应用技术规范》执行。

9. 锚筋的上下端必须有可靠的锚固措施。

10. 基础参数表中的材料量为单腿工程量。

图15.0-30　5ZMG6*-3000-10岩石锚杆基础施工图

基 础 参 数 表

基础名称	承台宽度 B_c (mm)	承台高度 h_c (mm)	主柱宽度 B_z (mm)	主柱高度 h_z (mm)	偏心距 e (mm)	锚杆直径 D (mm)	锚杆间距 b (mm)	锚杆长度 h_0 (mm)	锚筋 ①	主柱钢筋 ②	承台X向主筋 ③	承台Y向主筋 ④	锚杆混凝土 (m³)	承台混凝土 (m³)	钢筋 (kg)
5ZMG6r-1200-15	1600	1300	900	1900	50	130	525	5000	9Φ40	20Φ25	12Φ22	12Φ22	0.60	4.87	1332.5
5ZMG6s-1200-15	1600	1300	900	1900	50	130	525	4200	9Φ40	20Φ25	12Φ22	12Φ22	0.50	4.87	1261.5
5ZMG6t-1200-15	1600	1300	900	1900	50	130	525	3200	9Φ40	20Φ25	12Φ22	12Φ22	0.38	4.87	1172.7
5ZMG6u-1200-15	1600	1300	900	1900	50	130	525	3000	9Φ40	20Φ25	12Φ22	12Φ22	0.36	4.87	1155.0
5ZMG6v-1200-15	1600	1300	900	1900	50	130	525	3000	9Φ40	20Φ25	12Φ22	12Φ22	0.36	4.87	1155.0

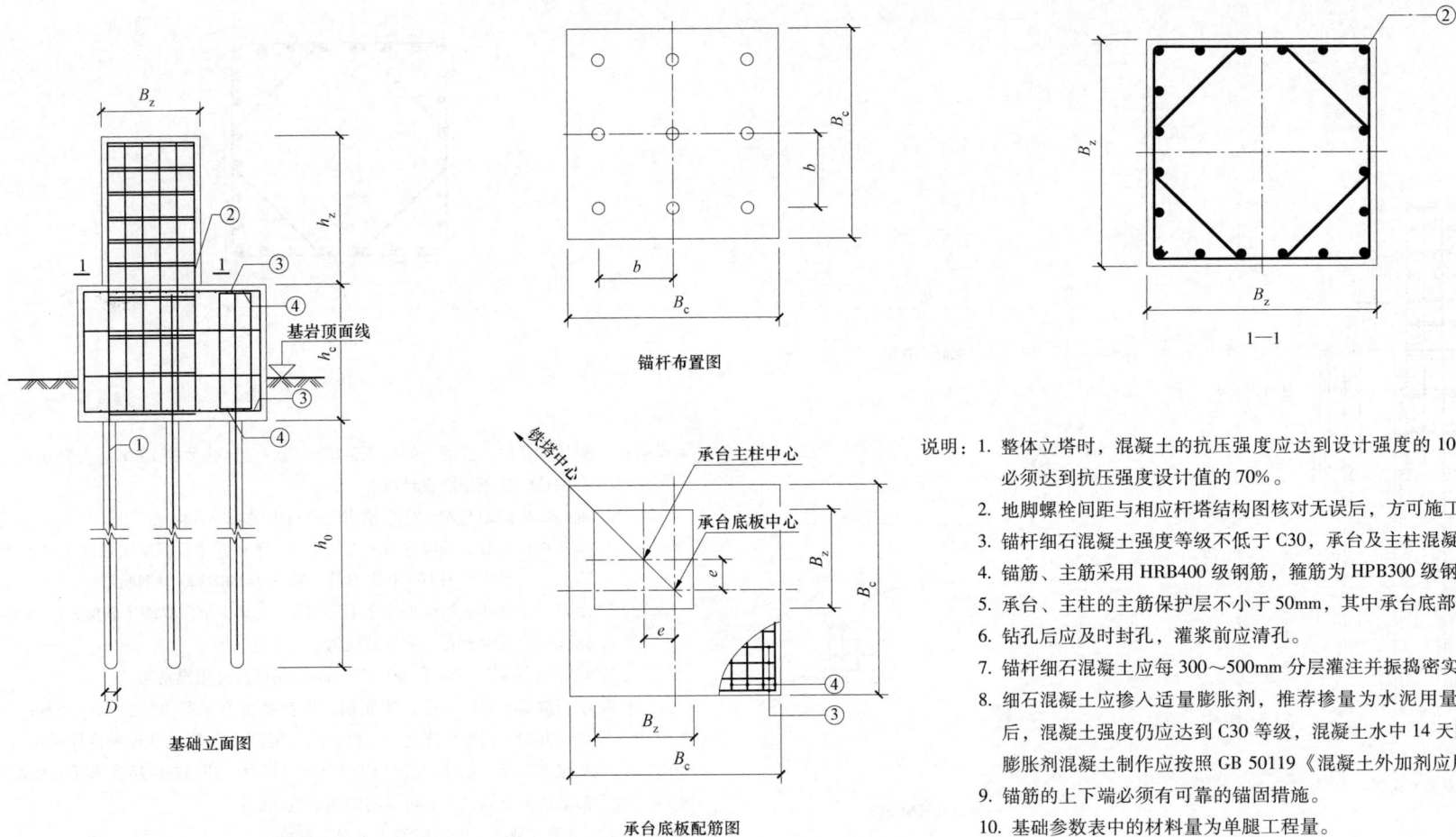

基础立面图

锚杆布置图

1—1

承台底板配筋图

说明: 1. 整体立塔时, 混凝土的抗压强度应达到设计强度的100%。分解组塔时, 混凝土必须达到抗压强度设计值的70%。

2. 地脚螺栓间距与相应杆塔结构图核对无误后, 方可施工。

3. 锚杆细石混凝土强度等级不低于C30, 承台及主柱混凝土强度等级不低于C25。

4. 锚筋、主筋采用HRB400级钢筋, 箍筋为HPB300级钢筋。

5. 承台、主柱的主筋保护层不小于50mm, 其中承台底部主筋保护层不小于70mm。

6. 钻孔后应及时封孔, 灌浆前应清孔。

7. 锚杆细石混凝土应每300～500mm分层灌注并振捣密实。

8. 细石混凝土应掺入适量膨胀剂, 推荐掺量为水泥用量的3%～5%; 掺入膨胀剂后, 混凝土强度仍应达到C30等级, 混凝土水中14天限制膨胀率应大于0.02%; 膨胀剂混凝土制作应按照GB 50119《混凝土外加剂应用技术规范》执行。

9. 锚筋的上下端必须有可靠的锚固措施。

10. 基础参数表中的材料量为单腿工程量。

图 15.0-31　5ZMG6*-1200-15岩石锚杆基础施工图

基 础 参 数 表

基础名称	承台宽度 B_c（mm）	承台高度 h_c（mm）	主柱宽度 B_z（mm）	主柱高度 h_z（mm）	偏心距 e（mm）	锚杆直径 D（mm）	锚杆间距 b（mm）	锚杆长度 h_0（mm）	锚筋①	主柱钢筋②	承台X向主筋③	承台Y向主筋④	锚杆混凝土（m³）	承台混凝土（m³）	钢筋（kg）
5ZMG6r-1400-15	1800	1200	900	2000	250	110	600	4200	9Φ36	24Φ25	12Φ22	12Φ22	0.36	5.51	1205.7
5ZMG6s-1400-15	1800	1200	900	2000	250	110	600	3400	9Φ36	24Φ25	12Φ22	12Φ22	0.29	5.51	1148.1
5ZMG6t-1400-15	1800	1200	900	2000	250	110	600	3000	9Φ36	24Φ25	12Φ22	12Φ22	0.26	5.51	1119.4
5ZMG6u-1400-15	1800	1200	900	2000	250	110	600	3000	9Φ36	24Φ25	12Φ22	12Φ22	0.26	5.51	1119.4
5ZMG6v-1400-15	1800	1200	900	2000	250	110	600	3000	9Φ36	24Φ25	12Φ22	12Φ22	0.26	5.51	1119.4

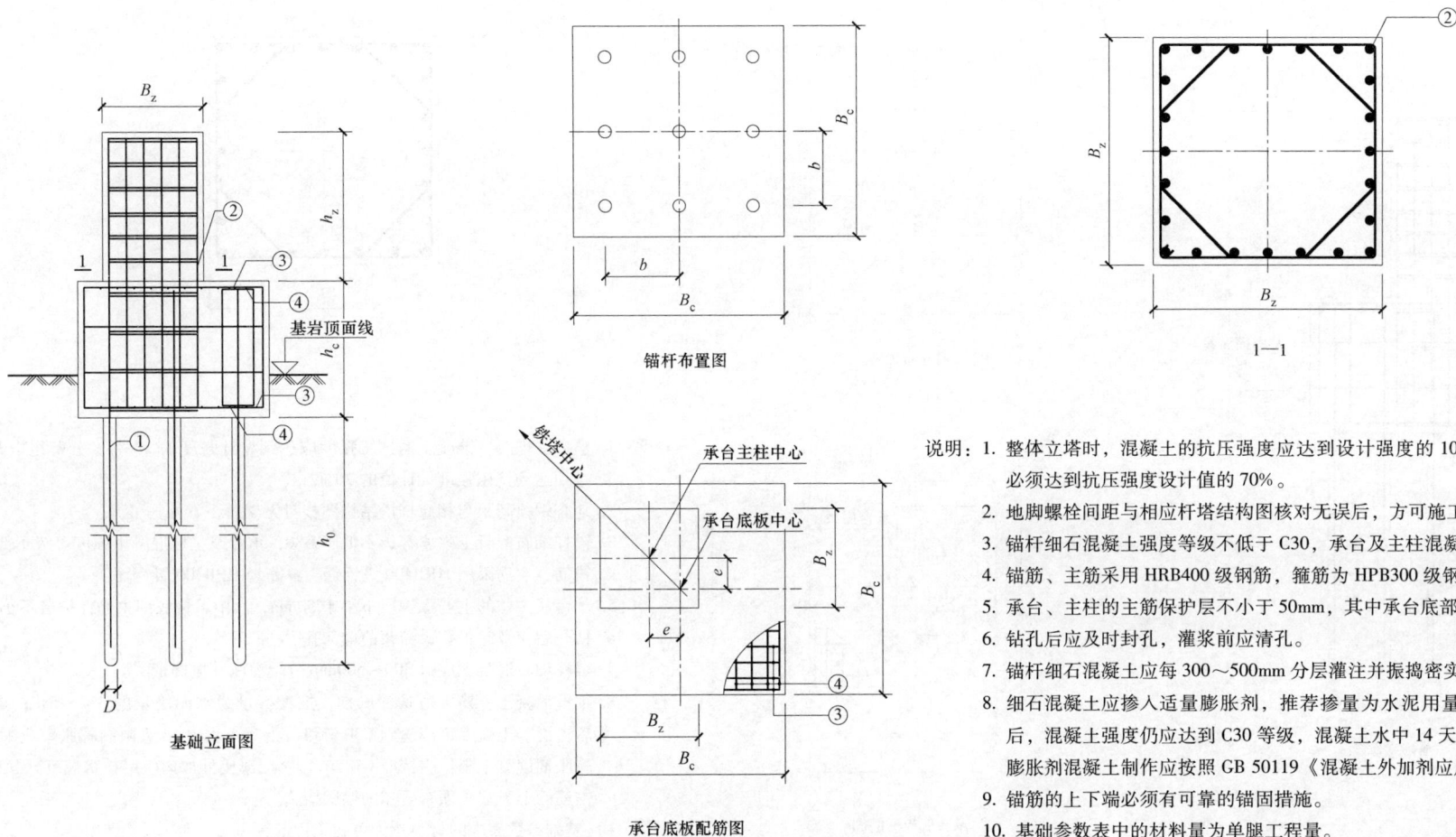

基础立面图

锚杆布置图

承台底板配筋图

1—1

说明：1. 整体立塔时，混凝土的抗压强度应达到设计强度的100%。分解组塔时，混凝土必须达到抗压强度设计值的70%。

2. 地脚螺栓间距与相应杆塔结构图核对无误后，方可施工。

3. 锚杆细石混凝土强度等级不低于C30，承台及主柱混凝土强度等级不低于C25。

4. 锚筋、主筋采用HRB400级钢筋，箍筋为HPB300级钢筋。

5. 承台、主柱的主筋保护层不小于50mm，其中承台底部主筋保护层不小于70mm。

6. 钻孔后应及时封孔，灌浆前应清孔。

7. 锚杆细石混凝土应每300~500mm分层灌注并振捣密实。

8. 细石混凝土应掺入适量膨胀剂，推荐掺量为水泥用量的3%~5%；掺入膨胀剂后，混凝土强度仍应达到C30等级，混凝土水中14天限制膨胀率应大于0.02%；膨胀剂混凝土制作应按照GB 50119《混凝土外加剂应用技术规范》执行。

9. 锚筋的上下端必须有可靠的锚固措施。

10. 基础参数表中的材料量为单腿工程量。

图 15.0-32 5ZMG6*-1400-15岩石锚杆基础施工图

基 础 参 数 表

基础名称	承台宽度 B_c (mm)	承台高度 h_c (mm)	主柱宽度 B_z (mm)	主柱高度 h_z (mm)	偏心距 e (mm)	锚杆直径 D (mm)	锚杆间距 b (mm)	锚杆长度 h_0 (mm)	锚筋 ①	主柱钢筋 ②	承台 X 向主筋 ③	承台 Y 向主筋 ④	锚杆混凝土 (m³)	承台混凝土 (m³)	钢筋 (kg)
5ZMG6r-1600-15	1800	1100	1000	2500	200	100	430	4200	16Φ32	24Φ28	11Φ22	11Φ22	0.53	6.06	1470.6
5ZMG6s-1600-15	1800	1100	1000	2500	200	100	430	3600	16Φ32	24Φ28	11Φ22	11Φ22	0.45	6.06	1409.9
5ZMG6t-1600-15	1800	1100	1000	2500	200	100	430	3000	16Φ32	24Φ28	11Φ22	11Φ22	0.38	6.06	1349.3
5ZMG6u-1600-15	1800	1100	1000	2500	200	100	430	3000	16Φ32	24Φ28	11Φ22	11Φ22	0.38	6.06	1349.3
5ZMG6v-1600-15	1800	1100	1000	2500	200	100	430	3000	16Φ32	24Φ28	11Φ22	11Φ22	0.38	6.06	1349.3

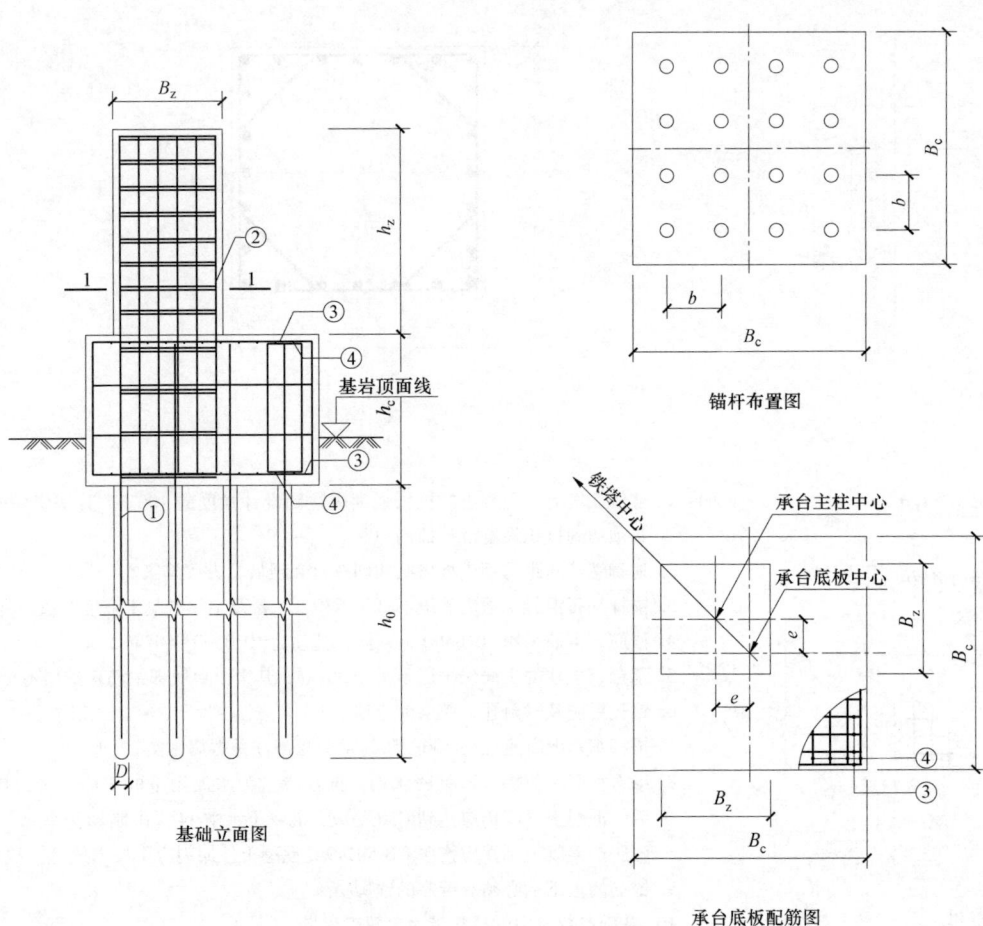

基础立面图

锚杆布置图

承台底板配筋图

1—1

说明：1. 整体立塔时，混凝土的抗压强度应达到设计强度的100%。分解组塔时，混凝土必须达到抗压强度设计值的70%。

2. 地脚螺栓间距与相应杆塔结构图核对无误后，方可施工。

3. 锚杆细石混凝土强度等级不低于C30，承台及主柱混凝土强度等级不低于C25。

4. 锚筋、主筋采用HRB400级钢筋，箍筋为HPB300级钢筋。

5. 承台、主柱的主筋保护层不小于50mm，其中承台底部主筋保护层不小于70mm。

6. 钻孔后应及时封孔，灌浆前应清孔。

7. 锚杆细石混凝土应每300～500mm分层灌注并振捣密实。

8. 细石混凝土应掺入适量膨胀剂，推荐掺量为水泥用量的3%～5%；掺入膨胀剂后，混凝土强度仍应达到C30等级，混凝土水中14天限制膨胀率应大于0.02%；膨胀剂混凝土制作应按照GB 50119《混凝土外加剂应用技术规范》执行。

9. 锚筋的上下端必须有可靠的锚固措施。

10. 基础参数表中的材料量为单腿工程量。

图 15.0-33　5ZMG6*-1600-15 岩石锚杆基础施工图

基 础 参 数 表

基础名称	承台宽度 B_c (mm)	承台高度 h_c (mm)	主柱宽度 B_z (mm)	主柱高度 h_z (mm)	偏心距 e (mm)	锚杆直径 D (mm)	锚杆间距 b (mm)	锚杆长度 h_0 (mm)	锚筋 ①	主柱钢筋 ②	承台 X 向主筋 ③	承台 Y 向主筋 ④	锚杆混凝土 (m^3)	承台混凝土 (m^3)	钢筋 (kg)
5ZMG6r-1800-15	1900	1100	1000	2500	250	100	450	4200	16 Φ 32	28 Φ 28	12 Φ 22	12 Φ 22	0.53	6.47	1592.6
5ZMG6s-1800-15	1900	1100	1000	2500	250	100	450	3800	16 Φ 32	28 Φ 28	12 Φ 22	12 Φ 22	0.48	6.47	1552.2
5ZMG6t-1800-15	1900	1100	1000	2500	250	100	450	3200	16 Φ 32	28 Φ 28	12 Φ 22	12 Φ 22	0.40	6.47	1491.6
5ZMG6u-1800-15	1900	1100	1000	2500	250	100	450	3000	16 Φ 32	28 Φ 28	12 Φ 22	12 Φ 22	0.38	6.47	1471.4
5ZMG6v-1800-15	1900	1100	1000	2500	250	100	450	3000	16 Φ 32	28 Φ 28	12 Φ 22	12 Φ 22	0.38	6.47	1471.4

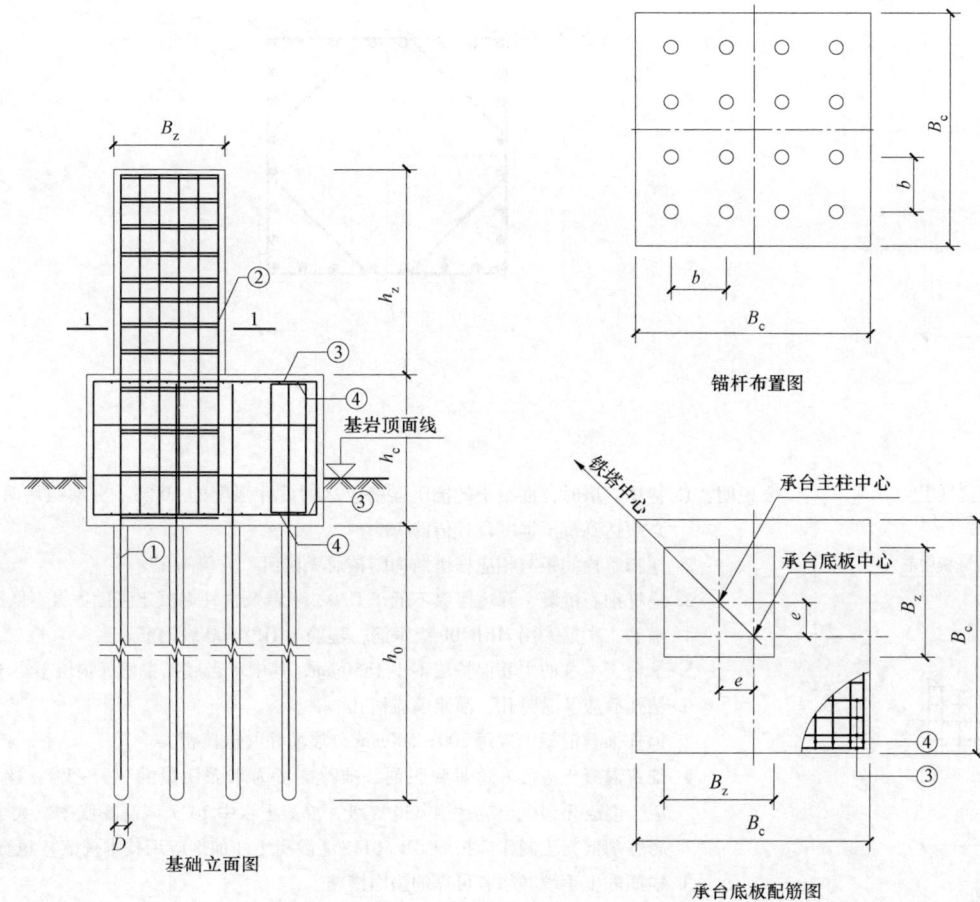

锚杆布置图

基础立面图

承台底板配筋图

说明：1. 整体立塔时，混凝土的抗压强度应达到设计强度的 100%。分解组塔时，混凝土必须达到抗压强度设计值的 70%。

2. 地脚螺栓间距与相应杆塔结构图核对无误后，方可施工。

3. 锚杆细石混凝土强度等级不低于 C30，承台及主柱混凝土强度等级不低于 C25。

4. 锚筋、主筋采用 HRB400 级钢筋，箍筋为 HPB300 级钢筋。

5. 承台、主柱的主筋保护层不小于 50mm，其中承台底部主筋保护层不小于 70mm。

6. 钻孔后应及时封孔，灌浆前应清孔。

7. 锚杆细石混凝土应每 300～500mm 分层灌注并振捣密实。

8. 细石混凝土应掺入适量膨胀剂，推荐掺量为水泥用量的 3%～5%；掺入膨胀剂后，混凝土强度仍应达到 C30 等级，混凝土水中 14 天限制膨胀率应大于 0.02%；膨胀剂混凝土制作应按照 GB 50119《混凝土外加剂应用技术规范》执行。

9. 锚筋的上下端必须有可靠的锚固措施。

10. 基础参数表中的材料量为单腿工程量。

图 15.0-34 5ZMG6*-1800-15 岩石锚杆基础施工图

基 础 参 数 表

基础名称	承台宽度 B_c (mm)	承台高度 h_c (mm)	主柱宽度 B_z (mm)	主柱高度 h_z (mm)	偏心距 e (mm)	锚杆直径 D (mm)	锚杆间距 b (mm)	锚杆长度 h_0 (mm)	锚筋 ①	主柱钢筋 ②	承台 X 向主筋 ③	承台 Y 向主筋 ④	锚杆混凝土 (m^3)	承台混凝土 (m^3)	钢筋 (kg)
5ZMG6r-2000-15	1900	1200	1000	2400	250	110	450	4400	16Φ36	28Φ28	13Φ22	13Φ22	0.67	6.73	1814.5
5ZMG6s-2000-15	1900	1200	1000	2400	250	110	450	4000	16Φ36	28Φ28	13Φ22	13Φ22	0.61	6.73	1763.4
5ZMG6t-2000-15	1900	1200	1000	2400	250	110	450	3400	16Φ36	28Φ28	13Φ22	13Φ22	0.52	6.73	1686.7
5ZMG6u-2000-15	1900	1200	1000	2400	250	110	450	3000	16Φ36	28Φ28	13Φ22	13Φ22	0.46	6.73	1635.6
5ZMG6v-2000-15	1900	1200	1000	2400	250	110	450	3000	16Φ36	28Φ28	13Φ22	13Φ22	0.46	6.73	1635.6

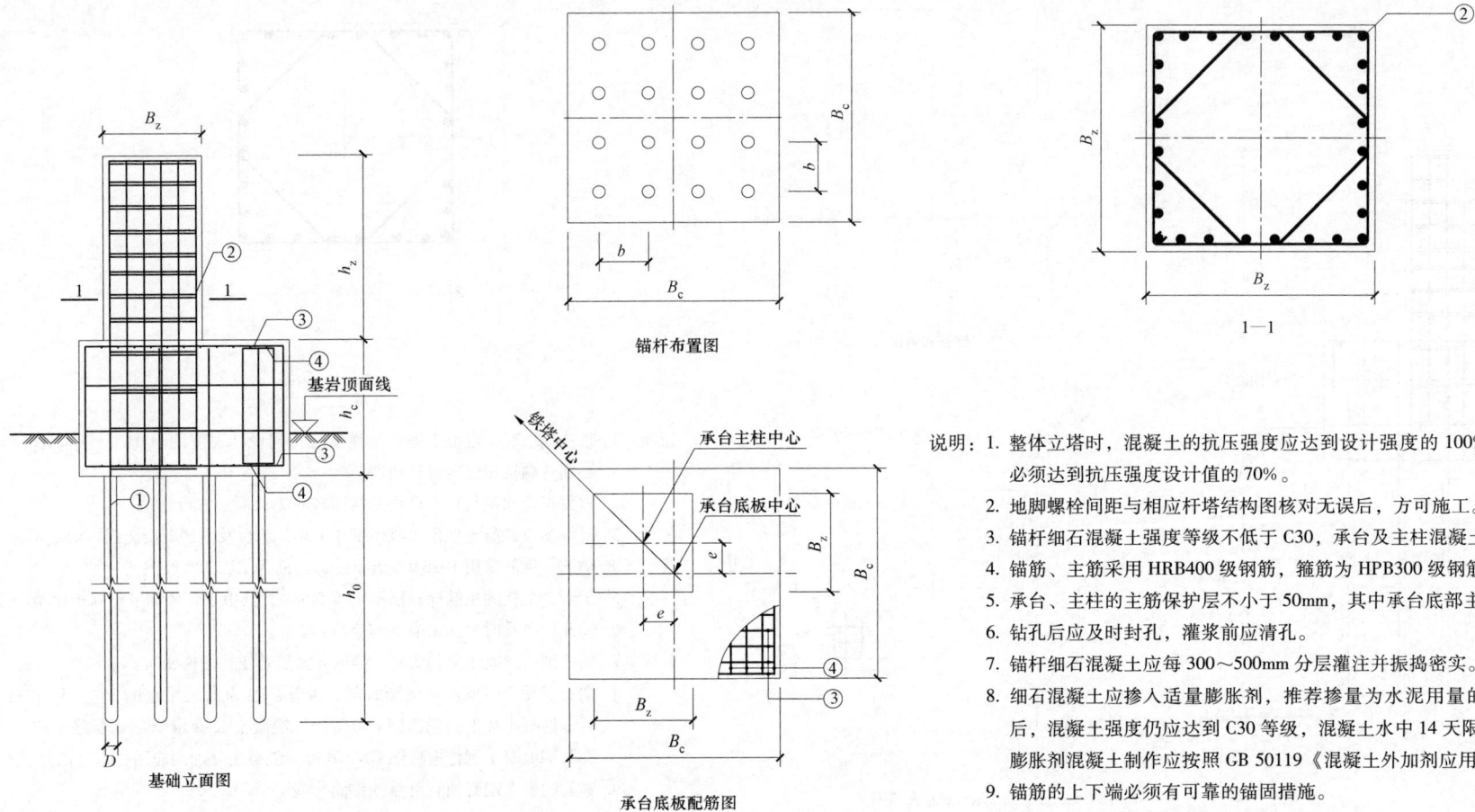

基础立面图

锚杆布置图

承台底板配筋图

1—1

说明：1. 整体立塔时，混凝土的抗压强度应达到设计强度的 100%。分解组塔时，混凝土必须达到抗压强度设计值的 70%。

2. 地脚螺栓间距与相应杆塔结构图核对无误后，方可施工。

3. 锚杆细石混凝土强度等级不低于 C30，承台及主柱混凝土强度等级不低于 C25。

4. 锚筋、主筋采用 HRB400 级钢筋，箍筋为 HPB300 级钢筋。

5. 承台、主柱的主筋保护层不小于 50mm，其中承台底部主筋保护层不小于 70mm。

6. 钻孔后应及时封孔，灌浆前应清孔。

7. 锚杆细石混凝土应每 300~500mm 分层灌注并振捣密实。

8. 细石混凝土应掺入适量膨胀剂，推荐掺量为水泥用量的 3%~5%；掺入膨胀剂后，混凝土强度仍应达到 C30 等级，混凝土水中 14 天限制膨胀率应大于 0.02%；膨胀剂混凝土制作应按照 GB 50119《混凝土外加剂应用技术规范》执行。

9. 锚筋的上下端必须有可靠的锚固措施。

10. 基础参数表中的材料量为单腿工程量。

图 15.0-35　5ZMG6*-2000-15 岩石锚杆基础施工图

基 础 参 数 表

基础名称	承台宽度 B_c (mm)	承台高度 h_c (mm)	主柱宽度 B_z (mm)	主柱高度 h_z (mm)	偏心距 e (mm)	锚杆直径 D (mm)	锚杆间距 b (mm)	锚杆长度 h_0 (mm)	锚筋 ①	主柱钢筋 ②	承台 X 向主筋 ③	承台 Y 向主筋 ④	锚杆混凝土 (m³)	承台混凝土 (m³)	钢筋 (kg)
5ZMG6r-2200-15	2000	1200	1000	2900	250	110	500	4600	16 Φ 36	28 Φ 32	13 Φ 22	13 Φ 22	0.70	7.70	2126.2
5ZMG6s-2200-15	2000	1200	1000	2900	250	110	500	4200	16 Φ 36	28 Φ 32	13 Φ 22	13 Φ 22	0.64	7.70	2075.0
5ZMG6t-2200-15	2000	1200	1000	2900	250	110	500	3600	16 Φ 36	28 Φ 32	13 Φ 22	13 Φ 22	0.55	7.70	1998.3
5ZMG6u-2200-15	2000	1200	1000	2900	250	110	500	3000	16 Φ 36	28 Φ 32	13 Φ 22	13 Φ 22	0.46	7.70	1921.6
5ZMG6v-2200-15	2000	1200	1000	2900	250	110	500	3000	16 Φ 36	28 Φ 32	13 Φ 22	13 Φ 22	0.46	7.70	1921.6

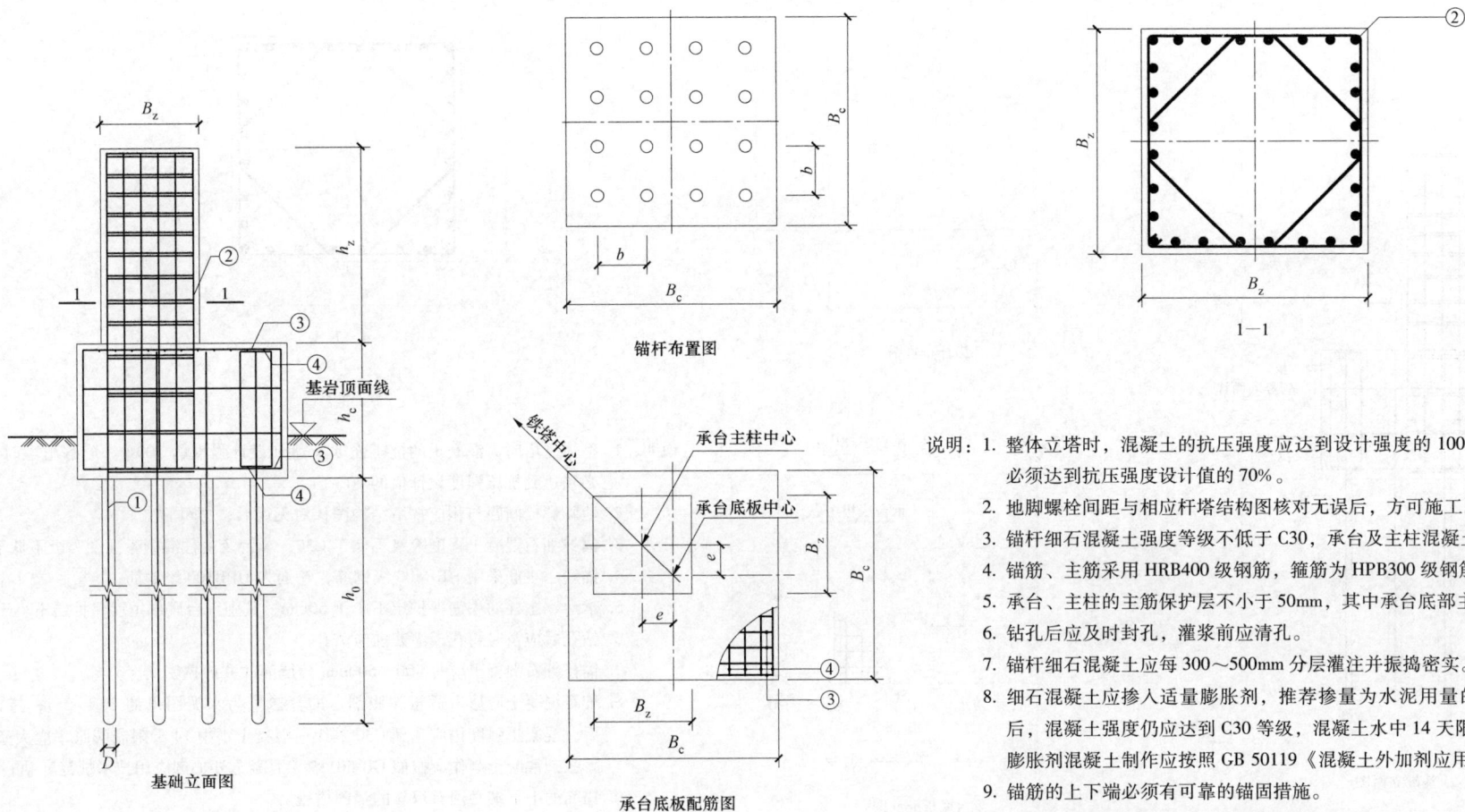

基础立面图

锚杆布置图

承台底板配筋图

1—1

说明：1. 整体立塔时，混凝土的抗压强度应达到设计强度的 100%。分解组塔时，混凝土必须达到抗压强度设计值的 70%。

2. 地脚螺栓间距与相应杆塔结构图核对无误后，方可施工。

3. 锚杆细石混凝土强度等级不低于 C30，承台及主柱混凝土强度等级不低于 C25。

4. 锚筋、主筋采用 HRB400 级钢筋，箍筋为 HPB300 级钢筋。

5. 承台、主柱的主筋保护层不小于 50mm，其中承台底部主筋保护层不小于 70mm。

6. 钻孔后应及时封孔，灌浆前应清孔。

7. 锚杆细石混凝土应每 300~500mm 分层灌注并振捣密实。

8. 细石混凝土应掺入适量膨胀剂，推荐掺量为水泥用量的 3%~5%；掺入膨胀剂后，混凝土强度仍应达到 C30 等级，混凝土水中 14 天限制膨胀率大于 0.02%；膨胀混凝土制作应按照 GB 50119《混凝土外加剂应用技术规范》执行。

9. 锚筋的上下端必须有可靠的锚固措施。

10. 基础参数表中的材料量为单腿工程量。

图 15.0-36 5ZMG6*-2200-15 岩石锚杆基础施工图

基础参数表

基础名称	承台宽度 B_c (mm)	承台高度 h_c (mm)	主柱宽度 B_z (mm)	主柱高度 h_z (mm)	偏心距 e (mm)	锚杆直径 D (mm)	锚杆间距 b (mm)	锚杆长度 h_0 (mm)	锚筋 ①	主柱钢筋 ②	承台 X 向主筋 ③	承台 Y 向主筋 ④	锚杆混凝土 (m³)	承台混凝土 (m³)	钢筋 (kg)
5ZMG6r-2400-15	2000	1200	1000	2900	300	110	500	4800	16Φ36	28Φ32	14Φ22	14Φ22	0.73	7.70	2192.0
5ZMG6s-2400-15	2000	1200	1000	2900	300	110	500	4400	16Φ36	28Φ32	14Φ22	14Φ22	0.67	7.70	2140.9
5ZMG6t-2400-15	2000	1200	1000	2900	300	110	500	3600	16Φ36	28Φ32	14Φ22	14Φ22	0.55	7.70	2038.6
5ZMG6u-2400-15	2000	1200	1000	2900	300	110	500	3200	16Φ36	28Φ32	14Φ22	14Φ22	0.49	7.70	1987.4
5ZMG6v-2400-15	2000	1200	1000	2900	300	110	500	3000	16Φ36	28Φ32	14Φ22	14Φ22	0.46	7.70	1961.9

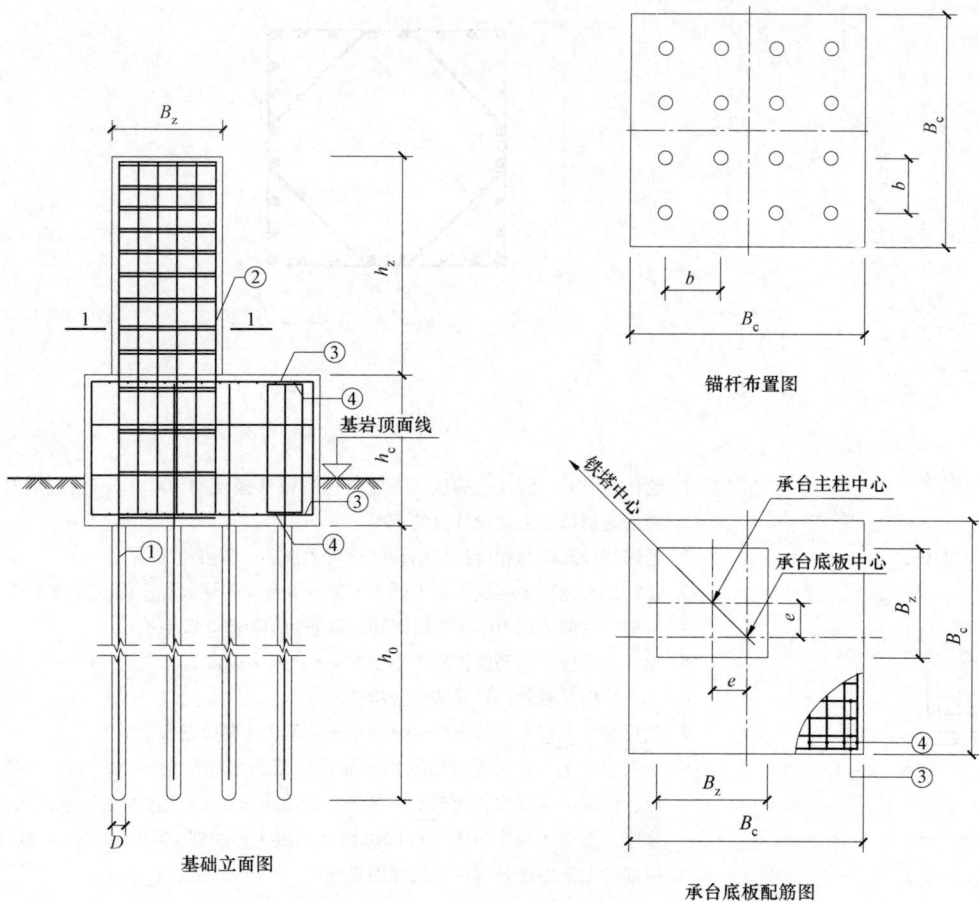

基础立面图

锚杆布置图

承台底板配筋图

1—1

说明：1. 整体立塔时，混凝土的抗压强度应达到设计强度的 100%。分解组塔时，混凝土必须达到抗压强度设计值的 70%。

2. 地脚螺栓间距与相应杆塔结构图核对无误后，方可施工。

3. 锚杆细石混凝土强度等级不低于 C30，承台及主柱混凝土强度等级不低于 C25。

4. 锚筋、主筋采用 HRB400 级钢筋，箍筋为 HPB300 级钢筋。

5. 承台、主柱的主筋保护层不小于 50mm，其中承台底部主筋保护层不小于 70mm。

6. 钻孔后应及时封孔，灌浆前应清孔。

7. 锚杆细石混凝土应每 300～500mm 分层灌注并振捣密实。

8. 细石混凝土应掺入适量膨胀剂，推荐掺量为水泥用量的 3%～5%；掺入膨胀剂后，混凝土强度仍应达到 C30 等级，混凝土水中 14 天限制膨胀率应大于 0.02%；膨胀剂混凝土制作应按照 GB 50119《混凝土外加剂应用技术规范》执行。

9. 锚筋的上下端必须有可靠的锚固措施。

10. 基础参数表中的材料量为单腿工程量。

图 15.0-37　5ZMG6＊-2400-15 岩石锚杆基础施工图

基础参数表

基础名称	承台宽度 B_c (mm)	承台高度 h_c (mm)	主柱宽度 B_z (mm)	主柱高度 h_z (mm)	偏心距 e (mm)	锚杆直径 D (mm)	锚杆间距 b (mm)	锚杆长度 h_0 (mm)	锚筋 ①	主柱钢筋 ②	承台 X 向主筋 ③	承台 Y 向主筋 ④	锚杆混凝土 (m^3)	承台混凝土 (m^3)	钢筋 (kg)
5ZMG6r-2600-15	2100	1200	1000	2900	350	110	500	5200	16Φ36	32Φ32	14Φ22	14Φ22	0.79	8.19	2369.2
5ZMG6s-2600-15	2100	1200	1000	2900	350	110	500	4600	16Φ36	32Φ32	14Φ22	14Φ22	0.70	8.19	2292.5
5ZMG6t-2600-15	2100	1200	1000	2900	350	110	500	3800	16Φ36	32Φ32	14Φ22	14Φ22	0.58	8.19	2190.2
5ZMG6u-2600-15	2100	1200	1000	2900	350	110	500	3400	16Φ36	32Φ32	14Φ22	14Φ22	0.52	8.19	2139.1
5ZMG6v-2600-15	2100	1200	1000	2900	350	110	500	3000	16Φ36	32Φ32	14Φ22	14Φ22	0.46	8.19	2088.0

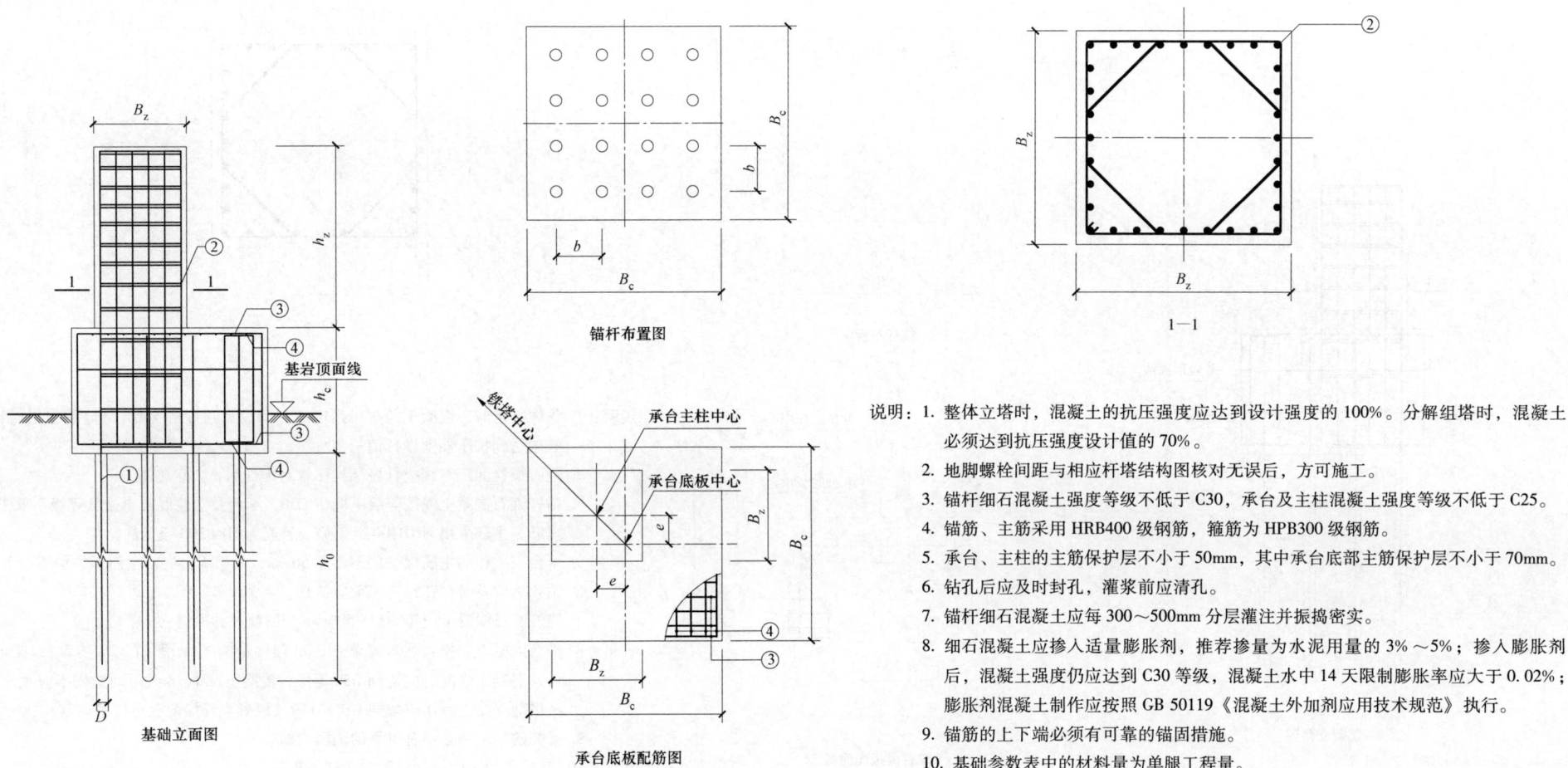

基础立面图

锚杆布置图

承台底板配筋图

1—1

说明：1. 整体立塔时，混凝土的抗压强度应达到设计强度的 100%。分解组塔时，混凝土
　　　　必须达到抗压强度设计值的 70%。
　　　2. 地脚螺栓间距与相应杆塔结构图核对无误后，方可施工。
　　　3. 锚杆细石混凝土强度等级不低于 C30，承台及主柱混凝土强度等级不低于 C25。
　　　4. 锚筋、主筋采用 HRB400 级钢筋，箍筋为 HPB300 级钢筋。
　　　5. 承台、主柱的主筋保护层不小于 50mm，其中承台底部主筋保护层不小于 70mm。
　　　6. 钻孔后应及时封孔，灌浆前应清孔。
　　　7. 锚杆细石混凝土应每 300~500mm 分层灌注并振捣密实。
　　　8. 细石混凝土应掺入适量膨胀剂，推荐掺量为水泥用量的 3%~5%；掺入膨胀剂
　　　　后，混凝土强度仍应达到 C30 等级，混凝土水中 14 天限制膨胀率应大于 0.02%；
　　　　膨胀剂混凝土制作应按照 GB 50119《混凝土外加剂应用技术规范》执行。
　　　9. 锚筋的上下端必须有可靠的锚固措施。
　　　10. 基础参数表中的材料量为单腿工程量。

图 15.0-38　5ZMG6*-2600-15 岩石锚杆基础施工图

基 础 参 数 表

基础名称	承台宽度 B_c (mm)	承台高度 h_c (mm)	主柱宽度 B_z (mm)	主柱高度 h_z (mm)	偏心距 e (mm)	锚杆直径 D (mm)	锚杆间距 b (mm)	锚杆长度 h_0 (mm)	锚筋 ①	主柱钢筋 ②	承台 X 向主筋 ③	承台 Y 向主筋 ④	锚杆混凝土 (m³)	承台混凝土 (m³)	钢筋 (kg)
5ZMG6r-2800-15	2100	1200	1200	2000	250	110	500	5400	16Φ36	32Φ28	14Φ22	14Φ22	0.82	8.17	2025.8
5ZMG6s-2800-15	2100	1200	1200	2000	250	110	500	4800	16Φ36	32Φ28	14Φ22	14Φ22	0.73	8.17	1949.1
5ZMG6t-2800-15	2100	1200	1200	2000	250	110	500	4000	16Φ36	32Φ28	14Φ22	14Φ22	0.61	8.17	1846.8
5ZMG6u-2800-15	2100	1200	1200	2000	250	110	500	3600	16Φ36	32Φ28	14Φ22	14Φ22	0.55	8.17	1795.7
5ZMG6v-2800-15	2100	1200	1200	2000	250	110	500	3200	16Φ36	32Φ28	14Φ22	14Φ22	0.49	8.17	1744.5

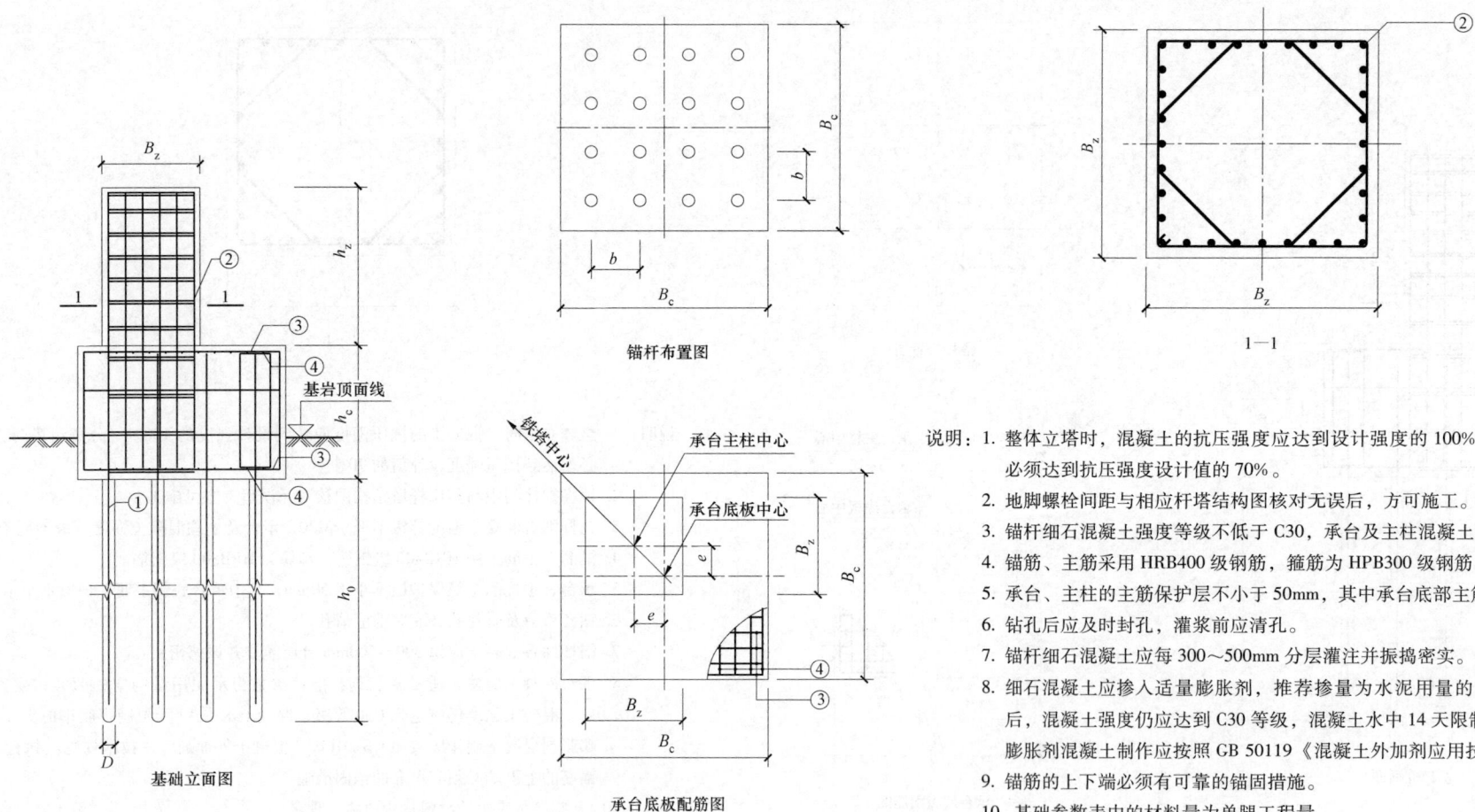

基础立面图

锚杆布置图

1—1

承台底板配筋图

说明：1. 整体立塔时，混凝土的抗压强度应达到设计强度的 100%。分解组塔时，混凝土必须达到抗压强度设计值的 70%。

2. 地脚螺栓间距与相应杆塔结构图核对无误后，方可施工。

3. 锚杆细石混凝土强度等级不低于 C30，承台及主柱混凝土强度等级不低于 C25。

4. 锚筋、主筋采用 HRB400 级钢筋，箍筋为 HPB300 级钢筋。

5. 承台、主柱的主筋保护层不小于 50mm，其中承台底部主筋保护层不小于 70mm。

6. 钻孔后应及时封孔，灌浆前应清孔。

7. 锚杆细石混凝土应每 300~500mm 分层灌注并振捣密实。

8. 细石混凝土应掺入适量膨胀剂，推荐掺量为水泥用量的 3%~5%；掺入膨胀剂后，混凝土强度仍应达到 C30 等级，混凝土水中 14 天限制膨胀率应大于 0.02%；膨胀剂混凝土制作应按照 GB 50119《混凝土外加剂应用技术规范》执行。

9. 锚筋的上下端必须有可靠的锚固措施。

10. 基础参数表中的材料量为单腿工程量。

图 15.0-39 5ZMG6*-2800-15 岩石锚杆基础施工图

基 础 参 数 表

基础名称	承台宽度 B_c (mm)	承台高度 h_c (mm)	主柱宽度 B_z (mm)	主柱高度 h_z (mm)	偏心距 e (mm)	锚杆直径 D (mm)	锚杆间距 b (mm)	锚杆长度 h_0 (mm)	锚筋 ①	主柱钢筋 ②	承台 X 向主筋 ③	承台 Y 向主筋 ④	锚杆混凝土 (m^3)	承台混凝土 (m^3)	钢筋 (kg)
5ZMG6r-3000-15	2200	1200	1200	2000	300	110	540	5600	16 Φ 36	32 Φ 28	15 Φ 22	15 Φ 22	0.85	8.69	2108.7
5ZMG6s-3000-15	2200	1200	1200	2000	300	110	540	5000	16 Φ 36	32 Φ 28	15 Φ 22	15 Φ 22	0.76	8.69	2032.0
5ZMG6t-3000-15	2200	1200	1200	2000	300	110	540	4200	16 Φ 36	32 Φ 28	15 Φ 22	15 Φ 22	0.64	8.69	1929.7
5ZMG6u-3000-15	2200	1200	1200	2000	300	110	540	3600	16 Φ 36	32 Φ 28	15 Φ 22	15 Φ 22	0.55	8.69	1853.0
5ZMG6v-3000-15	2200	1200	1200	2000	300	110	540	3200	16 Φ 36	32 Φ 28	15 Φ 22	15 Φ 22	0.49	8.69	1801.9

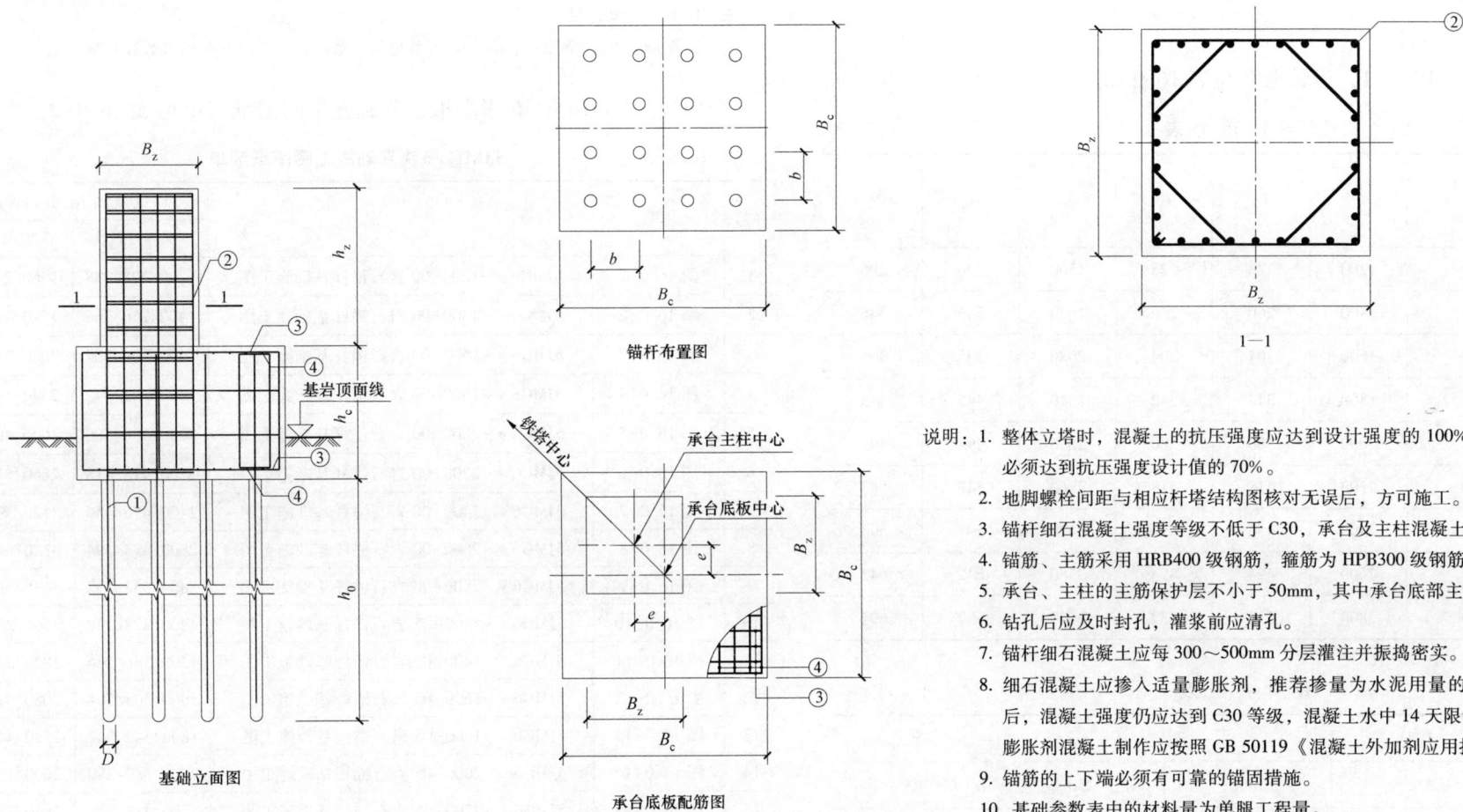

锚杆布置图

1—1

基础立面图

承台底板配筋图

说明：1. 整体立塔时，混凝土的抗压强度应达到设计强度的 100%。分解组塔时，混凝土必须达到抗压强度设计值的 70%。

2. 地脚螺栓间距与相应杆塔结构图核对无误后，方可施工。

3. 锚杆细石混凝土强度等级不低于 C30，承台及主柱混凝土强度等级不低于 C25。

4. 锚筋、主筋采用 HRB400 级钢筋，箍筋为 HPB300 级钢筋。

5. 承台、主柱的主筋保护层不小于 50mm，其中承台底部主筋保护层不小于 70mm。

6. 钻孔后应及时封孔，灌浆前应清孔。

7. 锚杆细石混凝土应每 300～500mm 分层灌注并振捣密实。

8. 细石混凝土应掺入适量膨胀剂，推荐掺量为水泥用量的 3%～5%；掺入膨胀剂后，混凝土强度仍应达到 C30 等级，混凝土水中 14 天限制膨胀率应大于 0.02%；膨胀剂混凝土制作应按照 GB 50119《混凝土外加剂应用技术规范》执行。

9. 锚筋的上下端必须有可靠的锚固措施。

10. 基础参数表中的材料量为单腿工程量。

图 15.0-40 5ZMG6＊-3000-15 岩石锚杆基础施工图

第16章 5JMG 模 块

本模块为转角塔岩石锚杆基础模块，适用于岩石地质。

本模块共 180 个基础、36 张图纸，不同设计参数基础合并出图。如基础 5JMG6r-1200-00、5JMG6s-1200-00、5JMG6t-1200-00、5JMG6u-1200-00、5JMG6v-1200-00 合并为一张图纸，图名为 5JMG6*-1200-00 岩石锚杆基础施工图。

本模块由华北院设计。

基础作用力见表 16.0-1，设计参数见表 16.0-2。

表 16.0-1　　　基 础 作 用 力 表　　　（kN）

电压等级 （kV）	基础作用力 代号	T	T_x	T_y	N	N_x	N_y
500（750）	1200	1200	228	228	1560	296	296
	1400	1400	266	266	1820	346	346
	1600	1600	304	304	2080	395	395
	1800	1800	342	342	2340	445	445
	2000	2000	380	380	2600	494	494
	2200	2200	418	418	2860	543	543
	2400	2400	456	456	3120	593	593
	2600	2600	494	494	3380	642	642
	2800	2800	532	532	3640	692	692

表 16.0-2　　　设 计 参 数 表　　　（kPa）

岩土类别	代号	τ_a	τ_b	τ_s
岩石	6r	3000	250	25
	6s	3000	300	30
	6t	3000	400	40

续表 16.0-2

岩土类别	代号	τ_a	τ_b	τ_s
岩石	6u	3000	500	50
	6v	3000	600	60

注　1. 代号含义详见 5.2 节。

　　2. 6* 包含 6r、6s、6t、6u、6v 五种地质参数组合，对应的基础参数详见基础施工图。

5JMG 模块共包含 36 张图纸，基础施工图图纸清单见表 16.0-3。

表 16.0-3　　　5JMG 模块基础施工图图纸清单

序号	图号	图　名	基础作用力（kN）	
			$T/T_x/T_y$	$N/N_x/N_y$
1	图 16.0-1	5JMG6*-1200-00 岩石锚杆基础施工图	1200/228/228	1560/296/296
2	图 16.0-2	5JMG6*-1400-00 岩石锚杆基础施工图	1400/266/266	1820/346/346
3	图 16.0-3	5JMG6*-1600-00 岩石锚杆基础施工图	1600/304/304	2080/395/395
4	图 16.0-4	5JMG6*-1800-00 岩石锚杆基础施工图	1800/342/342	2340/445/445
5	图 16.0-5	5JMG6*-2000-00 岩石锚杆基础施工图	2000/380/380	2600/494/494
6	图 16.0-6	5JMG6*-2200-00 岩石锚杆基础施工图	2200/418/418	2860/543/543
7	图 16.0-7	5JMG6*-2400-00 岩石锚杆基础施工图	2400/456/456	3120/593/593
8	图 16.0-8	5JMG6*-2600-00 岩石锚杆基础施工图	2600/494/494	3380/642/642
9	图 16.0-9	5JMG6*-2800-00 岩石锚杆基础施工图	2800/532/532	3640/692/692
10	图 16.0-10	5JMG6*-1200-05 岩石锚杆基础施工图	1200/228/228	1560/296/296
11	图 16.0-11	5JMG6*-1400-05 岩石锚杆基础施工图	1400/266/266	1820/346/346
12	图 16.0-12	5JMG6*-1600-05 岩石锚杆基础施工图	1600/304/304	2080/395/395
13	图 16.0-13	5JMG6*-1800-05 岩石锚杆基础施工图	1800/342/342	2340/445/445
14	图 16.0-14	5JMG6*-2000-05 岩石锚杆基础施工图	2000/380/380	2600/494/494
15	图 16.0-15	5JMG6*-2200-05 岩石锚杆基础施工图	2200/418/418	2860/543/543
16	图 16.0-16	5JMG6*-2400-05 岩石锚杆基础施工图	2400/456/456	3120/593/593
17	图 16.0-17	5JMG6*-2600-05 岩石锚杆基础施工图	2600/494/494	3380/642/642

序号	图号	图　名	基础作用力（kN）	
			$T/T_x/T_y$	$N/N_x/N_y$
18	图 16.0-18	5JMG6 ＊-2800-05 岩石锚杆基础施工图	2800/532/532	3640/692/692
19	图 16.0-19	5JMG6 ＊-1200-10 岩石锚杆基础施工图	1200/228/228	1560/296/296
20	图 16.0-20	5JMG6 ＊-1400-10 岩石锚杆基础施工图	1400/266/266	1820/346/346
21	图 16.0-21	5JMG6 ＊-1600-10 岩石锚杆基础施工图	1600/304/304	2080/395/395
22	图 16.0-22	5JMG6 ＊-1800-10 岩石锚杆基础施工图	1800/342/342	2340/445/445
23	图 16.0-23	5JMG6 ＊-2000-10 岩石锚杆基础施工图	2000/380/380	2600/494/494
24	图 16.0-24	5JMG6 ＊-2200-10 岩石锚杆基础施工图	2200/418/418	2860/543/543
25	图 16.0-25	5JMG6 ＊-2400-10 岩石锚杆基础施工图	2400/456/456	3120/593/593
26	图 16.0-26	5JMG6 ＊-2600-10 岩石锚杆基础施工图	2600/494/494	3380/642/642
27	图 16.0-27	5JMG6 ＊-2800-10 岩石锚杆基础施工图	2800/532/532	3640/692/692

序号	图号	图　名	基础作用力（kN）	
			$T/T_x/T_y$	$N/N_x/N_y$
28	图 16.0-28	5JMG6 ＊-1200-15 岩石锚杆基础施工图	1200/228/228	1560/296/296
29	图 16.0-29	5JMG6 ＊-1400-15 岩石锚杆基础施工图	1400/266/266	1820/346/346
30	图 16.0-30	5JMG6 ＊-1600-15 岩石锚杆基础施工图	1600/304/304	2080/395/395
31	图 16.0-31	5JMG6 ＊-1800-15 岩石锚杆基础施工图	1800/342/342	2340/445/445
32	图 16.0-32	5JMG6 ＊-2000-15 岩石锚杆基础施工图	2000/380/380	2600/494/494
33	图 16.0-33	5JMG6 ＊-2200-15 岩石锚杆基础施工图	2200/418/418	2860/543/543
34	图 16.0-34	5JMG6 ＊-2400-15 岩石锚杆基础施工图	2400/456/456	3120/593/593
35	图 16.0-35	5JMG6 ＊-2600-15 岩石锚杆基础施工图	2600/494/494	3380/642/642
36	图 16.0-36	5JMG6 ＊-2800-15 岩石锚杆基础施工图	2800/532/532	3640/692/692

注　当基础上拔力小于 1000kN 时，见第 11、14 章。

基 础 参 数 表

基础名称	承台宽度 B_c (mm)	承台高度 h_c (mm)	主柱宽度 B_z (mm)	主柱高度 h_z (mm)	偏心距 e (mm)	锚杆直径 D (mm)	锚杆间距 b (mm)	锚杆长度 h_0 (mm)	锚筋 ①	主柱钢筋 ②	承台 X 向主筋 ③	承台 Y 向主筋 ④	锚杆混凝土 (m^3)	承台混凝土 (m^3)	钢筋 (kg)
5JMG6r-1200-00	1600	1300	900	400	50	130	540	5600	9Φ40	20Φ20	12Φ22	12Φ22	0.67	3.65	1207.4
5JMG6s-1200-00	1600	1300	900	400	50	130	540	4600	9Φ40	20Φ20	12Φ22	12Φ22	0.55	3.65	1118.6
5JMG6t-1200-00	1600	1300	900	400	50	130	540	3600	9Φ40	20Φ20	12Φ22	12Φ22	0.43	3.65	1029.9
5JMG6u-1200-00	1600	1300	900	400	50	130	540	3000	9Φ40	20Φ20	12Φ22	12Φ22	0.36	3.65	976.6
5JMG6v-1200-00	1600	1300	900	400	50	130	540	3000	9Φ40	20Φ20	12Φ22	12Φ22	0.36	3.65	976.6

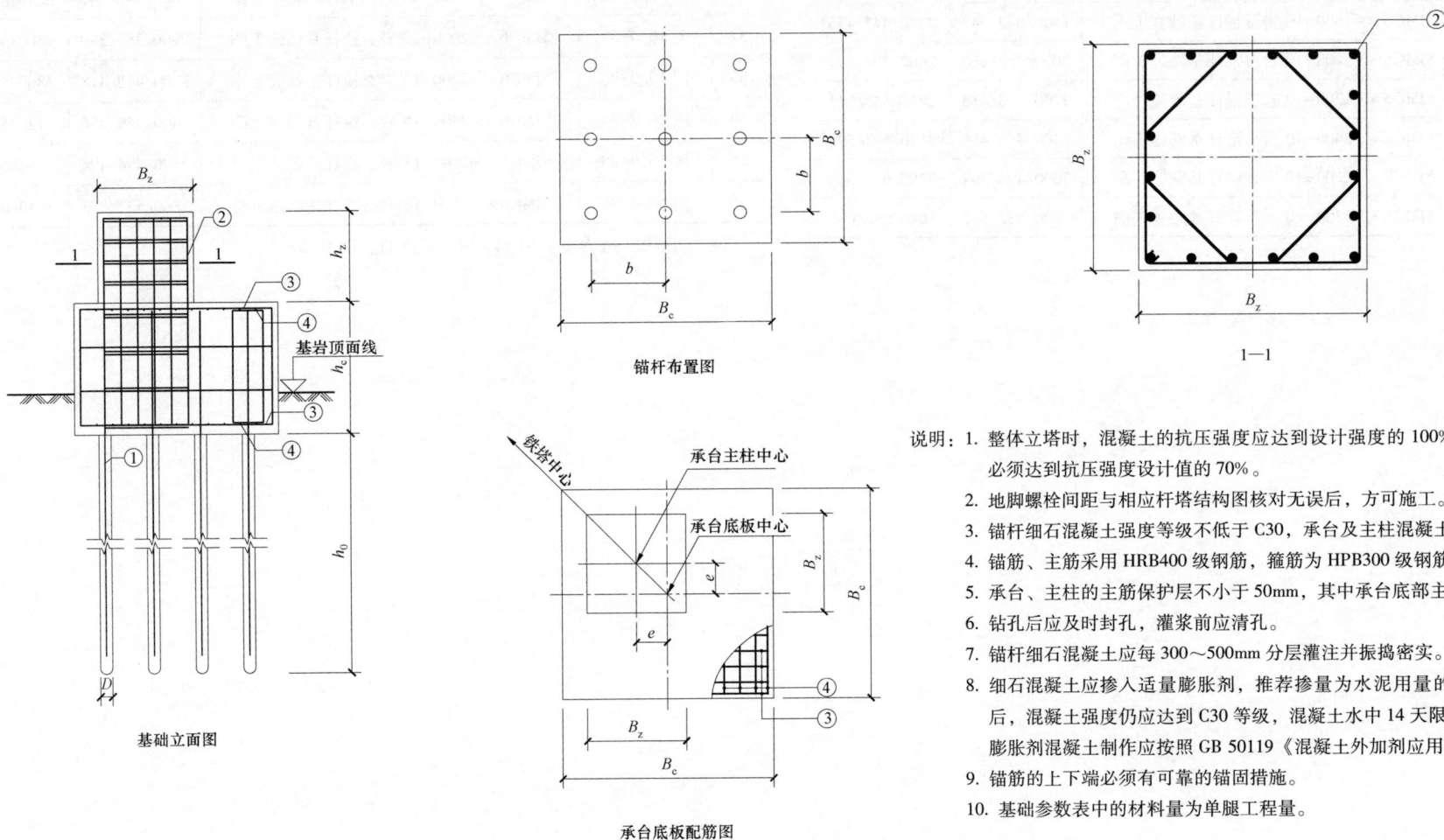

锚杆布置图

1—1

基础立面图

承台底板配筋图

说明：1. 整体立塔时，混凝土的抗压强度应达到设计强度的 100%。分解组塔时，混凝土必须达到抗压强度设计值的 70%。

2. 地脚螺栓间距与相应杆塔结构图核对无误后，方可施工。

3. 锚杆细石混凝土强度等级不低于 C30，承台及主柱混凝土强度等级不低于 C25。

4. 锚筋、主筋采用 HRB400 级钢筋，箍筋为 HPB300 级钢筋。

5. 承台、主柱的主筋保护层不小于 50mm，其中承台底部主筋保护层不小于 70mm。

6. 钻孔后应及时封孔，灌浆前应清孔。

7. 锚杆细石混凝土应每 300～500mm 分层灌注并振捣密实。

8. 细石混凝土应掺入适量膨胀剂，推荐掺量为水泥用量的 3%～5%；掺入膨胀剂后，混凝土强度仍应达到 C30 等级，混凝土水中 14 天限制膨胀率应大于 0.02%；膨胀剂混凝土制作应按照 GB 50119《混凝土外加剂应用技术规范》执行。

9. 锚筋的上下端必须有可靠的锚固措施。

10. 基础参数表中的材料量为单腿工程量。

图 16.0-1 5JMG6*-1200-00 岩石锚杆基础施工图

基 础 参 数 表

基础名称	承台宽度 B_c (mm)	承台高度 h_c (mm)	主柱宽度 B_z (mm)	主柱高度 h_z (mm)	偏心距 e (mm)	锚杆直径 D (mm)	锚杆间距 b (mm)	锚杆长度 h_0 (mm)	锚筋 ①	主柱钢筋 ②	承台X向主筋 ③	承台Y向主筋 ④	锚杆混凝土 (m³)	承台混凝土 (m³)	钢筋 (kg)
5JMG6r-1400-00	1700	1100	900	600	150	100	400	4800	16Φ32	20Φ22	11Φ22	11Φ22	0.60	3.67	1157.7
5JMG6s-1400-00	1700	1100	900	600	150	100	400	4200	16Φ32	20Φ22	11Φ22	11Φ22	0.53	3.67	1097.1
5JMG6t-1400-00	1700	1100	900	600	150	100	400	3600	16Φ32	20Φ22	11Φ22	11Φ22	0.45	3.67	1036.5
5JMG6u-1400-00	1700	1100	900	600	150	100	400	3200	16Φ32	20Φ22	11Φ22	11Φ22	0.40	3.67	996.1
5JMG6v-1400-00	1700	1100	900	600	150	100	400	3000	16Φ32	20Φ22	11Φ22	11Φ22	0.38	3.67	975.9

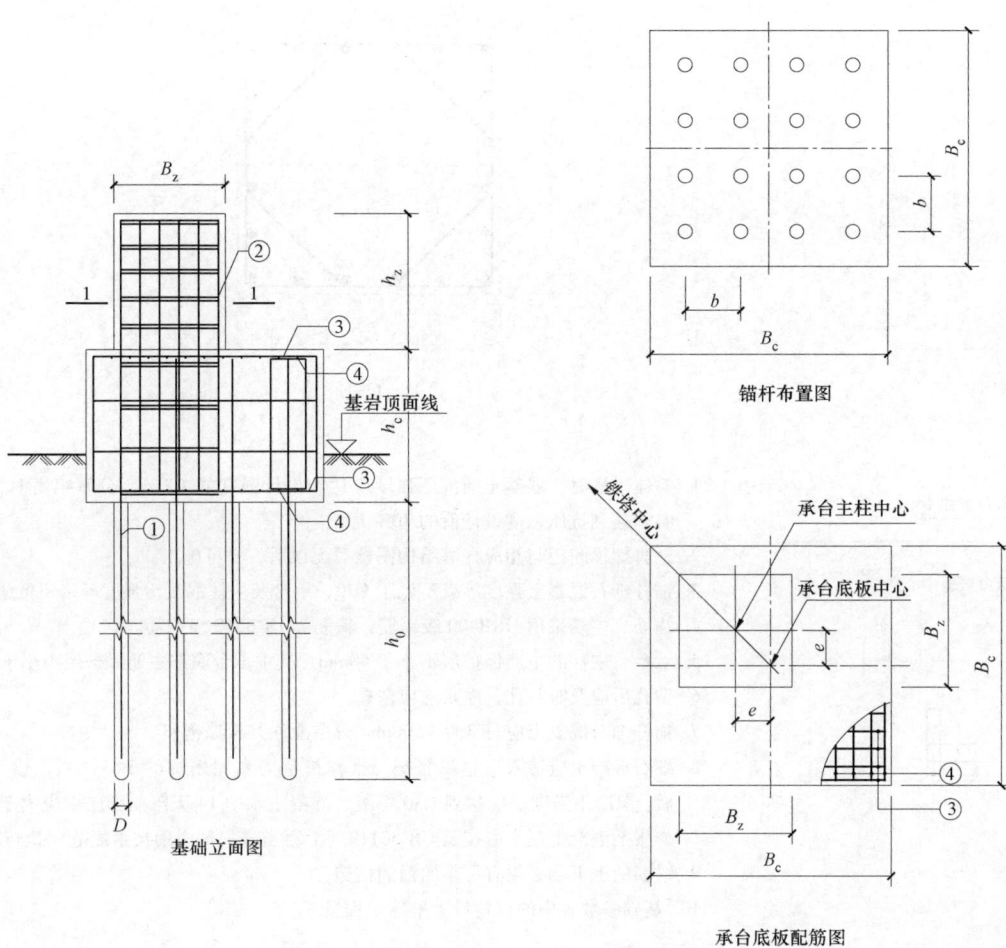

基础立面图

锚杆布置图

承台底板配筋图

1—1

说明：1. 整体立塔时，混凝土的抗压强度应达到设计强度的100%。分解组塔时，混凝土必须达到抗压强度设计值的70%。

2. 地脚螺栓间距与相应杆塔结构图核对无误后，方可施工。

3. 锚杆细石混凝土强度等级不低于C30，承台及主柱混凝土强度等级不低于C25。

4. 锚筋、主筋采用HRB400级钢筋，箍筋为HPB300级钢筋。

5. 承台、主柱的主筋保护层不小于50mm，其中承台底部主筋保护层不小于70mm。

6. 钻孔后应及时封孔，灌浆前应清孔。

7. 锚杆细石混凝土应每300~500mm分层灌注并振捣密实。

8. 细石混凝土应掺入适量膨胀剂，推荐掺量为水泥用量的3%~5%；掺入膨胀剂后，混凝土强度仍应达到C30等级，混凝土水中14天限制膨胀率应大于0.02%；膨胀剂混凝土制作应按照GB 50119《混凝土外加剂应用技术规范》执行。

9. 锚筋的上下端必须有可靠的锚固措施。

10. 基础参数表中的材料量为单腿工程量。

图 16.0-2 5JMG6*-1400-00岩石锚杆基础施工图

基 础 参 数 表

基础名称	承台宽度 B_c（mm）	承台高度 h_c（mm）	主柱宽度 B_z（mm）	主柱高度 h_z（mm）	偏心距 e（mm）	锚杆直径 D（mm）	锚杆间距 b（mm）	锚杆长度 h_0（mm）	锚筋 ①	主柱钢筋 ②	承台 X 向主筋 ③	承台 Y 向主筋 ④	锚杆混凝土（m³）	承台混凝土（m³）	钢筋（kg）
5JMG6r-1600-00	1800	1100	1000	1000	200	100	430	5000	16 Φ 32	20 Φ 25	11 Φ 22	11 Φ 22	0.63	4.56	1260.5
5JMG6s-1600-00	1800	1100	1000	1000	200	100	430	4600	16 Φ 32	20 Φ 25	11 Φ 22	11 Φ 22	0.58	4.56	1220.1
5JMG6t-1600-00	1800	1100	1000	1000	200	100	430	3800	16 Φ 32	20 Φ 25	11 Φ 22	11 Φ 22	0.48	4.56	1139.3
5JMG6u-1600-00	1800	1100	1000	1000	200	100	430	3400	16 Φ 32	20 Φ 25	11 Φ 22	11 Φ 22	0.43	4.56	1098.9
5JMG6v-1600-00	1800	1100	1000	1000	200	100	430	3000	16 Φ 32	20 Φ 25	11 Φ 22	11 Φ 22	0.38	4.56	1058.5

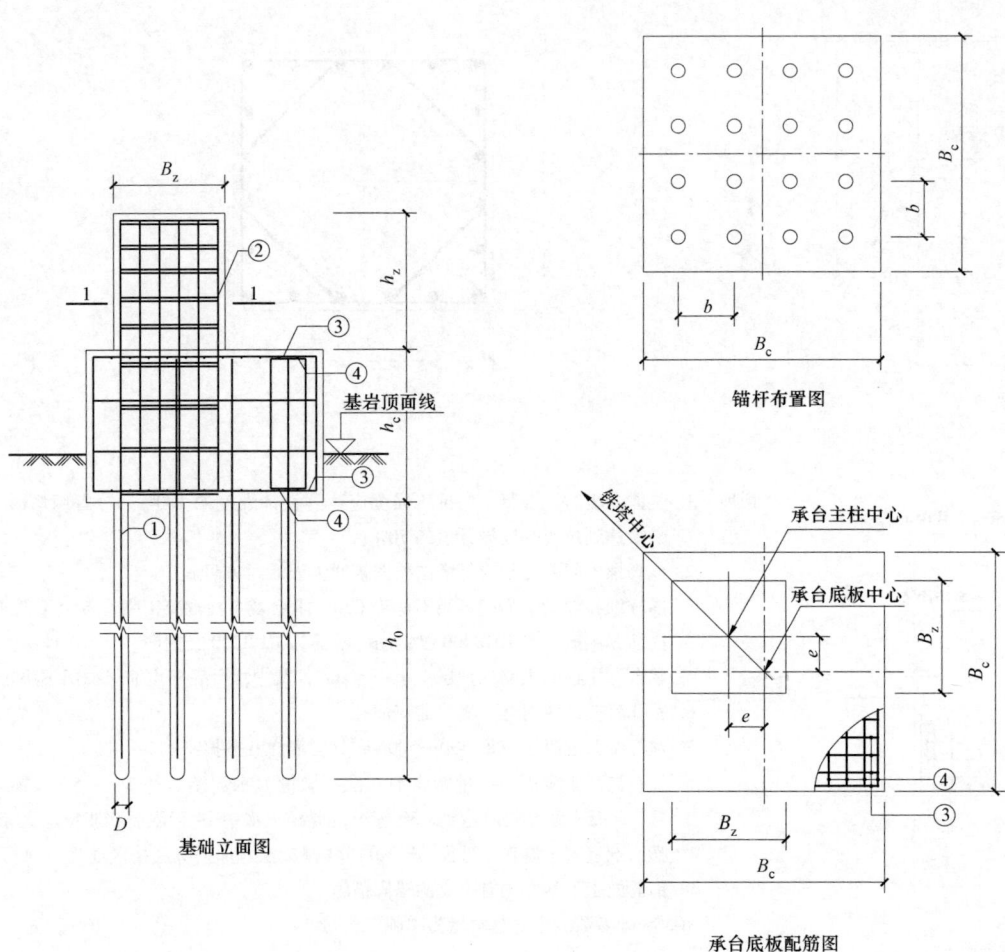

基础立面图

锚杆布置图

承台底板配筋图

1—1

说明：1. 整体立塔时，混凝土的抗压强度应达到设计强度的 100%。分解组塔时，混凝土必须达到抗压强度设计值的 70%。

2. 地脚螺栓间距与相应杆塔结构图核对无误后，方可施工。

3. 锚杆细石混凝土强度等级不低于 C30，承台及主柱混凝土强度等级不低于 C25。

4. 锚筋、主筋采用 HRB400 级钢筋，箍筋为 HPB300 级钢筋。

5. 承台、主柱的主筋保护层不小于 50mm，其中承台底部主筋保护层不小于 70mm。

6. 钻孔后应及时封孔，灌浆前应清孔。

7. 锚杆细石混凝土应每 300～500mm 分层灌注并振捣密实。

8. 细石混凝土应掺入适量膨胀剂，推荐掺量为水泥用量的 3%～5%；掺入膨胀剂后，混凝土强度仍应达到 C30 等级，混凝土水中 14 天限制膨胀率应大于 0.02%；膨胀剂混凝土制作应按照 GB 50119《混凝土外加剂应用技术规范》执行。

9. 锚筋的上下端必须有可靠的锚固措施。

10. 基础参数表中的材料量为单腿工程量。

图 16.0-3　5JMG6*-1600-00 岩石锚杆基础施工图

基 础 参 数 表

基础名称	承台宽度 B_c (mm)	承台高度 h_c (mm)	主柱宽度 B_z (mm)	主柱高度 h_z (mm)	偏心距 e (mm)	锚杆直径 D (mm)	锚杆间距 b (mm)	锚杆长度 h_0 (mm)	锚筋 ①	主柱钢筋 ②	承台 X 向主筋 ③	承台 Y 向主筋 ④	锚杆混凝土 (m^3)	承台混凝土 (m^3)	钢筋 (kg)
5JMG6r-1800-00	1900	1100	1000	1000	250	100	450	5400	16 Φ 32	24 Φ 25	12 Φ 22	12 Φ 22	0.68	4.97	1385.5
5JMG6s-1800-00	1900	1100	1000	1000	250	100	450	4800	16 Φ 32	24 Φ 25	12 Φ 22	12 Φ 22	0.60	4.97	1324.9
5JMG6t-1800-00	1900	1100	1000	1000	250	100	450	4000	16 Φ 32	24 Φ 25	12 Φ 22	12 Φ 22	0.50	4.97	1244.1
5JMG6u-1800-00	1900	1100	1000	1000	250	100	450	3600	16 Φ 32	24 Φ 25	12 Φ 22	12 Φ 22	0.45	4.97	1203.7
5JMG6v-1800-00	1900	1100	1000	1000	250	100	450	3200	16 Φ 32	24 Φ 25	12 Φ 22	12 Φ 22	0.40	4.97	1163.2

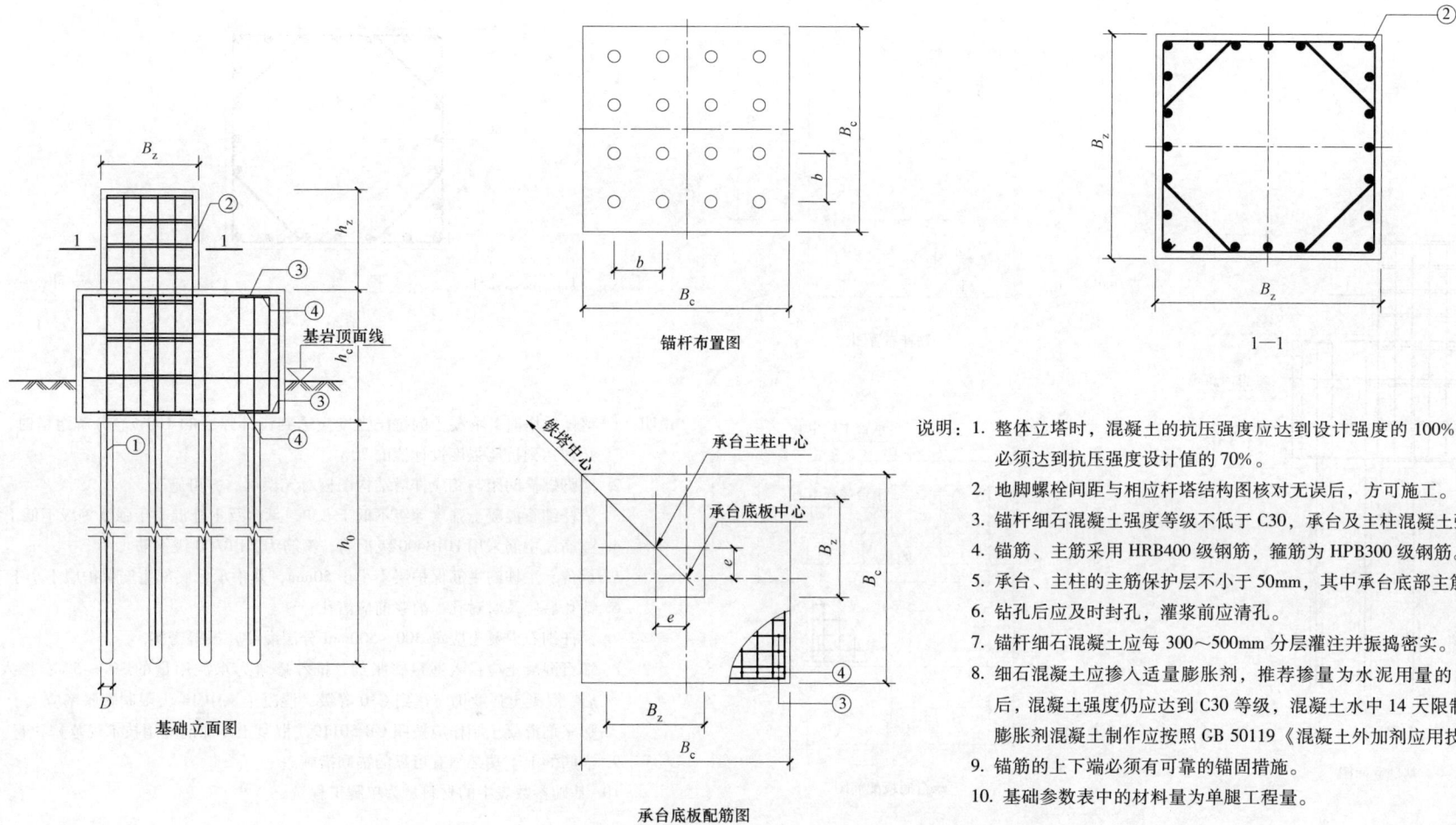

基础立面图

锚杆布置图

承台底板配筋图

1—1

说明：1. 整体立塔时，混凝土的抗压强度应达到设计强度的 100%。分解组塔时，混凝土必须达到抗压强度设计值的 70%。

2. 地脚螺栓间距与相应杆塔结构图核对无误后，方可施工。

3. 锚杆细石混凝土强度等级不低于 C30，承台及主柱混凝土强度等级不低于 C25。

4. 锚筋、主筋采用 HRB400 级钢筋，箍筋为 HPB300 级钢筋。

5. 承台、主柱的主筋保护层不小于 50mm，其中承台底部主筋保护层不小于 70mm。

6. 钻孔后应及时封孔，灌浆前应清孔。

7. 锚杆细石混凝土应每 300～500mm 分层灌注并振捣密实。

8. 细石混凝土应掺入适量膨胀剂，推荐掺量为水泥用量的 3%～5%；掺入膨胀剂后，混凝土强度仍应达到 C30 等级，混凝土水中 14 天限制膨胀率应大于 0.02%；膨胀混凝土制作应按照 GB 50119《混凝土外加剂应用技术规范》执行。

9. 锚筋的上下端必须有可靠的锚固措施。

10. 基础参数表中的材料量为单腿工程量。

图 16.0-4 5JMG6 ∗-1800-00 岩石锚杆基础施工图

基 础 参 数 表

基础名称	承台宽度 B_c (mm)	承台高度 h_c (mm)	主柱宽度 B_z (mm)	主柱高度 h_z (mm)	偏心距 e (mm)	锚杆直径 D (mm)	锚杆间距 b (mm)	锚杆长度 h_0 (mm)	锚筋 ①	主柱钢筋 ②	承台 X 向主筋 ③	承台 Y 向主筋 ④	锚杆混凝土 (m^3)	承台混凝土 (m^3)	钢筋 (kg)
5JMG6r-2000-00	1900	1200	1000	900	250	110	450	5600	16φ36	24φ25	13φ22	13φ22	0.85	5.23	1647.5
5JMG6s-2000-00	1900	1200	1000	900	250	110	450	5200	16φ36	24φ25	13φ22	13φ22	0.79	5.23	1596.4
5JMG6t-2000-00	1900	1200	1000	900	250	110	450	4400	16φ36	24φ25	13φ22	13φ22	0.67	5.23	1494.1
5JMG6u-2000-00	1900	1200	1000	900	250	110	450	3800	16φ36	24φ25	13φ22	13φ22	0.58	5.23	1417.4
5JMG6v-2000-00	1900	1200	1000	900	250	110	450	3400	16φ36	24φ25	13φ22	13φ22	0.52	5.23	1366.2

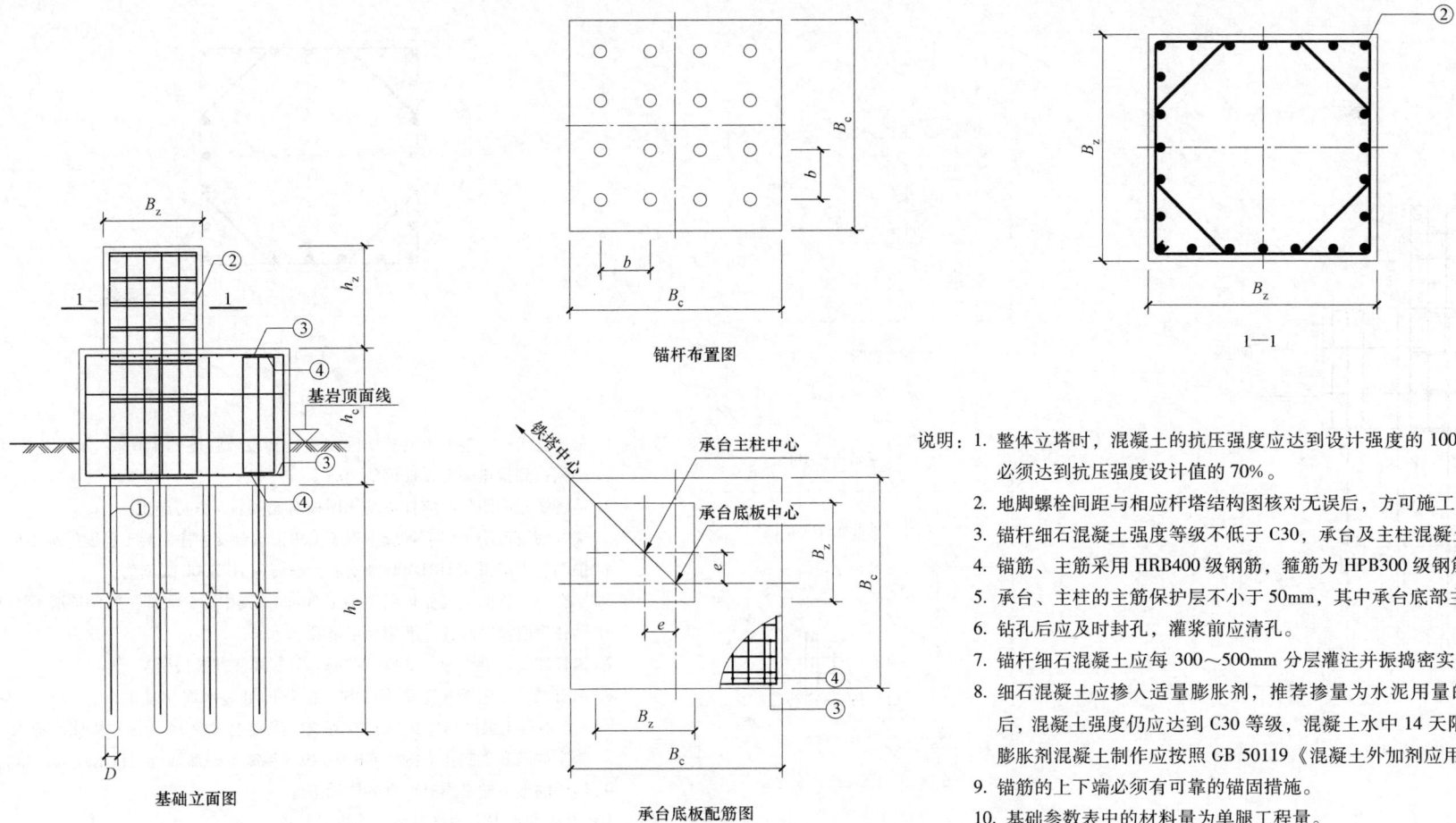

基础立面图

锚杆布置图

承台底板配筋图

1—1

说明：1. 整体立塔时，混凝土的抗压强度应达到设计强度的 100%。分解组塔时，混凝土必须达到抗压强度设计值的 70%。

2. 地脚螺栓间距与相应杆塔结构图核对无误后，方可施工。

3. 锚杆细石混凝土强度等级不低于 C30，承台及主柱混凝土强度等级不低于 C25。

4. 锚筋、主筋采用 HRB400 级钢筋，箍筋为 HPB300 级钢筋。

5. 承台、主柱的主筋保护层不小于 50mm，其中承台底部主筋保护层不小于 70mm。

6. 钻孔后应及时封孔，灌浆前应清孔。

7. 锚杆细石混凝土应每 300～500mm 分层灌注并振捣密实。

8. 细石混凝土应掺入适量膨胀剂，推荐掺量为水泥用量的 3%～5%；掺入膨胀剂后，混凝土强度仍应达到 C30 等级，混凝土水中 14 天限制膨胀率应大于 0.02%；膨胀混凝土制作应按照 GB 50119《混凝土外加剂应用技术规范》执行。

9. 锚筋的上下端必须有可靠的锚固措施。

10. 基础参数表中的材料量为单腿工程量。

图 16.0-5　5JMG6∗-2000-00 岩石锚杆基础施工图

基础参数表

基础名称	承台宽度 B_c (mm)	承台高度 h_c (mm)	主柱宽度 B_z (mm)	主柱高度 h_z (mm)	偏心距 e (mm)	锚杆直径 D (mm)	锚杆间距 b (mm)	锚杆长度 h_0 (mm)	锚筋 ①	主柱钢筋 ②	承台 X 向主筋 ③	承台 Y 向主筋 ④	锚杆混凝土 (m³)	承台混凝土 (m³)	钢筋 (kg)
5JMG6r-2200-00	2000	1200	1000	1400	300	110	500	5800	16⌀36	28⌀28	14⌀22	14⌀22	0.88	6.20	1895.3
5JMG6s-2200-00	2000	1200	1000	1400	300	110	500	5200	16⌀36	28⌀28	14⌀22	14⌀22	0.79	6.20	1818.6
5JMG6t-2200-00	2000	1200	1000	1400	300	110	500	4400	16⌀36	28⌀28	14⌀22	14⌀22	0.67	6.20	1716.3
5JMG6u-2200-00	2000	1200	1000	1400	300	110	500	4000	16⌀36	28⌀28	14⌀22	14⌀22	0.61	6.20	1665.2
5JMG6v-2200-00	2000	1200	1000	1400	300	110	500	3400	16⌀36	28⌀28	14⌀22	14⌀22	0.52	6.20	1588.5

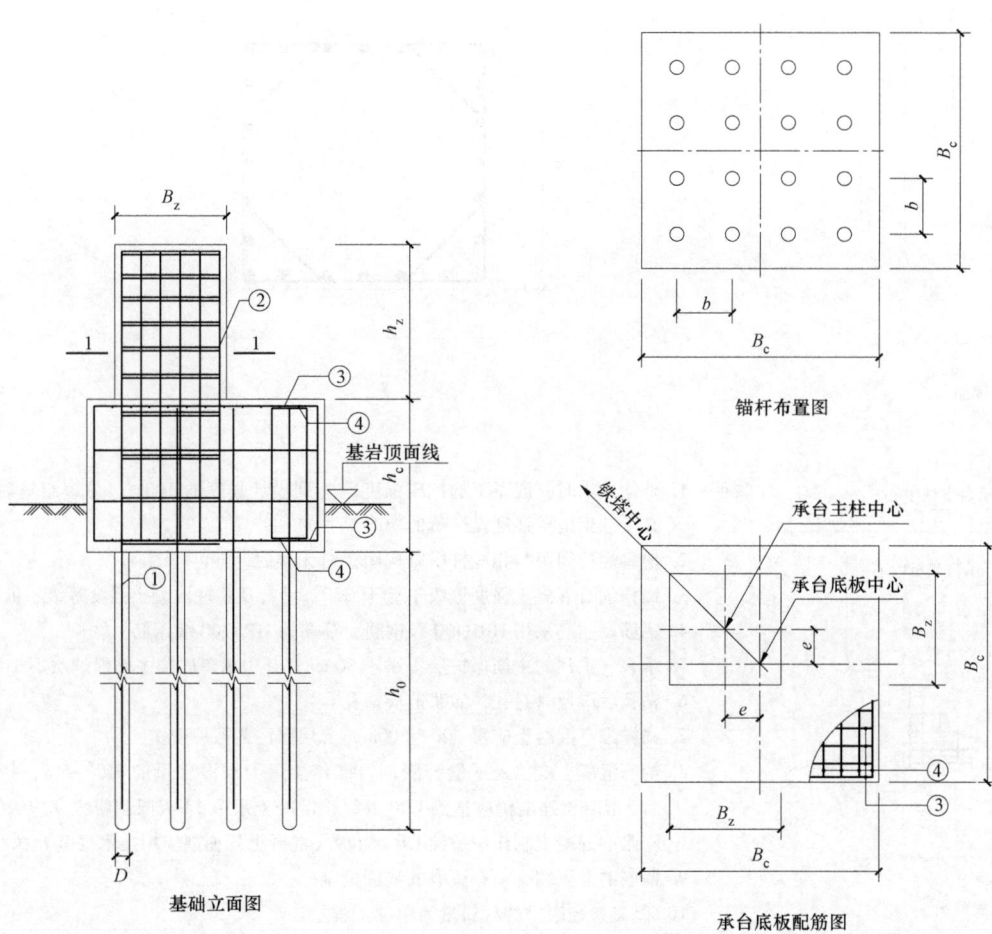

基础立面图

锚杆布置图

承台底板配筋图

说明：1. 整体立塔时，混凝土的抗压强度应达到设计强度的 100%。分解组塔时，混凝土必须达到抗压强度设计值的 70%。

2. 地脚螺栓间距与相应杆塔结构图核对无误后，方可施工。

3. 锚杆细石混凝土强度等级不低于 C30，承台及主柱混凝土强度等级不低于 C25。

4. 锚筋、主筋采用 HRB400 级钢筋，箍筋为 HPB300 级钢筋。

5. 承台、主柱的主筋保护层不小于 50mm，其中承台底部主筋保护层不小于 70mm。

6. 钻孔后应及时封孔，灌浆前应清孔。

7. 锚杆细石混凝土应每 300~500mm 分层灌注并振捣密实。

8. 细石混凝土应掺入适量膨胀剂，推荐掺量为水泥用量的 3%~5%；掺入膨胀剂后，混凝土强度仍应达到 C30 等级，混凝土水中 14 天限制膨胀率应大于 0.02%；膨胀剂混凝土制作应按照 GB 50119《混凝土外加剂应用技术规范》执行。

9. 锚筋的上下端必须有可靠的锚固措施。

10. 基础参数表中的材料量为单腿工程量。

图 16.0-6　5JMG6*-2200-00 岩石锚杆基础施工图

基 础 参 数 表

基础名称	承台宽度 B_c (mm)	承台高度 h_c (mm)	主柱宽度 B_z (mm)	主柱高度 h_z (mm)	偏心距 e (mm)	锚杆直径 D (mm)	锚杆间距 b (mm)	锚杆长度 h_0 (mm)	锚筋 ①	主柱钢筋 ②	承台 X 向主筋 ③	承台 Y 向主筋 ④	锚杆混凝土 (m^3)	承台混凝土 (m^3)	钢筋 (kg)
5JMG6r-2400-00	2100	1200	1000	1400	350	110	530	6000	16Φ36	24Φ32	14Φ22	14Φ22	0.91	6.69	2011.6
5JMG6s-2400-00	2100	1200	1000	1400	350	110	530	5400	16Φ36	24Φ32	14Φ22	14Φ22	0.82	6.69	1934.8
5JMG6t-2400-00	2100	1200	1000	1400	350	110	530	4600	16Φ36	24Φ32	14Φ22	14Φ22	0.70	6.69	1832.6
5JMG6u-2400-00	2100	1200	1000	1400	350	110	530	4000	16Φ36	24Φ32	14Φ22	14Φ22	0.61	6.69	1755.9
5JMG6v-2400-00	2100	1200	1000	1400	350	110	530	3600	16Φ36	24Φ32	14Φ22	14Φ22	0.55	6.69	1704.7

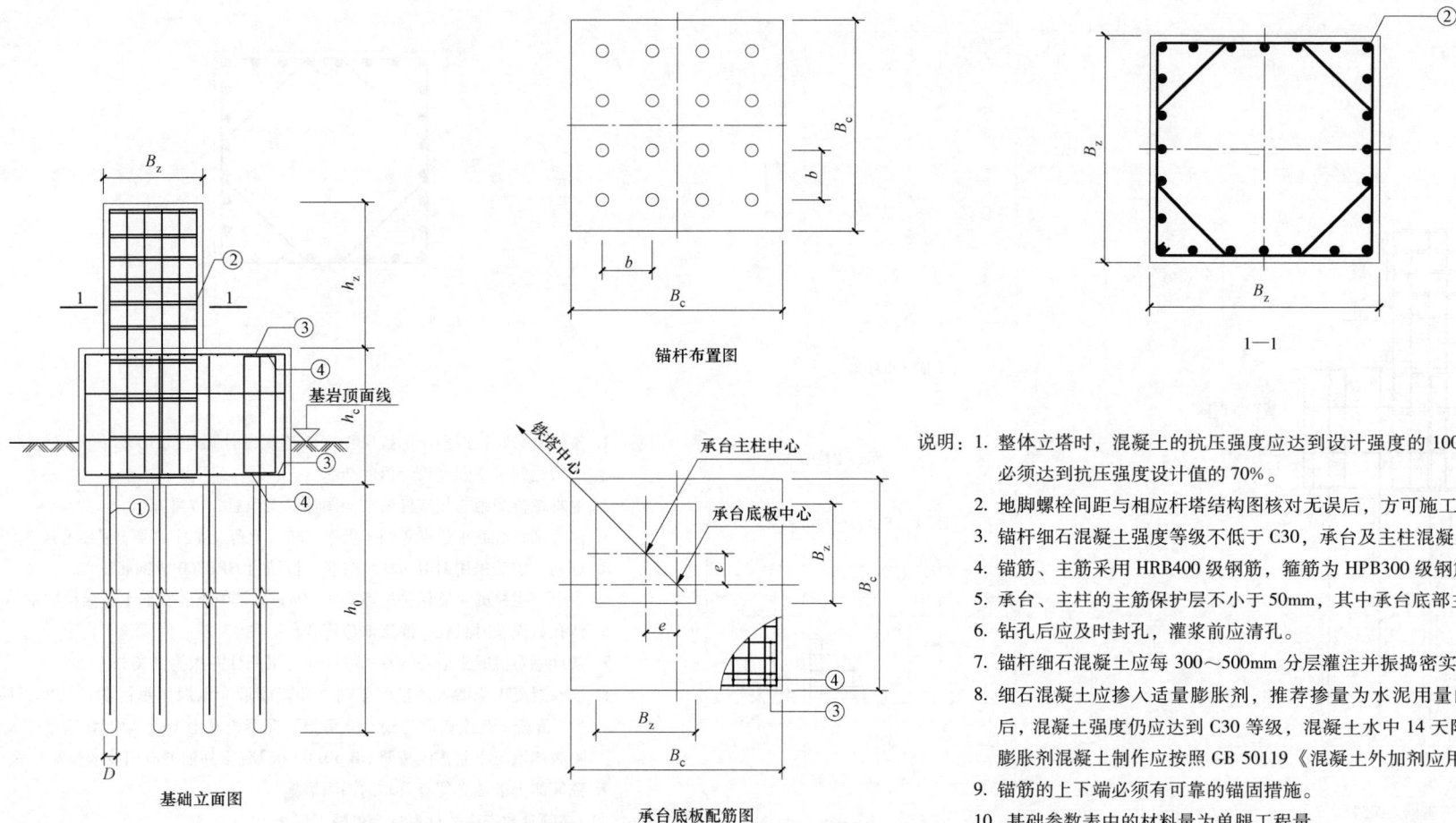

锚杆布置图

1—1

基础立面图

承台底板配筋图

说明：1. 整体立塔时，混凝土的抗压强度应达到设计强度的 100%。分解组塔时，混凝土必须达到抗压强度设计值的 70%。

2. 地脚螺栓间距与相应杆塔结构图核对无误后，方可施工。

3. 锚杆细石混凝土强度等级不低于 C30，承台及主柱混凝土强度等级不低于 C25。

4. 锚筋、主筋采用 HRB400 级钢筋，箍筋为 HPB300 级钢筋。

5. 承台、主柱的主筋保护层不小于 50mm，其中承台底部主筋保护层不小于 70mm。

6. 钻孔后应及时封孔，灌浆前应清孔。

7. 锚杆细石混凝土应每 300～500mm 分层灌注并振捣密实。

8. 细石混凝土应掺入适量膨胀剂，推荐掺量为水泥用量的 3%～5%；掺入膨胀剂后，混凝土强度仍应达到 C30 等级，混凝土水中 14 天限制膨胀率应大于 0.02%；膨胀混凝土制作应按照 GB 50119《混凝土外加剂应用技术规范》执行。

9. 锚筋的上下端必须有可靠的锚固措施。

10. 基础参数表中的材料量为单腿工程量。

图 16.0-7　5JMG6＊-2400-00 岩石锚杆基础施工图

基础名称	承台宽度 B_c (mm)	承台高度 h_c (mm)	主柱宽度 B_z (mm)	主柱高度 h_z (mm)	偏心距 e (mm)	锚杆直径 D (mm)	锚杆间距 b (mm)	锚杆长度 h_0 (mm)	锚筋 ①	主柱钢筋 ②	承台 X 向主筋 ③	承台 Y 向主筋 ④	锚杆混凝土 (m^3)	承台混凝土 (m^3)	钢筋 (kg)
5JMG6r-2600-00	2200	1200	1000	1400	350	110	550	6400	16⌀36	24⌀32	15⌀22	15⌀22	0.97	7.21	2120.0
5JMG6s-2600-00	2200	1200	1000	1400	350	110	550	5800	16⌀36	24⌀32	15⌀22	15⌀22	0.88	7.21	2043.3
5JMG6t-2600-00	2200	1200	1000	1400	350	110	550	4800	16⌀36	24⌀32	15⌀22	15⌀22	0.73	7.21	1915.5
5JMG6u-2600-00	2200	1200	1000	1400	350	110	550	4200	16⌀36	24⌀32	15⌀22	15⌀22	0.64	7.21	1838.8
5JMG6v-2600-00	2200	1200	1000	1400	350	110	550	3800	16⌀36	24⌀32	15⌀22	15⌀22	0.58	7.21	1787.6

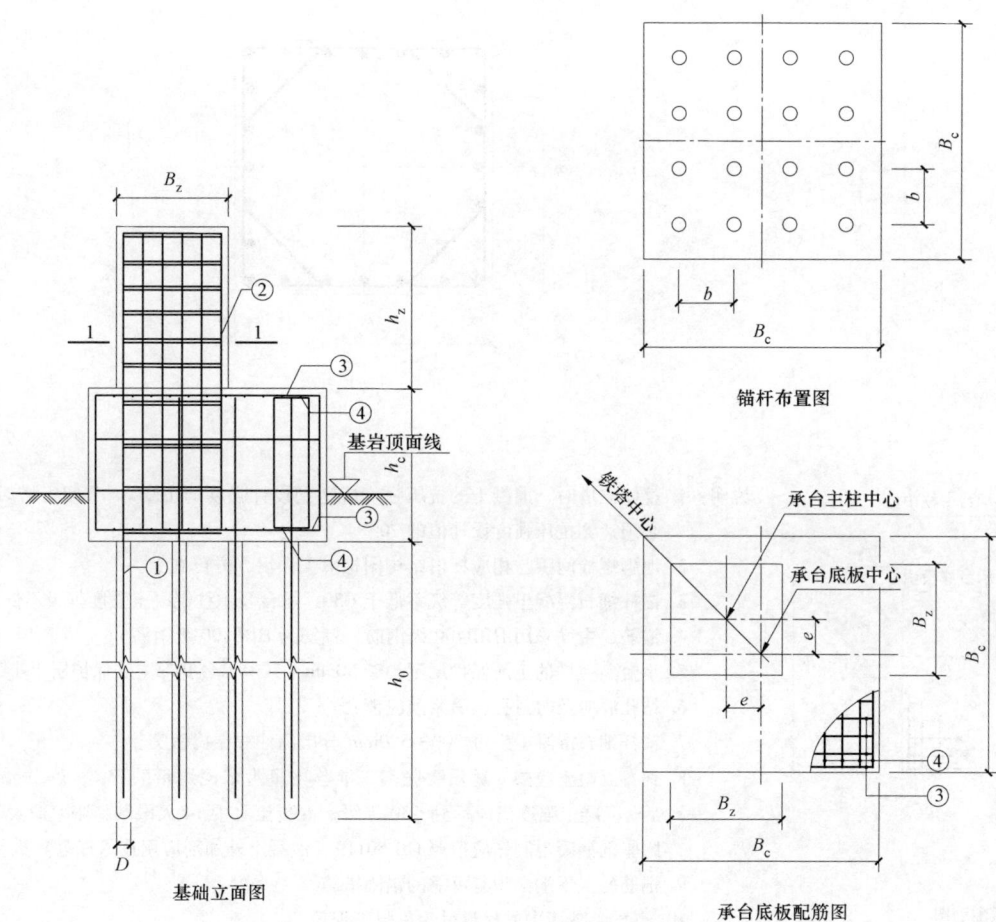

锚杆布置图

1—1

基础立面图

承台底板配筋图

说明：1. 整体立塔时，混凝土的抗压强度应达到设计强度的 100%。分解组塔时，混凝土必须达到抗压强度设计值的 70%。

2. 地脚螺栓间距与相应杆塔结构图核对无误后，方可施工。

3. 锚杆细石混凝土强度等级不低于 C30，承台及主柱混凝土强度等级不低于 C25。

4. 锚筋、主筋采用 HRB400 级钢筋，箍筋为 HPB300 级钢筋。

5. 承台、主柱的主筋保护层不小于 50mm，其中承台底部主筋保护层不小于 70mm。

6. 钻孔后应及时封孔，灌浆前应清孔。

7. 锚杆细石混凝土应每 300～500mm 分层灌注并振捣密实。

8. 细石混凝土应掺入适量膨胀剂，推荐掺量为水泥用量的 3%～5%；掺入膨胀剂后，混凝土强度仍应达到 C30 等级，混凝土水中 14 天限制膨胀率应大于 0.02%；膨胀剂混凝土制作应按照 GB 50119《混凝土外加剂应用技术规范》执行。

9. 锚筋的上下端必须有可靠的锚固措施。

10. 基础参数表中的材料量为单腿工程量。

图 16.0-8　5JMG6＊-2600-00 岩石锚杆基础施工图

基 础 参 数 表

基础名称	承台宽度 B_c (mm)	承台高度 h_c (mm)	主柱宽度 B_z (mm)	主柱高度 h_z (mm)	偏心距 e (mm)	锚杆直径 D (mm)	锚杆间距 b (mm)	锚杆长度 h_0 (mm)	锚筋 ①	主柱钢筋 ②	承台 X 向主筋 ③	承台 Y 向主筋 ④	锚杆混凝土 (m³)	承台混凝土 (m³)	钢筋 (kg)
5JMG6r-2800-00	2200	1100	1200	600	300	100	550	6600	16 ϕ 32	24 ϕ 28	14 ϕ 22	14 ϕ 22	0.83	6.19	1647.7
5JMG6s-2800-00	2200	1100	1200	600	300	100	550	6000	16 ϕ 32	24 ϕ 28	14 ϕ 22	14 ϕ 22	0.75	6.19	1587.1
5JMG6t-2800-00	2200	1100	1200	600	300	100	550	5000	16 ϕ 32	24 ϕ 28	14 ϕ 22	14 ϕ 22	0.63	6.19	1486.1
5JMG6u-2800-00	2200	1100	1200	600	300	100	550	4400	16 ϕ 32	24 ϕ 28	14 ϕ 22	14 ϕ 22	0.55	6.19	1425.5
5JMG6v-2800-00	2200	1100	1200	600	300	100	550	4000	16 ϕ 32	24 ϕ 28	14 ϕ 22	14 ϕ 22	0.50	6.19	1385.1

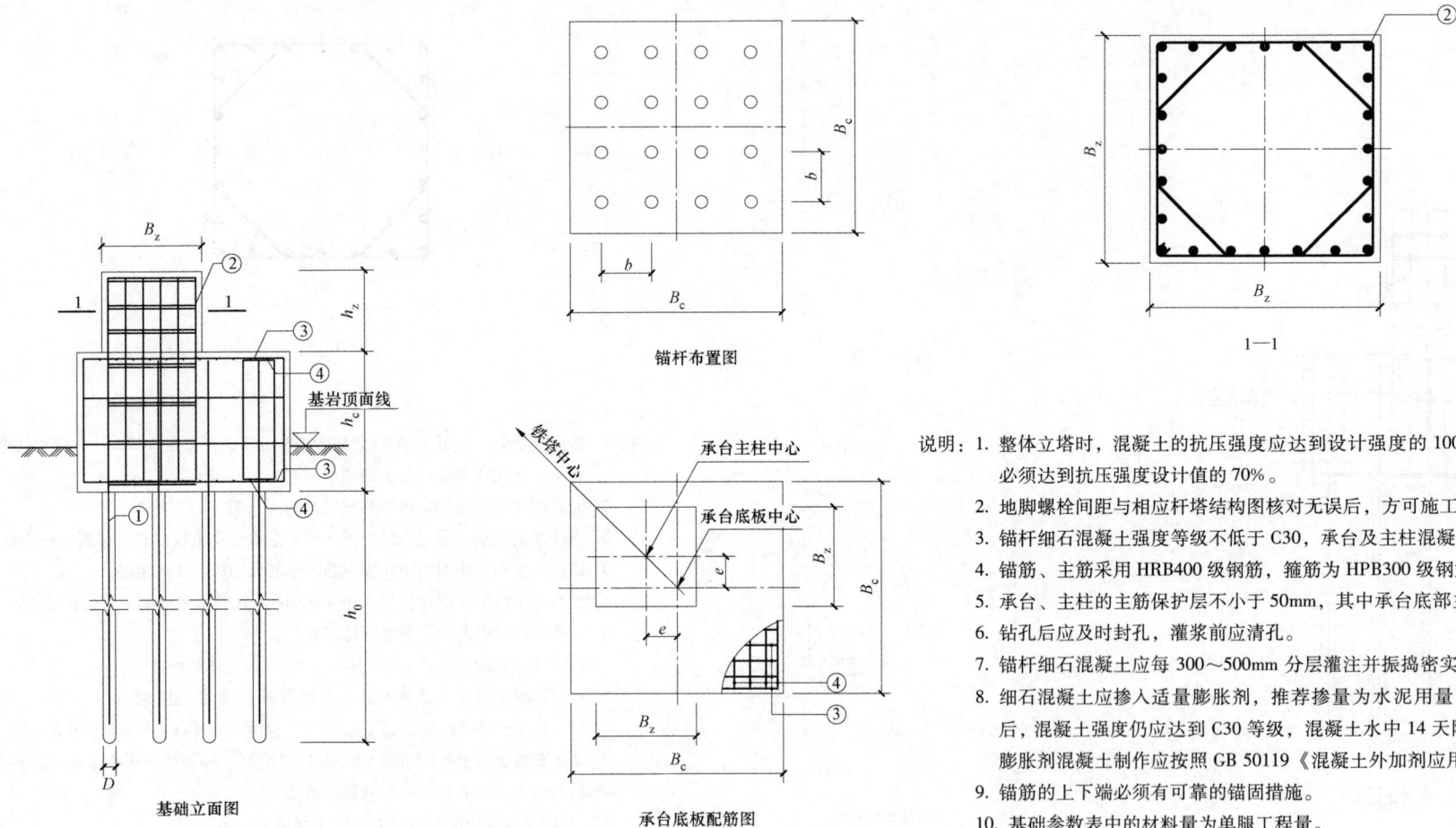

锚杆布置图

1—1

基础立面图

承台底板配筋图

说明：1. 整体立塔时，混凝土的抗压强度应达到设计强度的 100%。分解组塔时，混凝土必须达到抗压强度设计值的 70%。

2. 地脚螺栓间距与相应杆塔结构图核对无误后，方可施工。

3. 锚杆细石混凝土强度等级不低于 C30，承台及主柱混凝土强度等级不低于 C25。

4. 锚筋、主筋采用 HRB400 级钢筋，箍筋为 HPB300 级钢筋。

5. 承台、主柱的主筋保护层不小于 50mm，其中承台底部主筋保护层不小于 70mm。

6. 钻孔后应及时封孔，灌浆前应清孔。

7. 锚杆细石混凝土应每 300～500mm 分层灌注并振捣密实。

8. 细石混凝土应掺入适量膨胀剂，推荐掺量为水泥用量的 3%～5%；掺入膨胀剂后，混凝土强度仍应达到 C30 等级，混凝土水中 14 天限制膨胀率应大于 0.02%；膨胀剂混凝土制作应按照 GB 50119《混凝土外加剂应用技术规范》执行。

9. 锚筋的上下端必须有可靠的锚固措施。

10. 基础参数表中的材料量为单腿工程量。

图 16.0-9 5JMG6＊-2800-00 岩石锚杆基础施工图

基 础 参 数 表

基础名称	承台宽度 B_c (mm)	承台高度 h_c (mm)	主柱宽度 B_z (mm)	主柱高度 h_z (mm)	偏心距 e (mm)	锚杆直径 D (mm)	锚杆间距 b (mm)	锚杆长度 h_0 (mm)	锚筋 ①	主柱钢筋 ②	承台 X 向主筋 ③	承台 Y 向主筋 ④	锚杆混凝土 (m^3)	承台混凝土 (m^3)	钢筋 (kg)
5JMG6r-1200-05	1700	1100	900	1100	150	100	400	4200	16 Φ 32	24 Φ 22	11 Φ 22	11 Φ 22	0.53	4.07	1156.5
5JMG6s-1200-05	1700	1100	900	1100	150	100	400	3800	16 Φ 32	24 Φ 22	11 Φ 22	11 Φ 22	0.48	4.07	1116.1
5JMG6t-1200-05	1700	1100	900	1100	150	100	400	3200	16 Φ 32	24 Φ 22	11 Φ 22	11 Φ 22	0.40	4.07	1055.5
5JMG6u-1200-05	1700	1100	900	1100	150	100	400	3000	16 Φ 32	24 Φ 22	11 Φ 22	11 Φ 22	0.38	4.07	1035.3
5JMG6v-1200-05	1700	1100	900	1100	150	100	400	3000	16 Φ 32	24 Φ 22	11 Φ 22	11 Φ 22	0.38	4.07	1035.3

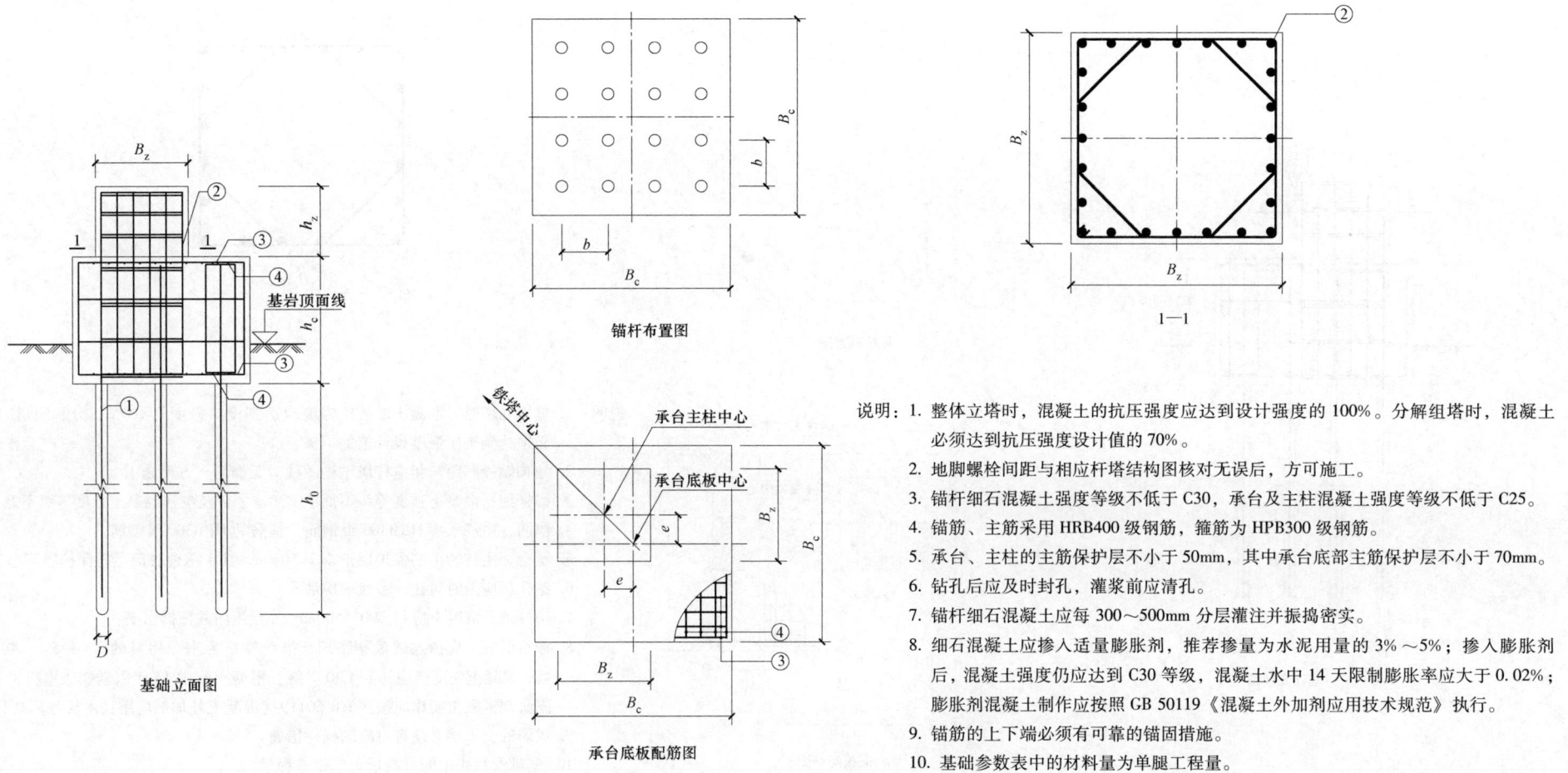

基础立面图

锚杆布置图

承台底板配筋图

1—1

说明：1. 整体立塔时，混凝土的抗压强度应达到设计强度的100%。分解组塔时，混凝土必须达到抗压强度设计值的70%。

2. 地脚螺栓间距与相应杆塔结构图核对无误后，方可施工。

3. 锚杆细石混凝土强度等级不低于C30，承台及主柱混凝土强度等级不低于C25。

4. 锚筋、主筋采用HRB400级钢筋，箍筋为HPB300级钢筋。

5. 承台、主柱的主筋保护层不小于50mm，其中承台底部主筋保护层不小于70mm。

6. 钻孔后应及时封孔，灌浆前应清孔。

7. 锚杆细石混凝土应每300～500mm分层灌注并振捣密实。

8. 细石混凝土应掺入适量膨胀剂，推荐掺量为水泥用量的3%～5%；掺入膨胀剂后，混凝土强度仍应达到C30等级，混凝土水中14天限制膨胀率应大于0.02%；膨胀剂混凝土制作应按照GB 50119《混凝土外加剂应用技术规范》执行。

9. 锚筋的上下端必须有可靠的锚固措施。

10. 基础参数表中的材料量为单腿工程量。

图 16.0-10 5JMG6∗-1200-05 岩石锚杆基础施工图

基础名称	承台宽度 B_c (mm)	承台高度 h_c (mm)	主柱宽度 B_z (mm)	主柱高度 h_z (mm)	偏心距 e (mm)	锚杆直径 D (mm)	锚杆间距 b (mm)	锚杆长度 h_0 (mm)	锚筋 ①	主柱钢筋 ②	承台 X 向主筋 ③	承台 Y 向主筋 ④	锚杆混凝土 (m³)	承台混凝土 (m³)	钢筋 (kg)
5JMG6r-1400-05	1700	1100	900	1100	200	100	400	4600	16 ⏀ 32	20 ⏀ 25	11 ⏀ 22	11 ⏀ 22	0.58	4.07	1215.3
5JMG6s-1400-05	1700	1100	900	1100	200	100	400	4200	16 ⏀ 32	20 ⏀ 25	11 ⏀ 22	11 ⏀ 22	0.53	4.07	1174.9
5JMG6t-1400-05	1700	1100	900	1100	200	100	400	3600	16 ⏀ 32	20 ⏀ 25	11 ⏀ 22	11 ⏀ 22	0.45	4.07	1114.3
5JMG6u-1400-05	1700	1100	900	1100	200	100	400	3200	16 ⏀ 32	20 ⏀ 25	11 ⏀ 22	11 ⏀ 22	0.40	4.07	1073.9
5JMG6v-1400-05	1700	1100	900	1100	200	100	400	3000	16 ⏀ 32	20 ⏀ 25	11 ⏀ 22	11 ⏀ 22	0.38	4.07	1053.7

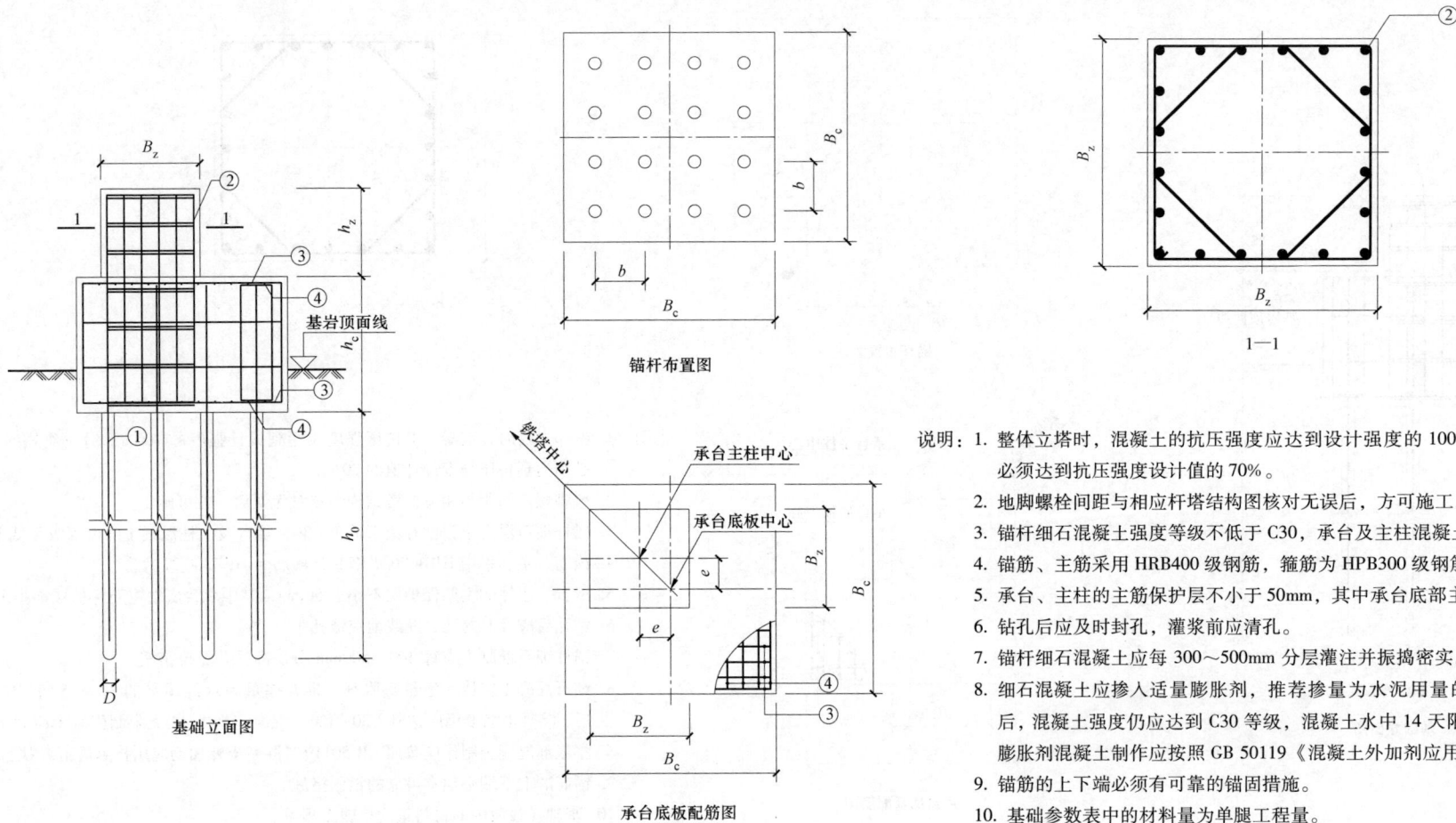

基础立面图

锚杆布置图

承台底板配筋图

说明：1. 整体立塔时，混凝土的抗压强度应达到设计强度的100%。分解组塔时，混凝土必须达到抗压强度设计值的70%。

2. 地脚螺栓间距与相应杆塔结构图核对无误后，方可施工。

3. 锚杆细石混凝土强度等级不低于C30，承台及主柱混凝土强度等级不低于C25。

4. 锚筋、主筋采用HRB400级钢筋，箍筋为HPB300级钢筋。

5. 承台、主柱的主筋保护层不小于50mm，其中承台底部主筋保护层不小于70mm。

6. 钻孔后应及时封孔，灌浆前应清孔。

7. 锚杆细石混凝土应每300～500mm分层灌注并振捣密实。

8. 细石混凝土应掺入适量膨胀剂，推荐掺量为水泥用量的3%～5%；掺入膨胀剂后，混凝土强度仍应达到C30等级，混凝土水中14天限制膨胀率应大于0.02%；膨胀剂混凝土制作应按照GB 50119《混凝土外加剂应用技术规范》执行。

9. 锚筋的上下端必须有可靠的锚固措施。

10. 基础参数表中的材料量为单腿工程量。

图 16.0-11　5JMG6 ∗ -1400-05 岩石锚杆基础施工图

基 础 参 数 表

基础名称	承台宽度 B_c (mm)	承台高度 h_c (mm)	主柱宽度 B_z (mm)	主柱高度 h_z (mm)	偏心距 e (mm)	锚杆直径 D (mm)	锚杆间距 b (mm)	锚杆长度 h_0 (mm)	锚筋 ①	主柱钢筋 ②	承台 X 向主筋 ③	承台 Y 向主筋 ④	锚杆混凝土 (m^3)	承台混凝土 (m^3)	钢筋 (kg)
5JMG6r-1600-05	1900	1200	1000	1400	200	110	450	5000	16Φ36	20Φ28	13Φ22	13Φ22	0.76	5.73	1640.3
5JMG6s-1600-05	1900	1200	1000	1400	200	110	450	4400	16Φ36	20Φ28	13Φ22	13Φ22	0.67	5.73	1563.6
5JMG6t-1600-05	1900	1200	1000	1400	200	110	450	3800	16Φ36	20Φ28	13Φ22	13Φ22	0.58	5.73	1486.9
5JMG6u-1600-05	1900	1200	1000	1400	200	110	450	3200	16Φ36	20Φ28	13Φ22	13Φ22	0.49	5.73	1410.2
5JMG6v-1600-05	1900	1200	1000	1400	200	110	450	3000	16Φ36	20Φ28	13Φ22	13Φ22	0.46	5.73	1384.6

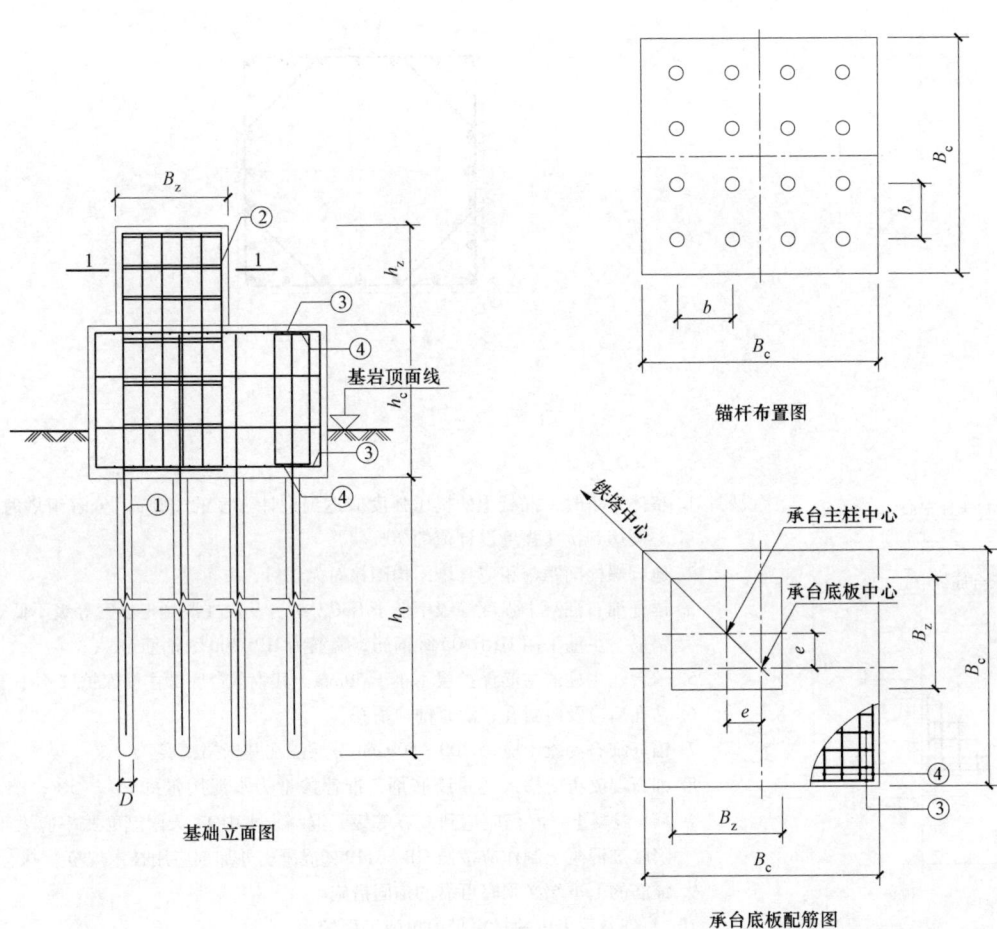

基础立面图

锚杆布置图

1—1

承台底板配筋图

说明：1. 整体立塔时，混凝土的抗压强度应达到设计强度的 100%。分解组塔时，混凝土必须达到抗压强度设计值的 70%。

2. 地脚螺栓间距与相应杆塔结构图核对无误后，方可施工。

3. 锚杆细石混凝土强度等级不低于 C30，承台及主柱混凝土强度等级不低于 C25。

4. 锚筋、主筋采用 HRB400 级钢筋，箍筋为 HPB300 级钢筋。

5. 承台、主柱的主筋保护层不小于 50mm，其中承台底部主筋保护层不小于 70mm。

6. 钻孔后应及时封孔，灌浆前应清孔。

7. 锚杆细石混凝土应每 300~500mm 分层灌注并振捣密实。

8. 细石混凝土应掺入适量膨胀剂，推荐掺量为水泥用量的 3%~5%；掺入膨胀剂后，混凝土强度仍应达到 C30 等级，混凝土水中 14 天限制膨胀率应大于 0.02%；膨胀剂混凝土制作应按照 GB 50119《混凝土外加剂应用技术规范》执行。

9. 锚筋的上下端必须有可靠的锚固措施。

10. 基础参数表中的材料量为单腿工程量。

图 16.0-12 5JMG6*-1600-05 岩石锚杆基础施工图

基 础 参 数 表

基础名称	承台宽度 B_c (mm)	承台高度 h_c (mm)	主柱宽度 B_z (mm)	主柱高度 h_z (mm)	偏心距 e (mm)	锚杆直径 D (mm)	锚杆间距 b (mm)	锚杆长度 h_0 (mm)	锚筋 ①	主柱钢筋 ②	承台 X 向主筋 ③	承台 Y 向主筋 ④	锚杆混凝土 (m³)	承台混凝土 (m³)	钢筋 (kg)
5JMG6r-1800-05	1900	1200	1000	1400	250	110	450	5400	16φ36	24φ28	13φ22	13φ22	0.82	5.73	1745.3
5JMG6s-1800-05	1900	1200	1000	1400	250	110	450	4800	16φ36	24φ28	13φ22	13φ22	0.73	5.73	1668.5
5JMG6t-1800-05	1900	1200	1000	1400	250	110	450	4000	16φ36	24φ28	13φ22	13φ22	0.61	5.73	1566.3
5JMG6u-1800-05	1900	1200	1000	1400	250	110	450	3600	16φ36	24φ28	13φ22	13φ22	0.55	5.73	1515.1
5JMG6v-1800-05	1900	1200	1000	1400	250	110	450	3200	16φ36	24φ28	13φ22	13φ22	0.49	5.73	1464.0

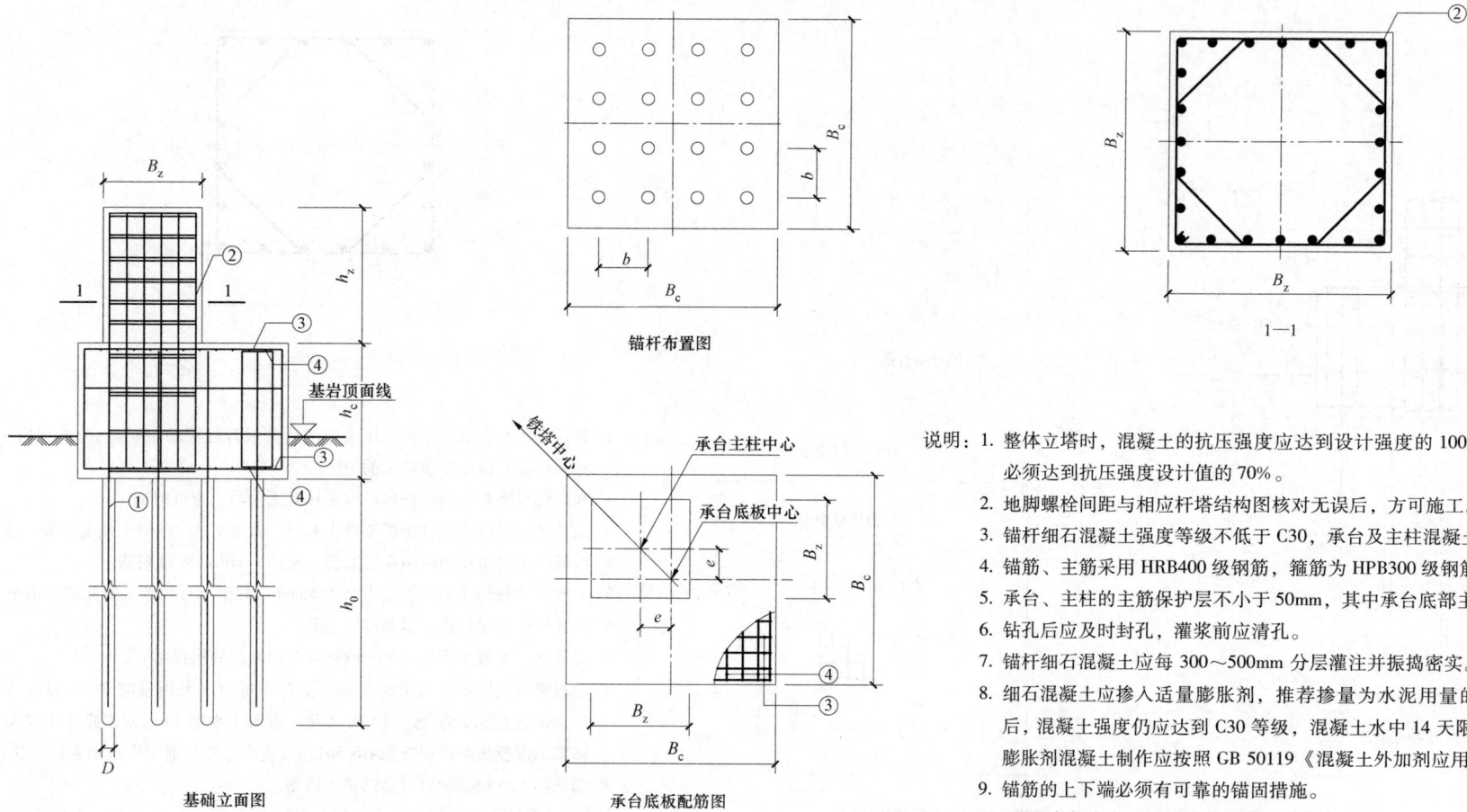

锚杆布置图

1—1

基础立面图

承台底板配筋图

说明：1. 整体立塔时，混凝土的抗压强度应达到设计强度的 100%。分解组塔时，混凝土必须达到抗压强度设计值的 70%。

2. 地脚螺栓间距与相应杆塔结构图核对无误后，方可施工。

3. 锚杆细石混凝土强度等级不低于 C30，承台及主柱混凝土强度等级不低于 C25。

4. 锚筋、主筋采用 HRB400 级钢筋，箍筋为 HPB300 级钢筋。

5. 承台、主柱的主筋保护层不小于 50mm，其中承台底部主筋保护层不小于 70mm。

6. 钻孔后应及时封孔，灌浆前应清孔。

7. 锚杆细石混凝土应每 300～500mm 分层灌注并振捣密实。

8. 细石混凝土应掺入适量膨胀剂，推荐掺量为水泥用量的 3%～5%；掺入膨胀剂后，混凝土强度仍应达到 C30 等级，混凝土水中 14 天限制膨胀率应大于 0.02%；膨胀剂混凝土制作应按照 GB 50119《混凝土外加剂应用技术规范》执行。

9. 锚筋的上下端必须有可靠的锚固措施。

10. 基础参数表中的材料量为单腿工程量。

图 16.0-13　5JMG6*-1800-05 岩石锚杆基础施工图

基 础 参 数 表

基础名称	承台宽度 B_c (mm)	承台高度 h_c (mm)	主柱宽度 B_z (mm)	主柱高度 h_s (mm)	偏心距 e (mm)	锚杆直径 D (mm)	锚杆间距 b (mm)	锚杆长度 h_0 (mm)	锚筋 ①	主柱钢筋 ②	承台 X 向主筋 ③	承台 Y 向主筋 ④	锚杆混凝土 (m³)	承台混凝土 (m³)	钢筋 (kg)
5JMG6r-2000-05	2000	1200	1000	1400	300	110	500	5600	16 ⏀ 36	24 ⏀ 28	14 ⏀ 22	14 ⏀ 22	0.85	6.20	1824.6
5JMG6s-2000-05	2000	1200	1000	1400	300	110	500	5000	16 ⏀ 36	24 ⏀ 28	14 ⏀ 22	14 ⏀ 22	0.76	6.20	1747.9
5JMG6t-2000-05	2000	1200	1000	1400	300	110	500	4200	16 ⏀ 36	24 ⏀ 28	14 ⏀ 22	14 ⏀ 22	0.64	6.20	1645.6
5JMG6u-2000-05	2000	1200	1000	1400	300	110	500	3600	16 ⏀ 36	24 ⏀ 28	14 ⏀ 22	14 ⏀ 22	0.55	6.20	1568.9
5JMG6v-2000-05	2000	1200	1000	1400	300	110	500	3400	16 ⏀ 36	24 ⏀ 28	14 ⏀ 22	14 ⏀ 22	0.52	6.20	1543.3

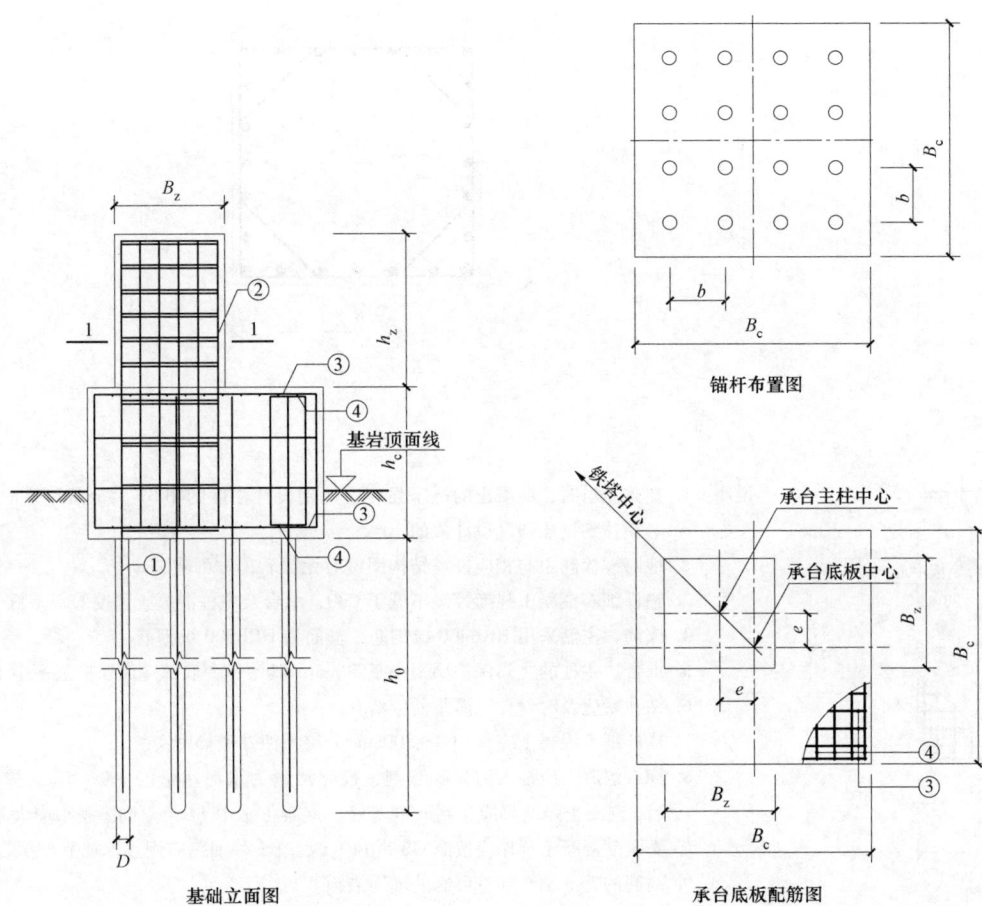

基础立面图

锚杆布置图

承台底板配筋图

1—1

说明：1. 整体立塔时，混凝土的抗压强度应达到设计强度的 100%。分解组塔时，混凝土必须达到抗压强度设计值的 70%。

2. 地脚螺栓间距与相应杆塔结构图核对无误后，方可施工。

3. 锚杆细石混凝土强度等级不低于 C30，承台及主柱混凝土强度等级不低于 C25。

4. 锚筋、主筋采用 HRB400 级钢筋，箍筋为 HPB300 级钢筋。

5. 承台、主柱的主筋保护层不小于 50mm，其中承台底部主筋保护层不小于 70mm。

6. 钻孔后应及时封孔，灌浆前应清孔。

7. 锚杆细石混凝土应每 300～500mm 分层灌注并振捣密实。

8. 细石混凝土应掺入适量膨胀剂，推荐掺量为水泥用量的 3%～5%；掺入膨胀剂后，混凝土强度仍应达到 C30 等级，混凝土水中 14 天限制膨胀率应大于 0.02%；膨胀剂混凝土制作应按照 GB 50119《混凝土外加剂应用技术规范》执行。

9. 锚筋的上下端必须有可靠的锚固措施。

10. 基础参数表中的材料量为单腿工程量。

图 16.0-14 5JMG6*-2000-05 岩石锚杆基础施工图

基 础 参 数 表

基础名称	承台宽度 B_e（mm）	承台高度 h_e（mm）	主柱宽度 B_z（mm）	主柱高度 h_z（mm）	偏心距 e（mm）	锚杆直径 D（mm）	锚杆间距 b（mm）	锚杆长度 h_0（mm）	锚筋 ①	主柱钢筋 ②	承台 X 向主筋 ③	承台 Y 向主筋 ④	锚杆混凝土（m³）	承台混凝土（m³）	钢筋（kg）
5JMG6r-2200-05	2100	1300	1000	1800	350	130	520	5800	16 ⏀ 40	24 ⏀ 32	15 ⏀ 22	15 ⏀ 22	1.23	7.53	2365.9
5JMG6s-2200-05	2100	1300	1000	1800	350	130	520	5200	16 ⏀ 40	24 ⏀ 32	15 ⏀ 22	15 ⏀ 22	1.10	7.53	2271.2
5JMG6t-2200-05	2100	1300	1000	1800	350	130	520	4400	16 ⏀ 40	24 ⏀ 32	15 ⏀ 22	15 ⏀ 22	0.93	7.53	2144.9
5JMG6u-2200-05	2100	1300	1000	1800	350	130	520	3800	16 ⏀ 40	24 ⏀ 32	15 ⏀ 22	15 ⏀ 22	0.81	7.53	2050.2
5JMG6v-2200-05	2100	1300	1000	1800	350	130	520	3400	16 ⏀ 40	24 ⏀ 32	15 ⏀ 22	15 ⏀ 22	0.72	7.53	1987.1

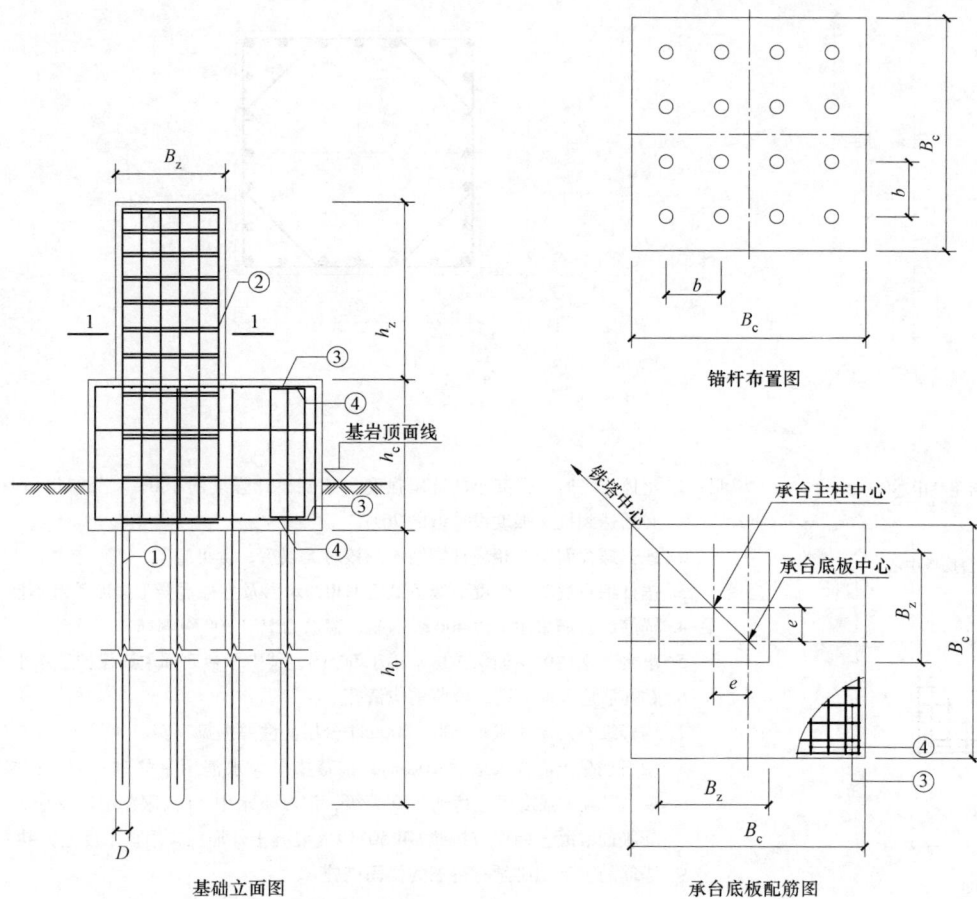

基础立面图

锚杆布置图

1—1

承台底板配筋图

说明：1. 整体立塔时，混凝土的抗压强度应达到设计强度的 100%。分解组塔时，混凝土必须达到抗压强度设计值的 70%。

2. 地脚螺栓间距与相应杆塔结构图核对无误后，方可施工。

3. 锚杆细石混凝土强度等级不低于 C30，承台及主柱混凝土强度等级不低于 C25。

4. 锚筋、主筋采用 HRB400 级钢筋，箍筋为 HPB300 级钢筋。

5. 承台、主柱的主筋保护层不小于 50mm，其中承台底部主筋保护层不小于 70mm。

6. 钻孔后应及时封孔，灌浆前应清孔。

7. 锚杆细石混凝土应每 300～500mm 分层灌注并振捣密实。

8. 细石混凝土应掺入适量膨胀剂，推荐掺量为水泥用量的 3%～5%；掺入膨胀剂后，混凝土强度仍应达到 C30 等级，混凝土水中 14 天限制膨胀率应大于 0.02%；膨胀剂混凝土制作应按照 GB 50119《混凝土外加剂应用技术规范》执行。

9. 锚筋的上下端必须有可靠的锚固措施。

10. 基础参数表中的材料量为单腿工程量。

图 16.0-15 5JMG6∗-2200-05 岩石锚杆基础施工图

基 础 参 数 表

基础名称	承台宽度 B_c (mm)	承台高度 h_c (mm)	主柱宽度 B_z (mm)	主柱高度 h_z (mm)	偏心距 e (mm)	锚杆直径 D (mm)	锚杆间距 b (mm)	锚杆长度 h_0 (mm)	锚筋 ①	主柱钢筋 ②	承台 X 向主筋 ③	承台 Y 向主筋 ④	锚杆混凝土 (m³)	承台混凝土 (m³)	钢筋 (kg)
5JMG6r-2400-05	2100	1300	1000	1800	350	130	520	6200	16 Φ 40	28 Φ 32	15 Φ 22	15 Φ 22	1.32	7.53	2511.1
5JMG6s-2400-05	2100	1300	1000	1800	350	130	520	5400	16 Φ 40	28 Φ 32	15 Φ 22	15 Φ 22	1.15	7.53	2384.9
5JMG6t-2400-05	2100	1300	1000	1800	350	130	520	4600	16 Φ 40	28 Φ 32	15 Φ 22	15 Φ 22	0.98	7.53	2258.6
5JMG6u-2400-05	2100	1300	1000	1800	350	130	520	4000	16 Φ 40	28 Φ 32	15 Φ 22	15 Φ 22	0.85	7.53	2163.9
5JMG6v-2400-05	2100	1300	1000	1800	350	130	520	3600	16 Φ 40	28 Φ 32	15 Φ 22	15 Φ 22	0.76	7.53	2100.8

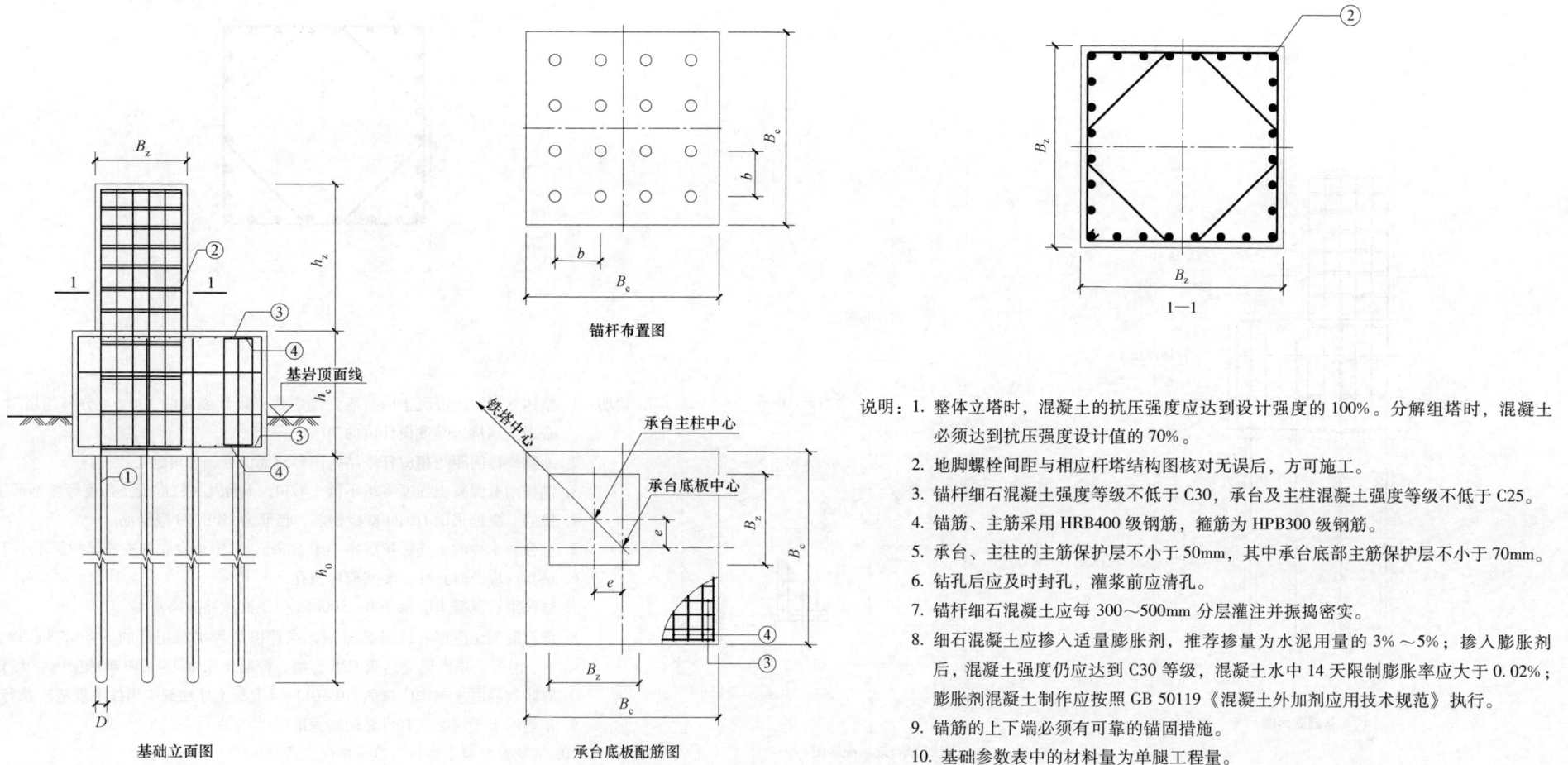

基础立面图

锚杆布置图

承台底板配筋图

1—1

说明：1. 整体立塔时，混凝土的抗压强度应达到设计强度的 100%。分解组塔时，混凝土必须达到抗压强度设计值的 70%。

2. 地脚螺栓间距与相应杆塔结构图核对无误后，方可施工。

3. 锚杆细石混凝土强度等级不低于 C30，承台及主柱混凝土强度等级不低于 C25。

4. 锚筋、主筋采用 HRB400 级钢筋，箍筋为 HPB300 级钢筋。

5. 承台、主柱的主筋保护层不小于 50mm，其中承台底部主筋保护层不小于 70mm。

6. 钻孔后应及时封孔，灌浆前应清孔。

7. 锚杆细石混凝土应每 300～500mm 分层灌注并振捣密实。

8. 细石混凝土应掺入适量膨胀剂，推荐掺量为水泥用量的 3%～5%；掺入膨胀剂后，混凝土强度仍应达到 C30 等级，混凝土水中 14 天限制膨胀率应大于 0.02%；膨胀剂混凝土制作应按照 GB 50119《混凝土外加剂应用技术规范》执行。

9. 锚筋的上下端必须有可靠的锚固措施。

10. 基础参数表中的材料量为单腿工程量。

图 16.0-16　5JMG6*-2400-05 岩石锚杆基础施工图

基 础 参 数 表

基础名称	承台宽度 B_c (mm)	承台高度 h_c (mm)	主柱宽度 B_z (mm)	主柱高度 h_z (mm)	偏心距 e (mm)	锚杆直径 D (mm)	锚杆间距 b (mm)	锚杆长度 h_0 (mm)	锚筋 ①	主柱钢筋 ②	承台 X 向主筋 ③	承台 Y 向主筋 ④	锚杆混凝土 (m³)	承台混凝土 (m³)	钢筋 (kg)
5JMG6r-2600-05	2200	1300	1000	1800	350	130	550	6400	16 ⏀ 40	28 ⏀ 32	16 ⏀ 22	16 ⏀ 22	1.36	8.09	2603.1
5JMG6s-2600-05	2200	1300	1000	1800	350	130	550	5600	16 ⏀ 40	28 ⏀ 32	16 ⏀ 22	16 ⏀ 22	1.19	8.09	2476.8
5JMG6t-2600-05	2200	1300	1000	1800	350	130	550	4800	16 ⏀ 40	28 ⏀ 32	16 ⏀ 22	16 ⏀ 22	1.02	8.09	2350.5
5JMG6u-2600-05	2200	1300	1000	1800	350	130	550	4200	16 ⏀ 40	28 ⏀ 32	16 ⏀ 22	16 ⏀ 22	0.89	8.09	2255.8
5JMG6v-2600-05	2200	1300	1000	1800	350	130	550	3800	16 ⏀ 40	28 ⏀ 32	16 ⏀ 22	16 ⏀ 22	0.81	8.09	2192.7

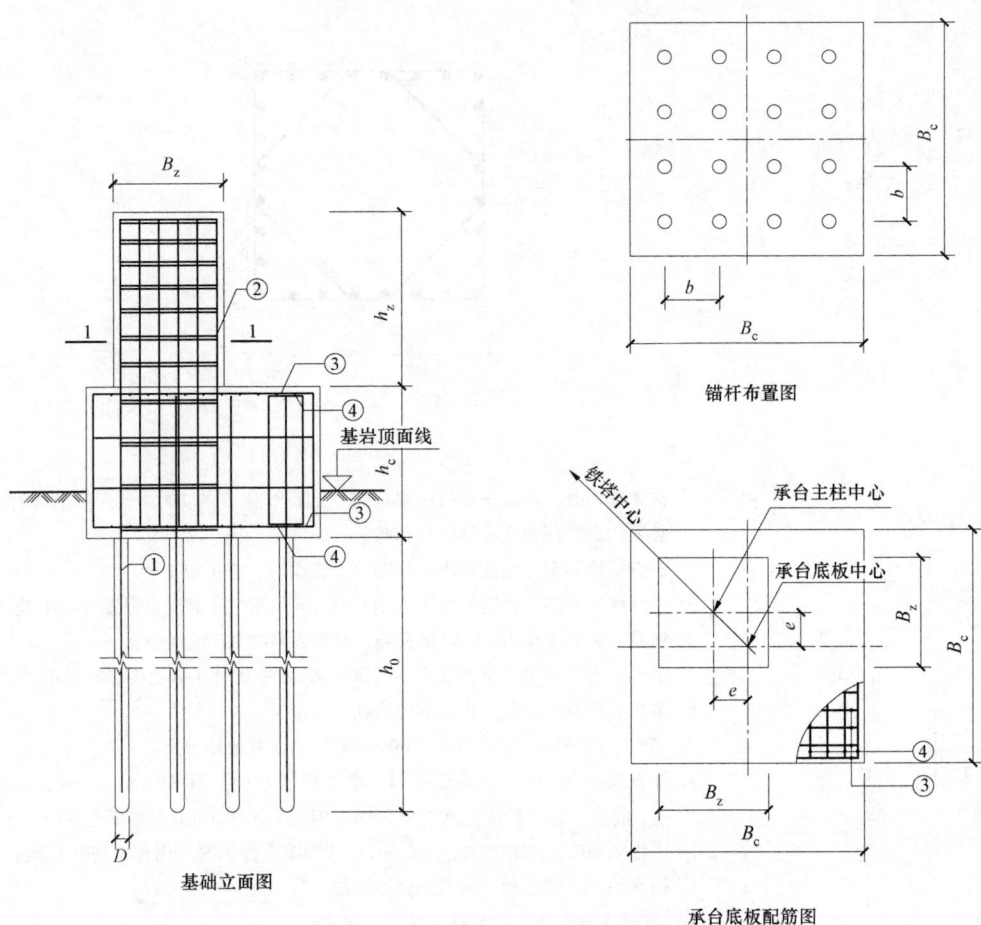

锚杆布置图

基础立面图

承台底板配筋图

1—1

说明：1. 整体立塔时，混凝土的抗压强度应达到设计强度的 100%。分解组塔时，混凝土必须达到抗压强度设计值的 70%。

2. 地脚螺栓间距与相应杆塔结构图核对无误后，方可施工。

3. 锚杆细石混凝土强度等级不低于 C30，承台及主柱混凝土强度等级不低于 C25。

4. 锚筋、主筋采用 HRB400 级钢筋，箍筋为 HPB300 级钢筋。

5. 承台、主柱的主筋保护层不小于 50mm，其中承台底部主筋保护层不小于 70mm。

6. 钻孔后应及时封孔，灌浆前应清孔。

7. 锚杆细石混凝土应每 300～500mm 分层灌注并振捣密实。

8. 细石混凝土应掺入适量膨胀剂，推荐掺量为水泥用量的 3%～5%；掺入膨胀剂后，混凝土强度仍应达到 C30 等级，混凝土水中 14 天限制膨胀率应大于 0.02%；膨胀剂混凝土制作应按照 GB 50119《混凝土外加剂应用技术规范》执行。

9. 锚筋的上下端必须有可靠的锚固措施。

10. 基础参数表中的材料量为单腿工程量。

图 16.0-17 5JMG6*-2600-05 岩石锚杆基础施工图

基 础 参 数 表

基础名称	承台宽度 B_c (mm)	承台高度 h_c (mm)	主柱宽度 B_z (mm)	主柱高度 h_z (mm)	偏心距 e (mm)	锚杆直径 D (mm)	锚杆间距 b (mm)	锚杆长度 h_0 (mm)	锚筋 ①	主柱钢筋 ②	承台 X 向主筋 ③	承台 Y 向主筋 ④	锚杆混凝土 (m^3)	承台混凝土 (m^3)	钢筋 (kg)
5JMG6r-2800-05	2200	1200	1200	1000	300	110	550	6600	16φ36	28φ28	15φ22	15φ22	1.00	7.25	2023.2
5JMG6s-2800-05	2200	1200	1200	1000	300	110	550	6000	16φ36	28φ28	15φ22	15φ22	0.91	7.25	1946.5
5JMG6t-2800-05	2200	1200	1200	1000	300	110	550	5000	16φ36	28φ28	15φ22	15φ22	0.76	7.25	1818.6
5JMG6u-2800-05	2200	1200	1200	1000	300	110	550	4400	16φ36	28φ28	15φ22	15φ22	0.67	7.25	1741.9
5JMG6v-2800-05	2200	1200	1200	1000	300	110	550	4000	16φ36	28φ28	15φ22	15φ22	0.61	7.25	1690.8

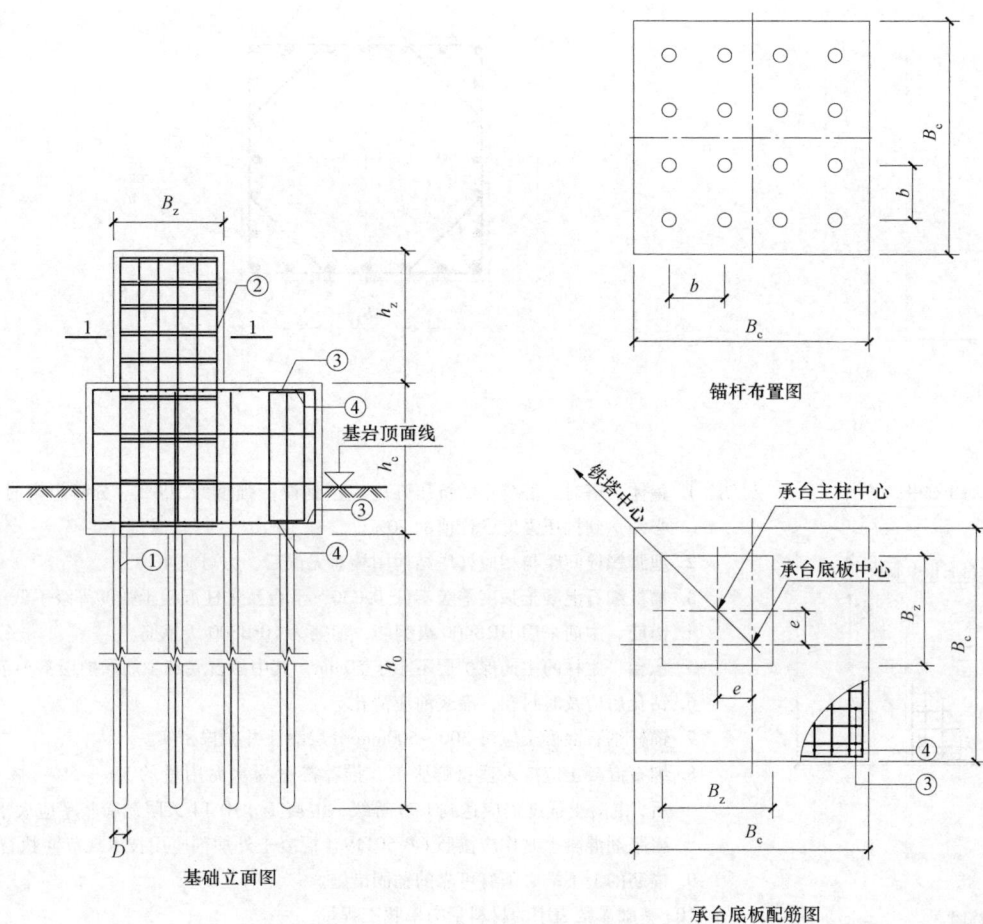

锚杆布置图

基础立面图

承台底板配筋图

1—1

说明：1. 整体立塔时，混凝土的抗压强度应达到设计强度的 100%。分解组塔时，混凝土必须达到抗压强度设计值的 70%。

2. 地脚螺栓间距与相应杆塔结构图核对无误后，方可施工。

3. 锚杆细石混凝土强度等级不低于 C30，承台及主柱混凝土强度等级不低于 C25。

4. 锚筋、主筋采用 HRB400 级钢筋，箍筋为 HPB300 级钢筋。

5. 承台、主柱的主筋保护层不小于 50mm，其中承台底部主筋保护层不小于 70mm。

6. 钻孔后应及时封孔，灌浆前应清孔。

7. 锚杆细石混凝土应每 300～500mm 分层灌注并振捣密实。

8. 细石混凝土应掺入适量膨胀剂，推荐掺量为水泥用量的 3%～5%；掺入膨胀剂后，混凝土强度仍应达到 C30 等级，混凝土水中 14 天限制膨胀率应大于 0.02%；膨胀剂混凝土制作应按照 GB 50119《混凝土外加剂应用技术规范》执行。

9. 锚筋的上下端必须有可靠的锚固措施。

10. 基础参数表中的材料量为单腿工程量。

图 16.0-18 5JMG6*-2800-05 岩石锚杆基础施工图

基 础 参 数 表

基础名称	承台宽度 B_c (mm)	承台高度 h_c (mm)	主柱宽度 B_z (mm)	主柱高度 h_z (mm)	偏心距 e (mm)	锚杆直径 D (mm)	锚杆间距 b (mm)	锚杆长度 h_0 (mm)	锚筋 ①	主柱钢筋 ②	承台 X 向主筋 ③	承台 Y 向主筋 ④	锚杆混凝土 (m^3)	承台混凝土 (m^3)	钢筋 (kg)
5JMG6r-1200-10	1800	1100	900	1600	250	100	430	4200	16 Φ 32	24 Φ 25	11 Φ 22	11 Φ 22	0.53	4.86	1271.6
5JMG6s-1200-10	1800	1100	900	1600	250	100	430	3800	16 Φ 32	24 Φ 25	11 Φ 22	11 Φ 22	0.48	4.86	1231.2
5JMG6t-1200-10	1800	1100	900	1600	250	100	430	3200	16 Φ 32	24 Φ 25	11 Φ 22	11 Φ 22	0.40	4.86	1173.6
5JMG6u-1200-10	1800	1100	900	1600	250	100	430	3000	16 Φ 32	24 Φ 25	11 Φ 22	11 Φ 22	0.38	4.86	1153.4
5JMG6v-1200-10	1800	1100	900	1600	250	100	430	3000	16 Φ 32	24 Φ 25	11 Φ 22	11 Φ 22	0.38	4.86	1153.4

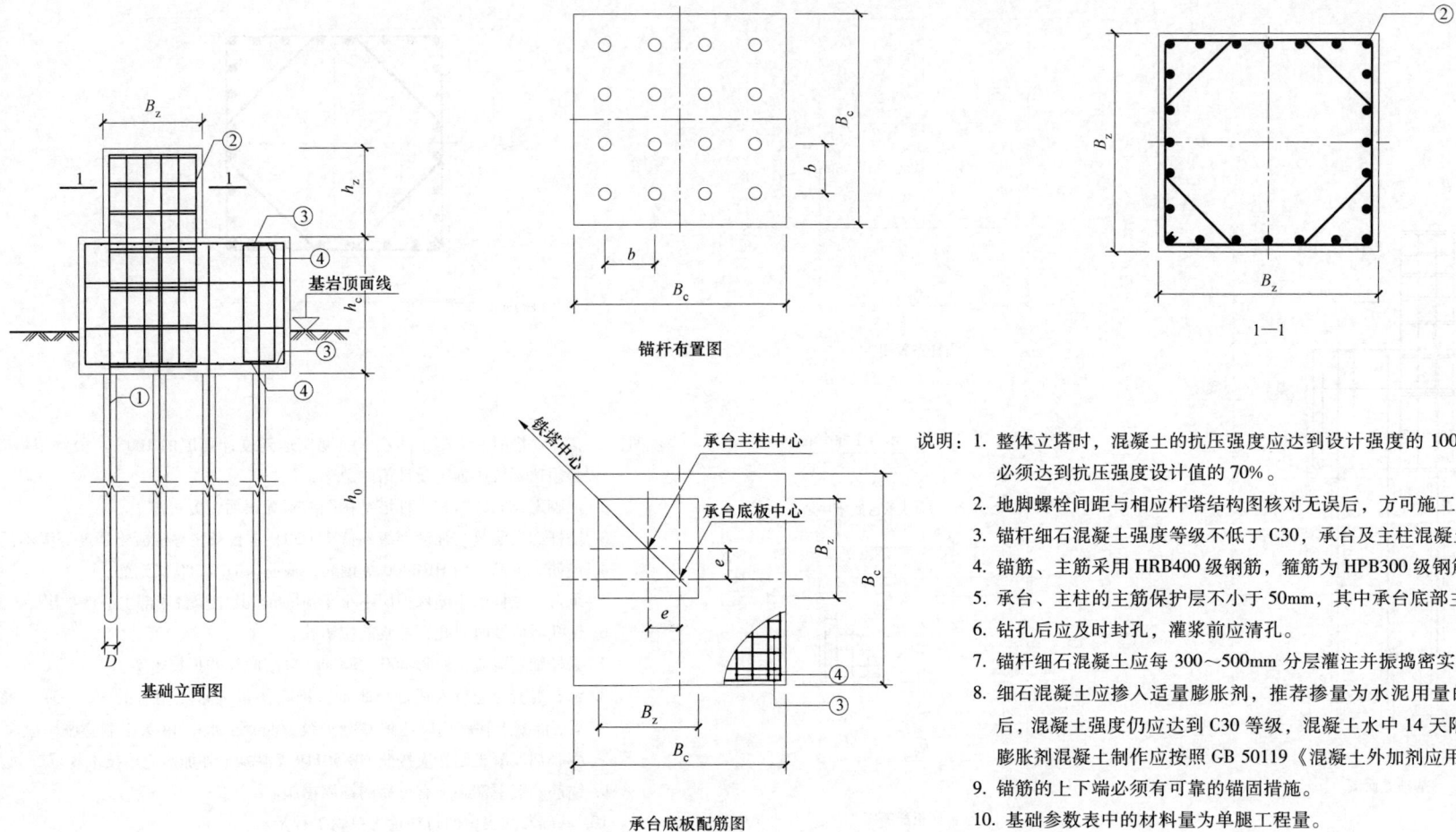

基础立面图

锚杆布置图

1—1

承台底板配筋图

说明：1. 整体立塔时，混凝土的抗压强度应达到设计强度的 100%。分解组塔时，混凝土必须达到抗压强度设计值的 70%。

2. 地脚螺栓间距与相应杆塔结构图核对无误后，方可施工。

3. 锚杆细石混凝土强度等级不低于 C30，承台及主柱混凝土强度等级不低于 C25。

4. 锚筋、主筋采用 HRB400 级钢筋，箍筋为 HPB300 级钢筋。

5. 承台、主柱的主筋保护层不小于 50mm，其中承台底部主筋保护层不小于 70mm。

6. 钻孔后应及时封孔，灌浆前应清孔。

7. 锚杆细石混凝土应每 300～500mm 分层灌注并振捣密实。

8. 细石混凝土应掺入适量膨胀剂，推荐掺量为水泥用量的 3%～5%；掺入膨胀剂后，混凝土强度仍应达到 C30 等级，混凝土水中 14 天限制膨胀率应大于 0.02%；膨胀混凝土制作应按照 GB 50119《混凝土外加剂应用技术规范》执行。

9. 锚筋的上下端必须有可靠的锚固措施。

10. 基础参数表中的材料量为单腿工程量。

图 16.0-19　5JMG6＊-1200-10 岩石锚杆基础施工图

基 础 参 数 表

基础名称	承台宽度 B_c(mm)	承台高度 h_c(mm)	主柱宽度 B_z(mm)	主柱高度 h_z(mm)	偏心距 e(mm)	锚杆直径 D(mm)	锚杆间距 b(mm)	锚杆长度 h_0(mm)	锚筋 ①	主柱钢筋 ②	承台X向主筋 ③	承台Y向主筋 ④	锚杆混凝土 (m³)	承台混凝土 (m³)	钢筋 (kg)
5JMG6r-1400-10	1900	1100	900	1600	300	100	450	4600	16Φ32	20Φ28	12Φ22	12Φ22	0.58	5.27	1387.6
5JMG6s-1400-10	1900	1100	900	1600	300	100	450	4200	16Φ32	20Φ28	12Φ22	12Φ22	0.53	5.27	1347.2
5JMG6t-1400-10	1900	1100	900	1600	300	100	450	3400	16Φ32	20Φ28	12Φ22	12Φ22	0.43	5.27	1266.4
5JMG6u-1400-10	1900	1100	900	1600	300	100	450	3000	16Φ32	20Φ28	12Φ22	12Φ22	0.38	5.27	1226.0
5JMG6v-1400-10	1900	1100	900	1600	300	100	450	3000	16Φ32	20Φ28	12Φ22	12Φ22	0.38	5.27	1226.0

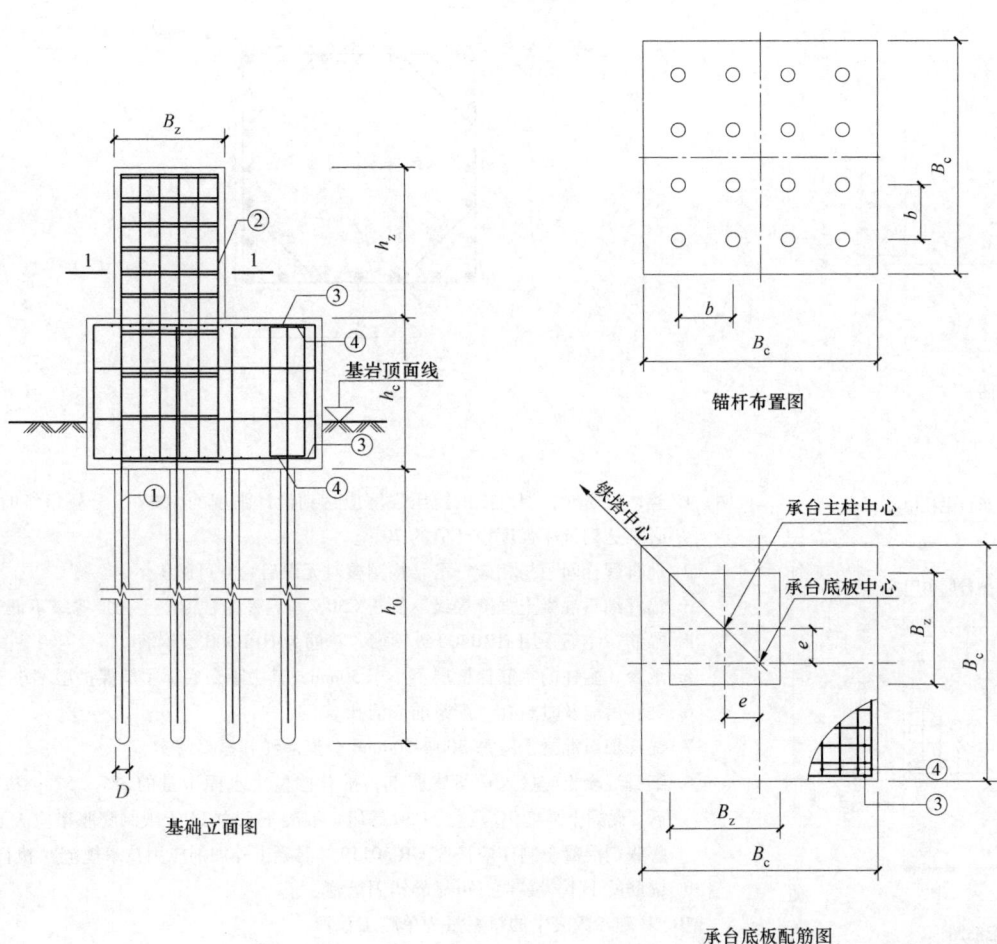

基础立面图

锚杆布置图

承台底板配筋图

1—1

说明：1. 整体立塔时，混凝土的抗压强度应达到设计强度的 100%。分解组塔时，混凝土必须达到抗压强度设计值的 70%。

2. 地脚螺栓间距与相应杆塔结构图核对无误后，方可施工。

3. 锚杆细石混凝土强度等级不低于 C30，承台及主柱混凝土强度等级不低于 C25。

4. 锚筋、主筋采用 HRB400 级钢筋，箍筋为 HPB300 级钢筋。

5. 承台、主柱的主筋保护层不小于 50mm，其中承台底部主筋保护层不小于 70mm。

6. 钻孔后应及时封孔，灌浆前应清孔。

7. 锚杆细石混凝土应每 300～500mm 分层灌注并振捣密实。

8. 细石混凝土应掺入适量膨胀剂，推荐掺量为水泥用量的 3%～5%；掺入膨胀剂后，混凝土强度仍应达到 C30 等级，混凝土水中 14 天限制膨胀率应大于 0.02%；膨胀剂混凝土制作应按照 GB 50119《混凝土外加剂应用技术规范》执行。

9. 锚筋的上下端必须有可靠的锚固措施。

10. 基础参数表中的材料量为单腿工程量。

图 16.0-20　5JMG6*-1400-10 岩石锚杆基础施工图

基 础 参 数 表

基础名称	承台宽度 B_c (mm)	承台高度 h_c (mm)	主柱宽度 B_z (mm)	主柱高度 h_z (mm)	偏心距 e (mm)	锚杆直径 D (mm)	锚杆间距 b (mm)	锚杆长度 h_0 (mm)	锚筋 ①	主柱钢筋 ②	承台 X 向主筋 ③	承台 Y 向主筋 ④	锚杆混凝土 (m^3)	承台混凝土 (m^3)	钢筋 (kg)
5JMG6r-1600-10	2000	1200	1000	1900	300	110	500	4800	16 Φ 36	24 Φ 28	13 Φ 22	13 Φ 22	0.73	6.70	1745.4
5JMG6s-1600-10	2000	1200	1000	1900	300	110	500	4400	16 Φ 36	24 Φ 28	13 Φ 22	13 Φ 22	0.67	6.70	1694.2
5JMG6t-1600-10	2000	1200	1000	1900	300	110	500	3600	16 Φ 36	24 Φ 28	13 Φ 22	13 Φ 22	0.55	6.70	1592.0
5JMG6u-1600-10	2000	1200	1000	1900	300	110	500	3200	16 Φ 36	24 Φ 28	13 Φ 22	13 Φ 22	0.49	6.70	1540.8
5JMG6v-1600-10	2000	1200	1000	1900	300	110	500	3000	16 Φ 36	24 Φ 28	13 Φ 22	13 Φ 22	0.46	6.70	1515.2

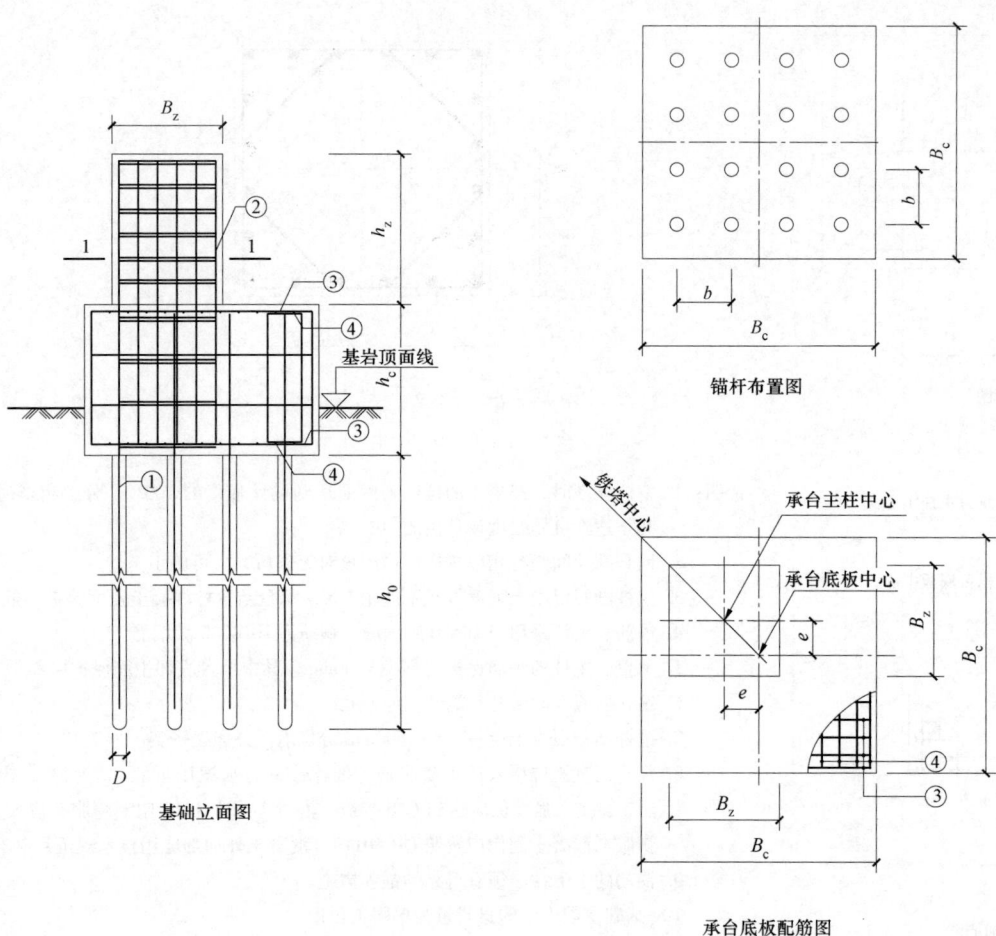

基础立面图

锚杆布置图

承台底板配筋图

1—1

说明：1. 整体立塔时，混凝土的抗压强度应达到设计强度的 100%。分解组塔时，混凝土必须达到抗压强度设计值的 70%。

2. 地脚螺栓间距与相应杆塔结构图核对无误后，方可施工。

3. 锚杆细石混凝土强度等级不低于 C30，承台及主柱混凝土强度等级不低于 C25。

4. 锚筋、主筋采用 HRB400 级钢筋，箍筋为 HPB300 级钢筋。

5. 承台、主柱的主筋保护层不小于 50mm，其中承台底部主筋保护层不小于 70mm。

6. 钻孔后应及时封孔，灌浆前应清孔。

7. 锚杆细石混凝土应每 300～500mm 分层灌注并振捣密实。

8. 细石混凝土应掺入适量膨胀剂，推荐掺量为水泥用量的 3%～5%；掺入膨胀剂后，混凝土强度仍应达到 C30 等级，混凝土水中 14 天限制膨胀率应大于 0.02%；膨胀剂混凝土制作应按照 GB 50119《混凝土外加剂应用技术规范》执行。

9. 锚筋的上下端必须有可靠的锚固措施。

10. 基础参数表中的材料量为单腿工程量。

图 16.0-21　5JMG6*-1600-10 岩石锚杆基础施工图

基 础 参 数 表

基础名称	承台宽度 B_c (mm)	承台高度 h_c (mm)	主柱宽度 B_z (mm)	主柱高度 h_z (mm)	偏心距 e (mm)	锚杆直径 D (mm)	锚杆间距 b (mm)	锚杆长度 h_0 (mm)	锚筋 ①	主柱钢筋 ②	承台X向主筋 ③	承台Y向主筋 ④	锚杆混凝土 (m^3)	承台混凝土 (m^3)	钢筋 (kg)
5JMG6r-1800-10	2000	1200	1000	1900	300	110	500	5200	16 Φ 36	20 Φ 32	14 Φ 22	14 Φ 22	0.79	6.70	1889.6
5JMG6s-1800-10	2000	1200	1000	1900	300	110	500	4600	16 Φ 36	20 Φ 32	14 Φ 22	14 Φ 22	0.70	6.70	1812.9
5JMG6t-1800-10	2000	1200	1000	1900	300	110	500	4000	16 Φ 36	20 Φ 32	14 Φ 22	14 Φ 22	0.61	6.70	1736.2
5JMG6u-1800-10	2000	1200	1000	1900	300	110	500	3400	16 Φ 36	20 Φ 32	14 Φ 22	14 Φ 22	0.52	6.70	1659.5
5JMG6v-1800-10	2000	1200	1000	1900	300	110	500	3000	16 Φ 36	20 Φ 32	14 Φ 22	14 Φ 22	0.46	6.70	1608.4

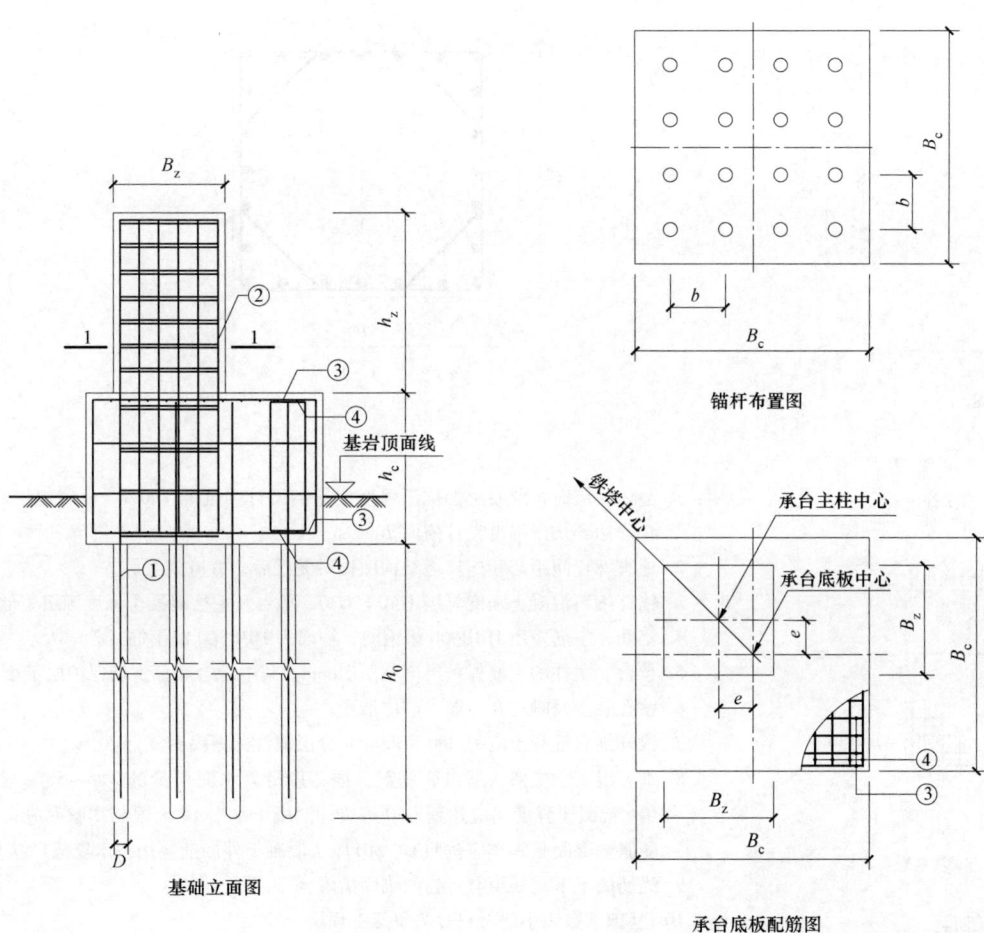

锚杆布置图

基础立面图

承台底板配筋图

说明：1. 整体立塔时，混凝土的抗压强度应达到设计强度的 100%。分解组塔时，混凝土必须达到抗压强度设计值的 70%。

2. 地脚螺栓间距与相应杆塔结构图核对无误后，方可施工。

3. 锚杆细石混凝土强度等级不低于 C30，承台及主柱混凝土强度等级不低于 C25。

4. 锚筋、主筋采用 HRB400 级钢筋，箍筋为 HPB300 级钢筋。

5. 承台、主柱的主筋保护层不小于 50mm，其中承台底部主筋保护层不小于 70mm。

6. 钻孔后应及时封孔，灌浆前应清孔。

7. 锚杆细石混凝土应每 300~500mm 分层灌注并振捣密实。

8. 细石混凝土应掺入适量膨胀剂，推荐掺量为水泥用量的 3%~5%；掺入膨胀剂后，混凝土强度仍应达到 C30 等级，混凝土水中 14 天限制膨胀率应大于 0.02%；膨胀剂混凝土制作应按照 GB 50119《混凝土外加剂应用技术规范》执行。

9. 锚筋的上下端必须有可靠的锚固措施。

10. 基础参数表中的材料量为单腿工程量。

图 16.0-22 5JMG6*-1800-10 岩石锚杆基础施工图

基 础 参 数 表

基础名称	承台宽度 B_e (mm)	承台高度 h_e (mm)	主柱宽度 B_z (mm)	主柱高度 h_z (mm)	偏心距 e (mm)	锚杆直径 D (mm)	锚杆间距 b (mm)	锚杆长度 h_0 (mm)	锚筋 ①	主柱钢筋 ②	承台 X 向主筋 ③	承台 Y 向主筋 ④	锚杆混凝土 (m³)	承台混凝土 (m³)	钢筋 (kg)
5JMG6r-2000-10	2100	1200	1000	1900	350	110	520	5400	16⏀36	24⏀32	14⏀22	14⏀22	0.82	7.19	2016.0
5JMG6s-2000-10	2100	1200	1000	1900	350	110	520	5000	16⏀36	24⏀32	14⏀22	14⏀22	0.76	7.19	1964.8
5JMG6t-2000-10	2100	1200	1000	1900	350	110	520	4200	16⏀36	24⏀32	14⏀22	14⏀22	0.64	7.19	1862.6
5JMG6u-2000-10	2100	1200	1000	1900	350	110	520	3600	16⏀36	24⏀32	14⏀22	14⏀22	0.55	7.19	1785.9
5JMG6v-2000-10	2100	1200	1000	1900	350	110	520	3200	16⏀36	24⏀32	14⏀22	14⏀22	0.49	7.19	1734.7

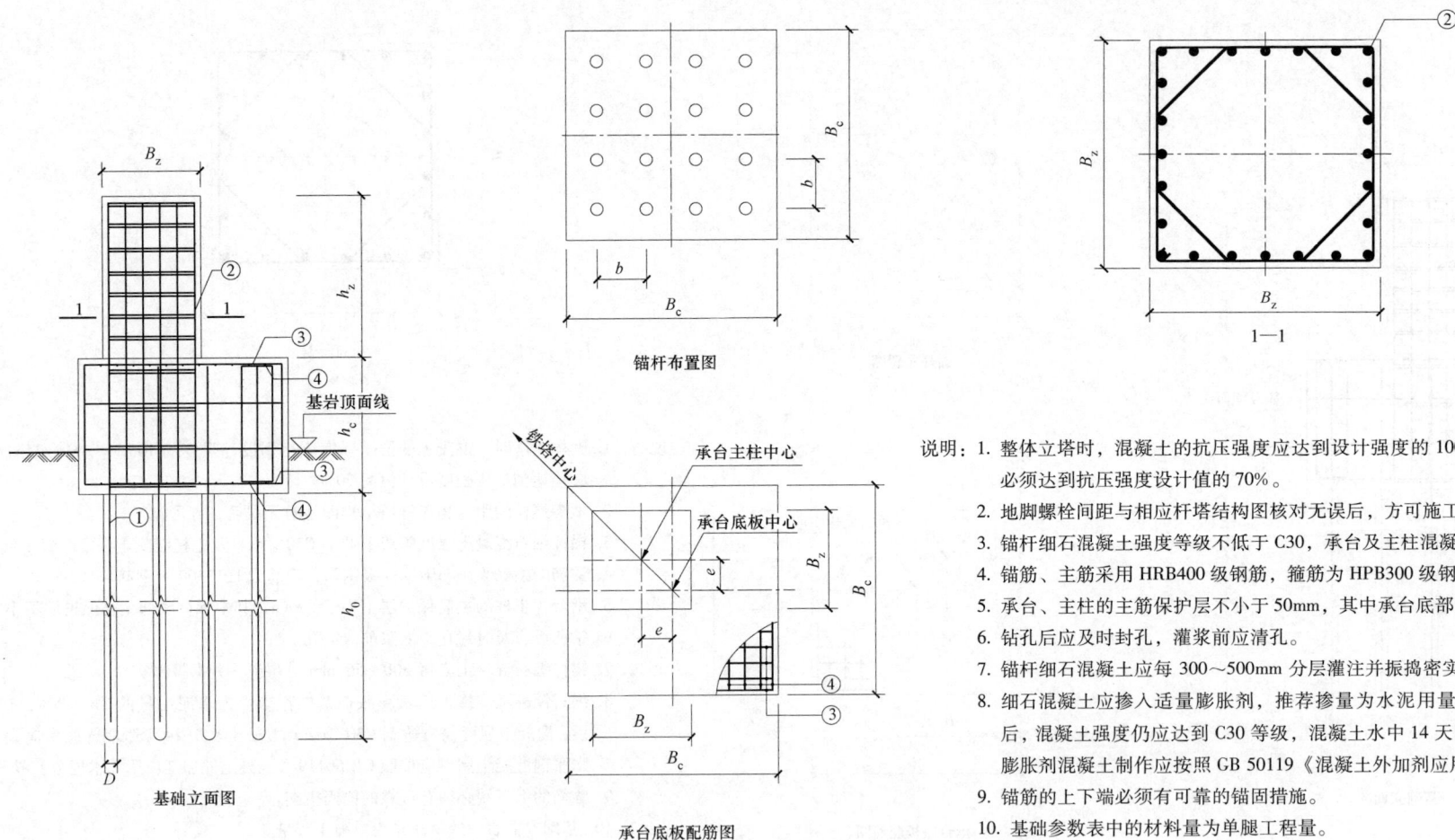

基础立面图

锚杆布置图

承台底板配筋图

1—1

说明：1. 整体立塔时，混凝土的抗压强度应达到设计强度的 100%。分解组塔时，混凝土必须达到抗压强度设计值的 70%。

2. 地脚螺栓间距与相应杆塔结构图核对无误后，方可施工。

3. 锚杆细石混凝土强度等级不低于 C30，承台及主柱混凝土强度等级不低于 C25。

4. 锚筋、主筋采用 HRB400 级钢筋，箍筋为 HPB300 级钢筋。

5. 承台、主柱的主筋保护层不小于 50mm，其中承台底部主筋保护层不小于 70mm。

6. 钻孔后应及时封孔，灌浆前应清孔。

7. 锚杆细石混凝土应每 300~500mm 分层灌注并振捣密实。

8. 细石混凝土应掺入适量膨胀剂，推荐掺量为水泥用量的 3%~5%；掺入膨胀剂后，混凝土强度仍应达到 C30 等级，混凝土水中 14 天限制膨胀应大于 0.02%；膨胀剂混凝土制作应按照 GB 50119《混凝土外加剂应用技术规范》执行。

9. 锚筋的上下端必须有可靠的锚固措施。

10. 基础参数表中的材料量为单腿工程量。

图 16.0-23 5JMG6*-2000-10 岩石锚杆基础施工图

基 础 参 数 表

基础名称	承台宽度 B_c (mm)	承台高度 h_c (mm)	主柱宽度 B_z (mm)	主柱高度 h_z (mm)	偏心距 e (mm)	锚杆直径 D (mm)	锚杆间距 b (mm)	锚杆长度 h_0 (mm)	锚筋 ①	主柱钢筋 ②	承台 X 向主筋 ③	承台 Y 向主筋 ④	锚杆混凝土 (m³)	承台混凝土 (m³)	钢筋 (kg)
5JMG6r-2200-10	2200	1300	1000	2300	350	130	550	5800	16Φ40	28Φ32	16Φ22	16Φ22	1.23	8.59	2600.6
5JMG6s-2200-10	2200	1300	1000	2300	350	130	550	5200	16Φ40	28Φ32	16Φ22	16Φ22	1.10	8.59	2505.9
5JMG6t-2200-10	2200	1300	1000	2300	350	130	550	4400	16Φ40	28Φ32	16Φ22	16Φ22	0.93	8.59	2379.6
5JMG6u-2200-10	2200	1300	1000	2300	350	130	550	3800	16Φ40	28Φ32	16Φ22	16Φ22	0.81	8.59	2284.9
5JMG6v-2200-10	2200	1300	1000	2300	350	130	550	3400	16Φ40	28Φ32	16Φ22	16Φ22	0.72	8.59	2221.8

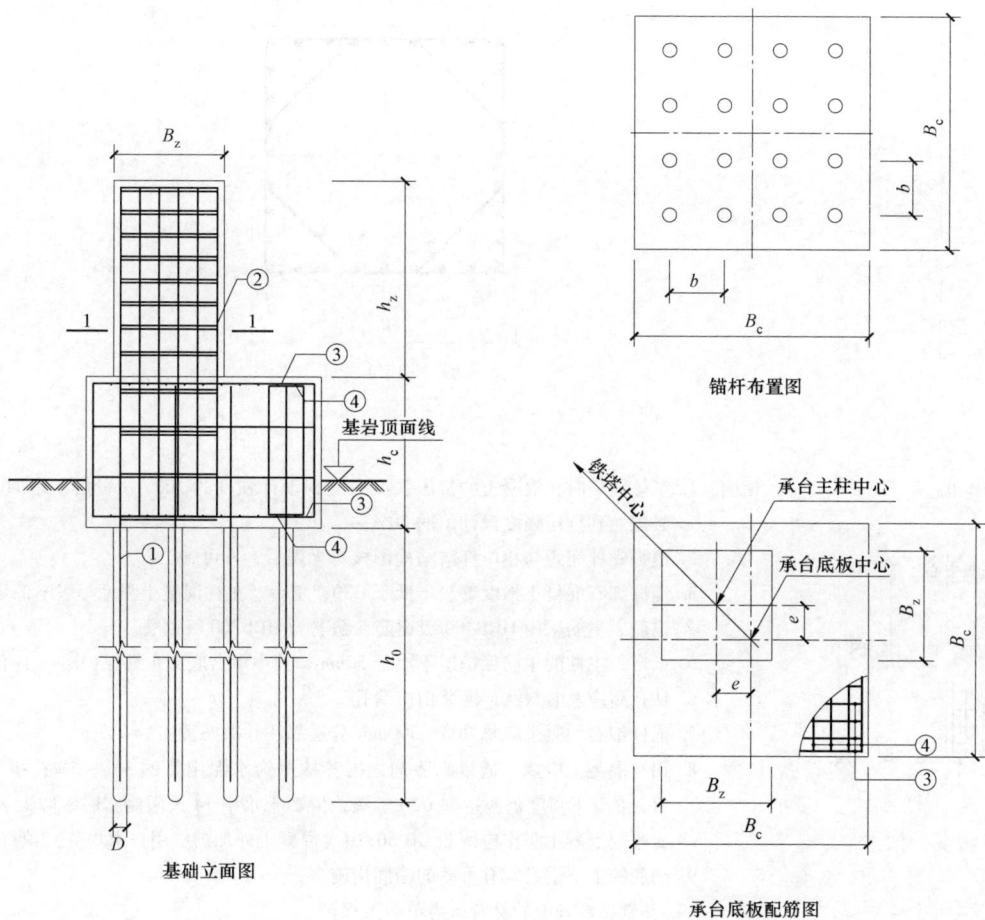

锚杆布置图

1—1

基础立面图

承台底板配筋图

说明：1. 整体立塔时，混凝土的抗压强度应达到设计强度的 100%。分解组塔时，混凝土必须达到抗压强度设计值的 70%。

2. 地脚螺栓间距与相应杆塔结构图核对无误后，方可施工。

3. 锚杆细石混凝土强度等级不低于 C30，承台及主柱混凝土强度等级不低于 C25。

4. 锚筋、主筋采用 HRB400 级钢筋，箍筋为 HPB300 级钢筋。

5. 承台、主柱的主筋保护层不小于 50mm，其中承台底部主筋保护层不小于 70mm。

6. 钻孔后应及时封孔，灌浆前应清孔。

7. 锚杆细石混凝土应每 300～500mm 分层灌注并振捣密实。

8. 细石混凝土应掺入适量膨胀剂，推荐掺量为水泥用量的 3%～5%；掺入膨胀剂后，混凝土强度仍应达到 C30 等级，混凝土水中 14 天限制膨胀率应大于 0.02%；膨胀剂混凝土制作应按照 GB 50119《混凝土外加剂应用技术规范》执行。

9. 锚筋的上下端必须有可靠的锚固措施。

10. 基础参数表中的材料量为单腿工程量。

图 16.0-24　5JMG6＊-2200-10 岩石锚杆基础施工图

基 础 参 数 表

基础名称	承台宽度 B_c (mm)	承台高度 h_c (mm)	主柱宽度 B_z (mm)	主柱高度 h_z (mm)	偏心距 e (mm)	锚杆直径 D (mm)	锚杆间距 b (mm)	锚杆长度 h_0 (mm)	锚筋 ①	主柱钢筋 ②	承台 X 向主筋 ③	承台 Y 向主筋 ④	锚杆混凝土 (m³)	承台混凝土 (m³)	钢筋 (kg)
5JMG6r-2400-10	2300	1200	1000	2400	350	110	450	6000	25 Φ 36	32 Φ 32	16 Φ 22	16 Φ 22	1.43	8.75	3029.3
5JMG6s-2400-10	2300	1200	1000	2400	350	110	450	5400	25 Φ 36	32 Φ 32	16 Φ 22	16 Φ 22	1.28	8.75	2909.4
5JMG6t-2400-10	2300	1200	1000	2400	350	110	450	4600	25 Φ 36	32 Φ 32	16 Φ 22	16 Φ 22	1.09	8.75	2749.6
5JMG6u-2400-10	2300	1200	1000	2400	350	110	450	4000	25 Φ 36	32 Φ 32	16 Φ 22	16 Φ 22	0.95	8.75	2629.7
5JMG6v-2400-10	2300	1200	1000	2400	350	110	450	3600	25 Φ 36	32 Φ 32	16 Φ 22	16 Φ 22	0.86	8.75	2549.8

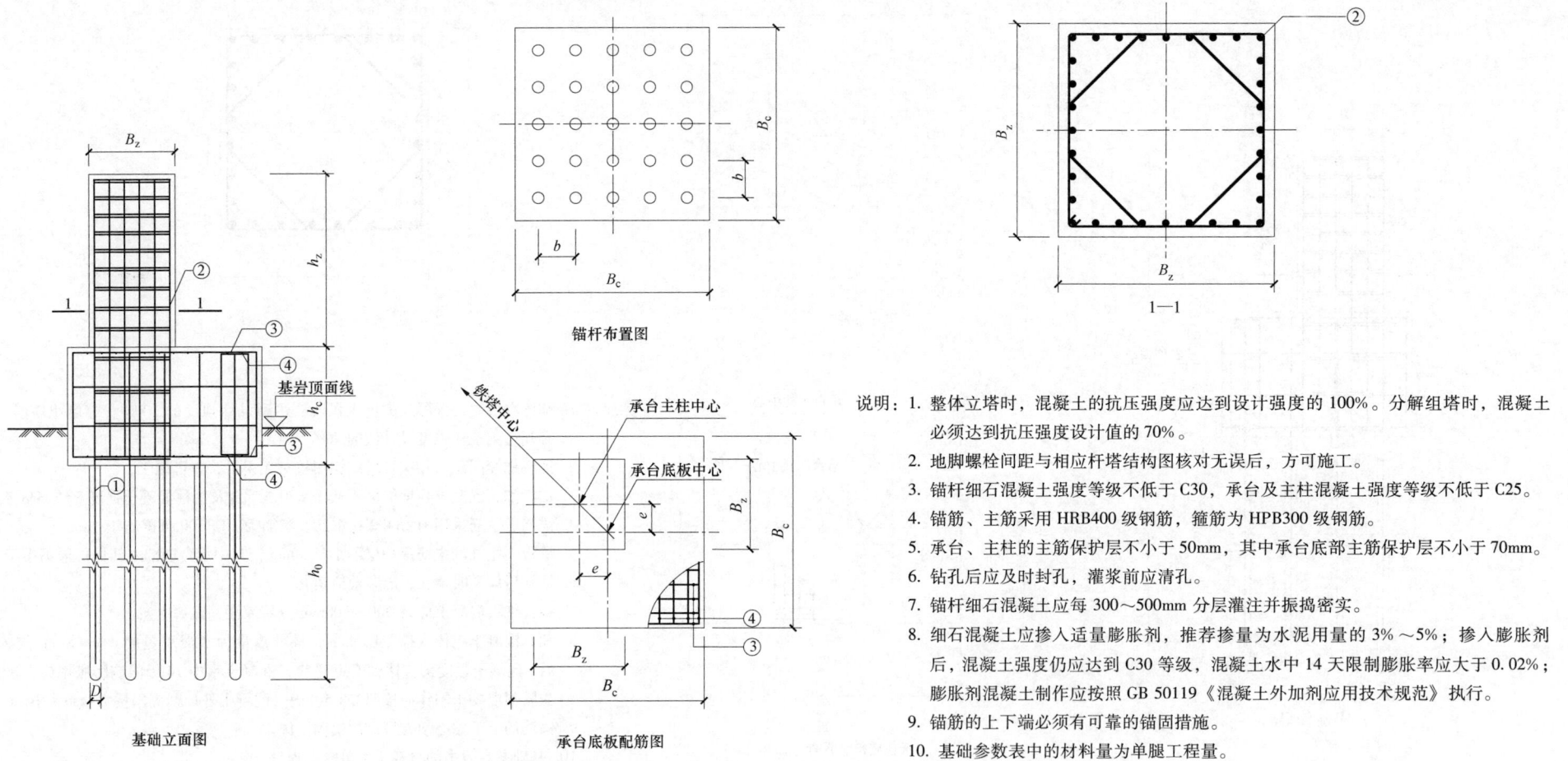

锚杆布置图

1—1

基础立面图

承台底板配筋图

说明：1. 整体立塔时，混凝土的抗压强度应达到设计强度的 100%。分解组塔时，混凝土必须达到抗压强度设计值的 70%。

2. 地脚螺栓间距与相应杆塔结构图核对无误后，方可施工。

3. 锚杆细石混凝土强度等级不低于 C30，承台及主柱混凝土强度等级不低于 C25。

4. 锚筋、主筋采用 HRB400 级钢筋，箍筋为 HPB300 级钢筋。

5. 承台、主柱的主筋保护层不小于 50mm，其中承台底部主筋保护层不小于 70mm。

6. 钻孔后应及时封孔，灌浆前应清孔。

7. 锚杆细石混凝土应每 300～500mm 分层灌注并振捣密实。

8. 细石混凝土应掺入适量膨胀剂，推荐掺量为水泥用量的 3%～5%；掺入膨胀剂后，混凝土强度仍应达到 C30 等级，混凝土水中 14 天限制膨胀率应大于 0.02%；膨胀剂混凝土制作应按照 GB 50119《混凝土外加剂应用技术规范》执行。

9. 锚筋的上下端必须有可靠的锚固措施。

10. 基础参数表中的材料量为单腿工程量。

图 16.0-25　5JMG6*-2400-10 岩石锚杆基础施工图

基 础 参 数 表

基础名称	承台宽度 B_c （mm）	承台高度 h_c （mm）	主柱宽度 B_z （mm）	主柱高度 h_z （mm）	偏心距 e （mm）	锚杆直径 D （mm）	锚杆间距 b （mm）	锚杆长度 h_0 （mm）	锚筋 ①	主柱钢筋 ②	承台 X 向主筋 ③	承台 Y 向主筋 ④	锚杆混凝土 （m³）	承台混凝土 （m³）	钢筋 （kg）
5JMG6r-2600-10	2300	1200	1000	2400	350	110	450	6200	25 Φ 36	32 Φ 32	17 Φ 22	17 Φ 22	1.47	8.75	3109.8
5JMG6s-2600-10	2300	1200	1000	2400	350	110	450	5600	25 Φ 36	32 Φ 32	17 Φ 22	17 Φ 22	1.33	8.75	2989.9
5JMG6t-2600-10	2300	1200	1000	2400	350	110	450	4800	25 Φ 36	32 Φ 32	17 Φ 22	17 Φ 22	1.14	8.75	2830.1
5JMG6u-2600-10	2300	1200	1000	2400	350	110	450	4200	25 Φ 36	32 Φ 32	17 Φ 22	17 Φ 22	1.00	8.75	2710.3
5JMG6v-2600-10	2300	1200	1000	2400	350	110	450	3600	25 Φ 36	32 Φ 32	17 Φ 22	17 Φ 22	0.86	8.75	2590.4

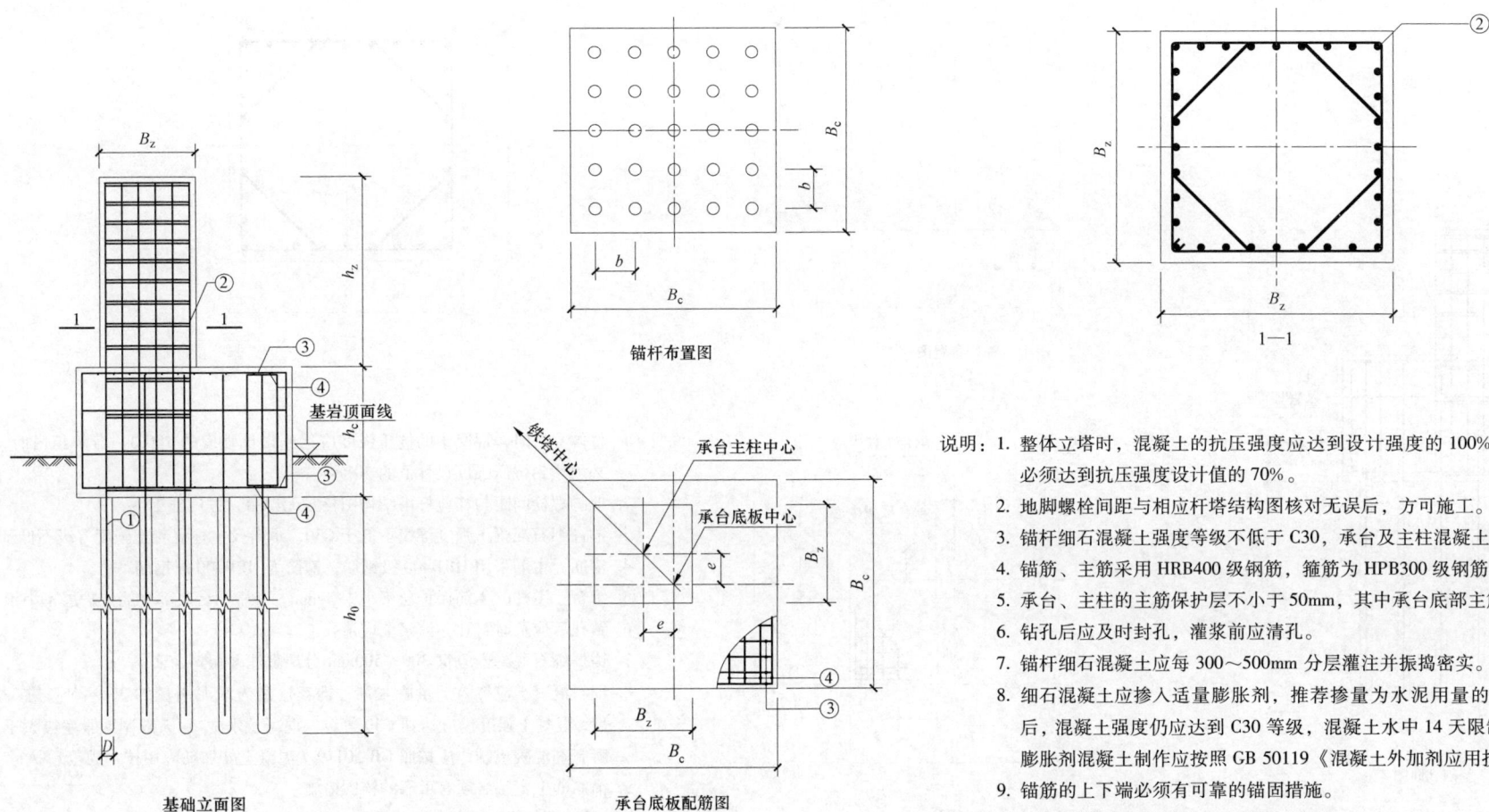

锚杆布置图

1—1

基础立面图

承台底板配筋图

说明：1. 整体立塔时，混凝土的抗压强度应达到设计强度的100%。分解组塔时，混凝土必须达到抗压强度设计值的70%。

2. 地脚螺栓间距与相应杆塔结构图核对无误后，方可施工。

3. 锚杆细石混凝土强度等级不低于C30，承台及主柱混凝土强度等级不低于C25。

4. 锚筋、主筋采用HRB400级钢筋，箍筋为HPB300级钢筋。

5. 承台、主柱的主筋保护层不小于50mm，其中承台底部主筋保护层不小于70mm。

6. 钻孔后应及时封孔，灌浆前应清孔。

7. 锚杆细石混凝土应每300～500mm分层灌注并振捣密实。

8. 细石混凝土应掺入适量膨胀剂，推荐掺量为水泥用量的3%～5%；掺入膨胀剂后，混凝土强度仍应达到C30等级，混凝土水中14天限制膨胀率应大于0.02%；膨胀剂混凝土制作应按照GB 50119《混凝土外加剂应用技术规范》执行。

9. 锚筋的上下端必须有可靠的锚固措施。

10. 基础参数表中的材料量为单腿工程量。

图 16.0-26 5JMG6＊-2600-10 岩石锚杆基础施工图

基 础 参 数 表

基础名称	承台宽度 B_c (mm)	承台高度 h_c (mm)	主柱宽度 B_z (mm)	主柱高度 h_z (mm)	偏心距 e (mm)	锚杆直径 D (mm)	锚杆间距 b (mm)	锚杆长度 h_0 (mm)	锚筋 ①	主柱钢筋 ②	承台 X 向主筋 ③	承台 Y 向主筋 ④	锚杆混凝土 (m^3)	承台混凝土 (m^3)	钢筋 (kg)
5JMG6r-2800-10	2400	1100	1200	1600	400	100	450	6600	25 Φ 32	32 Φ 28	16 Φ 22	16 Φ 22	1.30	8.64	2463.2
5JMG6s-2800-10	2400	1100	1200	1600	400	100	450	5800	25 Φ 32	32 Φ 28	16 Φ 22	16 Φ 22	1.14	8.64	2336.9
5JMG6t-2800-10	2400	1100	1200	1600	400	100	450	5000	25 Φ 32	32 Φ 28	16 Φ 22	16 Φ 22	0.98	8.64	2210.6
5JMG6u-2800-10	2400	1100	1200	1600	400	100	450	4400	25 Φ 32	32 Φ 28	16 Φ 22	16 Φ 22	0.86	8.64	2115.9
5JMG6v-2800-10	2400	1100	1200	1600	400	100	450	3800	25 Φ 32	32 Φ 28	16 Φ 22	16 Φ 22	0.75	8.64	2021.2

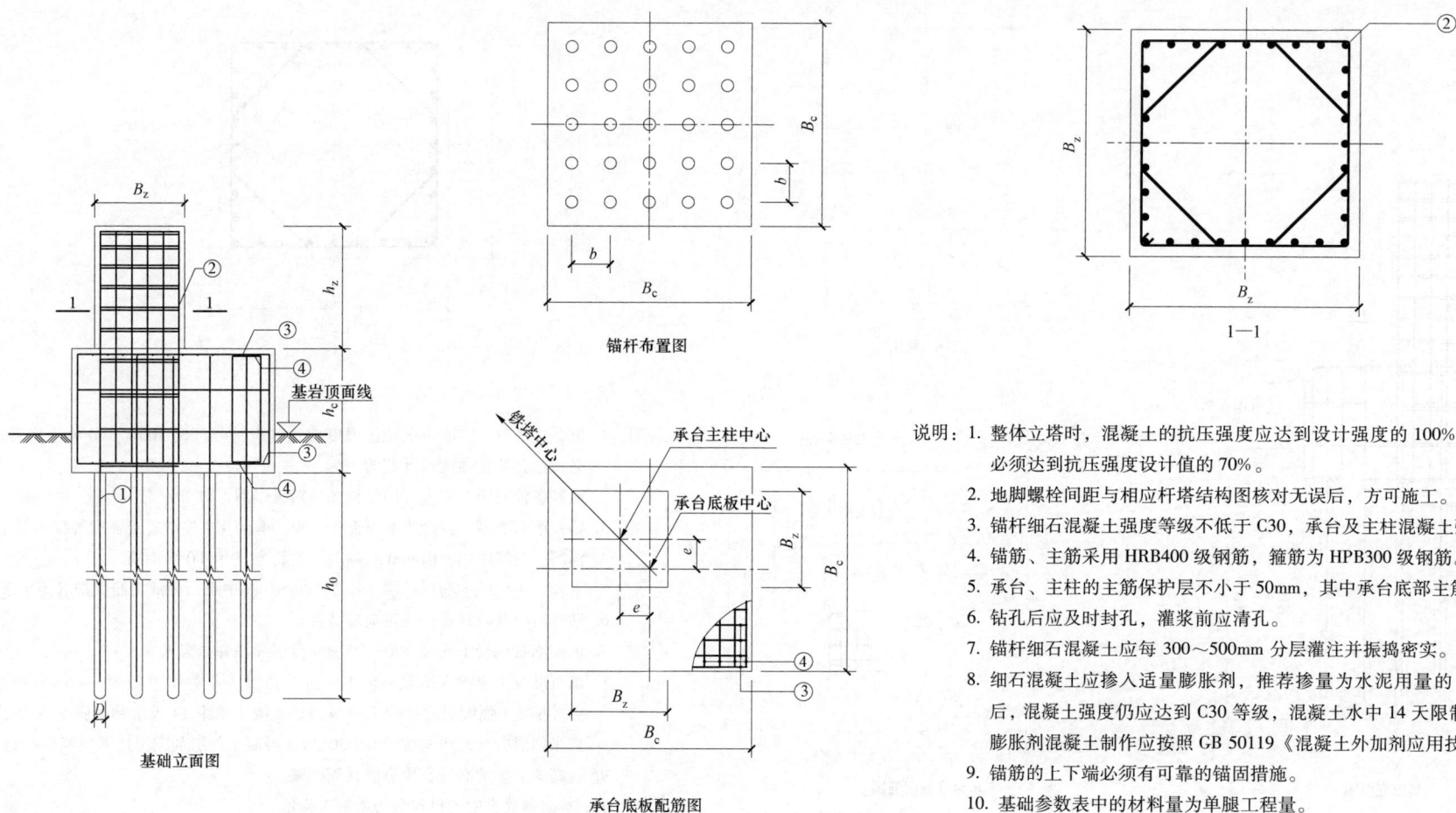

锚杆布置图

1—1

基础立面图

承台底板配筋图

说明：1. 整体立塔时，混凝土的抗压强度应达到设计强度的 100%。分解组塔时，混凝土必须达到抗压强度设计值的 70%。

2. 地脚螺栓间距与相应杆塔结构图核对无误后，方可施工。

3. 锚杆细石混凝土强度等级不低于 C30，承台及主柱混凝土强度等级不低于 C25。

4. 锚筋、主筋采用 HRB400 级钢筋，箍筋为 HPB300 级钢筋。

5. 承台、主柱的主筋保护层不小于 50mm，其中承台底部主筋保护层不小于 70mm。

6. 钻孔后应及时封孔，灌浆前应清孔。

7. 锚杆细石混凝土应每 300～500mm 分层灌注并振捣密实。

8. 细石混凝土应掺入适量膨胀剂，推荐掺量为水泥用量的 3%～5%；掺入膨胀剂后，混凝土强度仍应达到 C30 等级，混凝土水中 14 天限制膨胀率应大于 0.02%；膨胀混凝土制作应按照 GB 50119《混凝土外加剂应用技术规范》执行。

9. 锚筋的上下端必须有可靠的锚固措施。

10. 基础参数表中的材料量为单腿工程量。

图 16.0-27　5JMG6*-2800-10 岩石锚杆基础施工图

基 础 参 数 表

基础名称	承台宽度 B_c (mm)	承台高度 h_c (mm)	主柱宽度 B_z (mm)	主柱高度 h_z (mm)	偏心距 e (mm)	锚杆直径 D (mm)	锚杆间距 b (mm)	锚杆长度 h_0 (mm)	锚筋 ①	主柱钢筋 ②	承台X向主筋 ③	承台Y向主筋 ④	锚杆混凝土 (m^3)	承台混凝土 (m^3)	钢筋 (kg)
5JMG6r-1200-15	1900	1100	900	2100	300	100	450	4400	16Φ32	16Φ32	12Φ22	12Φ22	0.55	5.67	1453.3
5JMG6s-1200-15	1900	1100	900	2100	300	100	450	3800	16Φ32	16Φ32	12Φ22	12Φ22	0.48	5.67	1392.7
5JMG6t-1200-15	1900	1100	900	2100	300	100	450	3200	16Φ32	16Φ32	12Φ22	12Φ22	0.40	5.67	1332.1
5JMG6u-1200-15	1900	1100	900	2100	300	100	450	3000	16Φ32	16Φ32	12Φ22	12Φ22	0.38	5.67	1311.9
5JMG6v-1200-15	1900	1100	900	2100	300	100	450	3000	16Φ32	16Φ32	12Φ22	12Φ22	0.38	5.67	1311.9

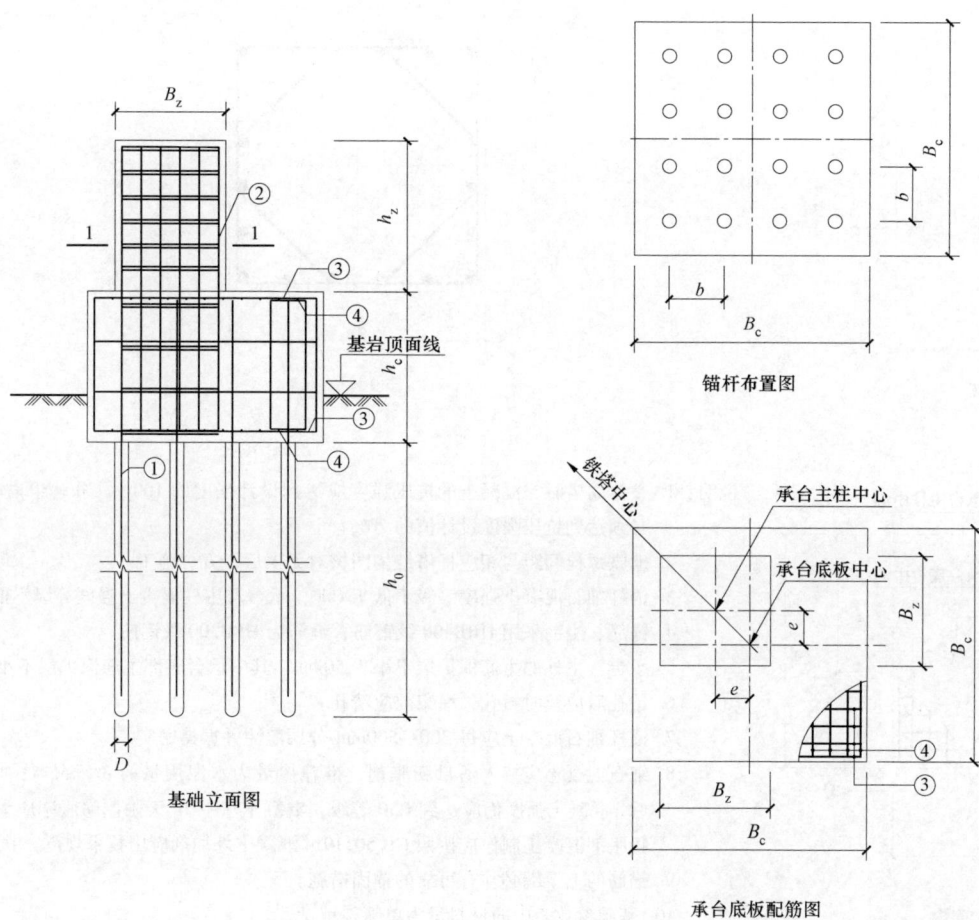

基础立面图

锚杆布置图

承台底板配筋图

1—1

说明: 1. 整体立塔时,混凝土的抗压强度应达到设计强度的100%。分解组塔时,混凝土必须达到抗压强度设计值的70%。

2. 地脚螺栓间距与相应杆塔结构图核对无误后,方可施工。

3. 锚杆细石混凝土强度等级不低于C30,承台及主柱混凝土强度等级不低于C25。

4. 锚筋、主筋采用HRB400级钢筋,箍筋为HPB300级钢筋。

5. 承台、主柱的主筋保护层不小于50mm,其中承台底部主筋保护层不小于70mm。

6. 钻孔后应及时封孔,灌浆前应清孔。

7. 锚杆细石混凝土应每300~500mm分层灌注并振捣密实。

8. 细石混凝土应掺入适量膨胀剂,推荐掺量为水泥用量的3%~5%;掺入膨胀剂后,混凝土强度仍应达到C30等级,混凝土水中14天限制膨胀率应大于0.02%;膨胀剂混凝土制作应按照GB 50119《混凝土外加剂应用技术规范》执行。

9. 锚筋的上下端必须有可靠的锚固措施。

10. 基础参数表中的材料量为单腿工程量。

图16.0-28 5JMG6*-1200-15岩石锚杆基础施工图

基 础 参 数 表

基础名称	承台宽度 B_c（mm）	承台高度 h_c（mm）	主柱宽度 B_z（mm）	主柱高度 h_s（mm）	偏心距 e（mm）	锚杆直径 D（mm）	锚杆间距 b（mm）	锚杆长度 h_0（mm）	锚筋 ①	主柱钢筋 ②	承台 X 向主筋 ③	承台 Y 向主筋 ④	锚杆混凝土（m³）	承台混凝土（m³）	钢筋（kg）
5JMG6r-1400-15	1900	1200	900	2000	300	110	450	4600	16 Φ 36	20 Φ 32	13 Φ 22	13 Φ 22	0.70	5.95	1770.0
5JMG6s-1400-15	1900	1200	900	2000	300	110	450	4000	16 Φ 36	20 Φ 32	13 Φ 22	13 Φ 22	0.61	5.95	1693.3
5JMG6t-1400-15	1900	1200	900	2000	300	110	450	3400	16 Φ 36	20 Φ 32	13 Φ 22	13 Φ 22	0.52	5.95	1616.6
5JMG6u-1400-15	1900	1200	900	2000	300	110	450	3000	16 Φ 36	20 Φ 32	13 Φ 22	13 Φ 22	0.46	5.95	1565.4
5JMG6v-1400-15	1900	1200	900	2000	300	110	450	3000	16 Φ 36	20 Φ 32	13 Φ 22	13 Φ 22	0.46	5.95	1565.4

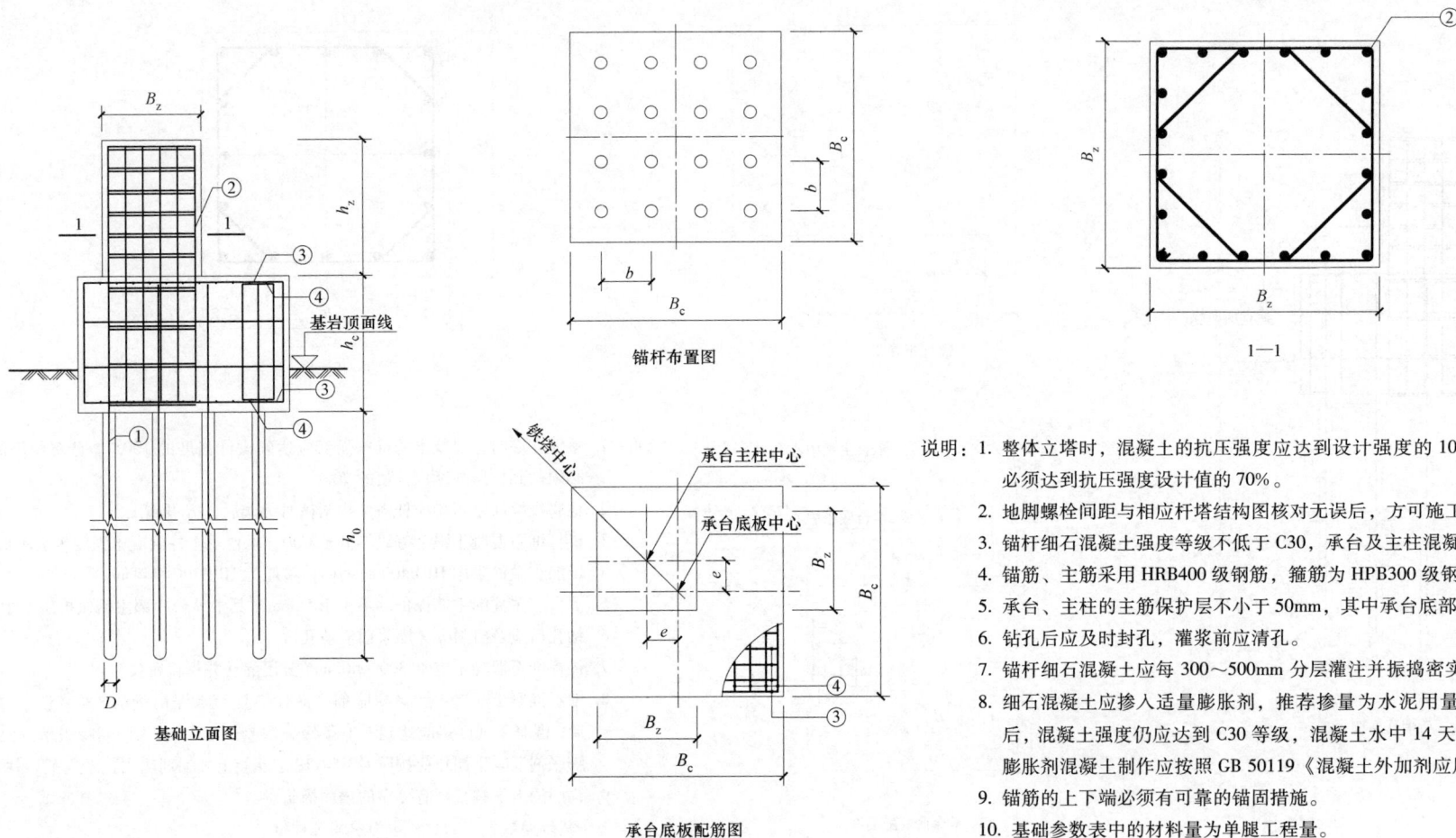

基础立面图

锚杆布置图

1—1

承台底板配筋图

说明：1. 整体立塔时，混凝土的抗压强度应达到设计强度的 100%。分解组塔时，混凝土必须达到抗压强度设计值的 70%。

2. 地脚螺栓间距与相应杆塔结构图核对无误后，方可施工。

3. 锚杆细石混凝土强度等级不低于 C30，承台及主柱混凝土强度等级不低于 C25。

4. 锚筋、主筋采用 HRB400 级钢筋，箍筋为 HPB300 级钢筋。

5. 承台、主柱的主筋保护层不小于 50mm，其中承台底部主筋保护层不小于 70mm。

6. 钻孔后应及时封孔，灌浆前应清孔。

7. 锚杆细石混凝土应每 300～500mm 分层灌注并振捣密实。

8. 细石混凝土应掺入适量膨胀剂，推荐掺量为水泥用量的 3%～5%；掺入膨胀剂后，混凝土强度仍应达到 C30 等级，混凝土水中 14 天限制膨胀率应大于 0.02%；膨胀剂混凝土制作应按照 GB 50119《混凝土外加剂应用技术规范》执行。

9. 锚筋的上下端必须有可靠的锚固措施。

10. 基础参数表中的材料量为单腿工程量。

图 16.0-29　5JMG6＊-1400-15 岩石锚杆基础施工图

基 础 参 数 表

基础名称	承台宽度 B_c (mm)	承台高度 h_c (mm)	主柱宽度 B_z (mm)	主柱高度 h_z (mm)	偏心距 e (mm)	锚杆直径 D (mm)	锚杆间距 b (mm)	锚杆长度 h_0 (mm)	锚筋 ①	主柱钢筋 ②	承台 X 向主筋 ③	承台 Y 向主筋 ④	锚杆混凝土 (m^3)	承台混凝土 (m^3)	钢筋 (kg)
5JMG6r-1600-15	2100	1200	1000	2400	350	110	520	5000	16⏀36	24⏀32	14⏀22	14⏀22	0.76	7.69	2045.1
5JMG6s-1600-15	2100	1200	1000	2400	350	110	520	4400	16⏀36	24⏀32	14⏀22	14⏀22	0.67	7.69	1968.4
5JMG6t-1600-15	2100	1200	1000	2400	350	110	520	3600	16⏀36	24⏀32	14⏀22	14⏀22	0.55	7.69	1866.1
5JMG6u-1600-15	2100	1200	1000	2400	350	110	520	3200	16⏀36	24⏀32	14⏀22	14⏀22	0.49	7.69	1815.0
5JMG6v-1600-15	2100	1200	1000	2400	350	110	520	3000	16⏀36	24⏀32	14⏀22	14⏀22	0.46	7.69	1789.4

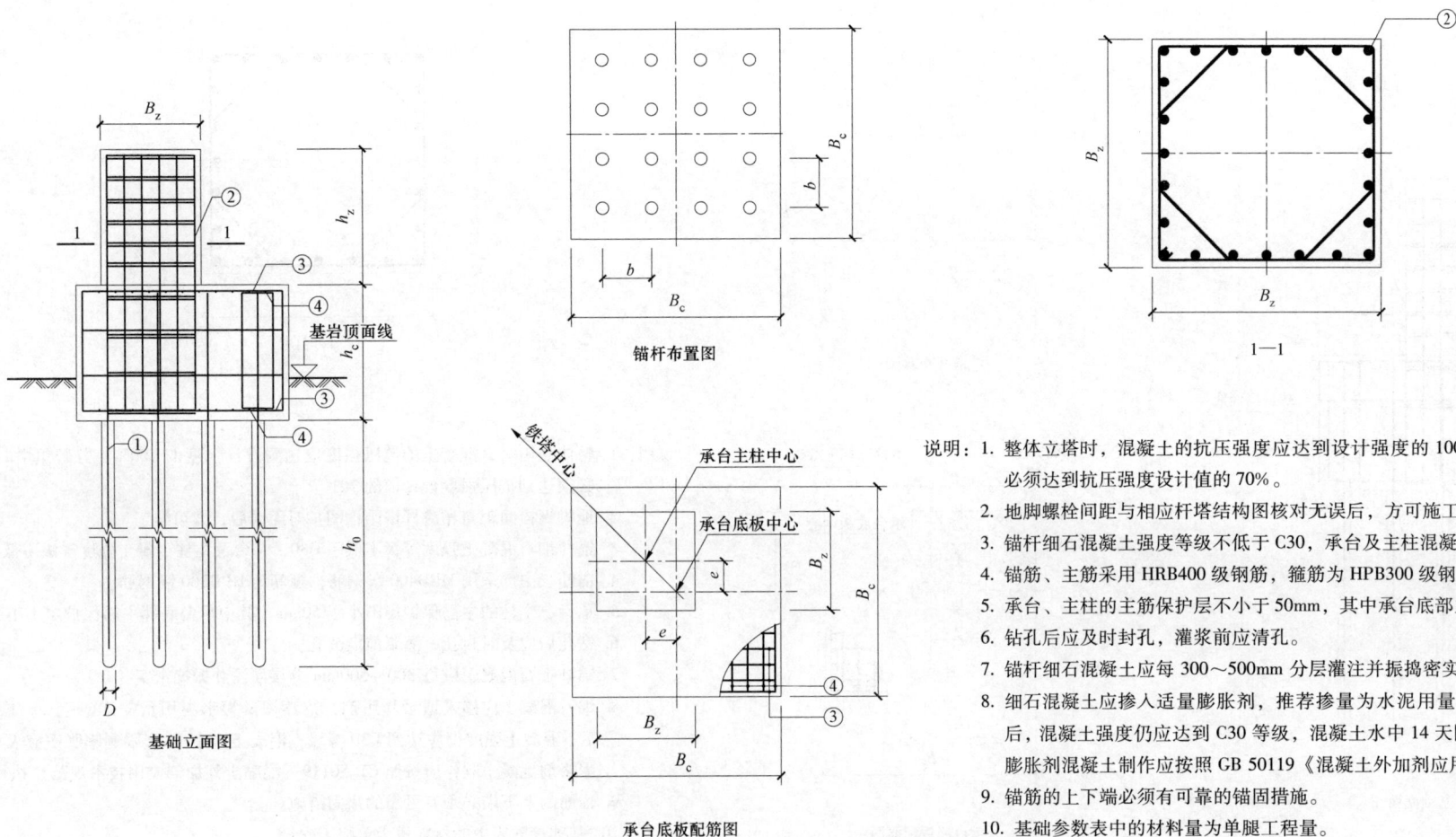

基础立面图

锚杆布置图

承台底板配筋图

1—1

说明：1. 整体立塔时，混凝土的抗压强度应达到设计强度的100%。分解组塔时，混凝土必须达到抗压强度设计值的70%。

2. 地脚螺栓间距与相应杆塔结构图核对无误后，方可施工。

3. 锚杆细石混凝土强度等级不低于C30，承台及主柱混凝土强度等级不低于C25。

4. 锚筋、主筋采用HRB400级钢筋，箍筋为HPB300级钢筋。

5. 承台、主柱的主筋保护层不小于50mm，其中承台底部主筋保护层不小于70mm。

6. 钻孔后应及时封孔，灌浆前应清孔。

7. 锚杆细石混凝土应每300～500mm分层灌注并振捣密实。

8. 细石混凝土应掺入适量膨胀剂，推荐掺量为水泥用量的3%～5%；掺入膨胀剂后，混凝土强度仍应达到C30等级，混凝土水中14天限制膨胀率应大于0.02%；膨胀剂混凝土制作应按照GB 50119《混凝土外加剂应用技术规范》执行。

9. 锚筋的上端必须有可靠的锚固措施。

10. 基础参数表中的材料量为单腿工程量。

图 16.0-30 5JMG6*-1600-15岩石锚杆基础施工图

基 础 参 数 表

基础名称	承台宽度 B_c (mm)	承台高度 h_c (mm)	主柱宽度 B_z (mm)	主柱高度 h_z (mm)	偏心距 e (mm)	锚杆直径 D (mm)	锚杆间距 b (mm)	锚杆长度 h_0 (mm)	锚筋 ①	主柱钢筋 ②	承台 X 向主筋 ③	承台 Y 向主筋 ④	锚杆混凝土 (m³)	承台混凝土 (m³)	钢筋 (kg)
5JMG6r-1800-15	2100	1300	1000	2300	350	130	520	5200	16 φ 40	24 φ 32	15 φ 22	15 φ 22	1.10	8.03	2358.8
5JMG6s-1800-15	2100	1300	1000	2300	350	130	520	4600	16 φ 40	24 φ 32	15 φ 22	15 φ 22	0.98	8.03	2264.1
5JMG6t-1800-15	2100	1300	1000	2300	350	130	520	3800	16 φ 40	24 φ 32	15 φ 22	15 φ 22	0.81	8.03	2137.8
5JMG6u-1800-15	2100	1300	1000	2300	350	130	520	3400	16 φ 40	24 φ 32	15 φ 22	15 φ 22	0.72	8.03	2074.7
5JMG6v-1800-15	2100	1300	1000	2300	350	130	520	3000	16 φ 40	24 φ 32	15 φ 22	15 φ 22	0.64	8.03	2011.6

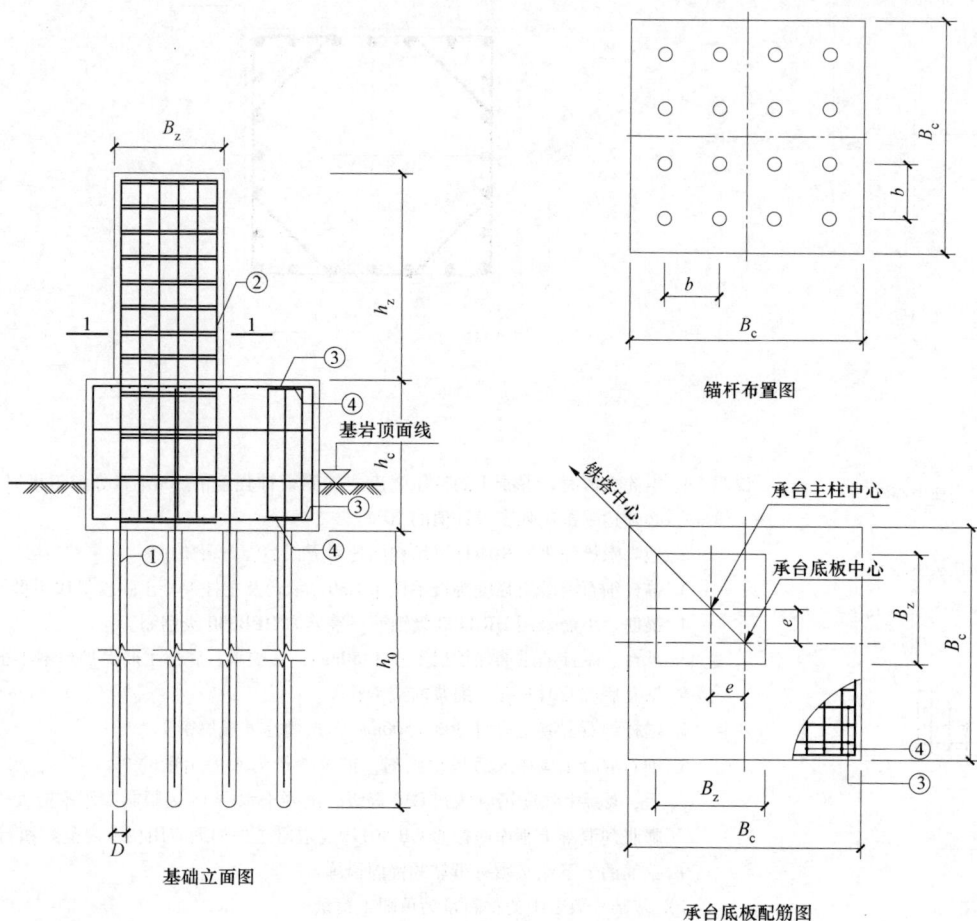

锚杆布置图

1—1

基础立面图

承台底板配筋图

说明：1. 整体立塔时，混凝土的抗压强度应达到设计强度的 100%。分解组塔时，混凝土必须达到抗压强度设计值的 70%。

2. 地脚螺栓间距与相应杆塔结构图核对无误后，方可施工。

3. 锚杆细石混凝土强度等级不低于 C30，承台及主柱混凝土强度等级不低于 C25。

4. 锚筋、主筋采用 HRB400 级钢筋，箍筋为 HPB300 级钢筋。

5. 承台、主柱的主筋保护层不小于 50mm，其中承台底部主筋保护层不小于 70mm。

6. 钻孔后应及时封孔，灌浆前应清孔。

7. 锚杆细石混凝土应每 300～500mm 分层灌注并振捣密实。

8. 细石混凝土应掺入适量膨胀剂，推荐掺量为水泥用量的 3%～5%；掺入膨胀剂后，混凝土强度仍应达到 C30 等级，混凝土水中 14 天限制膨胀率应大于 0.02%；膨胀剂混凝土制作应按照 GB 50119《混凝土外加剂应用技术规范》执行。

9. 锚筋的上下端必须有可靠的锚固措施。

10. 基础参数表中的材料量为单腿工程量。

图 16.0-31 5JMG6∗-1800-15 岩石锚杆基础施工图

基础参数表

基础名称	承台宽度 B_c (mm)	承台高度 h_c (mm)	主柱宽度 B_z (mm)	主柱高度 h_z (mm)	偏心距 e (mm)	锚杆直径 D (mm)	锚杆间距 b (mm)	锚杆长度 h_0 (mm)	锚筋 ①	主柱钢筋 ②	承台 X 向主筋 ③	承台 Y 向主筋 ④	锚杆混凝土 (m^3)	承台混凝土 (m^3)	钢筋 (kg)
5JMG6r-2000-15	2100	1300	1000	2300	350	130	520	5400	16⏀40	28⏀32	15⏀22	15⏀22	1.15	8.03	2481.1
5JMG6s-2000-15	2100	1300	1000	2300	350	130	520	4800	16⏀40	28⏀32	15⏀22	15⏀22	1.02	8.03	2386.4
5JMG6t-2000-15	2100	1300	1000	2300	350	130	520	4200	16⏀40	28⏀32	15⏀22	15⏀22	0.89	8.03	2291.7
5JMG6u-2000-15	2100	1300	1000	2300	350	130	520	3600	16⏀40	28⏀32	15⏀22	15⏀22	0.76	8.03	2197.0
5JMG6v-2000-15	2100	1300	1000	2300	350	130	520	3200	16⏀40	28⏀32	15⏀22	15⏀22	0.68	8.03	2133.9

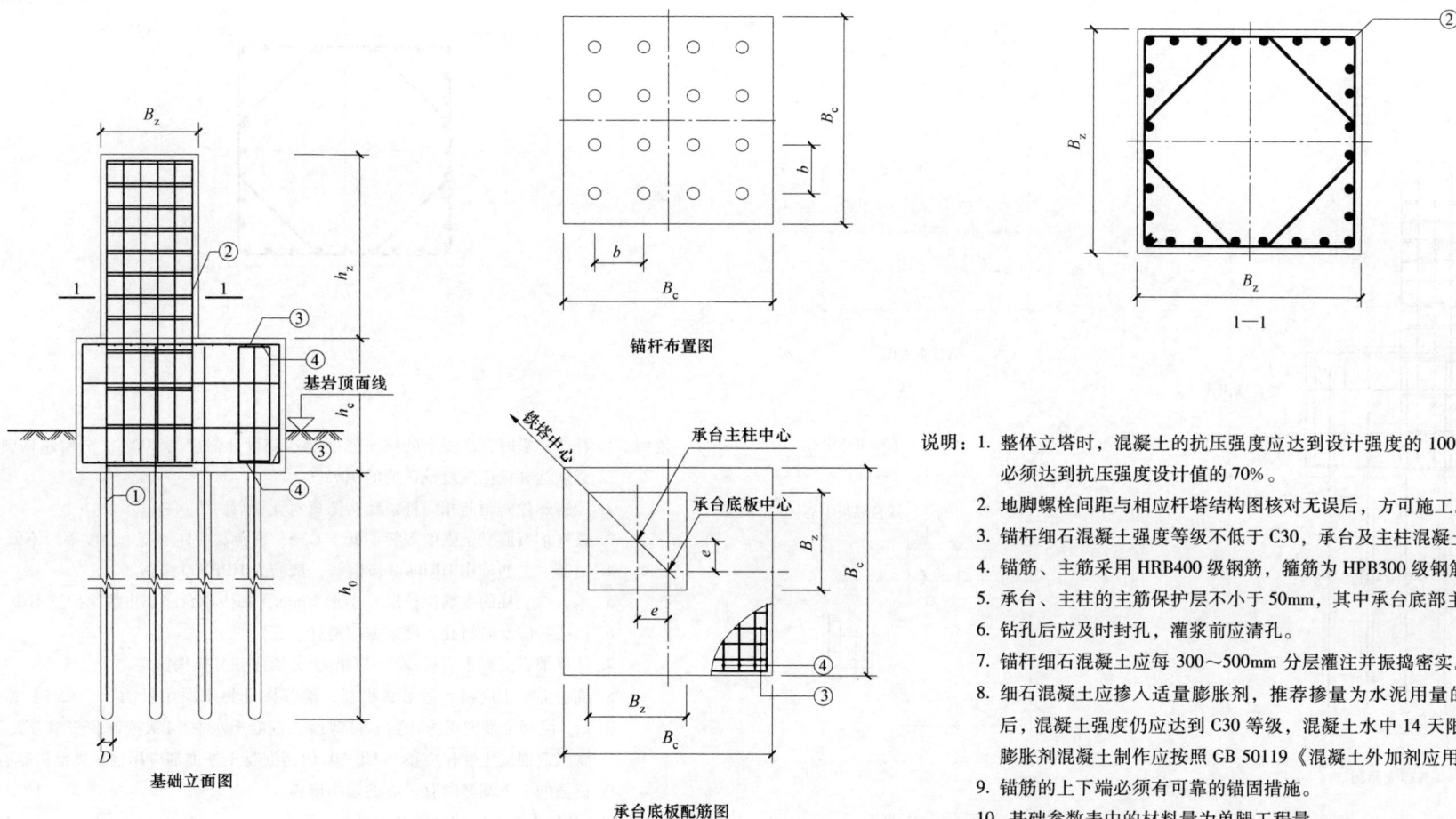

锚杆布置图

基础立面图

承台底板配筋图

1—1

说明：1. 整体立塔时，混凝土的抗压强度应达到设计强度的100%。分解组塔时，混凝土必须达到抗压强度设计值的70%。

2. 地脚螺栓间距与相应杆塔结构图核对无误后，方可施工。

3. 锚杆细石混凝土强度等级不低于C30，承台及主柱混凝土强度等级不低于C25。

4. 锚筋、主筋采用HRB400级钢筋，箍筋为HPB300级钢筋。

5. 承台、主柱的主筋保护层不小于50mm，其中承台底部主筋保护层不小于70mm。

6. 钻孔后应及时封孔，灌浆前应清孔。

7. 锚杆细石混凝土应每300~500mm分层灌注并振捣密实。

8. 细石混凝土应掺入适量膨胀剂，推荐掺量为水泥用量的3%～5%；掺入膨胀剂后，混凝土强度仍应达到C30等级，混凝土水中14天限制膨胀率应大于0.02%；膨胀剂混凝土制作应按照GB 50119《混凝土外加剂应用技术规范》执行。

9. 锚筋的上下端必须有可靠的锚固措施。

10. 基础参数表中的材料量为单腿工程量。

图16.0-32 5JMG6∗-2000-15岩石锚杆基础施工图

基 础 参 数 表

基础名称	承台宽度 B_c (mm)	承台高度 h_c (mm)	主柱宽度 B_z (mm)	主柱高度 h_z (mm)	偏心距 e (mm)	锚杆直径 D (mm)	锚杆间距 b (mm)	锚杆长度 h_0 (mm)	锚筋 ①	主柱钢筋 ②	承台 X 向主筋 ③	承台 Y 向主筋 ④	锚杆混凝土 (m³)	承台混凝土 (m³)	钢筋 (kg)
5JMG6r-2200-15	2300	1200	1000	2900	400	110	450	5600	25 Φ 36	32 Φ 32	16 Φ 22	16 Φ 22	1.33	9.25	3051.7
5JMG6s-2200-15	2300	1200	1000	2900	400	110	450	5000	25 Φ 36	32 Φ 32	16 Φ 22	16 Φ 22	1.19	9.25	2931.8
5JMG6t-2200-15	2300	1200	1000	2900	400	110	450	4200	25 Φ 36	32 Φ 32	16 Φ 22	16 Φ 22	1.00	9.25	2772.0
5JMG6u-2200-15	2300	1200	1000	2900	400	110	450	3800	25 Φ 36	32 Φ 32	16 Φ 22	16 Φ 22	0.90	9.25	2692.1
5JMG6v-2200-15	2300	1200	1000	2900	400	110	450	3400	25 Φ 36	32 Φ 32	16 Φ 22	16 Φ 22	0.81	9.25	2612.2

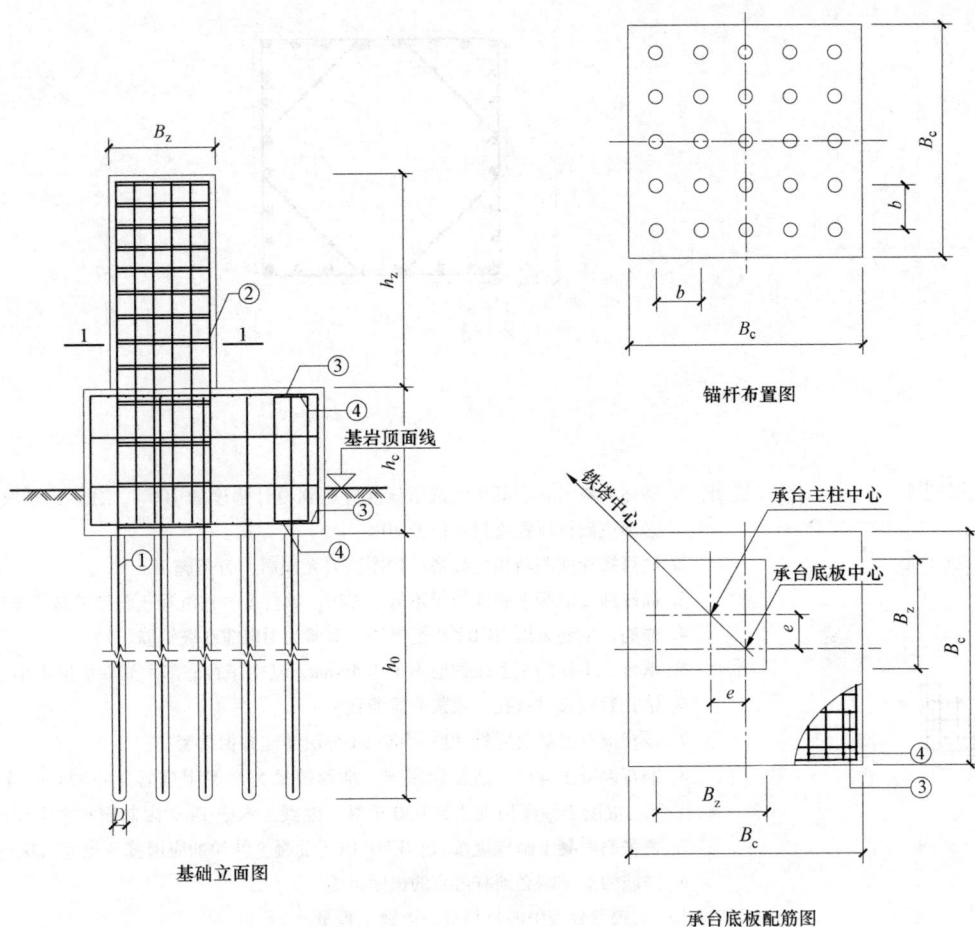

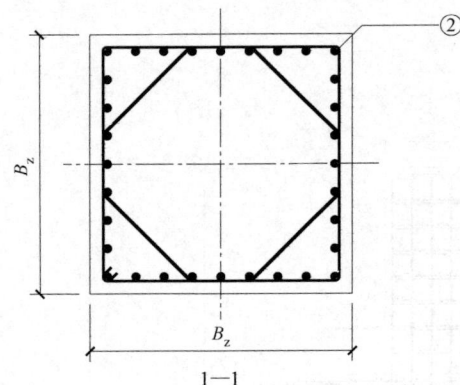

基础立面图

锚杆布置图

承台底板配筋图

1—1

说明：1. 整体立塔时，混凝土的抗压强度应达到设计强度的 100%。分解组塔时，混凝土必须达到抗压强度设计值的 70%。

2. 地脚螺栓间距与相应杆塔结构图核对无误后，方可施工。

3. 锚杆细石混凝土强度等级不低于 C30，承台及主柱混凝土强度等级不低于 C25。

4. 锚筋、主筋采用 HRB400 级钢筋，箍筋为 HPB300 级钢筋。

5. 承台、主柱的主筋保护层不小于 50mm，其中承台底部主筋保护层不小于 70mm。

6. 钻孔后应及时封孔，灌浆前应清孔。

7. 锚杆细石混凝土应每 300～500mm 分层灌注并振捣密实。

8. 细石混凝土应掺入适量膨胀剂，推荐掺量为水泥用量的 3%～5%；掺入膨胀剂后，混凝土强度仍应达到 C30 等级，混凝土水中 14 天限制膨胀率应大于 0.02%；膨胀剂混凝土制作应按照 GB 50119《混凝土外加剂应用技术规范》执行。

9. 锚筋的上下端必须有可靠的锚固措施。

10. 基础参数表中的材料量为单腿工程量。

图 16.0-33 5JMG6∗-2200-15 岩石锚杆基础施工图

基 础 参 数 表

基础名称	承台宽度 B_c (mm)	承台高度 h_c (mm)	主柱宽度 B_z (mm)	主柱高度 h_z (mm)	偏心距 e (mm)	锚杆直径 D (mm)	锚杆间距 b (mm)	锚杆长度 h_0 (mm)	锚筋 ①	主柱钢筋 ②	承台 X 向主筋 ③	承台 Y 向主筋 ④	锚杆混凝土 (m^3)	承台混凝土 (m^3)	钢筋 (kg)
5JMG6r-2400-15	2300	1200	1000	2900	400	110	450	6000	25⌀36	36⌀32	18⌀22	18⌀22	1.43	9.25	3324.6
5JMG6s-2400-15	2300	1200	1000	2900	400	110	450	5400	25⌀36	36⌀32	18⌀22	18⌀22	1.28	9.25	3204.8
5JMG6t-2400-15	2300	1200	1000	2900	400	110	450	4400	25⌀36	36⌀32	18⌀22	18⌀22	1.05	9.25	3005.0
5JMG6u-2400-15	2300	1200	1000	2900	400	110	450	4000	25⌀36	36⌀32	18⌀22	18⌀22	0.95	9.25	2925.1
5JMG6v-2400-15	2300	1200	1000	2900	400	110	450	3600	25⌀36	36⌀32	18⌀22	18⌀22	0.86	9.25	2845.2

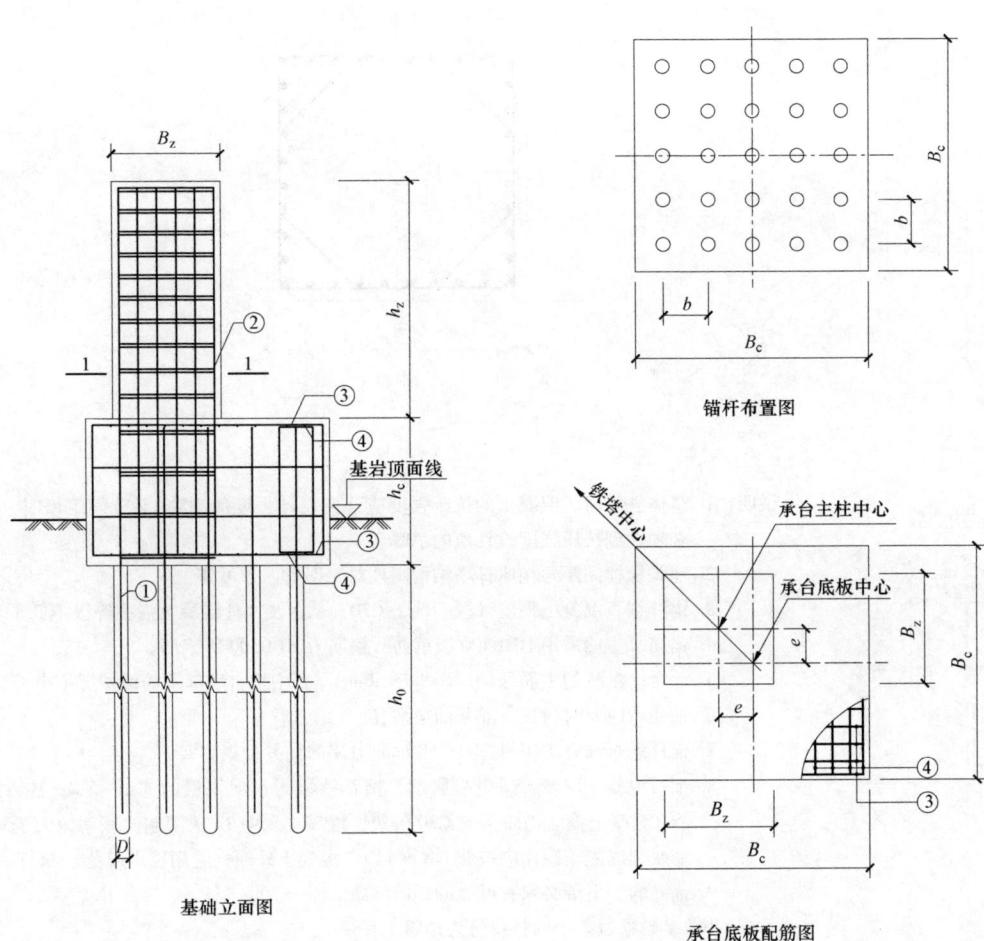

锚杆布置图

基础立面图

承台底板配筋图

说明：
1. 整体立塔时，混凝土的抗压强度应达到设计强度的100%。分解组塔时，混凝土必须达到抗压强度设计值的70%。
2. 地脚螺栓间距与相应杆塔结构图核对无误后，方可施工。
3. 锚杆细石混凝土强度等级不低于C30，承台及主柱混凝土强度等级不低于C25。
4. 锚筋、主筋采用HRB400级钢筋，箍筋为HPB300级钢筋。
5. 承台、主柱的主筋保护层不小于50mm，其中承台底部主筋保护层不小于70mm。
6. 钻孔后应及时封孔，灌浆前应清孔。
7. 锚杆细石混凝土应每300～500mm分层灌注并振捣密实。
8. 细石混凝土应掺入适量膨胀剂，推荐掺量为水泥用量的3%～5%；掺入膨胀剂后，混凝土强度仍应达到C30等级，混凝土水中14天限制膨胀率应大于0.02%；膨胀剂混凝土制作应按照GB 50119《混凝土外加剂应用技术规范》执行。
9. 锚筋的上下端必须有可靠的锚固措施。
10. 基础参数表中的材料量为单腿工程量。

图16.0-34 5JMG6*-2400-15岩石锚杆基础施工图

基 础 参 数 表

基础名称	承台宽度 B_c (mm)	承台高度 h_c (mm)	主柱宽度 B_z (mm)	主柱高度 h_z (mm)	偏心距 e (mm)	锚杆直径 D (mm)	锚杆间距 b (mm)	锚杆长度 h_0 (mm)	锚筋①	主柱钢筋②	承台 X 向主筋③	承台 Y 向主筋④	锚杆混凝土 (m³)	承台混凝土 (m³)	钢筋 (kg)
5JMG6r-2600-15	2400	1200	1000	2900	400	110	475	6200	25Φ36	36Φ32	17Φ25	17Φ25	1.47	9.81	3555.7
5JMG6s-2600-15	2400	1200	1000	2900	400	110	475	5600	25Φ36	36Φ32	17Φ25	17Φ25	1.33	9.81	3435.8
5JMG6t-2600-15	2400	1200	1000	2900	400	110	475	4800	25Φ36	36Φ32	17Φ25	17Φ25	1.14	9.81	3276.0
5JMG6u-2600-15	2400	1200	1000	2900	400	110	475	4200	25Φ36	36Φ32	17Φ25	17Φ25	1.00	9.81	3156.2
5JMG6v-2600-15	2400	1200	1000	2900	400	110	475	3600	25Φ36	36Φ32	17Φ25	17Φ25	0.86	9.81	3036.3

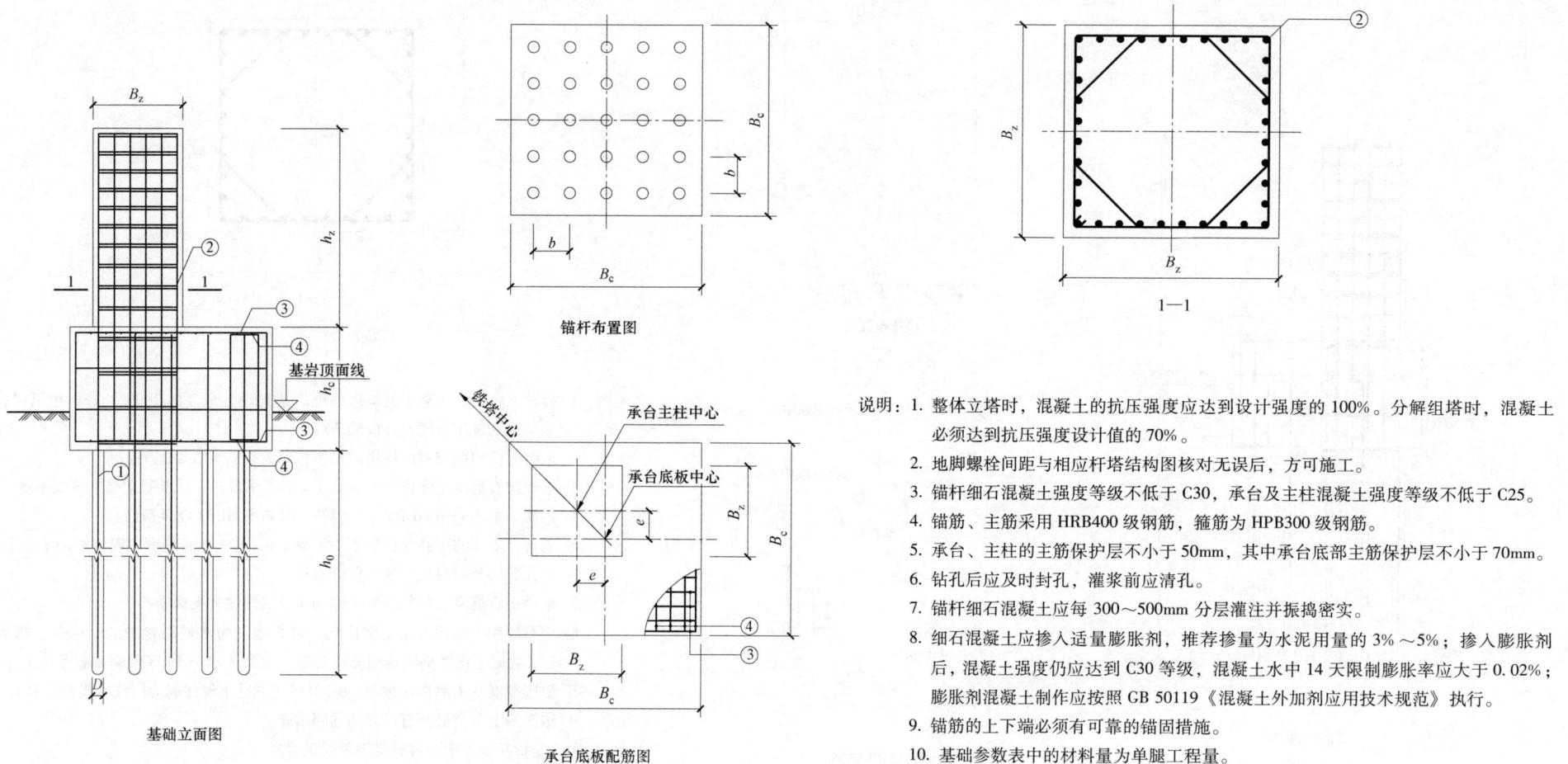

基础立面图

锚杆布置图

承台底板配筋图

说明：1. 整体立塔时，混凝土的抗压强度应达到设计强度的 100%。分解组塔时，混凝土必须达到抗压强度设计值的 70%。

2. 地脚螺栓间距与相应杆塔结构图核对无误后，方可施工。

3. 锚杆细石混凝土强度等级不低于 C30，承台及主柱混凝土强度等级不低于 C25。

4. 锚筋、主筋采用 HRB400 级钢筋，箍筋为 HPB300 级钢筋。

5. 承台、主柱的主筋保护层不小于 50mm，其中承台底部主筋保护层不小于 70mm。

6. 钻孔后应及时封孔，灌浆前应清孔。

7. 锚杆细石混凝土应每 300～500mm 分层灌注并振捣密实。

8. 细石混凝土应掺入适量膨胀剂，推荐掺量为水泥用量的 3%～5%；掺入膨胀剂后，混凝土强度仍应达到 C30 等级，混凝土水中 14 天限制膨胀率应大于 0.02%；膨胀剂混凝土制作应按照 GB 50119《混凝土外加剂应用技术规范》执行。

9. 锚筋的上下端必须有可靠的锚固措施。

10. 基础参数表中的材料量为单腿工程量。

图 16.0-35 5JMG6*-2600-15 岩石锚杆基础施工图

基 础 参 数 表

基础名称	承台宽度 B_c（mm）	承台高度 h_c（mm）	主柱宽度 B_z（mm）	主柱高度 h_z（mm）	偏心距 e（mm）	锚杆直径 D（mm）	锚杆间距 b（mm）	锚杆长度 h_0（mm）	锚筋 ①	主柱钢筋 ②	承台X向主筋 ③	承台Y向主筋 ④	锚杆混凝土（m³）	承台混凝土（m³）	钢筋（kg）
5JMG6r-2800-15	2400	1200	1200	2000	400	110	450	6600	25 Φ 36	28 Φ 32	17 Φ 22	17 Φ 22	1.57	9.79	3048.7
5JMG6s-2800-15	2400	1200	1200	2000	400	110	450	5800	25 Φ 36	28 Φ 32	17 Φ 22	17 Φ 22	1.38	9.79	2888.9
5JMG6t-2800-15	2400	1200	1200	2000	400	110	450	5000	25 Φ 36	28 Φ 32	17 Φ 22	17 Φ 22	1.19	9.79	2729.1
5JMG6u-2800-15	2400	1200	1200	2000	400	110	450	4400	25 Φ 36	28 Φ 32	17 Φ 22	17 Φ 22	1.05	9.79	2609.3
5JMG6v-2800-15	2400	1200	1200	2000	400	110	450	3800	25 Φ 36	28 Φ 32	17 Φ 22	17 Φ 22	0.90	9.79	2489.4

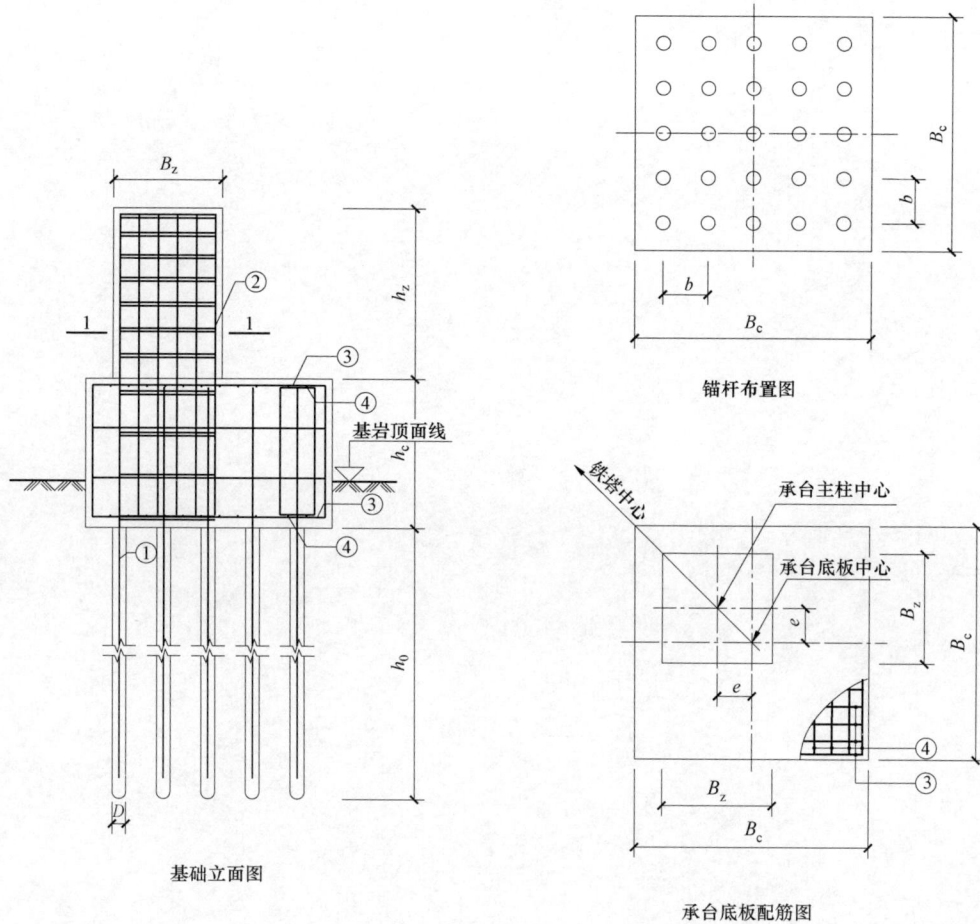

基础立面图

锚杆布置图

1—1

承台底板配筋图

说明：1. 整体立塔时，混凝土的抗压强度应达到设计强度的 100%。分解组塔时，混凝土必须达到抗压强度设计值的 70%。

2. 地脚螺栓间距与相应杆塔结构图核对无误后，方可施工。

3. 锚杆细石混凝土强度等级不低于 C30，承台及主柱混凝土强度等级不低于 C25。

4. 锚筋、主筋采用 HRB400 级钢筋，箍筋为 HPB300 级钢筋。

5. 承台、主柱的主筋保护层不小于 50mm，其中承台底部主筋保护层不小于 70mm。

6. 钻孔后应及时封孔，灌浆前应清孔。

7. 锚杆细石混凝土应每 300～500mm 分层灌注并振捣密实。

8. 细石混凝土应掺入适量膨胀剂，推荐掺量为水泥用量的 3%～5%；掺入膨胀剂后，混凝土强度仍应达到 C30 等级，混凝土水中 14 天限制膨胀率应大于 0.02%；膨胀剂混凝土制作应按照 GB 50119《混凝土外加剂应用技术规范》执行。

9. 锚筋的上下端必须有可靠的锚固措施。

10. 基础参数表中的材料量为单腿工程量。

图 16.0-36　5JMG6∗-2800-15 岩石锚杆基础施工图